图灵程序
设计丛书

程序员的数学②
概率统计

[日] 平冈和幸 堀玄 / 著　陈筱烟 / 译

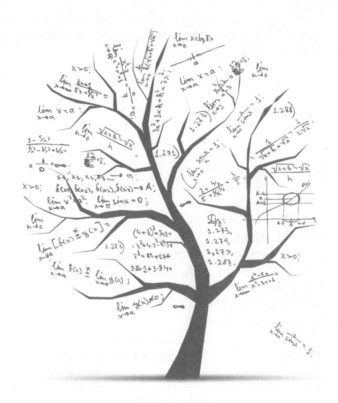

人民邮电出版社
北　京

图书在版编目（CIP）数据

程序员的数学. 2，概率统计 /（日）平冈和幸，
（日）堀玄著 ；陈筱烟译. -- 北京 ：人民邮电出版社，
2015.8
（图灵程序设计丛书）
ISBN 978-7-115-40051-2

Ⅰ. ①程… Ⅱ. ①平… ②堀… ③陈… Ⅲ. ①电子计
算机－数学基础②概率统计 Ⅳ. ①TP301.6②O211

中国版本图书馆CIP数据核字(2015)第176373号

内 容 提 要

本书沿袭《程序员的数学》平易近人的风格，用通俗的语言和具体的图表深入讲解程序员必须掌握的各类概率统计知识，例证丰富，讲解明晰，且提供了大量扩展内容，引导读者进一步深入学习。

本书涉及随机变量、贝叶斯公式、离散值和连续值的概率分布、协方差矩阵、多元正态分布、估计与检验理论、伪随机数以及概率论的各类应用，适合程序设计人员与数学爱好者阅读，也可作为高中或大学非数学专业学生的概率论入门读物。

◆ 著　　　　[日]平冈和幸　堀 玄
　　译　　　　陈筱烟
　　责任编辑　徐 骞
　　执行编辑　高宇涵
　　责任印制　杨林杰
◆ 人民邮电出版社出版发行　　北京市丰台区成寿寺路11号
　　邮编　100164　电子邮件　315@ptpress.com.cn
　　网址　https://www.ptpress.com.cn
　　固安县铭成印刷有限公司印刷
◆ 开本：800×1000　1/16
　　印张：26.5　　　　　　　　2015年8月第1版
　　字数：492千字　　　　　　2025年3月河北第47次印刷
　　著作权合同登记号　图字：01-2013-8603号

定价：79.00元
读者服务热线：(010)84084456-6009　印装质量热线：(010)81055316
反盗版热线：(010)81055315

译者序

说到与程序设计关系紧密的数学学科，肯定有不少人首先就会想到概率论与统计学吧。从信息论到机器学习，从模式识别到数据挖掘，概率与统计的概念和原理活跃于计算机科学的各个领域，发挥着重要的作用。同时，概率与统计也都是应用性极强的学科。它们源于现实需求，在不断发展成熟后又反过来推进了各类问题的解决。纯粹的理论推演无法展现概率论与统计学的全部魅力，计算机科学的出现，为概率统计搭建了绝佳的应用舞台。

话虽如此，充满了大量概念与公式的概率与统计理论并非总是轻松有趣。概率论中既有简单明了的结论，也有与直觉相违的原理。只有准确地理解并掌握所有这些，才能真正在解决实际问题时灵活运用它们。幸运的是，这本《程序员的数学2：概率统计》另辟蹊径，借助不同于传统数学教材的独特编排思路，将概率泛化为面积与体积，强调随机变量的函数属性，深入浅出，巧妙地阐述了概率论与统计学的基本理论。全书穿插了大量形象有趣的实例，并辅以难度恰当的练习题，使没有经过大学数学系课程专业训练的读者也能理解与掌握概率与统计的精髓。

既然题为"程序员的数学"，本书自然也专门介绍了一些与计算机科学相关的主题。本书涵盖了随机数理论、贝叶斯公式、马尔可夫链、信息熵等计算机科学专业课程中涉及的知识点，不但能够作为相关课程教材的补充，还能启发读者理解甚至设计相关的计算机算法，解决与概率统计相关的计算问题。本书的习题量不大，但都很典型，是检测相关知识点理解程度的理想材料。为了深入掌握本书内容，建议读者准备纸笔，随时通过笔头推算与演练，必能获得更好的学习效果。

数学是一门严谨的学科。翻译以数学为主题的书籍，不仅需要准确地理解原文，将其转换为恰达的中文，更重要的是严格精确地表述各条数学表达式的含义。中日数学表述体系间存在的细微差异无形中为此增加了难度，遑论国内数学教材对部分名词术语的翻译尚未达成统一，一字一句，都必须推敲琢磨。原则上，本书选择了当前学界较为流行的中文术语与公式表述方式，关键的公式与理论也经过了审校与确认。然限于水平，谬误之处在所难免，敬请广大读者给予批评与斧正。

本书能顺利完稿，离不开许多人的帮助与支持。家人的理解与关心，使自己能够始终安心地翻译。当我在生活与工作中遇到困难时，好友的支持帮助我攻克了一个个难关。最后还要感谢图灵公司的编辑提出了大量有价值的建议与意见，帮助本书顺利完成并最终问世。最后，希望对概率统计有兴趣的读者们都能从本书中获益。

陈筱烟

2015年6月于上海

本书的编写目标

本书的目标读者是那些希望在自己感兴趣的领域中运用概率统计知识，但并不打算成为数学专业人士的人。本书名称沿用笔者的另一本书《程序员的数学3：线性代数》，但内容更加普适而通用。

说起概率论与统计理论，很多人都会对此抱有一些负面印象：计算公式复杂，检验类型繁多，辛苦学习很久后却发现真正对工作有帮助的其实是那些电子表格软件。不少人在运用统计理论时态度也很消极，他们只是为了让别人相信自己的结论客观合理而被迫使用那些繁琐的处理。

然而概率统计理论并非没有价值。事实上，近年来为了更好地处理数据，人们开始在各个学科中积极应用概率统计理论。数据挖掘、垃圾邮件自动筛选、文档的自动分类与类似文件搜索、非法使用的鉴别（例如根据信用卡消费历史得出持卡人的消费模式，以检测非正常消费行为，或监视网络流量识别可疑的访问模式等）、语音识别与图像识别、通信工程（例如信号清晰的高音质通话技术）、基因分析、金融工程中的资产组合分析、受生物学启发得到的高效信息处理方式（神经网络、遗传算法等）以及基于蒙特卡罗模拟的循证式日程规划等各领域中都活跃着概率统计理论的身影。

为了了解这些技术，我们必须掌握一些概率统计基础知识。然而，目前面向非理科背景读者的教材少之又少，他们往往不知道应该怎样学习概率统计知识。

概率论的专业教材需要一定的数学功底才能阅读，普通读者可能难以理解；而轻松易懂的入门书又常常不成体系，或是无法提供足够的信息。如果要应用概率统计理论，我们需要掌握更多的基础知识。例如，在实际应用中我们常会遇到多个事件同时发生的情况，如何才能胸有成竹地处理这类问题，而不是仅凭直觉或模糊的概念妄加猜测呢？为此，除了了解基本的计算步骤，我们还需要深刻理解以下两条概念。

- 概率是面积与体积的泛化
- 随机变量是一种以变量为名的函数

不了解这方面的读者可能难以理解这两句话，不过它们已经成为现代概率论的基础。

另一方面，与统计相关的参考书通常会罗列各类分布与检验方法。可惜这种编排方式难以帮助我们将概率统计理论应用至上述当前热门的领域。然而，直接阅读专门介绍垃圾邮件分类的技术书也并非良策。换个角度讲，我们不可能仅靠从应用中学到的知识来改进已有的应用方式。如果基础知识不足，在实际应用中就不能深入理解问题，从而无法触及问题的本质。何况这些技术至今仍在不断发展，只学习一些阶段性的未成熟的技术并没有太大的价值。相比研究这些具体的检验方法与应用技术，我们更应该首先强化相关的基础知识，以应对（包括当前方式在内的）更广泛的应用情景。

如果读者已经具备了一定的数学基础（不但能够理解数学表达式，还能领会那些抽象而巧妙的描述方式），教材的选择就会轻松很多。注重学习效率的教材、基础知识详细的教材、讲解生动有趣的教材，不一而足，大家可随意挑选。然而，由于存在这一门槛，普通读者缺乏合适的教材，于是能够掌握稍微系统一点的概率统计知识的人就一下子少了很多。

为此，本书在编写时考虑了以下三个原则。

- 精选了大量非数学专业读者也应当掌握的知识点
- 内容的深度与大学非数学系学生的学习能力相符
- 知识的讲解力求详细具体

因此，与传统教材相比，本书的着力点与讲解思路都较为独特。尽管本书面向初学者，却保持了一定的深度。虽然前半部分花了较长篇幅详解条件概率的概念，但省略了各种类型的分布，也没有具体介绍各类计算技巧及特征函数等内容。这是权衡了各个知识点的重要程度之后做出的决定。此外，有些部分的讲解看似冗长，实则语言明晰，非常易于理解。

在讲解各类估计与检验方式等统计学核心知识点时，本书也下了一番功夫。本书希望读者不仅能了解它们的用法，还能理解其背后的原理，因此详细介绍了相关的基础概念与思维方式。上文提到过，本书并不打算罗列所有的统计方法（尤其是数据的采集方式与区间估计等内容）。如果读者想要学习各种具体的估计与检验方法，请参考专门的统计学教材。本书将着重说明这些方法背后的理论依据，解释这些方法背后共通的原理。

❓ 0.1　在阅读本书前，需要预先掌握哪些数学知识[①]

- 需要具备高中理科级别的数学知识（包括向量、微积分等的概念与基本计算能力）
- 偶尔会用到大学级别的数学知识（主要是多元微积分），不过本书会为不具备这方面知识的读者提供必要的解释
- 不会使用大学数学系级别的知识（主要是测度论）。如果讲解时无法避免，本书将明确提示，并给出易于理解的说明，帮助读者建立直观印象

此外，第5章与8.1节需要用到一些大学程度的线性代数知识（例如，需要通过正交矩阵将对称矩阵对角化）。如果读者之前不了解线性代数理论的应用价值，也许会惊叹它的巨大威力。

最后，附录A简单总结了求和符号、指数与对数的一些基础知识，读者如有需要可适当参考。

[①] 该部分在正文中称为"问答专栏"。——译者注

❓ 0.2　为什么要在写线性代数教材的同时再写一本概率统计教材

　　撰写这两本教材都是因为该学科的初学者与专家之间存在人才断层现象。在这两个领域中，一些有经验的人能够轻松解决的问题，初学者却常常感到过于复杂。产生这一问题的根本原因在于，无论是矩阵还是概率，不同水平的人对它们的理解程度往往大相径庭。

　　例如，只要具备一定的线性代数基础，就一定会知道矩阵的本质是一种映射。然而，考虑到初学者不一定能够理解这种抽象的解释，入门教材一般会使用更浅显的说明方式。因此，笔者希望打破这一惯例，教授初学者矩阵更加本质的含义，即，

<h1 align="center">矩阵是一种映射！</h1>

笔者相信，这本书证明了如下几点。

- 只要讲解详细，说明充分，初学者也能理解抽象概念的本质
- 即使不打算成为数学方面的专家，掌握这些本质也大有裨益
- 事实上，首先阐明概念的本质，往往更利于读者理解

本书也将以此为目标。对于具备一定的概率统计基础的人来说，以下这句话是众所周知的常识。

<h1 align="center">概率是一种面积！</h1>

　　本书希望让更多的人理解这一概念①。1.3节将借助"上帝视角"具体讲解这句话的含义（它也许与读者的想象有些差别）。在理解了这句话之后，概率论中的很多问题都会迎刃而解，敬请期待。

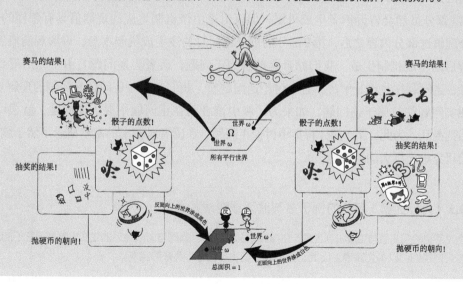

----

① 准确地讲，概率是一种测度。测度可以简单理解为面积与体积等可测量的量的泛化概念。

本书的构成

本书包含以下两大部分。

- 第1部分：聊聊概率这件事
- 第2部分：探讨概率的应用

其中，第2部分中的各个主题相对独立，读者可依个人兴趣与喜好有选择地阅读。

不过，这并不是这样分类的真正原因，这背后还有一个更为深层的理由，即"不希望读者混淆观测值与该观测值背后的生成机制"。

我们来看一个极为简单的例子。

- 背后的生成机制：算命箱中有七成是吉，三成是凶
- 观测值：5人抽签后，4人抽到了吉，1人抽到了凶

我们可以从7/10与4/5这两种角度来讨论吉凶的比例，但两者的含义与意义完全不同。我们可以直接观测到观测值，但无法观测该值生成的机制。要真正理解并应用统计方法，必须明确区分两者。

第1部分虽然会告诉读者生成机制，但仅讨论由该机制生成的观测值具有怎样的性质。在充分理解这部分内容之后，第2部分的重点将同时关注生成机制本身，讲解观测值怎样通过其背后的生成机制生成。我们姑且称前者为正问题，后者为逆问题。由于无法得到完整的信息，逆问题往往更难解决，且在讨论逆问题前，我们必须对正问题有深刻的理解。

现实问题往往属于逆问题，如果为了吸引读者而在正问题中混入逆问题，就很可能使读者感到混乱。为此，第1部分将集中讨论正问题，在读者对概率的基本概念了然于胸之后，再开始研究难度更大的逆问题。

❓ 0.3　为什么第1部分的例子多与赌局或游戏相关

上文所说的观测值与生成机制正是产生这种情况的原因。赌局与游戏背后的生成机制即是它们的规则，而这些规则我们可以事先知道。因此，它们非常适合作为第1部分的实例。

在线资源

读者可以从图灵社区的网站上下载在各章末专栏的实验中执行的Ruby脚本[1]。

谢辞

原启介、高桥信、小山达树与堀英彰审读了本书的原稿，并对内容、编排与表述方式提供了很多有价值的建议。[2] 小柴健史给伪随机数部分提出了宝贵意见。使用过本书Beta版的学习小组也提供了很多有益的反馈。kogai、studio-rain、mia、pige以及其他一些匿名网友为本书在互联网上公开的草稿提出了许多勘误与问题。欧姆社开发部的诸位从各方面为本书的写作提供了支持[3]，使本书达到了仅凭笔者一人绝对无法达到的水准。mUDA为本书的关键概念绘制了形象有趣又令人印象深刻的插图。笔者在此向诸位表示衷心的感谢。本书得以面世，离不开大家的努力（因笔者水平所限，本书难免还有不足之处，望读者见谅并批评）。

笔者
2009年10月

① http://www.ituring.com.cn/book/1254，点击 "随书下载"。——编者注
② 阅读尚不成熟的原稿十分辛苦。多亏了几位的早期审读，笔者才能对包括本书整体框架在内的方方面面做出巨大改进。
③ 大家除了准备邮件列表、版本管理系统、错误追踪系统等基本的软件环境，还提供了可以直接通过make指令确认运行结果的实验模拟程序，技术水平非常高。

目　录

第1部分　聊聊概率这件事

第2部分　探讨概率的应用

第1部分

聊聊概率这件事

第1章

概率的定义

A：根据我的调查，明年经济景气的概率是 71.42857...%。

B：你怎么能得到那么精确的数字？

A：模拟了 7 种设定后，其中 5 种情况下经济将会好转，于是从 5/7 得到 0.7142857...

B：呃……槽点太多都不知道该怎么回答你了。总之我们先了解一下概率究竟是什么意思吧。

概率的难点在于它不够直观。如果我们的头脑中没有具体的概念，仅凭直觉想象，就很难深刻理解概率的本质。

本章将形象地描述概率这一抽象概念，将其转换为易于理解的具体问题并分析。本章所讲内容的要点在于"概率即是面积"。如果读者能掌握这种思考问题的方式（代入所谓的上帝视角），很多问题就将迎刃而解。

作为构筑本书基础的一章，本章将首先介绍概率论的"舞台"——三元组 $(\Omega, \mathcal{F}, \mathrm{P})$，然后再介绍"主演"——随机变量与概率分布。

1.1 概率的数学定义

概率是什么？这个问题很难回答。

- 掷骰子时，点数为 1 的概率是 1/6
- 打扑克牌时，抽中黑桃的概率是 1/4

有了这些概率，我们很容易就能得到如下结果。

- 掷骰子 600 次后，大约有 100 次结果为 1
- 抽扑克牌 400 次后，大约有 100 次抽中黑桃那么，下面这样的概率是否存在呢？

- 明天某地下雨的概率
- 1192 年 6 月 6 日某地曾下过雨的概率

"明天下雨的概率是 30%"，这样的结论究竟有没有意义呢？如果某事件仅发生一次，尽管我们依然可以讨论该事件的概率，但前文这样的解释已不再适用。更何况"曾下过雨"是在讨论过去的事件，就算说话者本人不清楚当时的情况，是否下过雨早已是既成事实。这类既定事件与概率一词有何关联吗？

"是否有意义？"这类问题，如果较起真儿来，那就没完没了了，讨论将无法展开。因此，在数学中，我们暂且不管问题是否有意义，先抽象地定义了概率的概念。通常，概率的具体定义为"满足下列条件的三元组 $(\Omega, \mathcal{F}, P)$ 称为概率空间。这些条件包括……"[①] 之类，如是云云。总之，根据这一定义，我们就能对概率执行各种运算并得到符合要求的结果。因此，我们还是别对这种抽象的定义抱有怨言了。不过，并非人人都是数学专家，要让业余爱好者们也能读懂这些定义显然不切实际。为此，我们将设法统合概率的直观印象与抽象定义，这也是本章的目标。

？1.1　为什么面向业余爱好者的书非要使用如此抽象的定义

本书执意介绍三元组 $(\Omega, \mathcal{F}, P)$ 出于以下两个理由。

第一个理由很简单，就是因为有趣。以新的视角看待问题不是一件令人激动的事吗？如果要换用一种与过去全然不同的思考方式考虑问题，自然会感到费力。不过一旦跨越了这一障碍，就会豁然开朗，不由得便会觉得干劲十足。

另外，学习三元组能够帮助我们迅速理解概率论中的很多理论，借助 $(\Omega, \mathcal{F}, P)$，很多原本抽象难懂的概念与性质都将变得一目了然。例如，本书的第 2 章、3.3 节、3.5 节等都能通过三元组解释。

1.2　三扇门（蒙提霍尔问题）——飞艇视角

如果直接讲解 $(\Omega, \mathcal{F}, P)$，读者可能不容易理解，因此，我们先讨论下三扇门游戏。这也称为蒙提霍尔问题（Monty Hall problem），是一个争论不断的著名问题。以该问题开始本节的讨论或许有些绕。不过本节的主题正是如何处理这类复杂问题，因此还请读者耐心阅读。

---

① Ω 是希腊字母 ω（Omega）的大写形式。$\mathcal{F}$ 是 F 的异体。读者暂时不必在意这些细节问题。

有些读者可能已经对蒙提霍尔问题有所了解，但本节将侧重于说明它与$(\Omega, \mathcal{F}, \mathrm{P})$的关系，仍有一读的价值。

1.2.1　蒙提霍尔问题

图1.1中有三扇门。其中只有一扇是正确的门，打开后将能获得一辆高档豪车。另两扇门是错误选项，门内只有山羊。从门外无法获知哪一扇才是正确选项。挑战者需要从三扇门中选择一扇打开。

在决定选择某扇门后，还剩两个选项，其中至少有一个是错误选择。此时，(知道正确答案的)主持人打开了没被选中的门中错误的那个，让挑战者确认了门后的山羊，并询问："是否要重新选择？"

挑战者是否应当重选，还是应该坚持最初的选择？又或是两种做法没有区别？

图1.1　蒙提霍尔问题

这就是蒙提霍尔问题。请读者先考虑下自己将如何作答。为使概率的讨论更清晰明了，我们制定了以下前提条件。

- 主持人通过骰子决定将高档豪车藏在哪扇门后(点数1、2表示在门1中，3、4表示在门2中，5、6表示在门3中)
- 挑战者通过骰子决定选择哪扇门(点数1、2表示门1，3、4表示门2，5、6表示门3)
- 如果挑战者选中了正确答案，主持人仍将通过骰子决定打开哪一扇门(即使它们都是错误答案，其中点数1、2表示门1，3、4表示门2，5、6表示门3)

1.2.2　正确答案与常见错误

聪明的读者可能很快就得出了正确答案。试考虑以下情况。

在挑战者做出第一次选择之后，有1/3的概率正确，2/3的概率不正确。这很容易理解，无可争辩。那是否应该重新选择呢？我们来仔细看一下规则。

- 如果第一次选择正确，重选必定错误
- 如果第一次选择错误，重选必定正确

也就是说，"第一次选择错误"的概率就是"重选后正确"的概率。即重选的正确率是2/3。重选更加有利。

不过，即使能够做出正确的选择，我们有时也很难向那些判断错误的人解释清楚这样选择的原因。例如，有人可能会有下面这样的草率见解。

在游戏开始时，存在三种可能。

$$\begin{cases} 门1是正确答案（概率1/3） \\ 门2是正确答案（概率1/3） \\ 门3是正确答案（概率1/3） \end{cases}$$

假设挑战者选择门3，而主持人打开了门1。于是，第一种情况将不再成立，只剩下两种可能。

$$\begin{cases} 门2是正确答案（概率1/2） \\ 门3是正确答案（概率1/2） \end{cases}$$

此时，重新选门2与继续选择门3的概率似乎都是1/2。

得到了这一错误结论的人，无论怎样向他解释，都难以认同我们之前的说法。他们会觉得"虽然你说的也有道理，但我的想法也没有错"，讨论将不了了之。那我们应该怎么办呢？

1.2.3　以飞艇视角表述

概率是一种很抽象的概念，如果我们仅凭直觉判断，很难清晰理解它的本质。为此，我们希望换一种视角来表述概率，尽量把问题转换成一种可以实际衡量的形式。具体来讲，就是放弃使用骰子。这种思维模式的转换，就是现代数学中概率定义的基石，也是本书要传达的核心思想。在刚接触这种思考方式时，读者可能会有些不适应，不过一旦习惯之后，许多概率问题都能迎刃而解，因此，让我们放下固有观念，试着体会这种新的视角吧。

如图1.2所示，假设我们准备了大量游戏会场。在一个巨大的广场中分设了360个游戏会场，每个会场将同时进行游戏。你现在乘坐在飞艇中，从上空俯视这些会场。与之前的规则不同，我们这次为每个会场准备了剧本，主持人与挑战者都将按照剧本表演。所有人的行动都已事先确定。不过，每一个会场的剧本内容各不相同。

在视角转换前，主持人通过掷骰子来决定哪一扇门是正确答案。由此，我们将剧本设定为360个会场中有120个会场的门1是正确答案，120个会场的门2是正确答案，120个会场的门3是正确答案。接下来由挑战者进行选择，但我们同样不再使用骰子。取而代之的是，在门1是正确答案的120个会场中，有40个会场的剧本要求挑战者选择门1，40个会场选择门2，40个会场选择门3。门2是正确答案的120个会场和门3是正确答案的120个会场也同样如此。以上内容整理如下。

	挑战者选择门1	挑战者选择门2	挑战者选择门3
门1是正确答案	○40个会场	×40个会场	×40个会场
门2是正确答案	×40个会场	○40个会场	×40个会场
门3是正确答案	×40个会场	×40个会场	○40个会场

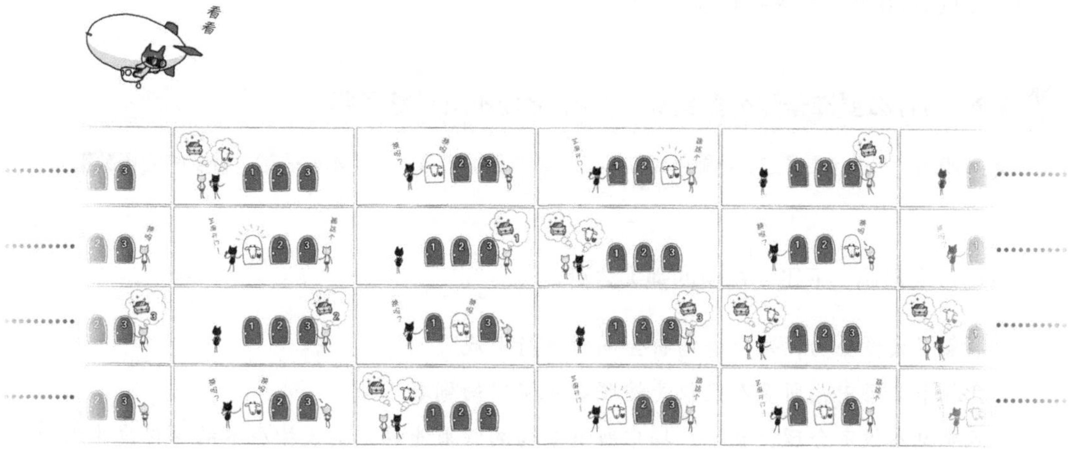

图1.2　飞艇视角

之后，主持人将打开一扇错误的门。请读者特别注意此处。如果挑战者的选择错误(×)，剩下的两扇门分别是正确答案与另一个错误答案，此时主持人只能打开错误的那扇门。另一方面，如果挑战者的选择正确(○)，剩下两扇门被主持人打开的概率各为一半。综上，选择结果整理如下。

主持人	挑战者选择门1		挑战者选择门2		挑战者选择门3	
	打开门2	打开门3	打开门1	打开门3	打开门1	打开门2
门1是正确答案	○20个会场	○20个会场	—	×40个会场	—	×40个会场
门2是正确答案	—	×40个会场	○20个会场	○20个会场	×40个会场	—
门3是正确答案	×40个会场	—	×40个会场	—	○20个会场	○20个会场

接下来，我们从飞艇上向下眺望，数一下各种类型会场的数量。如果挑战者坚持最初的选择，共有120个标记为○的会场选择正确，240个标记为×的会场选择错误。另一方面，如果挑战者改选了其他门，标记为×的240个会场反而将得到正确答案，标记为○的120个会场最终选择错误。根据这一结果，我们很容易得出改选更加妥当的结论。只要统计一下各种结果的数量即可得到这一答案，不存在任何歧义。

通过飞艇视角，我们甚至可以数出之前的轻率结论究竟错了几处。挑战者选择了门3而主持人打开了门1的会场共有60个。其中，门2是正确答案的会场有40个，而门3是正确答案的会场仅有20个。概率并非各占一半。

❓ 1.2   为什么要准备那么多会场，18个会场不就足够了吗

确实如此。不过，更多的会场能够帮助读者理解之后的内容，因此本章设定了较多的会场数量。

我们再次强调一下飞艇视角的强大之处。

- 准备了大量会场，每个会场将会同时进行游戏
- 在各个会场中，所有人仅仅是按照事先确定的剧本行动
- 只要剧本设定合理，整个广场中所有会场的结果能够完美模拟原本的事件发生概率
- 只要从飞艇上俯瞰并统计会场的数量，就能明确判断各种结论的正误

这种方式的优势十分明显。如果我们通过直觉来说明概率这种抽象的概念，往往很难把问题解释清楚。如果换用飞艇视角，抽象的情况就被转换为了具体的统计问题。

? 1.3 虽说是转换表述方式，其实是由概率问题转变为了确定的事件，看起来完全不同。这样的转换真的合适吗

这种想法非常合理，但我们无需担心。转换后我们仍然能够根据需要做出概率形式的解释，与原来的表述方式没有区别。例如，我们可以通过转盘来选择需要观察的会场。

我们需要准备一个写有1至360这360个号码的巨大转盘。在转动转盘后，如果停留在124号，我们就观察第124个会场。虽然我们准备了360个会场，但只会观察其中的一个。如果观察者不知道这种机制，他将怎样看待自己正在观察的会场呢？

在360个会场中，有120个会场的门1是正确答案。从观察者的角度来看，门1是正确答案的概率是120/360 = 1/3。门2与门3同样是1/3的概率。于是，实际的情况与通过掷骰子决定没有区别。

这一机制很好地模拟了原本的情况。不过，这样的解释其实仍不充分，在2.2节，我们将进一步深入讨论。

? 1.4 蒙提霍尔问题还有更巧妙的解释吗

有。还存在诸如"考虑有100扇门而主持人将打开其中98扇的情况"等解法。这些解释没有使用数学算式就巧妙地解答了问题。这类解法与本节这样中规中矩的说明孰优孰劣，需要具体情况具体分析。本节希望介绍一种更加通用的思考方式，不仅能解决蒙提霍尔问题，还能分析其他的情况，因此解法较为稳妥。今后，我们将根据需要选择合适的方式。

1.3 三元组(Ω, F, P)——上帝视角

在之前的1.2节中，我们已经在飞艇上从空中俯瞰了各种会场中不同角色的行动。也许这与上帝眼中的世界无异。会场即"世界"。也就是说，如图1.3所示，上帝能够置身各种平行世界之外俯视着它们。

在图1.3中，平面上的每一点都是一个不同的世界。每个世界中都有银河系，有地球，上面生活着许多人。然而，每个世界中发生的事件并不相同。骰子在一个世界中的结果为1，在另一个世界中则可能是5。这是由于这些世界具有不同的剧本——没错，我们假设每个世界都会预先准备专用的剧本。剧本中记录了某个世界从古至今乃至未来发生的所有事件。无论是什么，一切都只是根据剧本发展而已。对于某个特定的世界来说，所有的结果都已确定，不存在任何随机事件。

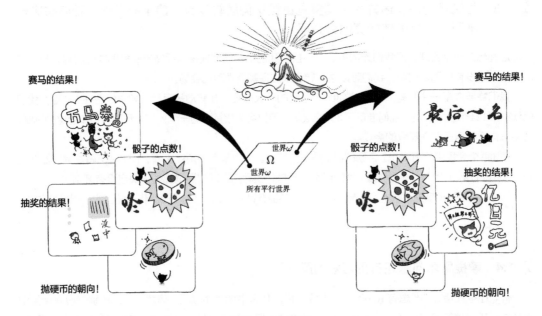

图1.3　上帝视角

　　那么，我们该如何讨论概率的问题呢？只需将它理解为计算会场的数量即可。不过，如果平行世界如上图的方式呈现，我们将无法计算它们的数量。因此，我们将测量该平面的面积，而非计算世界的数量。我们以计算抛硬币正面向上的概率为例来说明这个问题。为此，我们首先假定正面向上的世界（这个世界的剧本写有"硬币正面向上"这样的情节）为白色，反面向上的世界为黑色，并涂上颜色区分。图1.4是涂色的结果，该图中白色区域的面积为0.5，用于表示"正面向上的概率"。我们假定整个平面的面积为1。

　　现在我们来计算一下第二次抛硬币时正反两面的出现概率。依然是白色表示正面，黑色表示反面，结果白色的面积为0.5，它表示再次抛硬币时正面向上的概率。需要注意的是，黑白两色的涂色形状将发生变化。上一次结果是正面向上并不意味着这次也会有同样的结果，每次的结果不会始终相同。重叠两次的涂色情况，就能总结出两次抛硬币的结果。对了，下面这几句话至关重要，请读者用心体会。第一次与第二次的概率（区域的面积）相同。然而，这并不表示第一次与第二次抛硬币的结果是等价的，这是因为，两块区域的形状并不相同。本书将着重分析这种多个因素或现象之间的关系。如果要灵活运用现代的概率统计知识，分析现象之间的关系是一个关键。

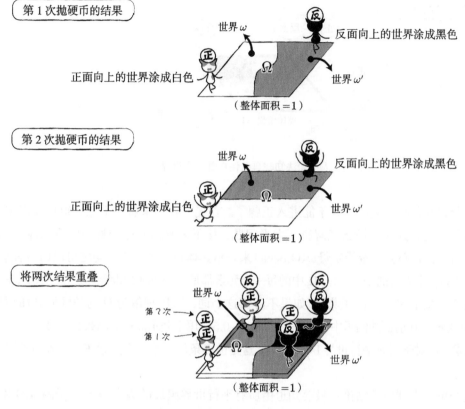

图1.4   通过涂色区分平行世界（概率＝面积）

这张图中有以下几条重点设定。

● 每个世界的抛硬币结果完全确定
● 然而人们无法知晓自己住在哪个世界

例如，如果第一次抛硬币的结果为正面，就能知道自己居住在图1.5中实线范围内的某个世界中，但无法确定是其中哪一个世界。同时，该范围内的世界在第二次抛硬币时仍会得到不同的结果。因此，人们无法确定下一次抛硬币的结果。请读者与问答专栏1.3作比较。

读者在初次听到这种设定时或许会感到奇怪。不过像这样明确区分确定与不确定的含义之后，接下来的讨论将更加明了。因此请读者务必努力理解这些内容[①]。

[①] 假设未来已经确定，以及上帝之类的说法，都是为了便于读者理解，与宗教之类的自然没有关系。这也许会与读者的信仰有些冲突，但请允许本书继续使用这样的说法，以更方便地理解并解决概率问题。

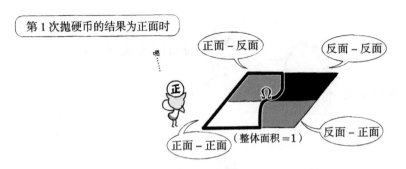

图1.5　人们无法知晓自己住在哪一个世界

至此，所有准备都已完成，终于能进入正题了。首先，我们来看一下三元组$(\Omega, \mathcal{F}, P)$的含义。话虽如此，其实我们已经解决了大半问题，接下来只需对已经遇到的概念标上记号即可。习惯上，我们会以希腊字母ω（Omega）来表示具体每一个世界。与之对应的所有平行世界组成的集合由大写的Ω表示。Ω中的每一个元素都是一个单独的世界。这是$(\Omega, \mathcal{F}, P)$的第一个元素。接下来，Ω的子集A（如果不习惯这个词，可以理解为Ω内的区域A）的面积将由$P(A)$表示。在前面的例子中，P（白色区域）$= 0.5$。用于表示面积的函数P是$(\Omega, \mathcal{F}, P)$的第三个元素[①]。对于所有平行世界$P(\Omega) = 1$，这是前提条件。第二个元素$\mathcal{F}$不太容易理解，这里暂且跳过。

最终我们可以得到以下结论：只要知道由所有平行世界组成的集合Ω与用于测量Ω中区域面积的函数P，就能对概率问题进行讨论。借助这两个元素，概率问题被转换为了"区域与面积"的问题。这种方式的特点在于，不确定的概率问题成为了确定的数学问题。概率的概念不够直观，在将它转为面积这样含义清晰的值之后，我们就可以进一步展开明确的讨论。

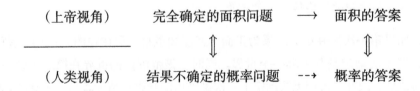

---

① 这里称P为函数，其实它与大家熟悉的"输入数字后返回数字"的函数有些不同，是一种"输入集合后返回数字"的逻辑。

? 1.5 为什么非要使用平行世界这样夸张的说法？会场与飞艇的比喻更加容易理解嘛

之所以这么做，是为了准备无限多的备选情况。例如，飞行距离与捕鱼量(重量)都是连续量，我们无法逐个数出这些值所有的可能情况。此时，无论我们准备多少会场，都无法对应所有的备选情况，因而无法模拟原本的概率。此外，如果概率是 $1/\sqrt{2}$ 这样的无理数值(无法以整数 / 整数的形式表示的值)，即使我们准备再多的会场，也不能准确表现这一概率。因此，我们必须改用更加通用的形式。

? 1.6 我不太理解由所有平行世界组成的集合 Ω 是什么概念。请再解释一下吧

读者只需暂且按照插图示例，将其理解为面积为1的正方形即可。1.7节将作更详细的解答。

? 1.7 感觉我们是不是把问题过分简化了？去除了一些关键的要素后，还有讨论的价值吗

这不正是数学常用的解决方式吗？

例如，行星探测器与星体的距离时刻都在变化，如果我们以时间为横轴，以距离为纵轴作图，就能通过一张静态图像表示探测器从过去到未来的运动情况。于是，时间这种特殊概念，也能转换为数学形式，借助普通的数字与函数表述。

本节的内容也是如此。概率存在多种可能，如果我们以$(\Omega, \mathcal{F}, P)$表述概率，就能以一种静态的方式呈现所有的可能情况。于是，概率这种特殊概念就像这样转换为了数学形式，能通过普通的集合、数字与函数表述。

顺便说明一下，每个世界 ω 称为样本，由所有平行世界组成的集合 Ω 称为样本空间，Ω 的子集称为事件[①]。不过，这些术语过于正式，本书不会使用。

1.4 随机变量

1.3节已经构建了舞台。接下来，我们讨论一下如何在这一舞台上表现随机量，并整理之前出现过却还没有详细讲解的内容。

这种随机量称为随机变量。通俗来讲，它是一种会随机改变的不确定量。不过，如图1.6

[①] 有时，ω 也称为样本点或基本事件，Ω 也称为基本空间。事实上，事件的定义与 $\mathcal{F}$ 有关，有一定的限制条件，不过在此我们不做进一步讨论。

所示，我们现在处于上帝视角。该视角下，我们可以俯瞰由"所有平行世界"组成的集合 Ω。其中每个世界 ω 中的事件都已确定，只是根据剧本表演而已。

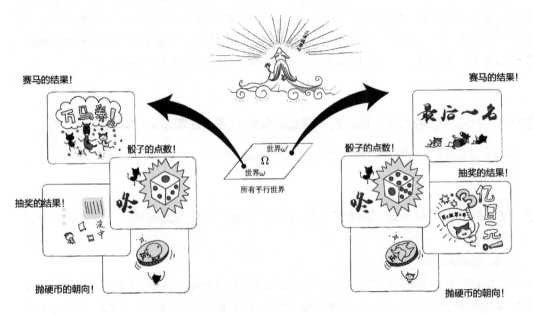

图1.6　上帝视角（与图1.3相同）

　　从 $(\Omega, \mathcal{F}, \mathrm{P})$ 的角度来看，随机变量只是 Ω 中的函数而已。请读者观察图1.7。如图所示，对于 Ω 中的各元素 ω，函数 $f(\omega)$ 将返回相应的整数，这些整数值就是随机变量①。f 只是一个函数，返回情况完全确定。除了定义于 Ω 中，它与诸如 $g(x) = x + 3$ 之类的函数没有区别。不过，如果人们无法知道自己处于哪个世界 ω，就不能确定 $f(\omega)$ 的值。这是因为 $f(\omega)$ 的值根据 ω 而变化，而此时 ω 无法确定。读者能够理解这里的讲解吗？

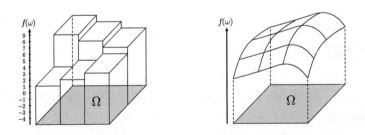

图1.7　随机变量是 Ω 中的函数。左侧是整数值（离散值）的随机变量。右侧是实数值（连续值）的随机变量

---

① "返回值"是程序设计中的术语。也就是说，函数 f 在以参数 ω 调用后将执行一些处理，并将结果返回给调用方。

这一点非常重要，因此我们需要再详细说明一下。请读者在阅读时思考此时是否随机。从上帝视角来看，随机变量只不过是一种完全确定的函数 $f(\omega)$。但从人类的视角来看，由于不确定自己身处哪一个世界 ω，因此也无法得知 $f(\omega)$ 的值。如果读者能够在两种视角之间自由切换，接下来的概率问题讨论应该不会有太大问题。

（上帝视角）　　完全确定的面积问题　$\longrightarrow$　面积的答案

（人类视角）　　结果不确定的概率问题　$\dashrightarrow$　概率的答案

此外，习惯上，我们会通过 $X(\omega)$ 这样的大写字母来表示随机变量。因此在后文中，我们将尽可能使用大写字母。

接下来，我们来看一些例子。

如图 1.8 所示，Ω 是一个正方形。从集合的角度来讲，它是一个由 0 至 1 间的实数组成的二元组集合。也就是说，Ω 中的元素呈 $\omega = (u, v)$ 的形式（$0 \leqslant u \leqslant 1$ 且 $0 \leqslant v \leqslant 1$）。P 是传统意义上的面积。整个 Ω 的面积为 1，完全符合要求。

我们将按照图 1.9 来定义随机变量 X[①]。

$$X(u,v) \equiv \begin{cases} \text{中选} & (0 \leqslant v < 1/4) \\ \text{落空} & (1/4 \leqslant v \leqslant 1) \end{cases} \tag{1.1}$$

随机变量 X 的值是中选与落空这两种选项之一。这类既非整数又非实数的值也能作为随机变量定义。例如，对于 $\omega = (0.3, 0.5)$，则 $X(0.3, 0.5) =$ 落空。而对于 $\omega = (0.2, 0.1)$，则 $X(0.2, 0.1) =$ 中选。那么，X 的值为中选的概率是多少呢？由于 $X =$ 中选对应的面积是 $1/4$，因此 X 有 $1/4$ 的概率值为中选。

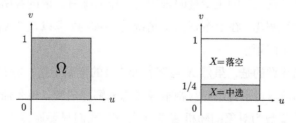

图 1.8　由所有平行世界组成的集合　　图 1.9　随机变量 X

① 该式中的 $\equiv$ 表示定义。由于这是一种定义，因此只是命名了随机变量而已。有些书也会使用 := 或 $\triangleq$ 这样的记号。此外，在其他领域中，$\equiv$ 可能具有不同的含义。

为帮助理解，我们再来看一下另一个随机变量的例子。

$$Y(u,v) \equiv \begin{cases} \text{中选} & (2u + v \leqslant 1) \\ \text{落空} & (\text{其他}) \end{cases} \tag{1.2}$$

由图1.10可知，Y有1/4的概率中选，3/4的概率落空。

最后，我们再看一个实数值的随机变量。

$$Z(u,v) \equiv 20(u - v) \tag{1.3}$$

请问：

- Z的取值范围是什么？
- Z大于等于0且小于等于10的概率是多少？

对于第一个问题，根据u与v的范围可知，Z可以是-20至20之间的实数。对于第二个问题，如图1.11所示，当$0 \leqslant Z(u,v) \leqslant 10$时，$(u,v)$表示的面积为3/8（$=1/2 - 1/8$），因此概率为3/8。

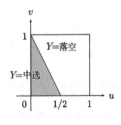

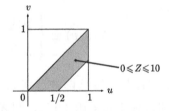

图1.10　随机变量Y　　　　图1.11　随机变量Z

上面的例子暂时只写了随机变量的表达式，作为练习，请读者用平行世界及剧本等词复述这些例子。请闭眼思考"在上帝视角下情况将会如何？"以及"从普通人的视角来看，情况将会如何？"这两个问题。

需要读者多加注意的是，虽然X与Y都是1/4的概率中选，3/4的概率落空，但X与Y本身并不相同。如何通过平行世界与剧本等概念来解释两者，也是需要读者思考的问题。

对于以整数或实数为对象的随机变量X与Y，我们只要通过直观的方式来理解$X+1$、$3X$、$X+Y$，或XY等表达式的含义即可。从普通人的视角看来，"随机值X"加上1后得到的就是$X+1$。从上帝视角来看，$X+1$表示的是各个世界中值为$X(\omega)+1$的函数。

？1.8　前文图中的那些与表达式对应的区域是怎样画出来的呢

要理解区域边界的方程式并不难。例如，对于方程式"$Y(u,v)=$中选"，我们实际上是要求 $2u+v\leqslant1$ 表示的区域。将表示该区域边界的方程式 $2u+v=1$ 变形后，我们将得到 $v=-2u+1$。该方程式表示一条直线，其斜率为 -2，y 轴截距为1。我们首先画出这条直线，之后判断该区域位于直线的哪一侧。我们只需随意取一个点检查即可轻松得出结论。例如，代入 $(u,v)=(0,0)$ 能得到 $2u+v=0$，因此点 $(0,0)$ 位于 $2u+v\leqslant1$ 表示的区域中。而代入 $(u,v)=(1,0)$ 将得到 $2u+v=2$，可知点 $(1,0)$ 不属于该区域。于是，该区域与点 $(u,v)=(0,0)$ 位于直线的同侧。（可能会有读者指出这里悄然利用了连续性的原理，不过能了解这些概念的话，应该也就不会提出这个问题了吧。）

顺便一提，随机变量在英语中称为 random variable。板书中有时会缩写为 r.v.，以防读者不理解该缩写的含义，这里特别提醒一下。

1.5　概率分布

随机变量涉及具体的平行世界。与之相对地，概率分布的概念更为宽泛，它只考虑面积，不涉及具体的平行世界。在不会产生歧义时，我们可以将概率分布简称为分布。简单来讲，下表表示的就是一种概率分布。

表1.1　老千骰子的概率分布

骰子的点数	掷出该点的概率
1	0.4
2	0.1
3	0.1
4	0.1
5	0.1
6	0.2

我们也可以用图1.12的形式来表示概率分布。这种方式也许更易于理解。

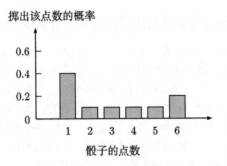

图1.12　老千骰子的概率分布图

两种表述方式没有本质区别，我们需要注意的是概率分布与随机变量之间的差异。对于随机变量，哪一个世界中将得到哪一个值都已确定，而概率分布不涉及事件具体发生在哪一个世界。

　　只要知道随机变量，我们就能计算相应的概率分布。例如，表1.2与表1.3分别是之前式1.1与式1.2中 X 与 Y 的概率分布。

<table>
<tr><td colspan="2">表1.2　X 的概率分布</td></tr>
<tr><th>值</th><th>该值出现的概率</th></tr>
<tr><td>中选</td><td>1/4</td></tr>
<tr><td>落空</td><td>3/4</td></tr>
</table>

<table>
<tr><td colspan="2">表1.3　Y 的概率分布</td></tr>
<tr><th>值</th><th>该值出现的概率</th></tr>
<tr><td>中选</td><td>1/4</td></tr>
<tr><td>落空</td><td>3/4</td></tr>
</table>

　　虽然 X 与 Y 是不同的随机变量，但是它们的概率分布相同。我们可以用下面的表达式来表述概率分布表。

$$\begin{cases} \mathrm{P}(X = 中选) = 1/4 \\ \mathrm{P}(X = 落空) = 3/4 \end{cases}$$

下面的写法含义相同。

$$\mathrm{P}(X = k) = \begin{cases} 1/4 & (k = 中选) \\ 3/4 & (k = 落空) \end{cases}$$

两种写法都表示 $X=$ 中选的概率为1/4，落空的概率为3/4。

　　对于更为一般的随机变量 X，其概率分布的求法应该也非常直接。下面的表达式表示"X 为 k 的概率"，因此这类方程式的集合就是相应的概率分布。

$$P(X = k) = \text{“}X(\omega) = k\text{时区域}\,\omega\,\text{的面积”}$$

只要得到随机变量 X，我们就能求出相应的概率分布，但反过来却不成立，仅凭概率分布，我们无法求出随机变量的值。之后这句提醒也将反复出现，因此读者不必担心会遗忘。

我们需注意概率分布的两条性质。

- 每一项概率都大于等于 0 且小于等于 1
- 所有概率的和必定为 1

从上面采用的面积的角度来看，这是理所应当的两条性质（在集合 Ω 面积为 1 的前提下）。

不过，即使没有列出所有的公式，我们只要知道了所有值的出现概率，就能表述概率分布。例如，下面的数学表达式也能表述概率分布。

$$P(X = k) = \frac{12}{25k} \quad (\text{其中}\,k=1, 2, 3, 4) \tag{1.4}$$

此时，与其说“式 1.4 是随机变量 X 的概率分布”，不如说“随机变量 X 遵从式 1.4 中的概率分布”。

顺便一提，我们对式 1.3 中那样的值连续的随机变量 Z 也定义了概率分布。不过这种概率分布的表述略有些复杂，第 4 章我们再详细讨论。

1.6 适于实际使用的简记方式

通过方程式表述概率对格式的要求较高，如果读者不习惯这种写法，在书写时或许会有些困难。因此，我们经常会使用一些便于书写的简记。本节将介绍一些常用的简记方式。熟悉之后，阅读简记也并非难事，不过对初学者来说，这些简记可能会引起混乱。因此，如果读者在阅读时感到有些困惑，即使老师也使用简记表述概率，也请先改用原本的表示方法以避免误解。

1.6.1 随机变量的表示方法

原则上，随机变量应以大写字母表示。在使用 $X(\omega) = a$ 这种写法时，我们可以清楚地区分出 X 是随机变量，而 a 只是普通的数字。不过，我们并不一定非要遵守该原则。如果情况比较复杂，字母将不够使用，此时使用其他名称也无可厚非。

话虽如此，但若使用 $X(\omega)$ 或 X 之类过分简单的记法，阅读者可能会产生误解。如果使

用 $X = a$ 的写法，其中又含有"不确定的随机数 X 可以取值 a"的含义，是一种基于普通人视角的表述方式。请读者在必要时改用上帝视角，以 $X(\omega) = a$ 的形式表述，即"在点 ω 处，函数 X 的值为 a"①。

有时我们也可以图省事，同时用字母 X 表示随机变量与普通的数字。随机变量是"Ω 上的函数"，而后者只是前者"可取的值"，两者并不相同，不过我们可以不作特别区分，都以 X 表示。读者必须根据上下文判断该字母究竟表示哪种含义。在学习概率知识时，我们应尽可能避免采用这种表述方式。

❓1.9　26个英文字母仍然不够用吗

不够用，26个英文字母很容易就会用完。我们不能任意使用这些字母。

许多字母已经存在习惯用法，这些字母被赋予的特定含义有助于数学表达式的理解，人们看到这些字母时，能够下意识读懂它们的含义。但另一方面，由于存在这种习惯，我们无法随意使用所有的字母。例如，对于"函数 $f(x) = 3x + 1$"与"函数 $x(f) = 3f + 1$"，虽然它们除了名称不同外并没有实际的区别，但读者会感觉第二种写法有违常规。

尽管没有明确规定，我们仍建议读者遵循习惯用法，以便阅读。应该遵循习惯还是坚持使用大写字母表示随机变量，需要具体情况具体分析。（虽然与随机无关）集合与行列式也常会使用大写字母，请读者注意区分使用，不要发生混淆。

1.6.2　概率的表示方法

本书将三元组 $(\Omega, \mathcal{F}, \mathrm{P})$ 中 P 所对应的面积定义为概率。根据该定义，我们只能使用"P(Ω 的子集)"这种表示方法来表示概率。不过，我们也能根据需要使用形如"P(条件)"这样的表示方法。例如，$\mathrm{P}(2 \leqslant X \leqslant 7)$ 表示概率 $\mathrm{P}(A)$，其中 A 是"由所有满足 $2 \leqslant X(\omega) \leqslant 7$ 的 ω 组成的集合"。同理，对于 $\mathrm{P}(X = 3)$ 表示的概率 $\mathrm{P}(A)$，集合 A 是"由所有满足 $X(\omega) = 3$ 的 ω 组成的集合"。

不过，这种表示方法也有不足，如遇到 $\mathrm{P}(X = 3) = 0.2$ 的情况，连续出现的=不太美观。为避免这种问题，我们有时也会将 $\mathrm{P}(X = 3)$ 改写为 $P_X(3)$ 的形式②。如果不会产生歧义，我们还可以进一步省略，只写出 $P(3)$。

问题在于，同时存在两个随机变量 X 与 Y 时，我们应该怎样区分表示它们各自的概率分布。$\mathrm{P}(X = 3)$ 或 $P_X(3)$ 的写法虽然稳妥，但如果数量过多也容易看花眼，书写也比较麻烦。

---

① $X = a$ 的表述方式存在歧义，因此如果没有上下文，读者可能会产生误解。
- 理工科的学生一般会将它理解为随机变量。本书今后也会采用这种表示方法
- 数学系学生可能会认为"对于任意 ω，随机变量的值总是为 a"。从普通人的视角来看，这一随机变量不再随机，只有 a 这一种可能值（这类值恒定的变量同样属于一种随机变量）

② 有些书中，$\mathrm{P}_A(B)$ 这样的表示方法可能用于表示不同的含义（在事件 A 发生时事件 B 的条件概率，详见2.3节）。

换用其他的字母，以诸如 "将 X 的概率分布记为 P，Y 的概率分布记为 Q" 的形式来表述概率分布是一种较为妥当的做法。此时，$P(3)$ 表示 $P(X=3)$，$Q(3)$ 表示 $P(Y=3)$。这种方式的优点是不必使用下标，书写更加方便，但也有需要引入新字母的不足。

在实际使用中，我们有时还会使用更加简略的表示方法。这些表示方法容易产生歧义，因此不建议初学者使用。不过如果不知道这些写法，读者可能无法理解某些书采用的简记方式的含义，为此，本书将对它们作简单介绍。那就是可以将 $P(X=x)$ 简记为 $P(x)$，$P(Y=y)$ 则可以简记为 $P(y)$。这种表示方法存在歧义，对于没有上下文的 $P(3)$，我们将无法辨别它的具体含义。

本书有时还会使用 $\mathbf{Pr}(\cdots)$ 或 $\mathbf{Prob}(\cdots)$ 等写法代替 $\mathbf{P}$。它们的含义相同。

1.7 Ω是幕后角色

为了描述由所有平行世界组成的集合，我们引入了字母 Ω 来表示这种夸张的说法。不过，它基本上是一个幕后角色。本节将解释 Ω 为何不太会出现在前台大出风头的原因。

1.7.1 不必在意 Ω 究竟是什么

在前几节中，我们将 Ω 定义为面积是 1 的正方形。不过，其实即使我们将 Ω 的定义改为其他形状，概率论的原理也不会发生变化。例如，如图 1.13 所示，我们可以将 Ω 定义为面积为 1 的圆盘。之所以这种改变不会产生影响，是由于我们不关心 Ω 及其中区域 A 的形状。我们只对面积 $P(A)$ 感兴趣。只要 $P(A)$ 的值符合预期，无论 Ω 是圆是方，抑或是更古怪的形状，都不会妨碍我们讨论概率问题。

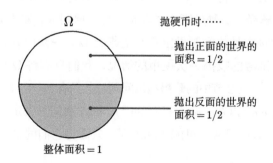

图 1.13 由所有平行世界组成的集合 Ω 即使是圆形，相关的概率也不会发生变化

　　我们甚至无需在意概率是否以面积表示。例如，如图1.14所示，即使我们将 Ω 定义为体积为1的立方体，只要将 P 视作相应的体积问题就没有不同。该图右侧将 Ω 定义为了球体，情况依然如此。因此，只要将 P 定义为与面积和体积具有相同性质的概念即可。不过，我们仍须遵守 $P(\Omega)=1$ 的前提条件。

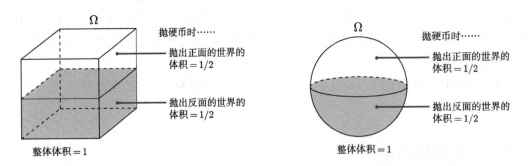

图1.14　由所有平行世界组成的集合 Ω 即使是立方体或球体，相关的概率也不会发生变化

　　请读者注意，虽说面积之外的方式也能够表现概率，但本书今后仍将在插图中使用正方形，并以面积描述概率问题。

1.7.2　Ω 的习惯处理方式

　　以上就是概率的数学定义。我们已经知道，概率仅与 Ω 中区域的面积（也可用测度这一更加普遍的概念）有关。我们只需关注面积的值，而不必在意 Ω 本身。

　　不过，在通过这种方式解决实际问题时，存在两种不同的处理方式。

　　第一种方式与我们迄今为止的做法相同，将使用宽泛的 Ω 概念。也就是说，我们将准备一个通用的巨大舞台 Ω，并将每个问题设定为其中不同的随机变量。如果采用上帝视角，通过平行世界的方式来解释，这种处理方式非常合理。原则上，本书将采用这种方式。

　　另一种方式将针对每个具体问题设定更小的集合 Ω。一些内容较浅的概率论书籍常会采用这种方式。例如，试考虑投掷一次硬币的情况，我们只需将 Ω 设定为仅有两个元素的集合 { 正面, 反面 } 即可[①]。1.2节中的蒙提霍尔问题总共只有 $3 \times 3 \times 3 = 27$ 种不同的结果组合（正确的门、挑战者选择的门以及主持人打开的门），因此我们只要定义一个含有27个元素的集合就能解决问题（其中有些组合不可能实际出现，只需将它们的 P 定义为0即可）。

---

① 如果按下面的方式定义，采用面积表述或体积表述的结果相同。其中∅表示空集{ }。
　$P(\emptyset)=0$, $P(\{\text{正面}\})=1/2$, $P(\{\text{反面}\})=1/2$, $P(\{\text{正面},\text{反面}\})=P(\Omega)=1$

$$\Omega = \big\{(1,1,1),\,(1,1,2),\,(1,1,3),\,(1,2,1),\,\ldots\,,(3,3,3)\big\}$$

？ 1.10　我读了一本专门论述概率论的教材，里面没有明确定义 Ω 的含义。还真是不专业啊

不，采用第一种方式的教材通常都不会专门定义 Ω。

Ω 终究仅是为了存在而存在，只要能够模拟希望讨论的问题，我们不关心 Ω 的具体形式。因此，我们没有必要对 Ω 作具体的定义。

基于这一理由，在讨论概率论问题时，我们无需每次都介绍 Ω 的具体含义，最多提一下我们将用到 Ω 这样一个集合即可，之后无需作太多说明。

1.7.3　不含 Ω（不含上帝视角）的概率论

本书在前面的讲解中着重强调了上帝视角。

- 概率是在全体平行世界的集合 Ω 中划分出的区域面积
- 随机变量仅仅是 Ω 上的函数

由于概率分布只是一列概率一览表，因此无需引入上帝视角也能解释。不过这种方式也有不足，随机变量的概念很可能会变得无足轻重。尽管我们也能通过语言描述这一概念，但却无法跳出常规视角，难以像上帝视角那样以数学的方式明晰地讨论概率问题。

如果问题仅涉及一个随机变量，这并不是什么大问题。如果同时存在多个随机变量，问题就会变得有些棘手。请读者回忆我们之前反复提醒的一点，即"即使概率分布相同，相对应的随机变量也可能不同"。当问题较为复杂时，常规视角下的语言和直觉将难以解决问题，上帝视角更为有效。并且，对这类复杂随机变量组合的分析也是现代概率统计学中的一个关键。

1.8　一些注意事项

1.8.1　想做什么

仅凭语言难以讨论概率问题，很容易陷入双方各执一词的无休止的争论中。如果只用语言表述，讨论可能会莫名其妙地转化为哲学问题，不知不觉中做出错误的判断。

因此，本书试图一同介绍纯粹的数学定义，并在后文中结合数学来讨论问题。为此，我

们必须将概率这种抽象概念转化为集合、数字与函数等已有的数学概念，使读者可以把握
问题的本质。

以上就是本章的目的。

1.8.2　因为是面积……

在强调了"概率就是面积"这种基于上帝视角的观点后，很多问题将会不言自明。下面
就是一个例子。不过从本书的角度来讲，这个例子可能有些画蛇添足。

不过，随着概率学习的不断深入，在接触到各种各样的问题后，读者可能会忘记"概率
即面积"这一要点。以防万一，本书专门辟出一节强调概率的面积定义。下文中的 ○○ 与
×× 表示任意的"条件"。

首先我们来看一下概率的取值范围。如图1.15所示，由于概率是一种面积，因此它不
可能为负。此外，由于整体的面积为1，因此概率的最大值是1。

$$0 \leqslant P(○○) \leqslant 1$$

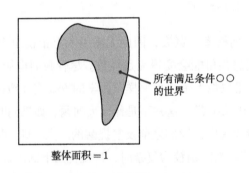

图1.15　概率的取值范围

并且，"满足 ○○ 条件时的概率"与"不符合条件 ○○ 的概率"的和应为1。

$$P(○○) + P(非 ○○) = 1$$

例如，

$$P(X = 3) + P(X \neq 3) = 1$$
$$P(X < 3) + P(X \geqslant 3) = 1$$

两者的含义相同，请读者习惯这种表述方式。

$$P(\text{非}\bigcirc\bigcirc) = 1 - P(\bigcirc\bigcirc)$$
$$P(X \neq 3) = 1 - P(X = 3)$$
$$P(X \geqslant 3) = 1 - P(X < 3)$$

无论采用哪种方式，只要读者可以想象出图1.16中的画面，问题就会一目了然。

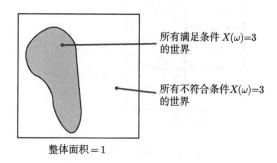

图1.16　不符合 ○○ 条件时的概率

　　请读者注意以下问题。如果 ○○ 与 ×× 不可能同时发生，"○○ 或 ××"的概率就是两者概率之和。

$$P(\bigcirc\bigcirc\text{或}\times\times) = P(\bigcirc\bigcirc) + P(\times\times)$$

　　该式之所以正确是因为，如果这两个条件不可能同时成立，两者表示的区域就不会存在重叠。图1.17是一个例子，我们可以很容易从中看出这一性质。

$$P(X = 3 \text{ 或 } X = 7) = P(X = 3) + P(X = 7)$$
$$P(X < 3 \text{ 或 } X > 7) = P(X < 3) + P(X > 7)$$

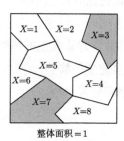

图1.17　"$X = 3$ 或 $X = 7$"的概率

希望读者注意的是，该性质必须满足所有条件不会同时发生的前提。如果该前提不成立，我们就不能通过简单的加法来计算概率。例如，我们假设骰子的点数为 X。此时 P(X 为偶数，或 X 能被3整除) 并不等于 P(X 为偶数) ＋ P(X 能被3整除)。如图1.18所示，加法将重复计算两者面积的重叠部分。

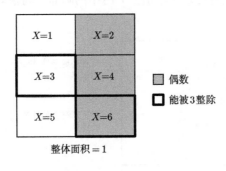

图1.18　如果面积重叠

1.8.3　解释

最后笔者需要作一些解释。本书的目标是教授一些有一定深度的概率统计知识。笔者假设读者并不希望成为专业的数学家，因此反复思考应当优先讲解哪些内容，最终决定采用以下方针。

- 不涉及测度理论及概率论公理
- 不涉及面积的定义
- 假定面积的性质与日常生活中的面积相同

本书并没有使用严谨的数学定义。如果读者感觉本书非常专业，或许是因为还没有学习过真正的数学(除了数学系的专业，很多人直至大学毕业可能都没有接触过真正的数学)。

事实上，不对概念作明确定义就讨论其性质本身并没有意义。如果没有严格定义面积就讨论面积问题，我们很难获得严密明晰的结论。本书最终决定采用这种讨巧的做法。不过另一方面，笔者也承认本书介绍的数学并非真正的数学。

如果读者希望学习真正的能登大雅之堂的数学，请再另外学习一下测度论与概率论的公理。在查找教材时，可以尝试搜索勒贝格积分等术语。

专栏　蒙提霍尔问题的模拟

　　图1.19试图借助计算机，以伪随机数组模拟蒙提霍尔问题[1]。在执行一万次坚持最初选择的方案后，中选率约为33%，落空率大约67%。而如果执行另一种方案，改选另一扇门，则中选率约为67%，落空率约为33%。根据该结果可知，改选其他的门的胜率的确更高。

图1.19　蒙提霍尔问题（与图1.1相同）详情请参见1.2节

```
$ cd monty ↵
$ make long ↵
(no change)
./monty.rb 10000 | ../count.rb
O: 3303 (33.03%)
X: 6697 (66.97%)
(change)
./monty.rb -c 10000 | ../count.rb
O: 6674 (66.74%)
X: 3326 (33.26%)
```

---

[1] 关于程序的获取方式，请读者参见前言中的在线资源部分。在下面的执行示例中，$之后的粗体字部分需由用户输入。$本身不必输入。第7章将解释伪随机数组的定义以及通过伪随机数组模拟问题的意义。关键字是蒙特卡罗方法（7.1.3节）。

第2章
多个随机变量之间的关系

A：根据我的调查，拥有游戏机的人中犯罪率高达50%以上。我们应该立法解决这一问题。

B：这个数字怎么会那么高？

A：最近的青少年犯罪中半数以上的嫌犯都拥有游戏机呀。

B：呃……让我咋吐槽好呢？你能不能先不要考虑犯罪问题，调查一下现在青少年中游戏机的持有率再说（参见2.5.2节）？

对于现代的概率统计来说，分析多个随机变量之间的相互关系是一个关键。"包含'免费'这一单词的邮件很可能是广告""在星期五购买一次性纸尿布的顾客很可能也会买啤酒"这类观点是否很耳熟？为了讨论这类问题，我们必须分析多个随机变量之间的相互关系。

幸运的是，我们已经有了上帝视角这一强有力的工具。请读者充分利用上帝视角，自信地处理"随机变量之间的相互关系"。我们的目标是首先要理解联合概率、边缘概率与条件概率这三个概念。它们是讨论随机变量之间关系的基本道具。最近活跃于各领域的贝叶斯公式也是这组概念的一种应用。此外，独立性的定义也基于这组概念。在日常的概率问题中，我们在使用独立性时无需特地声明，不过由于本书的要求更高，因此必须明确定义独立性的含义。在分析随机变量之间的关系时，某一变量是否独立往往是解决问题的关键。

不过，为避免引入一些无关的复杂情况，本章将不涉及连续的随机变量（第4章将对此作具体说明）。

2.1 各县的土地使用情况（面积计算的预热）

如果直接分析随机变量的相互关系，我们很可能找不到头绪。因此，我们将采用与上一章同样的策略，将概率问题转换为面积问题。经过这种转换后，我们需要做的就仅仅是单纯的数学计算。让我们暂时放下概率问题，先考虑这些容易理解的数学计算吧。本节讲解的只是一些简单的算术题，读者只需快速通读即可。从2.2节起，我们将从概率问题的角度重新解释这些问题。

（上帝视角）　　　完全确定的面积问题　⟶　面积的答案

⇕　　　　　　　　⇕

（人类视角）　　　结果不确定的概率问题　⇢　概率的答案

2.1.1　不同县、不同用途的统计（联合概率与边缘概率的预热）

如图2.1所示，Ω国有3个县（A县、B县、C县），面积分别是P(A)、P(B)、P(C)。这些面积的和，即整个国家的总面积为1。

$$P(A) + P(B) + P(C) = 1$$

这个国家的土地不是用于住宅或工厂，就是作为农田使用的。我们假定这些用途的面积分别是P(住宅)、P(工厂)、P(农田)，显然，整个国家的总面积仍然为1。

$$P(住宅) + P(工厂) + P(农田) = 1$$

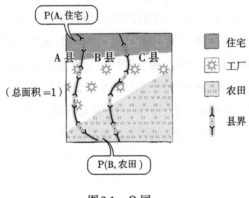

图2.1　Ω国

仅凭这些信息我们无法了解具体的土地使用情况，还需要调查A县的住宅面积P(A, 住宅)，B县的农田面积P(B, 农田)。很明显，各县的住宅面积之和等于整个国家住宅的总面积。

$$P(住宅) = P(A, 住宅) + P(B, 住宅) + P(C, 住宅)$$
$$P(工厂) = P(A, 工厂) + P(B, 工厂) + P(C, 工厂)$$
$$P(农田) = P(A, 农田) + P(B, 农田) + P(C, 农田)$$

且某县住宅、工厂与农田的面积之和应与该县的总面积相等。

$$P(A) = P(A, 住宅) + P(A, 工厂) + P(A, 农田)$$
$$P(B) = P(B, 住宅) + P(B, 工厂) + P(B, 农田)$$
$$P(C) = P(C, 住宅) + P(C, 工厂) + P(C, 农田)$$

最后，这些面积之和应该与全国的总面积一致。

$$P(A, 住宅) + P(A, 工厂) + P(A, 农田)$$
$$+ P(B, 住宅) + P(B, 工厂) + P(B, 农田)$$
$$+ P(C, 住宅) + P(C, 工厂) + P(C, 农田)$$
$$= 1$$

2.1.2 特定县、特定用途的比例（条件概率的预热）

与其他县相比，A 县看似更重视工厂的发展。如果我们直接比较各县的工厂面积 $P(A, 工厂)$、$P(B, 工厂)$ 及 $P(C, 工厂)$，将无法获得正确的实际情况。如图 2.1 所示，A 县远小于 C 县，于是工厂面积也很难超过 C 县，我们将得到 $P(A, 工厂) < P(C, 工厂)$ 的结果。在比较重视程度时，我们不应比较面积本身，而应比较该类型的面积在整个县内所占的比例。

为此，我们可以使用 $P(工厂 \mid A)$ 来表示 A 县中工厂所占的比例，只需将 "A 县中工厂的面积" 除以 "A 县的总面积" 即可。于是我们可以得到 A 县中各用途土地的比例，如下所示。

$$P(住宅 \mid A) = \frac{P(A, 住宅)}{P(A)}, \quad P(工厂 \mid A) = \frac{P(A, 工厂)}{P(A)}, \quad P(农田 \mid A) = \frac{P(A, 农田)}{P(A)} \quad (2.1)$$

这些数值表示各自的比例，它们的和为 1（不过这与整个国家的总面积 1 无关）。

$$P(住宅 \mid A) + P(工厂 \mid A) + P(农田 \mid A) = 1$$

此外，面积与比例之间存在以下关系。

$$P(A, 住宅) = P(住宅 \mid A) P(A)$$
$$P(A, 工厂) = P(工厂 \mid A) P(A)$$
$$P(A, 农田) = P(农田 \mid A) P(A)$$

也就是说，只要将某县的面积乘以该县中工厂所占面积的比例，就可以得到该县中工厂的面积。显然，它们都是式 2.1 的变形，而且也符合通常的直觉判断。

我们可以像下面这样分别计算比较各县中工厂所占的比例,以判断哪一个县更加重视工厂建设。

$$P(工厂|A) = \frac{P(A, 工厂)}{P(A)}, \quad P(工厂|B) = \frac{P(B, 工厂)}{P(B)}, \quad P(工厂|C) = \frac{P(C, 工厂)}{P(C)}$$

这里需要特别注意的是,下式的值并不一定为1。

$$P(工厂|A) + P(工厂|B) + P(工厂|C)$$

请读者与下面的式子比较,思考两者的差异。

$$P(住宅|A) + P(工厂|A) + P(农田|A) = 1$$

对于A县来说,住宅、工厂与农田的比例之和为1。但如果分母不同,计算各县工厂的比例之和就没有意义。在讨论比例问题时,我们必须十分注意竖线左右两侧的值。

那么,如果我们互换竖线两侧的值,新得到的P(A|工厂)是什么含义呢?该式的含义如下所示。

$$P(A|工厂) = \frac{P(A, 工厂)}{P(工厂)}$$

也就是说,它表示所有工厂的总面积P(工厂)中A县工厂所占的比例。请读者回顾图2.1,比较P(工厂|A)与P(A|工厂)的不同。

- P(工厂|A)表示"A县中50%的土地都是工厂用地"
- P(A|工厂)表示"全国工厂的总面积中A县的工厂占了20%"

从图中也能看出,由于A县的面积较小,因此即使该县50%的面积都是工厂,也仅占全国工厂总面积的20%而已。

2.1.3　倒推比例(贝叶斯公式的预热)

上一节已经强调过,P(用途|县)与P(县|用途)的含义不同。本节将讨论如何从一组P(用途|县)倒推出P(县|用途)的值。我们将以一个具体的例子来讲解这一计算方式。

与之前一样,我们假定有一个面积为1的国家。这个国家的国土资源部长希望了解该国的土地利用比例。在下令调查后,他收集到了以下报告。

- **来自 A 县的报告**

  我们县20%的土地用于住宅，60%用于工厂，20%用于农田。

- **来自 B 县的报告**

  我们县50%的土地用于住宅，25%用于工厂，25%用于农田。

- **来自 C 县的报告**

  我们县25%的土地用于住宅，25%用于工厂，50%用于农田。

图2.2展示了报告内容。

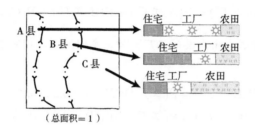

图2.2 各县的土地使用比例

不过事实上，国土资源部长希望知道的是各县的贡献比例。也就是说，他希望得到诸如"在全国所有的工厂中，A县的占了百分之多少"这样的数据。请读者帮助部长计算这些内容。此处，我们既定A县的总面积为0.2，B县的总面积为0.32，C县的总面积为0.48。

经过整理，我们将得到以下条件。

- 各县的面积：$P(A) = 0.2, P(B) = 0.32, P(C) = 0.48$
- A县的详情：$P(住宅 \mid A) = 0.2, P(工厂 \mid A) = 0.6, P(农田 \mid A) = 0.2$
- B县的详情：$P(住宅 \mid B) = 0.5, P(工厂 \mid B) = 0.25, P(农田 \mid B) = 0.25$
- C县的详情：$P(住宅 \mid C) = 0.25, P(工厂 \mid C) = 0.25, P(农田 \mid C) = 0.5$
- 求此时 $P(A \mid 工厂)$ 是多少？

也就是说，我们需要在得到一组由 P(县) 与 P(用途|县) 构成的关系式之后，倒推出 P(县|用途)的值。那么我们应该怎样计算呢？

- 我们需要求解的是"A县的工厂面积"除以"全国的工厂面积"之后的结果。

$$P(A \mid 工厂) = \frac{P(A, 工厂)}{P(工厂)}$$

因此，只需知道 P(A, 工厂) 与 P(工厂) 的值，我们就能求出 P(A|工厂) 的值。

- 分子(A县的工厂面积)很容易得到。由于总面积0.2的A县中60%的土地都是工厂，因此我们可以通过下面的式子求出该值。

$$P(A, 工厂) = P(工厂 |A)P(A) = 0.6 \cdot 0.2 = 0.12$$

- 分母(全国的工厂面积)必须分情况统计。我们需要先分别计算A县、B县、C县的工厂面积，然后将它们相加求得全国的工厂面积。

$$P(工厂) = P(A, 工厂) + P(B, 工厂) + P(C, 工厂)$$

- 至此，我们已经能够求出A县的工厂面积。类似地，我们可以计算出B县与C县的工厂面积。

$$P(B, 工厂) = P(工厂 |B)P(B) = 0.25 \cdot 0.32 = 0.08$$
$$P(C, 工厂) = P(工厂 |C)P(C) = 0.25 \cdot 0.48 = 0.12$$

综上，本题的最终答案如下。

$$
\begin{aligned}
P(A| 工厂) &= \frac{P(A, 工厂)}{P(工厂)} \\
&= \frac{P(A, 工厂)}{P(A, 工厂) + P(B, 工厂) + P(C, 工厂)} \\
&= \frac{P(工厂 |A)P(A)}{P(工厂 |A)P(A) + P(工厂 |B)P(B) + P(工厂 |C)P(C)} \\
&= \frac{0.12}{0.12 + 0.08 + 0.12} = 0.375
\end{aligned}
$$

2.1.4　比例相同的情况(独立性的预热)

如图2.3所示，现在我们假定各县中住宅、工厂与农田的比例完全相同。

$$
\begin{cases}
P(住宅 |A) = P(住宅 |B) = P(住宅 |C) \\
P(工厂 |A) = P(工厂 |B) = P(工厂 |C) \\
P(农田 |A) = P(农田 |B) = P(农田 |C)
\end{cases}
\tag{2.2}
$$

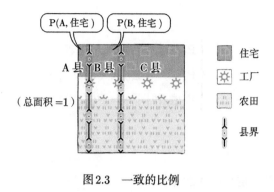

图2.3 一致的比例

也就是说，无论调查哪一个县，我们都将得到如下的土地使用比例。

- 住宅占30%
- 工厂占20%
- 农田占50%

那么，我们能否通过P(用途|县)之外的方式来获知这种一致性[①]呢？为了解决这个问题，本节将讨论一致性的各种表述方式。

首先，读者应当意识到，即使土地使用比例相同，P(A,住宅)、P(B,住宅)与P(C,住宅)的值依然不同。图2.3也清楚体现了这一点。由于C县的面积远大于A县，因此C县的住宅面积也大于A县的。因此，在判断比例是否一致时，我们不能仅以面积作为依据，而需要考虑各县的实际比例。

接下来，我们来逐个了解一致性的各种表述方式。首先，我们可以通过比例关系来表述一致性。

$$
\begin{aligned}
&P(A, 住宅) : P(A, 工厂) : P(A, 农田) \\
=\,&P(B, 住宅) : P(B, 工厂) : P(B, 农田) \\
=\,&P(C, 住宅) : P(C, 工厂) : P(C, 农田)
\end{aligned} \tag{2.3}
$$

也就是说，每县的住宅面积、工厂面积与农田面积之比相同。

我们也可以说，"每县的土地使用比例都与整个国家的比例相同"。即，对于任何县(A县、B县、C县)，以下关系式都成立。

---

① 此处的一致性表示各项间的相等关系，与抽样一致性（或称相合性）并非同一个概念。——译者注

$$
\begin{cases}
P(\text{住宅}\mid\text{县}) = P(\text{住宅}) \\
P(\text{工厂}\mid\text{县}) = P(\text{工厂}) \\
P(\text{农田}\mid\text{县}) = P(\text{农田})
\end{cases}
\tag{2.4}
$$

这也体现了一致性。

此外，下面的关系式也与一致性等价。

$$P(A,\text{住宅}) = P(A)P(\text{住宅}),\ \ P(B,\text{住宅}) = P(B)P(\text{住宅}),\ \ P(C,\text{住宅}) = P(C)P(\text{住宅})$$
$$P(A,\text{工厂}) = P(A)P(\text{工厂}),\ \ P(B,\text{工厂}) = P(B)P(\text{工厂}),\ \ P(C,\text{工厂}) = P(C)P(\text{工厂})$$
$$P(A,\text{农田}) = P(A)P(\text{农田}),\ \ P(B,\text{农田}) = P(B)P(\text{农田}),\ \ P(C,\text{农田}) = P(C)P(\text{农田})$$

即，

$$P(\text{县},\text{用途}) = P(\text{县})P(\text{用途})\tag{2.5}$$

按理说，我们必须计算 $P(A,\text{住宅}) = P(\text{住宅}\mid A)P(A)$ 的值，不过由于此时各县的土地使用比例一致，因此每个县的住宅比例都相同（$P(\text{住宅}\mid A) = P(\text{住宅})$）。于是，我们无需知道各县的住宅比例也能计算 A 县的住宅面积。

A县的面积 × 全国的住宅面积比例 = A县的住宅面积

又由于全国的总面积恰好为1，因此以下等式成立。

全国的住宅面积比例 = 全国的住宅面积

此外，还请读者思考一下我们是否可以根据 (2.5) 倒推出比例的一致性。在 $P(\text{县},\text{用途}) = P(\text{县})P(\text{用途})$ 时，所有县的土地使用比例将全都相同。

下面的结论可能会让读者感到意外，一致性也可以像下面这样从反面表现。

$$
\begin{cases}
P(A\mid\text{住宅}) = P(A\mid\text{工厂}) = P(A\mid\text{农田}) \\
P(B\mid\text{住宅}) = P(B\mid\text{工厂}) = P(B\mid\text{农田}) \\
P(C\mid\text{住宅}) = P(C\mid\text{工厂}) = P(C\mid\text{农田})
\end{cases}
\tag{2.6}
$$

也就是说，如下所示，对于每种用途的土地，A县都占了10%。

- 住宅总面积的10%来自A县
- 工厂总面积的10%来自A县
- 农田总面积的10%来自A县

同理，每种用途的土地面积中都有30%来自B县，60%来自C县。该结论依然与之前所说的一致性等价。要迅速理解这句话的含义，我们需要先仔细分析前一个条件（式2.5）。由该条件可知，县与用途的关系对等。因此，即使我们替换两者的位置，得到的新关系式将依然与原式等价。于是该条件与之前所有的一致性条件等价。最终，在所有一致性条件中，县与用途的位置都可以相互替换。只要将式2.2中的县与用途替换位置，我们就能得到式2.6。

　　类似地，在替换式2.3中的县与用途后，新得到的等式依然具有一致性。

$$P(A, 住宅) : P(B, 住宅) : P(C, 住宅)$$
$$= P(A, 工厂) : P(B, 工厂) : P(C, 工厂)$$
$$= P(A, 农田) : P(B, 农田) : P(C, 农田)$$

即，每种用途土地中各县所占的比值始终相等，与土地的用途无关。也就是说，下面的三组比值相等。

- A县的住宅面积：B县的住宅面积：C县的住宅面积
- A县的工厂面积：B县的工厂面积：C县的工厂面积
- A县的农田面积：B县的农田面积：C县的农田面积

图2.4也体现了这一点[①]。

　　此外，如下所示，对于任意用途（住宅、工厂或农田），在替换式2.4中的县与用途之后，条件依然成立，这也与一致性等价。

$$\begin{cases} P(A|\,用途) = P(A) \\ P(B|\,用途) = P(B) \\ P(C|\,用途) = P(C) \end{cases}$$

这是因为"每种用途土地中各县所占的比例与各县总面积的比值相同"，不因具体的用途变化。由于全国的总面积为1，因此下面的等式也成立。

　　　　某县的面积 = 全国的总面积中该县所占的比例

---

① 为方便与之后的连续值版本（4.4.6节）比较，本节尝试通过立体柱状图来表现该概念。不推荐读者在平时使用立体柱状图（参见6.1.2节）。

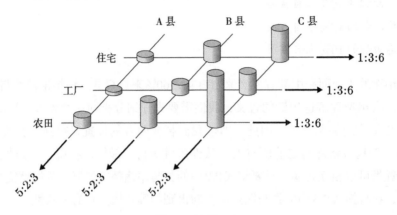

图2.4　比值一定

2.1.5　预热结束

至此，预热全部结束。如果接下来的章节中有理解不透彻的内容，请读者随时返回本节复习。

2.2　联合概率与边缘概率

让我们回到概率的讨论。接下来将主要探讨同时存在多个随机变量的情况。

2.1节已经介绍了所有需要掌握的计算方法，本节仅仅是将它们转述为概率问题（从2.5.4节起才会引入新的主题）。

2.2.1　两个随机变量

假设有随机变量 X 与 Y，此时，$P(X=a,Y=b)$ 用于表示 $X=a$ 且 $Y=b$ 的概率。这类包含多个条件且所有条件同时成立的概率称为联合概率[1]。请读者特别注意，联合概率并不是其中某个条件的成立概率，而是所有条件同时成立的概率。与之对应地，$P(X=a)$ 或 $P(Y=b)$ 这类仅与单个随机变量有关的概率称为边缘概率。联合概率的一览表称为联合分布，边缘概率的一览表称为边缘分布。

联合概率与边缘概率的关系如下。

---

① 我们也可以用 $P_{X,Y}(a,b)$ 来表示联合概率。

$$P(X = a) = \sum_b P(X = a, Y = b)$$

$$P(Y = b) = \sum_a P(X = a, Y = b)$$

求和符号 $\sum\limits_b (\cdots)$ 表示 "穷举 Y 可取的值 b 后,由所有与这些值对应的 $(\cdots)$ 相加得到的和"。

类似地, $\sum\limits_a (\cdots)$ 表示 "穷举 X 可取的值 a 后,由所有与这些值对应的 $(\cdots)$ 相加得到的和"。

只要我们将图2.5所示的土地使用问题中的县替换为 X,用途替换为 Y,并改用上帝视角中的平行世界来表述,就可以轻松理解上述关系的含义。

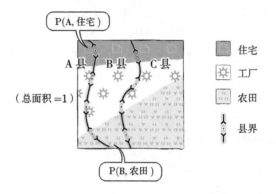

图2.5 Ω国(与图2.1相同)

练习题 2.1

　　如下图所示,我们将在16张扑克牌中随机抽取一张,并用 X 表示这张牌的颜色(红色或黑色),用 Y 表示它的类型(数字牌或人头牌)。请读者试求 X 与 Y 的联合分布及 X 的边缘分布。

◇J	◇Q	◇K	♡J
♡Q	♡K	♡1	♡2
♠K	♠1	♠2	♡3
♠3	♠4	♠5	♠6

答案

　　我们只需统计在各种条件下,这16张牌中有几张符合条件即可得到答案。X 与 Y 的联合分布如下表所示。

	$Y =$ 数字牌	$Y =$ 人头牌
$X =$ 红色	3/16	6/16
$X =$ 黑色	6/16	1/16

X 的边缘分布则如下所示。

$$\begin{cases} \text{P}(X=\text{红色}) = \text{P}(X=\text{红色}, Y=\underline{\text{数字牌}}) + \text{P}(X=\text{红色}, Y=\underline{\text{人头牌}}) = 3/16 + 6/16 = 9/16 \\ \text{P}(X=\text{黑色}) = \text{P}(X=\text{黑色}, Y=\underline{\text{数字牌}}) + \text{P}(X=\text{黑色}, Y=\underline{\text{人头牌}}) = 6/16 + 1/16 = 7/16 \end{cases}$$

（只需将式中的下划线理解为不同情况的分类即可）

我们可以像上面这样通过联合分布计算边缘分布。然而，如果只知道边缘分布，我们无法借此求得相应的联合分布。如下所示，在很多情况下，即使边缘分布相同，联合分布也可能不同。

	数字牌	人头牌
红色	4/16	5/16
黑色	5/16	2/16

	数字牌	人头牌
红色	5/16	4/16
黑色	4/16	3/16

	数字牌	人头牌
红色	6/16	3/16
黑色	3/16	4/16

练习题 2.2

请判断下列各式是否总是成立。始终成立的记〇，否则记 ×。

1. $\text{P}(X=a, Y=b) = \text{P}(X=b, Y=a)$
2. $\text{P}(X=a, Y=b) = \text{P}(Y=b, X=a)$
3. $\text{P}(X=a, Y=b) = \text{P}(Y=a, X=b)$
4. $0 \leqslant \text{P}(X=a, Y=b) \leqslant \text{P}(X=a) \leqslant 1$
5. $\sum_a \text{P}(X=a, Y=b) = 1$
6. $\sum_a \sum_b \text{P}(X=a, Y=b) = 1$

其中，$\sum_a$ 表示"穷举 X 可取的值 a 后，由所有这些相加得到的和"。$\sum_b$ 表示"穷举 Y 可取的值 b 后，由所有这些值相加得到的和"[①]。

答案

1.×；2.〇；3.×。

第2条中，"$X=a$ 且 $Y=b$"与"$Y=b$ 且 $X=a$"的含义相同。第1与第3条则使用了不同的条件。

4.〇。

概率大于等于0且小于等于1。并且，由于"由所有满足 $X(\omega)=a$ 的世界 ω 组成的集合"包含"由所有满足 $X(\omega)=a$ 且 $Y(\omega)=b$ 的世界 ω 组成的集合"，因此前者的范围更大。

---

① 关于双重求和符号 $\sum_a \sum_b$ 的含义，请参见附录A.4。$\sum_a$ 与 $\sum_a$ 的含义相同。

5.×；6.○。

在联合分布中，所有概率（即联合概率）之和为1。如果无法理解，请回顾土地使用问题。

2.2.2 三个随机变量

为了讨论三个随机变量的情况，我们来重新分析一下蒙提霍尔问题。

假设正确的门为 X，挑战者选择的门为 Y，主持人打开的门为 Z。X、Y、Z 都是随机变量，且值可能是1、2或3。X、Y、Z 的联合分布如下表所示。

	$Y=1$			$Y=2$			$Y=3$		
	$Z=1$	$Z=2$	$Z=3$	$Z=1$	$Z=2$	$Z=3$	$Z=1$	$Z=2$	$Z=3$
$X=1$	0	1/18	1/18	0	0	2/18	0	2/18	0
$X=2$	0	0	2/18	1/18	0	1/18	2/18	0	0
$X=3$	0	2/18	0	2/18	0	0	1/18	1/18	0

如果要求挑战者选择门3且主持人打开门1的概率，即边缘概率 $\mathrm{P}(Y=3, Z=1)$，我们可以分别计算 X 值为1、2、3时的情况并将它们相加，如下所示。

$$\mathrm{P}(Y=3, Z=1)$$
$$= \mathrm{P}(X=\underline{1}, Y=3, Z=1) + \mathrm{P}(X=\underline{2}, Y=3, Z=1) + \mathrm{P}(X=\underline{3}, Y=3, Z=1)$$
$$= 0 + \frac{2}{18} + \frac{1}{18} = \frac{3}{18} = \frac{1}{6}$$

我们只要统计所有满足"$Y=3$ 且 $Z=1$"的组合的出现概率，就能得到 $\mathrm{P}(Y=3, Z=1)$ 的值。在处理更多的随机变量时，该方法依然成立。

那么，我们能否计算主持人打开门1的概率，即边缘概率 $\mathrm{P}(Z=1)$ 呢？根据上述方法，我们只需合计所有满足"$Z=1$"的组合的出现概率即可，如下所示。

$$\mathrm{P}(Z=1)$$
$$= \mathrm{P}(X=\underline{1}, Y=\underline{1}, Z=1) + \mathrm{P}(X=\underline{2}, Y=\underline{1}, Z=1) + \mathrm{P}(X=\underline{3}, Y=\underline{1}, Z=1)$$
$$+ \mathrm{P}(X=\underline{1}, Y=\underline{2}, Z=1) + \mathrm{P}(X=\underline{2}, Y=\underline{2}, Z=1) + \mathrm{P}(X=\underline{3}, Y=\underline{2}, Z=1)$$
$$+ \mathrm{P}(X=\underline{1}, Y=\underline{3}, Z=1) + \mathrm{P}(X=\underline{2}, Y=\underline{3}, Z=1) + \mathrm{P}(X=\underline{3}, Y=\underline{3}, Z=1)$$
$$= (0+0+0) + \left(0 + \frac{1}{18} + \frac{2}{18}\right) + \left(0 + \frac{2}{18} + \frac{1}{18}\right) = \frac{6}{18} = \frac{1}{3}$$

？2.1　$P(Y=3, Z=1)$ 也是边缘概率吗？它使用了逗号，难道不是联合概率吗

边缘概率是一个相对概念。对于随机变量 X、Y、Z 的联合分布来说，$P(Y=3, Z=1)$ 也是一种边缘概率。同时，$P(Y=3, Z=1)$ 也是 $Y=3$ 与 $Z=1$ 的联合概率。

2.3　条件概率

2.2节引入了联合概率与边缘概率的概念。本节将继续引入条件概率这一新的概念。请读者牢记联合概率、边缘概率及条件概率这三者之间的区别与联系。只有灵活运用这组概念，才能准确分析概率之间的相互关系。

2.3.1　条件概率的定义

在实际生活中，许多有价值的变量都能以条件概率这一概念来表述。本章开头提到了"包含'免费'这一单词的邮件很可能是广告"，这种 ○○ 条件下事件 ×× 的概率称为条件概率。

我们以练习题2.1来讲解这一概念。扑克牌的花色及 X、Y 的联合分布如下所示。

◇J	◇Q	◇K	♡J
♡Q	♡K	♡1	♡2
♠K	♠1	♠2	♡3
♠3	♠4	♠5	♠6

	$Y=$ 数字牌	$Y=$ 人头牌
$X=$ 红色	3/16	6/16
$X=$ 黑色	6/16	1/16

我们先来分析"$X=$ 红色"的情况。从上帝视角来看，我们像图2.6那样为问题添加了范围限制。如果只考虑该图，"$X=$ 红色"的世界中有三分之一的"$Y=$ 数字牌"，三分之二的"$Y=$ 人头牌"。我们可以通过以下方式表述这种情况。

$$P(Y = 数字牌 \,|\, X = 红色) = \frac{1}{3}$$

$$P(Y = 人头牌 \,|\, X = 红色) = \frac{2}{3}$$

它们分别表示如下含义[1]。

---

[1] $P(Y=b \,|\, X=a)$ 也可以写成 $P_{Y|X}(b|a)$。其他写法请参见P20脚注②。

- 在条件 $X =$ 红色成立时,$Y =$ 数字牌的条件概率是 1/3
- 在条件 $X =$ 红色成立时,$Y =$ 人头牌的条件概率是 2/3

这些统称为

在条件 $X =$ 红色下 Y 的条件分布

其中的竖线 | 在英语中一般读作 given。

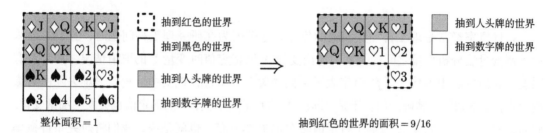

图 2.6　满足特定条件的区域

下式是条件概率的通用定义。

$$P(Y=b|X=a) = \frac{P(X=a, Y=b)}{P(X=a)} \tag{2.7}$$

不难看出,a 县中 b 的比例即是"a 县中 b 的面积 $P(X=a, Y=b)$"除以"a 县的总面积 $P(X=a)$"后得到的结果。

在学习条件概率时,读者首先要牢记以下性质。

$$P(Y=\underline{数字牌}|X=红色) + P(Y=\underline{人头牌}|X=红色) = 1$$

"在条件 $X =$ 红色下 Y 的条件分布"也是一种"Y 的概率分布",因此"穷举 Y 可取的值后,所有与这些值对应的概率之和为 1"。我们通常可以像下面这样来表示该性质。

$$\sum_b P(Y=b|X=a) = 1$$

(左侧表示穷举 Y 可取的值 b 后,由所有与这些值对应的概率相加得到的和。)

不过,$\sum_a P(Y=b|X=a)$ 的值则不一定为 1。如果觉得这点不好理解,请回顾 2.1.2 节。

练习题 2.3

X、Y 的联合分布如下表所示。试求条件概率 $P(Y=东|X=1)$。

	$Y=西$	$Y=东$
$X=1$	0.1	0.2
$X=2$	0.3	0.4

答案

$$P(Y=东|X=1) = \frac{P(X=1,Y=东)}{P(X=1)} = \frac{0.2}{0.1+0.2} = \frac{2}{3}$$

　　条件概率经常是理工科一些问题的焦点。这是因为在研究理工科问题时，我们常会采用控制变量法分析变量之间的关系，讨论变量 X 取特定值时变量 Y 的取值情况。如果没有误差，我们可以用函数 $Y=f(X)$ 来表示它们的关系。不过在现实中，我们很难去除所有影响因素，测量到绝对精确的值。于是，即使 X 的测定值不变，Y 的测定值也会发生细微变化。此时，我们需要研究在 X 为某个特定值时 Y 的概率分布。也就是说，我们将研究条件概率 $P(Y=b|X=a)$，而不是函数 $Y=f(X)$。

　　因此，要在实际问题中运用概率理论，我们必须熟练掌握条件概率的计算方法。下一节将介绍一些在条件概率计算中常见的基本关系式。

❓ 2.2　在计算本例中的条件表达式2.7时，我们得到了 $\frac{3/16}{9/16}$ 这样的分子分母也是分数的结果。应该怎样处理这种分数呢

这个问题很容易解决，只要将分子分母同乘某数即可。

$$\frac{3/16}{9/16} = \frac{\frac{3}{16}\cdot 16}{\frac{9}{16}\cdot 16} = \frac{3}{9} = \frac{1}{3}$$

我们也可以将它理解为两个分数相除。只要将第二个分数的分子分母调换，式中的除号就能转为乘号，整个式子变为两个分数相乘。

$$\frac{3/16}{9/16} = \frac{3}{16} \div \frac{9}{16} = \frac{3}{16} \cdot \frac{16}{9} = \frac{3\cdot 16}{16\cdot 9} = \frac{3}{9} = \frac{1}{3}$$

❓ 2.3　记不住竖线左右两侧的作用怎么办

请尝试以下方法。在读 P($Y=$ 数字牌 $|X=$ 红色) 时，先读到"P括号$Y=$数字牌"处，然后停顿半拍。此时的读法与 P($Y=$ 数字牌) 相同。读者可以借助这种方式记住它表示的是 Y 是数字牌的概率。之后，再稍微降低音量，读出"(其前提条件是)$X=$红色"。

❓ 2.4　P($Y=$ 数字牌 $|X=$ 黑色) 与 P($Y=$ 数字牌, $X=$ 黑色) 很容易搞混怎么办

请读者牢记它们之间的区别。无论如何都要记住。如果无法分辨两者，之后的概率问题讨论就无从谈起。顺便一提，在用描述法（又称内涵法）表述集合时，此时竖线读作"其中"，表示"满足右侧条件"。例如，$\{2n \mid n$ 是大于等于1且小于等于5的整数$\}$。

❓ 2.5　如果 P($X=a$)$=0$，我们该怎样理解 P($Y=b|X=a$) 呢

本书将这种情况定义为无法确定，并将这种无法确定的0直接视作0。对于

$$P(Y=\underline{数字牌}\,|X=红色)+P(Y=\underline{人头牌}\,|X=红色)=1$$

这类式子，也请读者先凭直觉大体理解一下。如果不这样做，我们就不得不添加大量的注解（诸如"P($X=a$)$=0$除外"之类），不利于阅读。

以2.1节的问题为例，P($X=$ 农田)$=0$ 值表示国内没有农田。于是 P($Y=$A$|X=$农田) 变为了"农田的总面积（0）中A县的农田（也是0）占了多大的比例？"这样一个莫名其妙的问题。

2.3.2　联合分布、边缘分布与条件分布的关系

为了研究多个随机变量之间的关系，我们在前几节中引入了联合分布、边缘分布与条件分布这组概念。

- 联合概率 P($X=a$, $Y=b$)：

  满足 $X=a$ 且 $Y=b$ 的区域的面积
- 边缘概率 P($X=a$)：

  不考虑 Y 的取值，所有满足 $X=a$ 的区域的总面积
- 条件概率 P($Y=b|X=a$)：

  在 $X=a$ 的前提下，满足 $Y=b$ 的区域的面积（比例）

本节将整理这些分布之间的关系。

联合分布与边缘分布的关系如下所示。

$$\mathrm{P}(X=a)=\sum_b \mathrm{P}(X=a,Y=b), \quad \mathrm{P}(Y=b)=\sum_a \mathrm{P}(X=a,Y=b)$$

图2.7是一个例子。

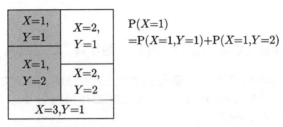

图2.7　通过联合概率计算边缘概率

我们可以像下面这样通过边缘分布和条件分布来表示联合分布。

$$\mathrm{P}(X=a,Y=b)=\mathrm{P}(X=a|Y=b)\mathrm{P}(Y=b)$$
$$=\mathrm{P}(Y=b|X=a)\mathrm{P}(X=a)$$

我们可以从条件分布的定义立即看出这一关系，土地使用情况问题也反映了同样的结果。请读者以之前的练习题2.1为例，结合图2.8确认上述关系。图中，红色的面积为9/16，其中三分之二是人头牌，因此"红色的人头牌"的面积（即概率）如下 [1]。

$$\frac{2}{3}\cdot\frac{9}{16}=\frac{6}{16}$$

该式的左侧表示 $\mathrm{P}(Y=\text{人头牌}|X=\text{红色})\mathrm{P}(X=\text{红色})$，右侧表示 $\mathrm{P}(X=\text{红色},Y=\text{人头牌})$。

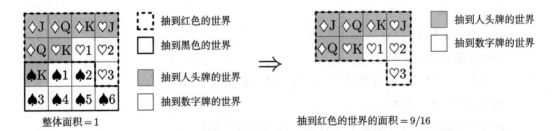

图2.8　满足特定条件的区域（与图2.6相同）

———————————
[1] 我们可以通过 $\frac{1}{2}\cdot\frac{1}{2}=\frac{1}{4}$ 来计算一半的一半，通过 $\frac{1}{4}\cdot\frac{1}{3}=\frac{1}{12}$ 来计算三分之一的四分之一。

此时，如果直接用 "○○ 且 ×× 的概率" 来表述这种条件概率，就会引起歧义。我们应该始终使用下面的方式，明确表述概率的含义。

- 与 ○○×× 同时成立时的联合概率 $\mathrm{P}(○○,××)$
- 在 ○○ 的条件下事件 ×× 的概率 $\mathrm{P}(××|○○)$

练习题 2.4

现在有一副扑克牌，除去大王、小王后还剩 52 张。重新洗牌后我们从中随机抽取一张，并将这张牌的颜色记为 X。之后，我们再从剩余的 51 张中随机抽取一张牌，将它的颜色记为 Y。试求 X 与 Y 为同一种颜色的概率。

答案

$$
\begin{aligned}
\mathrm{P}(X\ 与\ Y\ 为同一种颜色) &= \mathrm{P}(X=红色,Y=红色) + \mathrm{P}(X=黑色,Y=黑色) \\
&= \mathrm{P}(Y=红色\ |X=红色)\mathrm{P}(X=红色) \\
&\quad + \mathrm{P}(Y=黑色\ |X=黑色)\mathrm{P}(X=黑色) \\
&= \frac{25}{51}\cdot\frac{1}{2} + \frac{25}{51}\cdot\frac{1}{2} = \frac{25}{51} \approx 0.490 \quad (\approx 表示 "大约")
\end{aligned}
$$

练习题 2.5

请判断下列各式是否始终成立。始终成立的记 ○，否则记 ×。

1. $\sum_a \sum_b \mathrm{P}(X=a|Y=b) = 1$
2. $\sum_a \mathrm{P}(X=a|Y=b) = 1$
3. $\sum_b \mathrm{P}(X=a|Y=b) = 1$
4. $\mathrm{P}(X=a|Y=b) + \mathrm{P}(Y=b|X=a) = 1$
5. $\mathrm{P}(X=a|Y=b) = \mathrm{P}(Y=b|X=a)$
6. $\mathrm{P}(X=a,Y=b) = \mathrm{P}(X=a) + \mathrm{P}(Y=b)$
7. $\mathrm{P}(X=a,Y=b) = \mathrm{P}(X=a)\mathrm{P}(Y=b)$
8. $0 \leqslant \mathrm{P}(X=a,Y=b) \leqslant \mathrm{P}(X=a|Y=b) \leqslant 1$
9. $0 \leqslant \mathrm{P}(X=a|Y=b) \leqslant \mathrm{P}(X=a) \leqslant 1$

其中，$\sum_a$ 表示 "穷举 X 可取的值 a 后，由所有这些值相加得到的和"。$\sum_b$ 表示 "穷举 Y 可取的值 b 后，由所有这些值相加得到的和"。

答案

2与8为○。其余均为×。

第2条的成立理由如下。

$$\sum_a \mathrm{P}(X=a|Y=b) = \sum_a \frac{\mathrm{P}(X=a,Y=b)}{\mathrm{P}(Y=b)} = \frac{\sum_a \mathrm{P}(X=a,Y=b)}{\mathrm{P}(Y=b)} = \frac{\mathrm{P}(Y=b)}{\mathrm{P}(Y=b)} = 1$$

对于第8条，首先，我们可以由概率必然大于等于0且小于等于1得到下式。

$$0 \leqslant \mathrm{P}(X=a,Y=b)$$

$$\mathrm{P}(X=a,Y=b) = \mathrm{P}(X=a|Y=b)\mathrm{P}(Y=b) \leqslant \mathrm{P}(X=a|Y=b)$$

又因为 $\mathrm{P}(X=a,Y=b) \leqslant \mathrm{P}(Y=b)$（参见练习题2.2），所以我们可以得到以下结论。

$$\mathrm{P}(X=a|Y=b) = \frac{\mathrm{P}(X=a,Y=b)}{\mathrm{P}(Y=b)} \leqslant 1$$

我们可以借助练习题2.3，通过反例证明其余各式都不正确。例如，对于第9条，请读者试比较 $\mathrm{P}(X=1|Y=东)$ 与 $\mathrm{P}(X=1)$。只要我们能够举出一个反例，就足以证明该式并不"始终成立"。本书将频繁利用这种举反例的方式来证伪。

练习题 2.6

（本题存在很多"陷阱"，请读者多加注意）

1.与B山相比，A山的P(发现松鼠,下雪)更高。同时，P(发现松鼠,不下雪)也是A山更高。试问能否因此断言A山的P(发现松鼠)更高？

2.与D山相比，C山的P(发现松鼠|下雪)更高。同时，P(发现松鼠|不下雪)也是C山更高。试问能否因此断言C山的P(发现松鼠)更高？

3.对于E山，有以下事实。

$$\mathrm{P}(发现熊|下雪) < \mathrm{P}(发现松鼠|下雪)$$

$$\mathrm{P}(发现熊|不下雪) < \mathrm{P}(发现松鼠|不下雪)$$

试问能否因此断言E山的 $\mathrm{P}(发现熊) < \mathrm{P}(发现松鼠)$？

答案

1.能。这是因为 P(发现松鼠)＝P(发现松鼠,下雪)＋P(发现松鼠,不下雪)。

2.不能。我们可以举出以下反例（辛普森悖论）。

- C山：

P(下雪)＝0.01，P(发现松鼠|下雪)＝0.8，P(发现松鼠|不下雪)＝0.1

- D山：

$$P(下雪)=0.99, P(发现松鼠|下雪)=0.5, P(发现松鼠|不下雪)=0$$

3.能。请读者比较以下两式的右侧。

$$P(发现熊)=P(发现熊|下雪)P(下雪)+P(发现熊|不下雪)P(不下雪)$$

$$P(发现松鼠)=P(发现松鼠|下雪)P(下雪)+P(发现松鼠|不下雪)P(不下雪)$$

第3问与第2问的区别在于条件是否相同。在第2问中，C山下雪的概率与D山的没有关联。

❓ 2.6　这部分内容太难了，我无法理解，该怎么办

请回顾2.1节。不要只是阅读文本，而要在脑中模拟问题的解法，或在纸上写下解题思路。只要亲自计算一下，一定能够理解它们的含义。对于练习题2.6，读者可以为每座山画一幅图，以便理清条件。

❓ 2.7　在之前的练习题2.4中，我们先确定了第一张牌的颜色 X，按理说第二张牌的颜色 Y 的出现概率应该会根据第一张的结果调整。然而，在计算 X, Y 的联合分布时，我们得到了完全对等的结果，如下所示。我们能从这张表中得出 $X \to Y$ 的结论吗

	$Y=$红色	$Y=$黑色
$X=$红色	25/102	26/102
$X=$黑色	26/102	25/102

不能。进一步讲，由于联合分布是对等的，所以据此求得的边缘分布及条件分布都将对等。最终，我们无法从概率分布中得出因果关系。概率论最多只能处理 X 与 Y 之间的相互关系，而无法判断哪一个是原因，哪一个是结果。

❓ 2.8　如果一定要区分原因与结果，该怎么办呢

那我们就必须引入新的概念，因为单靠概率无法区分两者。

一种方法是，引入时间的概念，从时间的角度来分析两个事件的前后关系。如果事件 X 先于事件 Y 发生，至少说明 Y 不是 X 的原因。但是，我们还要考虑下述可能，即"其实之前还存在一个没能观测到的事件A，A是事件 X 与 Y 的原因，X 与 Y 都是A的结果"。即使"蛙鸣翌日常落雨"，青蛙的鸣叫声也不是降雨的原因。

还有一种更明确的方法，即我们可以主动介入事件，而不是被动观测。如果 X 是 Y 的原因（$X \to Y$），只要我们改变 X，就能发现 Y 受到了影响。反之，如果 X 是 Y 的结果（$Y \to X$），就算强制改变 X，Y 也不会有任何影响。

2.3.3　即使条件中使用的不是等号也一样适用

此前的章节我们都在讨论"某一指定值的概率"，其实，这些理论对任意条件都适用。假设有以下条件。

$$\mathrm{P}(X < a, Y > b) \cdots X < a \text{ 且 } Y > b \text{ 的联合概率}$$
$$\mathrm{P}(X < a \,|\, Y > b) \cdots \text{在 } Y > b \text{ 的条件下 } X < a \text{ 的条件概率}$$

以下结论依然成立（下划线处为希望读者特别注意的部分）。

$$\mathrm{P}(X < a) = \mathrm{P}(X < a, \underline{Y < b}) + \mathrm{P}(X < a, \underline{Y = b}) + \mathrm{P}(X < a, \underline{Y > b})$$
$$\mathrm{P}(X < a, Y > b) = \mathrm{P}(X < a \,|\, \underline{Y > b})\mathrm{P}(\underline{Y > b})$$

回顾一下图 2.9 就能发现，上帝视角中的"区域、面积、比例"等理论依然适用。

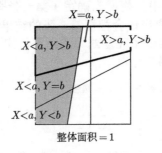

图 2.9　即使条件中使用的不是等号也一样适用

除了不等式，更复杂的条件也同样成立。例如，设骰子的点数为 X，请读者自己分析理解下面的式子。

$$\mathrm{P}(X \text{ 是偶数})$$
$$= \mathrm{P}(X \text{ 是素数}, X \text{ 是偶数}) + \mathrm{P}(X \text{ 不是素数}, X \text{ 是偶数})$$
$$= \mathrm{P}(X \text{ 是偶数} \,|\, X \text{ 是素数})\mathrm{P}(X \text{ 是素数}) + \mathrm{P}(X \text{ 是偶数} \,|\, X \text{ 不是素数})\mathrm{P}(X \text{ 不是素数})$$
$$= \frac{1}{3} \cdot \frac{1}{2} + \frac{2}{3} \cdot \frac{1}{2} = \frac{1}{2} \qquad \text{（关于素数，请参见附录A.2）}$$

用正式的术语来讲，上式中出现的是事件的联合概率与条件概率（事件这个词在 1.3 节中作过简单介绍）。例如，$\mathrm{P}(X \text{ 是素数}, X \text{ 是偶数})$ 是事件 "X 是素数" 与 "X 是偶数" 的联合概率。如果读者之前学过概率知识，比起随机变量，也许会更加熟悉事件的联合概率与条件概率。

2.3.4　三个或更多的随机变量

（本节的内容较为深入，如果读者感到理解起来有困难，直接跳过本节继续阅读2.4节即可 [①]）

含有三个或更多随机变量的条件概率

含有三个或更多的随机变量时，条件概率的定义依然与之前相同，如下所示。

- "$Y=b$ 且 $Z=c$" 时，"$X=a$" 的条件概率

$$P(X=a|Y=b,Z=c) \equiv \frac{P(X=a,Y=b,Z=c)}{P(Y=b,Z=c)}$$

- "$Z=c$" 时，"$X=a$ 且 $Y=b$" 的条件概率

$$P(X=a,Y=b|Z=c) \equiv \frac{P(X=a,Y=b,Z=c)}{P(Z=c)}$$

- "$Z=c$ 且 $W=d$" 时，"$X=a$ 且 $Y=b$" 的条件概率

$$P(X=a,Y=b|Z=c,W=d) \equiv \frac{P(X=a,Y=b,Z=c,W=d)}{P(Z=c,W=d)}$$

乍一看，读者可能会感到有些冗繁，其实上面的定义与之前已经讨论的内容并无不同。它们都与前一节中 P(条件|条件) 的含义类似，只不过使用了"○○ 且 ××"这样的由多个子条件组合而成的条件。

通常，我们可以像下面这样分解联合概率。

$$P(○○,××,△△)$$
$$= P(○○\,|\,××,△△)P(××,△△)$$
$$= P(○○\,|\,××,△△)P(××\,|\,△△)P(△△)$$

例如，对于下面的式子，从右往左阅读将更易于理解。

$$P(X=a,Y=b,Z=c) = P(X=a|Y=b,Z=c)P(Y=b|Z=c)P(Z=c) \quad (2.8)$$

[①] 之后的2.5.4节与8.2节将用到本节介绍的知识。读者可以在那时回顾本节的内容。

该式的含义如图2.10所示。

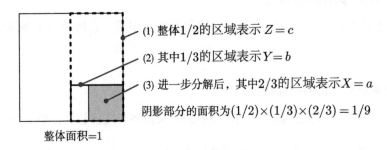

图2.10　计算含有三个随机变量的联合概率

请读者记住，通常情况下，$X=a$ 的概率不仅与 Y 有关，还会受到 Z 的影响。

将 ○○、×× 与 △△ 依次代入上式，我们可以得到以下结果。

$$P(○○, ××, △△)$$
$$=P(○○ \mid ××, △△)P(×× \mid △△)P(△△)$$
$$=P(△△ \mid ○○, ××)P(×× \mid ○○)P(○○)$$
$$=P(△△ \mid ○○, ××)P(○○ \mid ××)P(××)$$

这是因为，无论使用哪种顺序，我们最终要求的都是 ○○ 且 ×× 且 △△ 的概率。

即使联合概率中含有更多的随机变量，情况也依然如此。例如，含有四个随机变量的联合概率可以像下面这样分解。

$$P(○○, ××, △△, □□)$$
$$= P(○○ \mid ××, △△, □□)P(×× \mid △△, □□)P(△△ \mid □□)P(□□)$$

示例：三扇门（蒙提霍尔问题）

我们再来回顾一下"三扇门问题"（蒙提霍尔问题）。现在，这个问题也可以通过联合概率与条件概率的概念来解释。

设 X 是正确的门，Y 是挑战者选择的门，Z 是主持人打开的门。我们希望计算挑战者选择了门3且主持人打开了门1时，门3是正确答案时的条件概率，即 $P(X=3 \mid Y=3, Z=1)$ 的值。

图2.11 蒙提霍尔问题（与图1.1相同）。详见1.2节

我们可以通过以下方式求得该值。

$$\mathrm{P}(X=3|Y=3,Z=1)$$

$$=\frac{\mathrm{P}(X=3,Y=3,Z=1)}{\mathrm{P}(Y=3,Z=1)}$$

$$=\frac{\mathrm{P}(X=3,Y=3,Z=1)}{\mathrm{P}(X=\underline{1},Y=3,Z=1)+\mathrm{P}(X=\underline{2},Y=3,Z=1)+\mathrm{P}(X=\underline{3},Y=3,Z=1)}$$

根据游戏规则，式中的联合概率需要按以下方式计算。由于 X 的值由骰子决定，因此我们能得到以下关系式。

$$\mathrm{P}(X=1)=\mathrm{P}(X=2)=\mathrm{P}(X=3)=\frac{1}{3}$$

Y 是独立于 X 的随机变量，同样由骰子决定，并有以下关系。

$$\mathrm{P}(Y=3|X=\underline{1})=\mathrm{P}(Y=3|X=\underline{2})=\mathrm{P}(Y=3|X=\underline{3})=\frac{1}{3}$$

于是，主持人打开门1的条件概率如下。

$\mathrm{P}(Z=1|X=\underline{1},Y=3)=0$ ……不可能打开正确的门

$\mathrm{P}(Z=1|X=\underline{2},Y=3)=1$ ……另一扇门是正确答案，因此只能打开门1

$\mathrm{P}(Z=1|X=\underline{3},Y=3)=\dfrac{1}{2}$ ……剩下的两扇门都不是正确答案，因此概率为1/2

综上，我们将得到以下概率。

$$P(X = \underline{1}, Y = 3, Z = 1) = P(Z = 1 | X = 1, Y = 3)P(Y = 3 | X = 1)P(X = 1)$$
$$= 0 \cdot \frac{1}{3} \cdot \frac{1}{3} = 0$$
$$P(X = \underline{2}, Y = 3, Z = 1) = P(Z = 1 | X = 2, Y = 3)P(Y = 3 | X = 2)P(X = 2)$$
$$= 1 \cdot \frac{1}{3} \cdot \frac{1}{3} = \frac{1}{9}$$
$$P(X = \underline{3}, Y = 3, Z = 1) = P(Z = 1 | X = 3, Y = 3)P(Y = 3 | X = 3)P(X = 3)$$
$$= \frac{1}{2} \cdot \frac{1}{3} \cdot \frac{1}{3} = \frac{1}{18}$$

根据这些概率，我们可以进一步求得以下结论。

$$P(X = 3 | Y = 3, Z = 1) = \frac{1/18}{0 + 1/9 + 1/18} = \frac{1/18}{3/18} = \frac{1}{3}$$

这就是如果挑战者坚持最初的选择，能够选中正确的门的概率。从该结果可以看出，改选另一扇门是更好的选择。根据规则，$P(X = 1 | Y = 3, Z = 1)$ 的值为 0（主持人打开的门一定是错误答案），因此只存在以下可能。

$$P(X = \underline{2} | Y = 3, Z = 1) = 1 - P(X = \underline{1} | Y = 3, Z = 1) - P(X = \underline{3} | Y = 3, Z = 1)$$
$$= 1 - 0 - \frac{1}{3} = \frac{2}{3}$$

也就是说，改变选择后，挑战者有 2/3 的概率选中正确答案。

条件联合分布的分解

我们可以根据具体情况，像下面这样灵活分解条件联合分布。

$$P(\bigcirc\bigcirc, \times\times \mid \triangle\triangle) = P(\bigcirc\bigcirc \mid \times\times, \triangle\triangle)P(\times\times \mid \triangle\triangle)$$
$$P(X = a, Y = b | Z = c) = P(X = a | Y = b, Z = c)P(Y = b | Z = c) \tag{2.9}$$

请读者对照之前的图 2.10 确认该式 [1]。

---

[1] 只要写出表达式，读者就能立即发现等式两侧相等。根据条件概率的定义，我们可以得到以下推论。

$$左侧 = \frac{P(\bigcirc\bigcirc, \times\times, \triangle\triangle)}{P(\triangle\triangle)}, \quad 右边 = \frac{P(\bigcirc\bigcirc, \times\times, \triangle\triangle)}{P(\times\times, \triangle\triangle)} \cdot \frac{P(\times\times, \triangle\triangle)}{P(\triangle\triangle)}$$

我们准备了一些稍有些难度的例子供读者挑战。如果读者能够理解它们，就证明已经很好地掌握了本节的内容。

$$P(U = u, V = v, W = w, X = x | Y = y, Z = z)$$
$$= P(U = u, V = v | W = w, X = x, Y = y, Z = z)$$
$$\times P(W = w | X = x, Y = y, Z = z) P(X = x | Y = y, Z = z)$$

我们只要遵循标准解法就能从等式右侧一步步整理成左侧的形式。

$$右边 = P(U = u, V = v | W = w, X = x, Y = y, Z = z)$$
$$\times P(W = w, X = x | Y = y, Z = z)$$
$$= P(U = u, V = v, W = w, X = x | Y = y, Z = z) = 左边$$

更直接来讲，我们可以按以下方式理解。

- 式中每一个P都附有"$Y = y, Z = z$"的条件。也就是说，条件"$Y = y, Z = z$"是贯穿整个式子的大前提。因此，我们应首先声明这一前提，表示之后将基于这一大前提分解概率，而不必每次强调"$Y = y, Z = z$"。
- 于是，问题就转化为了以下类型。我们可以按照与之前相同的方式从右向左分解概率。

$$P(U = u, V = v, W = w, X = x)$$
$$= P(U = u, V = v | W = w, X = x) P(W = w | X = x) P(X = x)$$

2.4　贝叶斯公式

本节将应用条件概率来解决逆问题。简单来讲，逆问题是指那些需要从结果反推原因的问题[①]。通常，原因 X 无法被直接观察、测量，此时，我们常会通过其结果 Y 来反推原因 X。很多工程问题都可以通过这种方式解释[②]。

[①] 与之相对的，从原因推结果的问题称为正问题。为便于理解，本节使用了原因、结果等词。尽管这些词简单易懂，但正如问答专栏 2.7 所讲，因果关系并不属于概率论的讨论范畴。
[②] 我们不会深入讨论问题的具体细节，因此即使读者现在有不理解之处也不必深究。一方面，如果要详细说明问题，足以写成一本专业教材，另一方面，我们将在本书的第 2 部分讨论实际的数据推测方法(参见前言的本书构成部分)。

- 通信：根据含有噪声的接收信号 Y 推测发送信号 X
- 语音识别：根据麦克风识别的音频波形数据 Y 推测语音信息 X
- 文字识别：根据扫描仪读取的图像数据 Y 推测用户书写的文字 X
- 邮件自动过滤：根据收到的邮件文本 Y 推测邮件的类型 X（是否是广告等）

请读者注意，即使 X 相同，Y 也可能不同。由于绝大多数情况中都存在噪声与误差，因此我们不能简单地使用函数 $Y = f(X)$ 来模拟问题。为此，我们需要借助概率来处理这些噪声与误差，通过随机变量 X, Y 来表述 X, Y 之间的相互关系。

2.4.1　问题设置

在角色扮演类游戏中常会出现以下场景，我们将以此为背景出题。

- 在某个角色扮演游戏中，玩家只要打倒怪物就能获得宝箱。宝箱有2/3的概率有陷阱。玩家虽然可以用魔法来检查陷阱，但这种判断方式并不完美，有1/4的错误概率。
- 假设玩家打倒了怪物，获得了宝箱，并通过魔法判定该宝箱没有陷阱。请读者以此为前提，求"宝箱有陷阱"的概率。

如果以随机变量 X 表示宝箱设有陷阱的概率，以随机变量 Y 表示魔法的判断结果，该问题可以通过以下方式表述。

$$P(X = 有陷阱) = \frac{2}{3}$$

$$P(Y = 没有发现 \mid X = 有陷阱) = \frac{1}{4}$$

$$P(Y = 发现了 \mid X = 没有陷阱) = \frac{1}{4}$$

$$求 P(X = 有陷阱 \mid Y = 没有发现)$$

简单来讲，本节将讨论以下这种类型的问题。

- 已知所有的 $P(原因)$ 与 $P(结果 \mid 原因)$ 一览
- 求 $P(原因 \mid 结果)$

在这类问题中，$P(原因)$ 称为先验概率，$P(原因 \mid 结果)$ 称为后验概率。相应的概率一览分别称为先验分布与后验分布。这些术语用于表现事件是发生于结果 Y 取得之前还是之后。

2.4.2　贝叶斯的作图曲

我们本该开始讲解贝叶斯公式，不过既然我们已经有了上帝视角这种强大的工具，就充分利用该工具，通过作图曲来解决这个问题吧 [①]。请读者准备好纸笔，随着本节的介绍一起画图。

1. 整体面积为1。

2. 其中2/3的区域表示 $X=$ 有陷阱，剩余1/3的区域表示 $X=$ 没有陷阱。

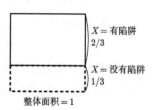

3. 在表示 $X=$ 有陷阱的区域中，1/4表示 $Y=$ 没有发现，这部分区域占整体面积的

$$\frac{2}{3} \cdot \frac{1}{4} = \frac{1}{6}$$

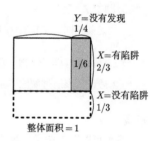

4. 类似地，在表示 $X=$ 没有陷阱的区域中，3/4的区域表示 $Y=$ 没有发现，这部分区域占整体面积的

$$\frac{1}{3} \cdot \frac{3}{4} = \frac{1}{4}$$

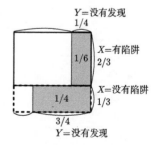

[①] 这只是一个玩笑。没有这样的歌曲。不过，我们确实会介绍一种轻松的解法，仿佛能一边唱着作图曲一边就解决了问题。

5.综上，$Y=$没有发现的区域占整体面积的

$$\frac{1}{6}+\frac{1}{4}=\frac{5}{12}$$

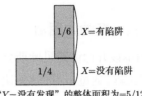

"$Y=$没有发现"的整体面积为$=5/12$

6.其中，$X=$有陷阱的比例为

$$\frac{1/6}{5/12}=\frac{2}{5}=0.4$$

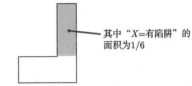

其中"$X=$有陷阱"的面积为$1/6$

"$Y=$没有发现"的整体面积为$=5/12$

（关于如何整理分子分母包含分数的分数，请参见问答专栏2.2）

即使魔法的判断结果是没有陷阱，宝箱中有陷阱的概率仍有40%。如果体力值与装备的准备不够充分，玩家还是不要贸然打开宝箱为好。

练习题 2.7

与之前相同，宝箱有2/3的概率有陷阱。不过这次由于魔法等级的提升，误判率下降至了1/10。

1.求玩家打倒了怪物、获得了宝箱后，魔法检验的结果为没有陷阱的概率。
2.假设玩家通过魔法判定宝箱没有陷阱，求此时宝箱有陷阱的概率。

答案

我们可以用X表示宝箱是否有陷阱，以Y表示检查结果，并通过与之前类似的方法作图求解。

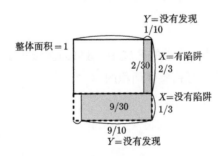

1.魔法检验的结果为没有陷阱的概率即图中阴影部分的面积。

$$P(Y = 没有发现) = P(X = 有陷阱, Y = 没有发现) + P(X = 没有陷阱, Y = 没有发现)$$

$$= P(Y = 没有发现 \mid X = 有陷阱)P(X = 有陷阱)$$

$$+ P(Y = 没有发现 \mid X = 没有陷阱)P(X = 没有陷阱)$$

$$= \frac{1}{10} \cdot \frac{2}{3} + \frac{9}{10} \cdot \frac{1}{3} = \frac{2}{30} + \frac{9}{30} = \frac{11}{30}$$

2.在阴影部分中，$X = $有陷阱的比例如下。

$$P(X = 有陷阱 \mid Y = 没有发现) = \frac{P(X = 有陷阱, Y = 没有发现)}{P(Y = 没有发现)}$$

$$= \frac{2/30}{11/30} = \frac{2}{11} \approx 0.18$$

在不会看错的前提下，算式可以进一步省略（对于阴影部分来讲，有陷阱：没有陷阱 = 2 : 9，因此有陷阱的比例为 2/(2+9) = 2/11 ）。

练习题 2.8

　　A 市有 10 万人，其中有一个是外星人。我们现在有一台能够检验外星人的检测仪，不过它有 1% 的概率判断错误。也就是说，它有 1% 的可能性把外星人判断为人类，也有 1% 的可能性把人类误判为外星人。

　　1.如果从 10 万人中随机抽取一人，检测仪有多大的概率将他判断为外星人？

　　2.从 10 万人中随机抽取一人后，检测仪将他判断为外星人，求这个人的确是外星人的概率。

答案

　　我们用 X 表示接受检测的人的真实身份，用 Y 表示检测结果。于是，这个问题可以转换为一个作图问题，我们只需采用与之前相同的方法作图，就能求出正确答案（由于本题数值较大，很难精确作图，因此下图的区域比例做了适当的调整）。

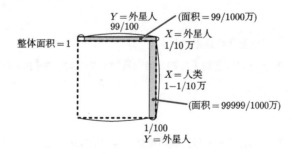

1.检测仪将某人判断为外星人的概率就是图中阴影部分的面积。

$$
\begin{aligned}
P(Y = \text{外星人}) &= P(X = \underline{\text{外星人}}, Y = \text{外星人}) + P(X = \underline{\text{人类}}, Y = \text{外星人}) \\
&= P(Y = \text{外星人} \,|\, X = \underline{\text{外星人}}) P(X = \underline{\text{外星人}}) \\
&\quad + P(Y = \text{外星人} \,|\, X = \underline{\text{人类}}) P(X = \underline{\text{人类}}) \\
&= \frac{99}{100} \cdot \frac{1}{10\,\text{万}} + \frac{1}{100} \cdot \frac{99999}{10\,\text{万}} \\
&= \frac{99}{1000\,\text{万}} + \frac{99999}{1000\,\text{万}} = \frac{100098}{1000\,\text{万}} = 0.0100098 \qquad (\text{约}1\%)
\end{aligned}
$$

2.在上页图的阴影部分中，$X = $外星人的比例如下。

$$
\begin{aligned}
P(X = \text{外星人} \,|\, Y = \text{外星人}) &= \frac{P(X = \text{外星人}, Y = \text{外星人})}{P(Y = \text{外星人})} \\
&= \frac{99/1000\,\text{万}}{100098/1000\,\text{万}} = \frac{99}{100098} \approx 0.000989 \qquad (\text{约}0.1\%)
\end{aligned}
$$

该检测仪看起来精度很高，因此我们很容易在仪器将检测对象判断为外星人时，相信他确实就是外星人。然而，从计算结果可知，这种情况的概率极低，后验概率仅为0.1%。这个例子告诉我们，在分析概率问题时，如果没有考虑先验概率，将很容易得到错误的结论。

练习题 2.9

再举一个角色扮演游戏的例子。游戏中存在三种不同类型的盾牌（普通盾牌、优质盾牌与特制盾牌）。地下迷宫中有1/2的概率掉落普通盾牌，1/3的概率掉落优质盾牌，1/6的概率掉落特制盾牌。它们的外形相同，但性能各有高低。

- 普通盾牌有1/18的概率抵御怪物的攻击
- 优质盾牌有1/6的概率抵御怪物的攻击
- 特制盾牌有1/3的概率抵御怪物的攻击

以此为前提，求：

1.玩家拾获并装备盾牌后抵御怪物攻击的概率。
2.假设玩家在拾获并装备盾牌后遇到了怪物，借助盾牌成功抵御了怪物的攻击。求拾获的是特制盾牌的概率。

答案

我们用 X 表示盾牌的类型，用 Y 表示是否成功抵御了怪物的攻击。通过与之前类似的方式，我们能得到如下结果。

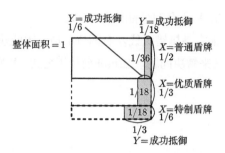

1. 抵御怪物攻击的概率即是图中阴影部分的面积。

$$P(Y = 成功抵御) = \frac{1}{18} \cdot \frac{1}{2} + \frac{1}{6} \cdot \frac{1}{3} + \frac{1}{3} \cdot \frac{1}{6} = \frac{1}{36} + \frac{1}{18} + \frac{1}{18} = \frac{5}{36}$$

2. 在该图的阴影部分中，$X = $ 特制盾牌占据的比例如下。

$$P(X = 特制盾牌 \,|\, Y = 成功抵御) = \frac{1/18}{5/36} = \frac{2}{5} = 0.4$$

2.4.3　贝叶斯公式

我们来回顾一下之前介绍的解法。这些解法将通过一组概率去求所需的条件概率，如下所示。

已知的概率：

$$P(X = \blacktriangle) \cdots 原因为 \blacktriangle 的概率$$

$$P(Y = \bigcirc \,|\, X = \blacktriangle) \cdots 在原因为 \blacktriangle 的前提下，结果为 \bigcirc 的条件概率$$

需要求的条件概率：

$$P(X = \blacktriangle \,|\, Y = \bigcirc) \cdots 在结果为 \bigcirc 的前提下，原因为 \blacktriangle 的条件概率$$

以之前的练习题2.9为例，我们可以像下面这样，从结果求得原因（的概率）。

$$P(特制盾牌 \,|\, 成功抵御)$$

$$= \frac{P(成功抵御 \,|\, 特制盾牌)P(特制盾牌)}{P(成功抵御 \,|\, 普通盾牌)P(普通盾牌) + P(成功抵御 \,|\, 优质盾牌)P(优质盾牌) + P(成功抵御 \,|\, 特制盾牌)P(特制盾牌)}$$

这就是贝叶斯公式，它的一般形式如下。

$$P(X = \blacktriangle \,|\, Y = \bigcirc)$$

$$= \frac{P(Y = \bigcirc \,|\, X = \blacktriangle)P(X = \blacktriangle)}{P(Y = \bigcirc \,|\, X = \blacksquare)P(X = \blacksquare) + P(Y = \bigcirc \,|\, X = \blacktriangle)P(X = \blacktriangle) + \cdots + P(Y = \bigcirc \,|\, X = \blacklozenge)P(X = \blacklozenge)}$$

其中，"···"的部分需要列出 X 所有的可能值并求和。

在记忆贝叶斯公式时，很容易搞错竖线左右两侧的值，因此建议读者在习惯该公式之前，暂先使用之前介绍的绘图方法来解决问题。如果非要使用公式，最好根据定义与性质当场推导，而不要仅凭记忆默写。

$$P(X = \blacktriangle \,|Y = \bigcirc)$$

$$= \frac{P(X = \blacktriangle, Y = \bigcirc)}{P(Y = \bigcirc)} \quad \cdots\cdots\text{由定义得到}$$

$$= \frac{P(X = \blacktriangle, Y = \bigcirc)}{P(X = \blacksquare, Y = \bigcirc) + P(X = \blacktriangle, Y = \bigcirc) + \cdots + P(X = \blacklozenge, Y = \bigcirc)} \quad \cdots\cdots\text{根据情况展开分母}$$

$$= \frac{P(Y = \bigcirc \,|X = \blacktriangle)P(X = \blacktriangle)}{P(Y = \bigcirc \,|X = \blacksquare)P(X = \blacksquare) + P(Y = \bigcirc \,|X = \blacktriangle)P(X = \blacktriangle) + \cdots + P(Y = \bigcirc \,|X = \blacklozenge)P(X = \blacklozenge)}$$

$$\cdots\cdots\text{通过条件概率表述联合概率}$$

以上计算仅使用了联合概率、边缘概率与条件概率的基本性质。请读者观察下表。

	$Y = \circledcirc$	$Y = \bigcirc$	$\cdots$	$Y = \star$
$X = \blacksquare$		A		
$X = \blacktriangle$		B		
$\vdots$		$\vdots$		
$X = \blacklozenge$		E		

不难看出，该解法其实分为两步。

1.计算联合概率 A、B、···、E
2.计算 B 占整体的比例 B/(A + B + ··· + E)

练习题 2.10

现有一副不含大王、小王的扑克，共计52张。我们在洗牌后随机抽取一张存入保险箱。整个过程中扑克牌的背面朝上，无法分辨具体的牌面。之后，我们再次洗牌，从剩余的扑克牌中随机抽取一张并查看牌面，结果为方块6。请问保险箱中扑克牌的颜色是红是黑？

• A的见解：

因为现在抽到的是红色的牌，所以保险箱里的牌是黑色的概率更高。

• B的见解:

    错了，两种颜色的概率都是1/2才对。保险箱中的牌是红是黑在抽取时就已经确定。当时两种颜色的概率自然都是1/2。之后没有人动过保险箱，所以箱内的情况不会发生变化。

    读者同意谁的说法呢？有什么办法说服另一方吗？

答案

    设第一张牌的颜色为 X，第二张牌的颜色为 Y。B应该也会同意下面的式子。

$$\mathrm{P}(X = 黑色) = \mathrm{P}(X = 红色) = \frac{1}{2}, \quad \mathrm{P}(Y = 红色 | X = 黑色) = \frac{26}{51}, \quad \mathrm{P}(Y = 红色 | X = 红色) = \frac{25}{51}$$

根据问题设定，黑色的出现概率是 $\mathrm{P}(X = 黑色 | Y = 红色)$。我们可以像下面这样，通过贝叶斯公式计算该值。

$$\mathrm{P}(X = 黑色 | Y = 红色) = \frac{\mathrm{P}(X = 黑色, Y = 红色)}{\mathrm{P}(Y = 红色)} = \frac{\mathrm{P}(X = 黑色, Y = 红色)}{\mathrm{P}(X = \underline{黑色}, Y = 红色) + \mathrm{P}(X = \underline{红色}, Y = 红色)}$$

$$= \frac{\mathrm{P}(Y = 红色 | X = 黑色)\mathrm{P}(X = 黑色)}{\mathrm{P}(Y = 红色 | X = \underline{黑色})\mathrm{P}(X = \underline{黑色}) + \mathrm{P}(Y = 红色 | X = \underline{红色})\mathrm{P}(X = \underline{红色})}$$

$$= \frac{\frac{26}{51} \cdot \frac{1}{2}}{\frac{26}{51} \cdot \frac{1}{2} + \frac{25}{51} \cdot \frac{1}{2}} = \frac{26}{51} \approx 0.510$$

可见，黑色的概率果然更高。

    如果读者还是无法理解，可以试着任意减少扑克牌的数量。极端情况下，红色和黑色的牌各只有1张，共计两张，此时概率如何呢？当 "$Y = 红色$" 时，保险箱中的牌必定为黑色。即 $\mathrm{P}(X = 黑色 | Y = 红色) = 1$。我们再来考虑另一种情况。如果在第一张牌存入保险箱后，又连续翻开了26张红色的牌，此时的概率如何？不难理解，保险箱中的牌同样必定为黑色。即使我们没有对保险箱做手脚，这种条件概率（后验概率）也可能不是1/2。读者可以参考问答专栏2.7进一步了解事件的因果关系。

2.5 独立性

    本章将继续讨论多个随机变量之间的关系。2.3节的条件概率可以理解为在得知 X 后，对 Y 的出现概率的预测。2.4节介绍的贝叶斯公式是相应的逆运算，它将根据 $X \to Y$ 的情况（与 X 的先验概率分布），由 Y 逆推 X 的值。

    现在，我们重新开始讨论更为根本的问题。如果问题中存在多个随机变量，我们首先会怀疑这些随机变量之间是否真的存在关联。这一独立性的概念是很多应用问题中的关键。

    • 如果 X 与 Y 无关，由 X 推 Y 就没有意义。此时，Y 与独立的 X 没有特别的含义。

- 不过，独立的随机变量将带来一些好处。如果 X 与 Y 无关，我们就不必具体分析它们之间的关系，概率的计算将变得非常容易。我们甚至可以积极地利用独立性，将混有各种不同成分的信号分解为各种独立的成分以进一步求解（独立成分分析，independent component analysis，ICA）。

- 通常，为了处理噪声与误差，我们需要反复进行相同的实验，记录实验的结果。如果先进行的实验对之后的实验存在影响，反复进行实验也没什么意义。之后将介绍的大数定律（3.5节）与中心极限定理（4.6节）也需要随机变量之间尽可能相互独立。

不过，由于人们在日常中也会使用独立这个词，因此不少人都会误解概率论中独立性的含义。独立一词在词典中记载的解释与数学术语的定义不同。即使都是数学术语，线性独立中的独立与本章的独立也是不同的概念。下面再举一些容易误解的例子。

- **"独立"与"均匀分布"不同**

  下面这样的关系并不是独立性。

$$P(Y = 1|X = \bigcirc\bigcirc) = P(Y = 2|X = \bigcirc\bigcirc) = P(Y = 3|X = \bigcirc\bigcirc) = \cdots$$

- **"独立"与"（独立）同分布"不同**

  下面这样的关系并不是独立性。

$$P(X = 1) = P(Y = 1), \quad P(X = 2) = P(Y = 2), \quad P(X = 3) = P(Y = 3), \quad \cdots$$

- **"独立"与"互斥"不同**

  独立性并不意味着"事件 $X = 1$ 与 $Y = 1$ 不会同时发生"。这种互斥性反而表示 X 与 Y 不是独立的随机变量。此时，我们能够通过 X 是1来确定 Y 不是1，因此，X 与 Y 之间具有某些关联。

概率论中的独立指的是 X 与 Y 没有任何关联。我们无法通过 Y 来判断 X 的值。也就是说，无论 X 是1、2还是3，Y 的取值概率不变。接下来，我们将讨论如何通过数学表达式来表述这一性质。

2.5.1　事件的独立性（定义）

请读者回忆2.4.1节的宝箱陷阱检测问题。真正的魔法师能够通过魔法检测宝箱中是否有陷阱，只是准确性不够。现在我们来讨论一下冒牌魔法师的情况。由于是冒牌货，因此他其实不会魔法。冒牌魔法师会在检测时悄悄掷一下骰子，如果点数为1，则声称没有陷阱，否则声称有陷阱。这种弄虚作假的方式会对概率造成怎样的影响呢?

　　显然,在这种情况下,"是否有陷阱"与"检测结果为存在陷阱"之间没有关联。条件概率能够充分展现这一事实。无论是否有陷阱,发现陷阱的条件概率不会改变。

$$P(\text{发现陷阱} \mid \underline{\text{有陷阱}}) = P(\text{发现陷阱} \mid \underline{\text{没有陷阱}}) = \frac{5}{6}$$

从上式可以看出,是否设有陷阱与骰子的点数显然无关。

　　如果下面的关系成立,我们则称"○○ 与 ▲▲ 独立"[①]。

$$P(\text{▲▲} \mid \text{○○}) = P(\text{▲▲} \mid \text{非○○})$$

在上例中,"有陷阱"与"检测结果为存在陷阱"相互独立。顺便一提,事件不独立称为"从属"或可直接称"不独立"[②]。

？ 2.9　"○○ 独立于 ▲▲"的说法似乎更合适呀,"○○ 与 ▲▲ 独立"的说法不易区分两个事件的先后关系

　　我们无需区分两者。只要"○○ 独立于 ▲▲","▲▲ 独立于 ○○"也就自然成立。详细内容请参见下一节。

练习题 2.11

　　现有一副不含大王、小王的扑克,共计52张。我们在洗牌后随机抽取一张,请问

1."这张牌是黑桃"与"这张牌是人头牌"是否独立?

2."这张牌是黑桃"与"这张牌是红桃"是否独立?

答案

♠K	♠Q	♠J	♠10	♠9	♠8	♠7	♠6	♠5	♠4	♠3	♠2	♠1
♡K	♡Q	♡J	♡10	♡9	♡8	♡7	♡6	♡5	♡4	♡3	♡2	♡1
♣K	♣Q	♣J	♣10	♣9	♣8	♣7	♣6	♣5	♣4	♣3	♣2	♣1
◇K	◇Q	◇J	◇10	◇9	◇8	◇7	◇6	◇5	◇4	◇3	◇2	◇1

---

① 准确来讲,应该是"事件 ○○ 与事件 ▲▲ 独立"。请读者回顾2.3.3节。

② 在 P(○○) = 0 或 P(○○) = 1 时,尽管这一定义不再有意义,我们依然称"○○ 与 ▲▲ 独立"。读者在阅读2.5.2节后应该就能理解这点。

1.由于以下两值相等，因此两者独立。

$$\begin{cases} P(\text{人头牌} \mid \text{黑桃}) = 3/13 & \cdots\cdots \text{在13张黑桃中有3张人头牌} \\ P(\text{人头牌} \mid \text{不是黑桃}) = 9/39 = 3/13 & \cdots\cdots \text{在除了黑桃以外的39张牌中有9张人头牌} \end{cases}$$

2.由于以下两值不等，因此两者不独立。

$$\begin{cases} P(\text{红桃} \mid \text{黑桃}) = 0 & \cdots\cdots \text{在13张黑桃中有0张红桃} \\ P(\text{红桃} \mid \text{不是黑桃}) = 13/39 = 1/3 & \cdots\cdots \text{在除了黑桃以外的39张牌中有13张红桃} \end{cases}$$

练习题 2.12

设掷骰子得到的结果为 X。

1."X 能被3整除"与"X 是偶数"是否独立？
2."X 是素数"与"X 是偶数"是否独立？

答案

1.由于以下两值相等，因此两者独立。

$$\begin{cases} P(X \text{ 是偶数} \mid X \text{ 能被 3 整除}) = 1/2 & \cdots\cdots \text{能被3整除的点数（3与6）中有一半是偶数} \\ P(X \text{ 是偶数} \mid X \text{ 不能被 3 整除}) = 1/2 & \cdots\cdots \text{不能被3整除的点数（1、2、4、5）中有一半是偶数} \end{cases}$$

2.由于以下两值不等，因此两者不独立。

$$\begin{cases} P(X \text{ 是偶数} \mid X \text{ 是素数}) = 1/3 & \cdots\cdots \text{素数点数（2、3、5）中有1个偶数} \\ P(X \text{ 是偶数} \mid X \text{ 不是素数}) = 2/3 & \cdots\cdots \text{非素数点数（1、4、6）中有2个偶数} \end{cases}$$

练习题 2.13

某魔法师的 P(发现陷阱|有陷阱)＝P(没发现陷阱|有陷阱)＝1/2，他被怀疑是冒牌货。请读者为他辩护。

答案

我们无法根据题目中的条件判断"有陷阱"与"发现陷阱"是否独立。为此，我们必须知道 P(发现陷阱|没有陷阱)的值。例如，如果 P(发现陷阱|没有陷阱)＝1/100，就说明"有陷阱"与"发现陷阱"不独立。

2.5.2 事件的独立性（等价表述）

> 要彻底掌握一种数学概念，我们只能靠在各种不同的语境中
> 了解该概念，充分思考大量的具体实例，并至少找出两三种能够
> 加强结论直观性的隐喻。
>
> ——格雷格·伊根(Greg Egan)《大流散》(*Diaspora*)

独立的定义有多种等价表述方式。在讨论概率问题时，独立性是一种重要的基础概念，因此读者需要熟悉各种不同的表述方式。

以下表述的含义全都相同（之后将会详细说明）：

（1）○○ 与 ▲▲ 独立

（2）条件概率与条件无关

$$P(▲▲|○○) = P(▲▲|非 ○○)$$

（3）添加或去除条件不影响概率

$$P(▲▲|○○) = P(▲▲)$$

（4）联合概率之比相同

$$P(○○, ▲▲) : P(○○,非 ▲▲) = P(非 ○○, ▲▲) : P(非○○,非 ▲▲)$$

（5）联合概率是边缘概率的乘积

$$P(○○, ▲▲) = P(○○)P(▲▲)$$

替换 ○○ 与 ▲▲ 后得到的关系式与上述表述依然等价。

（1'）$P(○○|▲▲)=P(○○|非▲▲)$

（2'）$P(○○|▲▲)=P(○○)$

（3'）$P(○○, ▲▲) : P(非○○, ▲▲)=P(○○, 非▲▲) : P(非○○, 非▲▲)$

❓ 2.10 必须把这些全都记住吗

请至少记住第5条。虽然第2条和第3条直观易懂，但第5条适用性最广，便于在各类计算中使用。

不过，这里列出各种等价表述并不是要求读者把它们全都记下来，而是为了让读者真正理解独立性的含义。为此，读者不应只关注某一种表述，充分了解各种不同的表述方式将更加有效。

接下来，我们逐一分析各种表述。

本书已经通过第2种表述方式定义了独立。由于这是独立性的定义，因此无法也无需证明[①]。于是，第1条与第2条显然等价。下面的例子是第2种表述的具体体现。假设我们规定"随机抽取一张扑克牌，如果抽到人头牌就能获胜"，那么，"无论这张牌是不是黑桃，都不会改变我们的预期"（参见练习题2.11）。

$$\begin{cases} P(\text{人头牌} \mid \text{黑桃}) = 3/13 \\ P(\text{人头牌} \mid \text{不是黑桃}) = 9/39 = 3/13 \end{cases}$$

接着我们来看一下第3条。这条表示的是"即使无意中看到这张牌是黑桃，我们也不会比原来更确信自己能够获胜"。

$$\begin{cases} P(\text{人头牌} \mid \text{黑桃}) = 3/13 \\ P(\text{人头牌}) = 12/52 = 3/13 \end{cases}$$

对于这样的情况，我们仍然可以认为两者没有关联。

再分析一下第4条。这条关系式看起来可能让人眼花，我们可以通过一张联合概率表来表述它的核心含义。

	人头牌	不是人头牌
黑桃	3/52	10/52
不是黑桃	9/52	30/52

$$\Rightarrow \quad \begin{aligned} 3/52 : 10/52 &= 3:10 \\ 9/52 : 30/52 &= 3:10 \end{aligned} \Bigg\} \text{比例相同！}$$

换言之，在"黑桃"的行与"不是黑桃"的行中，"人头牌"（获胜）与"不是人头牌"（落空）的比例相同。

借助第4种表述，我们可以方便地通过联合概率表判断事件是否独立。读者只要回顾2.3.1节，就不难发现这种表述与独立性的含义是相同的。

以上这些应该不难理解。请读者借助上帝视角，根据图2.12再次复习第2、3、4种表述的内涵。

[①] 定义与定理是完全不同的概念。定义是某样事物的固定名称。在数学中，我们无需解释某一定义背后的理由。尽管该定义的产生必然有其原因，但数学并不关心定义者的动机。另一方面，定理则是由前提推导出的结论。数学需要严格证明该推导过程的正确性。

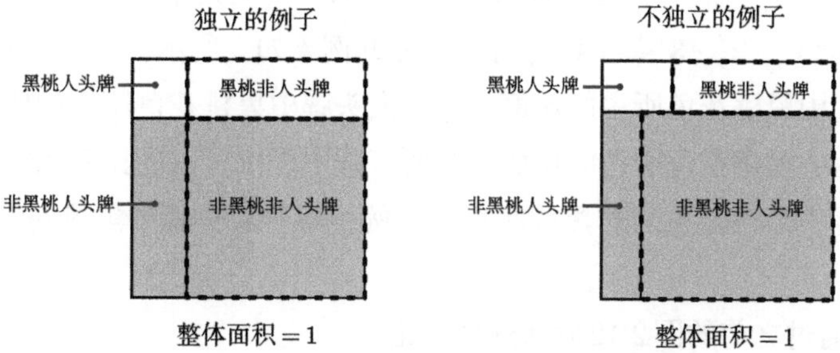

图 2.12　独立性（上帝视角）。左图是从正好 $13 \times 4 = 52$ 张扑克牌中抽取一张时的情况。右图是从一副残缺的扑克牌（缺少黑桃 1、2、3 与红桃 J、Q、K，共计 46 张）中抽取一张时的情况

2. "黑桃花色中人头牌所占的比例，与非黑桃花色中人头牌所占的比例相同"

3. "黑桃花色中人头牌所占的比例，与所有牌中人头牌所占的比例相同"

4. "黑桃花色中人头牌与非人头牌的比例，与非黑桃花色中人头牌与非人头牌的比例相同"

再来看一下第 5 条。在本例中，下面两个概率相同，体现了第 5 种表述的内涵。

$$
\begin{cases}
P(\text{黑桃，人头牌}) = \dfrac{3}{52} \\[2mm]
P(\text{黑桃})P(\text{人头牌}) = \dfrac{1}{4} \cdot \dfrac{3}{13} = \dfrac{3}{52}
\end{cases}
$$

与之前的第 2、3、4 条相比，读者可能无法立即理解这条的含义，不过它是这些表述中适用范围最广的一条。事实上，第 5 种表述是独立这一概念常见的数学定义[①]。

？ 2.11　为什么第 5 条关系式可以表示独立性

我们可以很容易通过算式得到答案。请回忆 $P(\blacktriangle\blacktriangle|\bigcirc\bigcirc) = P(\bigcirc\bigcirc, \blacktriangle\blacktriangle)/P(\bigcirc\bigcirc)$，我们能够从第 3 条推出以下关系。

$$
\frac{P(\bigcirc\bigcirc, \blacktriangle\blacktriangle)}{P(\bigcirc\bigcirc)} = P(\blacktriangle\blacktriangle)
$$

两边同乘 $P(\bigcirc\bigcirc)$ 消去分母后即可得到第 5 条。这非常简单，如果无法理解，请回顾之前的习题（式 2.5）。

[①] 由于第 5 条中不含条件概率，因此允许出现概率为 0 的成分。与之相对地，其他几种表述必须添加类似于 P65 脚注②那样的补充说明才能确保严谨性。因此，第 5 种表述最适合用于各类计算。如果可能存在除数为零或成分不确定的情况，读者可以通过这条关系式避免不必要的麻烦。

此外，以上关系式中的〇〇与▲▲可以相互替换，得到的结果与原式等价。因此，第1、2、3、4、5条及第1′、2′、3′条全都等价。具体的例子如下所示。

（1′）"人头牌中黑桃花色所占的比例，与非人头牌中黑桃花色所占的比例相同"

（2′）"人头牌中黑桃花色所占的比例，与所有牌中黑桃所占的比例相同"

（3′）"人头牌中黑桃花色与非黑桃花色的比例，与非人头牌中黑桃花色与非黑桃花色的比例相同"

请读者再次通过之前的图2.12确认这些结论。

2.5.3 随机变量的独立性

我们已经讨论了事件的独立性，即"两种条件是否相互独立"。在此基础上，我们可以进一步考虑随机变量的独立性问题。

随机变量之间的独立性如下所示。

> 如果无论a与b为何值，条件"$X=a$"与条件"$Y=b$"始终独立，我们称随机变量X与Y独立。

于是，对于随机变量X与Y，以下结论同样成立。

（1）X与Y独立

（2）条件概率与条件无关

   $P(Y=▲|X=〇)$与 〇 无关，仅由 ▲ 确定[①]

（3）添加或去除条件不影响概率分布

   无论 ▲、〇 为何值，$P(Y=▲|X=〇)=P(Y=▲)$始终成立

（4）联合概率之比相同

   无论 〇、☆、▲、■为何值，$P(X=〇,Y=▲):P(X=〇,Y=■)=P(X=☆,Y=▲):P(X=☆,Y=■)$始终成立

（5）联合概率是边缘概率的乘积

   无论 〇、▲ 为何值，$P(X=〇,Y=▲)=P(X=〇)P(Y=▲)$始终成立

替换Y与X后得到的关系式与上述表述依然等价。

（1′）$P(X=〇|Y=▲)$与 ▲ 无关，仅由 〇 确定

[①] 严格来讲，我们应当添加注释"$P(X=〇)=0$时除外"。其他含有条件概率的表述也是如此。

（2′）无论 ○、▲ 为何值，$P(X=○\,|\,Y=▲)=P(X=○)$ 始终成立

（3′）无论 ○、☆、▲、■ 为何值，$P(X=○,Y=▲):P(X=☆,Y=▲)=P(X=○,Y=■):P(X=☆,Y=■)$ 始终成立

最终，我们能够从第 5 条推出如下等价表述。

（5′）联合概率能够分解为仅含 ○ 的函数与仅含 ▲ 的函数的乘积，即 $P(X=○,Y=▲)=g(○)h(▲)$（其中 h 与 g 是一元函数）

这里的第 2 条与第 3 条能够直接从 2.5.2 节的第 2 条与第 3 条得到。从字面意思来看，它们分别表示"无论 X 为何值，都不会对 Y 的取值概率产生影响"及"无论是否知道 X 的值，都不会对 Y 的取值概率产生影响"，它们本质上都表达了"两者无关"的含义。

我们以第 4 条为例做具体分析。假设 X 与 Y 的联合分布如下。我们可以据此得出 X 与 Y 独立的结论。

	$Y=$松	$Y=$竹	$Y=$梅
$X=$优	1/48	2/48	3/48
$X=$良	2/48	4/48	6/48
$X=$中	5/48	10/48	15/48

⇒ 优　1/48 : 2/48 : 3/48　=　1:2:3 ⎫
　 良　2/48 : 4/48 : 6/48　=　1:2:3 ⎬ 比例相同！
　 中　5/48 : 10/48 : 15/48　=　1:2:3 ⎭

用第 4 条的方式来解释，即松、竹、梅之间的比例与优良中等级无关，始终保持松：竹为 1：2，竹：梅为 2：3，松：梅为 1：3。我们可以很方便地借助第 4 条发现联合分布表中蕴含的独立性。如果读者还记得 2.3.1 节介绍的条件概率定义，应该不难理解这种表述与第 2 条结论等价。

本节的第 5 条与上一节的第 5 种表述对应。它们都非常适合用于实际的数学计算。

我们最后还介绍了与第 5 条等价的表述 5′，这种表述方式较为复杂。如果联合分布以算式的形式出现，我们可以通过表述 5′ 方便地判断其中的随机变量是否独立。例如，假设随机变量 X 与 Y 的联合分布如下。

$$P(X=a,Y=b)=\frac{1}{280}a^2(b+1),\qquad (a=1,2,3 \text{ 且 } b=1,2,3,4,5) \tag{2.10}$$

等式右边是"仅含 a 的表达式$(\frac{1}{280}a^2)$"与"仅含 b 的表达式 $(b+1)$"的乘积。仅凭这点，我们就能确认 X 与 Y 相互独立。

练习题 2.14

随机变量 X, Y 的联合分布如下表所示，请问 X 与 Y 是否独立？

1.

	$Y=\bigcirc$	$Y=\times$
$X=壹$	0.10	0.30
$X=贰$	0.15	0.45

2.

	$Y=\bigcirc$	$Y=\times$
$X=壹$	0.1	0.2
$X=贰$	0.3	0.4

3.

	$Y=\bigcirc$	$Y=\triangle$	$Y=\times$
$X=壹$	0.18	0.06	0.06
$X=贰$	0.12	0.04	0.04
$X=叁$	0.30	0.10	0.10

答案

1.独立（第壹与第贰行的比例相同，都为 $\bigcirc : \times = 1 : 3$）

2.不独立（第壹行中 $\bigcirc : \times = 1 : 2$，第贰行中 $\bigcirc : \times = 3 : 4$，比例不同）

3.独立（每一行的比例相同，都为 $\bigcirc : \triangle : \times = 3 : 1 : 1$）

练习题 2.15

相互独立的随机变量 X、Y 的边缘分布如下所示。请读者写出 X、Y 的所有联合概率。

X 的值	该值的出现概率
壹	0.8
贰	0.2

Y 的值	该值的出现概率
$\bigcirc$	0.3
$\triangle$	0.6
$\times$	0.1

答案

由于两者独立，因此边缘概率 $P(X=a)$ 与 $P(Y=b)$ 之积就是联合概率 $P(X=a, Y=b)$。因此，我们可以得到如下的联合概率表（例如，$P(X=壹, Y=\bigcirc) = P(X=壹)P(Y=\bigcirc) = 0.8 \cdot 0.3 = 0.24$）。

	$Y=\bigcirc$	$Y=\triangle$	$Y=\times$
$X=壹$	0.24	0.48	0.08
$X=贰$	0.06	0.12	0.02

练习题 2.16

随机变量 X、Y 的联合分布如下所示。请问 X 与 Y 是否独立？

$$P(X=a, Y=b) = 2^{-(2+a+b)}, \qquad a=0,1,2,\cdots, b=0,1,2,\cdots$$

答案

该式可以改写为 $P(X = a, Y = b) = 2^{-(2+a)} \cdot 2^{-b}$ 的形式（参见附录 A.5）。于是，等号右边转为了"仅含 a 的表达式"与"仅含 b 的表达式"的乘积。根据表述 5′ 可知，X 与 Y 独立。

随机变量的独立性还具有以下性质。假设 X 与 Y 独立，通常有如下推论。

- 任意函数 $g(X)$ 与 $h(Y)$ 相互独立。例如，$X+1$ 与 Y^3 独立。
- "仅含 X 的条件"与"仅含 Y 的条件"相互独立。例如，"X 为正数"与"Y 为偶数"独立。

总之，由互无关联的变量衍生得到的表达式一般来说依然相互独立。

2.5.4　三个或更多随机变量的独立性（需多加注意）

至此，我们已经讨论了两个概率变量 X 与 Y 的独立性。现在，我们可以扩展独立性的定义，讨论更多随机变量的情况。不过，这些概念可能不那么直观，我们来看一个典型的例子。

现有 4 张卡片，上面分别写有如下字样。

－象人、蚁－人、蚁象－、－－－

如果我们随机抽取一张卡片，"写有蚁字"与"写有象字"这两个事件是独立的。两者的概率相同。

$$P(写有蚁字)P(写有象字) = \frac{2}{4} \cdot \frac{2}{4} = \frac{1}{4} \quad 和 \quad P(写有蚁字, 写有象字) = \frac{1}{4}$$

或者我们也可以比较下面的条件概率，结论不变。

$$P(写有象字 \mid 写有蚁字) = \frac{1}{2} \quad 和 \quad P(写有象字 \mid 没有蚁字) = \frac{1}{2}$$

类似地，我们能够得到"写有象字与人字独立"或"写有人字与写有蚁字独立"。

然而，我们不能说"蚁、象、人三个字的出现都相互独立"。例如，如果我们得知"卡片上写有蚁与象"，就能断言"卡片上没有人字"。这表明，蚁、象与人这三个字的出现之间存在某种关联。如果没有关联，我们将无法从卡片上是否写有蚁字与象字推断出是否写有人字。

从这个典型的例子中可以得出如下结论。

各对事件相互独立不表示所有事件都相互独立。

那么，我们该如何定义三个或以上事件的独立性呢？本节将具体讨论这个问题。如果读者跳过了 2.3.4 节，在继续之前请先阅读一下式 2.8 及之前的内容。

○○、△△ 与 □□ 看似毫无关联。对于所有组合，2.5.2节中的第3条性质全都成立，各个事件之间似乎没有关联。

$$
\begin{cases}
P(\bigcirc\bigcirc \mid \triangle\triangle, \square\square) = P(\bigcirc\bigcirc) \\
P(\square\square \mid \bigcirc\bigcirc, \triangle\triangle) = P(\square\square) \\
P(\triangle\triangle \mid \bigcirc\bigcirc) = P(\triangle\triangle) \qquad\qquad \text{无论是否附有条件，概率始终相同} \qquad (2.11) \\
P(\triangle\triangle \mid \square\square) = P(\triangle\triangle) \\
\quad\vdots
\end{cases}
$$

因此，我们可以考虑将它作为独立性的定义。不过这种方法需要判断大量组合，较为复杂。下面我们将把它转换为更简明的形式。

这些关系式通常可以写成如下形式。

$$
\begin{cases}
P(\bigcirc\bigcirc, \triangle\triangle, \square\square) = P(\bigcirc\bigcirc \mid \triangle\triangle, \square\square)P(\triangle\triangle \mid \square\square)P(\square\square) \\
P(\bigcirc\bigcirc, \triangle\triangle) = P(\bigcirc\bigcirc \mid \triangle\triangle)P(\triangle\triangle) \\
P(\triangle\triangle, \square\square) = P(\triangle\triangle \mid \square\square)P(\square\square) \\
P(\square\square, \bigcirc\bigcirc) = P(\square\square \mid \bigcirc\bigcirc)P(\bigcirc\bigcirc)
\end{cases}
$$

无论事件是否独立，这些式子都成立。此时，如果之前的性质（式2.11）也成立，我们就能删去等式右边的条件，得到下面的式子。

$$
\begin{cases}
P(\bigcirc\bigcirc, \triangle\triangle, \square\square) = P(\bigcirc\bigcirc)P(\triangle\triangle)P(\square\square) \\
P(\bigcirc\bigcirc, \triangle\triangle) = P(\bigcirc\bigcirc)P(\triangle\triangle) \\
P(\triangle\triangle, \square\square) = P(\triangle\triangle)P(\square\square) \qquad \text{联合概率是边缘概率的乘积} \qquad (2.12) \\
P(\square\square, \bigcirc\bigcirc) = P(\square\square)P(\bigcirc\bigcirc)
\end{cases}
$$

反过来讲，根据条件概率的定义，如果式2.12成立，式2.11自然也成立。因此两种性质的本质相同。

综上所述，尽管两者没有区别，但我们通常会将式2.12作为独立性的定义。这时需要计算的组合较少，也不必讨论概率为零的情况。从结果上来看，它是2.5.2节中第5条的扩展形式。

含有4个或以上事件时，我们同样能够将独立性定义为"联合概率始终等于各个边缘概率的乘积"。于是，○○、△△、□□ 与 ☆☆ 独立就表示以下两点成立。

- 其中任意三个事件都相互独立
- 且 $P(\bigcirc\bigcirc, \triangle\triangle, \square\square, \star\star) = P(\bigcirc\bigcirc)P(\triangle\triangle)P(\square\square)P(\star\star)$

? 2.12 我们可以仅凭 $P(\bigcirc\bigcirc, \triangle\triangle, \square\square) = P(\bigcirc\bigcirc)P(\triangle\triangle)P(\square\square)$ 断言"$\bigcirc\bigcirc$、$\triangle\triangle$ 与 $\square\square$ 独立"吗

不能。例如，假设我们需要从下列8张卡片中随机抽取一张。

$$\bigcirc\triangle\square、\bigcirc\triangle-、\bigcirc\triangle-、\bigcirc\triangle-、--\square、--\square、--\square、---$$

此时，以下两个概率相同。

$$P(写有\bigcirc, 写有\triangle, 写有\square) = \frac{1}{8}$$

$$P(写有\bigcirc)P(写有\triangle)P(写有\square) = \frac{1}{2}\cdot\frac{1}{2}\cdot\frac{1}{2} = \frac{1}{8}$$

但显然"写有 $\bigcirc$"与"写有 $\triangle$"这两个事件之间存在关联，并不独立。

用术语来讲，这就是"三个或更多事件的独立性"。接下来我们将以类似的方式，讨论"三个或更多随机变量的独立性"。

> 如果无论 a、b 与 c 为何值，条件"$X=a$""$Y=b$"与条件"$Z=c$"始终独立，我们称随机变量 X、Y、Z 独立。

如果随机变量 X、Y、Z 独立，以下表述也将成立。

无论 a、b 与 c 为何值，$P(X=a, Y=b, Z=c) = P(X=a)P(Y=b)P(Z=c)$ （2.13）

其实，我们可以直接通过独立的定义得到式2.13的结论。反过来讲，式2.13也能像下面这样推出随机变量独立。

$$P(X=a, Y=b) = \sum_c P(X=a, Y=b, Z=c) \quad \cdots\cdots 通过联合分布求边缘分布$$

$$= \sum_c P(X=a)P(Y=b)P(Z=c) \quad \cdots\cdots 前提是能够分解为这样的形式$$

$$= P(X=a)P(Y=b)\sum_c P(Z=c) \quad \cdots\cdots 与 c 无关的成分提到 \sum 之外$$

$$= P(X=a)P(Y=b)\cdot 1 = P(X=a)P(Y=b) \quad \cdots\cdots 概率之和为1$$

请读者不要将它与之前的问答专栏2.12混淆[①]。

在含有4个或更多的随机变量时，我们仍可以用相同的方式定义独立性。

如果无论 a、b、c 与 d 为何值，条件"$X=a$""$Y=b$""$Z=c$"与条件"$W=d$"始终独立，我们称随机变量 X、Y、Z、W 独立。

我们也可以说，如果无论随机变量 X、Y、Z、W 为何值，以下关系式始终成立。

$$P(X=a, Y=b, Z=c, W=d) = P(X=a)P(Y=b)P(Z=c)P(W=d)$$

练习题 2.17

现有随机变量 X、Y、Z，请问以下哪些论述始终成立（〇），哪些论述不一定始终成立（×）？[②]

1. 如果 X、Y、Z 独立，则 Y 与 Z 独立
2. 如果 X、Y、Z 独立，则 $P(X=a \mid Y=b, Z=c) = P(X=a)$
3. 如果"无论 a、b、c 为何值，$P(X=a \mid Y=b, Z=c) = P(X=a)$ 始终成立"，则"X、Y、Z 独立"

答案

由独立性的定义可以立即得出1与2始终成立（〇）。

3不一定成立（×）。由该条件只能推出如下关系。

$$P(X=a, Y=b, Z=c)$$
$$= P(X=a \mid Y=b, Z=c)P(Y=b \mid Z=c)P(Z=c)$$
$$= P(X=a)P(Y=b \mid Z=c)P(Z=c)$$

该式无法确保 $P(Y=b \mid Z=c) = P(Y=b)$。不过，与其执着于通过理论说明，不如举一个反例。例如，下面的联合分布表虽然满足题设条件，但各随机变量并不独立（当 Y 的值为0或1时，Z 的条件分布不同）

	$X=0$	$X=1$
$Y=0$ 且 $Z=0$	0.2	0.2
$Y=0$ 且 $Z=1$	0.1	0.1
$Y=1$ 且 $Z=0$	0.1	0.1
$Y=1$ 且 $Z=1$	0.1	0.1

[①] 两者最重要的区别在于此处提出了"无论 a、b 与 c 为何值"这一严格的条件。与之相比，问答专栏2.12不含"P(非〇〇, △△, □□) = P(非〇〇)P(△△)P(□□)"等附加条件。

[②] 第2条与第3条需要添加 $P(Y=b, Z=c) \neq 0$ 的前提。

专栏　事故

常言道，屋漏偏逢连阴雨。这是否表示事故一旦发生，之后继续发生事故的概率就会变大呢？（1）

让我们通过简单的计算机模拟来验证一下吧。

```
$ cd accident ↵
$ make ↵
./toss.rb -p=0.1 1000 | ../monitor.rb | ./interval.rb | ../histogram.rb -w=5
 ......o...................o.......oo........o.....o...........o......o.......
 .o.o.o.............o..............o............o.........o...........oo.......
 .o....o.......o........o.........o.o................o................o........
 .o..o.................o......o......oo...............o................o.......
 ..o.o.o.o...........o................o...........o.....................o
 ..o....o....o.........o...............o.......oo.................o...........
 .o....o...........o..................o..........o............o..............
 ..oo.o..........o.......................o..................o................
 ...o...............o............................................o...........
 .o.....o............o........o.........................o...................
 .o......oo....o........................................o...............o....
 ....o..oo.........................o............................o......o...oo
 .......o.....o.o.......................................
    35<= | * 1 (0.9%)
    30<= | **** 4 (3.7%)
    25<= |  0 (0.0%)
    20<= | **** 4 (3.7%)
    15<= | ********** 10 (9.2%)
    10<= | ************************ 25 (22.9%)
     5<= | ************************** 26 (23.9%)
     0<= | *************************************** 39 (35.8%)
total 109 data (median 7, mean 8.9633, std dev 7.36459)
```

在上面输出的字符串中，○表示发生了事故。从结果来看，○的出现频率并不平均，常会连续出现多次或在很长时间内一次事故也没有发生。

字符串下方显示的是"各○间的间隔"（即两次事故之间的时间差）图。从该图可以看出，短时间内○连续出现的概率确实更大。（2）

然而，该程序的逻辑非常简单，只是循环输出字符而已。其中，输出"○"的概率为0.1，"."的概率为0.9。每个字符的输出完全独立，"○"与"."的出现概率也恒定。因此，我们并不一定能从（2）推出（1）的结论。

（后续内容请参见下一章的章末专栏。）

第3章

离散值的概率分布

A：有一份统计大家"每月喝几次啤酒"的调查问卷，结果显示为月平均
8次。另一份"每次喝几瓶啤酒"的调查问卷显示平均每次会喝1.5瓶。
看来大家都不太诚实呀。

B：为什么这么说？

A：因为实际调查后，发现啤酒的人均月消耗量是15瓶，而根据问卷的
结果，8×1.5＝12瓶，数字对不上。

B：呃……都不知道该怎么说你了。总之，你先再去了解一下期望值的
性质吧（3.3.3节）

我们首先来讨论概率论的基本问题，此时随机变量的可取值种类可数（即附录A.3.2介
绍的至多可数的情况）。本章将重点讲解期望值、方差与大数定律。在正式介绍这些内容前，
我们需要先大致了解二项分布这种基本分布。

简单来讲，对于取值不定的随机值，将其可能的平均取值称为期望值，值的分散情况
称为方差。大数定律表明"大量随机值的平均值趋于期望值"，是处理随机数据的基本定理。
二项分布则常见于"20例中15例得到了改善"之类的问题。

3.1 一些简单的例子

本节将列举一些离散值的概率分布。这些离散值的取值没有特别的限制，既可以是数字，
也可以是正面、反面之类的枚举值。

表3.1 普通硬币（左）与老千硬币（右）

值	该值出现的概率		值	该值出现的概率
正面	0.5		正面	0.2
反面	0.5		反面	0.8

表3.2 普通骰子(左)与老千骰子(右)

值	该值出现的概率		值	该值出现的概率
1	1/6		1	0.4
2	1/6		2	0.1
3	1/6		3	0.1
4	1/6		4	0.1
5	1/6		5	0.1
6	1/6		6	0.2

表3.3 反复抛掷硬币,首次正面朝上所需的次数

值	该值出现的概率
1	1/2
2	1/4
3	1/8
4	1/16
5	1/32
⋮	⋮

❓ 3.1 不太理解表3.3的例子

我们用随机变量 U_t 表示第 t 次抛硬币的结果($t = 1, 2, 3, \cdots$)。该过程中没有任何作弊行为,因此 $P(U_t = 正面) = P(U_t = 反面) = 1/2$,且每次抛硬币的结果显然独立。以此为前提,不难得出以下结论。

$$P(U_1 = 反面, U_2 = 反面, U_3 = 正面) = P(U_1 = 反面)P(U_2 = 反面)P(U_3 = 正面) = \frac{1}{2} \cdot \frac{1}{2} \cdot \frac{1}{2} = \frac{1}{8}$$

我们设抛硬币 X 次后才首次出现正面。例如,条件 $X = 3$ 与 " $U_1 = 反面$, $U_2 = 反面$ 且 $U_3 = 正面$ "等价。简单来讲,我们可以推出以下关系。

$$P(X = 1) = P(U_1 = 正面) = \frac{1}{2}$$

$$P(X = 2) = P(U_1 = 反面, U_2 = 正面) = \frac{1}{2} \cdot \frac{1}{2} = \frac{1}{4}$$

$$P(X = 3) = P(U_1 = 反面, U_2 = 反面, U_3 = 正面) = \frac{1}{2} \cdot \frac{1}{2} \cdot \frac{1}{2} = \frac{1}{8}$$

⋮

通常,这些关系式可以记为 $P(X = t) = 1/2^t$ $(t = 1, 2, 3, \cdots)$ 的形式。

与之前一样,我们来确认一下所有概率之和是否为1。已经求得的概率之和如图3.1所示。

$$\frac{1}{2} + \frac{1}{4} + \frac{1}{8} + \frac{1}{16} + \cdots = 1$$

由此可知概率之和依然为 1[1]。

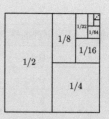

图 3.1　　$1/2 + 1/4 + 1/8 + 1/16 + \cdots = 1$

❓ 3.2　3.1 的解释有些取巧。没有人规定每次抛硬币的结果都是独立的呀

如果设定问题时明确假定了结果独立，我们就不必再专门申明。不过读者在书写正式的报告或论文时最好还是不要省略，全都明确写明为好。

于是，通常情况下，离散值的概率一览只需满足以下条件即可。

- 每一条概率都大于等于 0
- 所有概率之和为 1

满足条件的一览表非常多，其中所有概率相同的一览表是最典型的情况。没做手脚的硬币与骰子正属于这种类型。这类分布称为均匀分布。假设存在 n 种可能值，均匀分布中"每一种值的出现概率都是 $1/n$"。这一概念没有需要特别注意之处，读者只要简单了解均匀分布的含义即可（之后的练习题 8.8 将具体讨论均匀分布，此时信息熵最大）。

练习题 3.1

随机变量 X 的概率分布如表 3.2（右）所示。试求随机变量 $Y = X + 3$ 与 $Z = (X - 3)^2$ 的概率分布。

---

[1] 读者可以通过等比数列公式计算该值，于是该式转换为了（首项 − 末项的后项）/（1 − 公比）（参见附录 A.4）。此时首项为 $1/2$，公比为 $1/2$，因此有以下结果，

$$\frac{1}{2} + \frac{1}{4} + \cdots + \frac{1}{2^t} = \frac{(1/2) - (1/2)^{t+1}}{1 - (1/2)} = \frac{(1/2)\left(1 - (1/2)^t\right)}{1/2} = 1 - \frac{1}{2^t}$$

又由于 $t \to \infty$，得极限收敛于 1。

答案

Y的值	该值出现的概率
4	0.4
5	0.1
6	0.1
7	0.1
8	0.1
9	0.2

Z的值	X的值	该值出现的概率
0	3	0.1
1	2或4	0.1 + 0.1 = 0.2
4	1或5	0.4 + 0.1 = 0.5
9	6	0.2

离散值概率的通常情况就是如此。之后，我们将重点讨论整数的随机变量，这是离散值概率问题的一种特殊情况。由于整数支持各类运算并可以比较大小，因此衍生出了各类问题。

3.2   二项分布

特殊的概率分布通常会以专门的名称表示。其中，二项分布是一种基本的类型。本书第6章将反复用到这种分布。

3.2.1   二项分布的推导

二项分布表示"硬币正面向上的概率为p时，掷硬币n次后正面向上的次数"。也就是说，假设有出现1的概率为p，且出现0的概率为$q = (1-p)$的独立随机变量$Z_1, \cdots, Z_n$，那么$X \equiv Z_1 + \cdots + Z_n$的分布就是一种二项分布。图3.2列举了几种不同的二项分布。

如图所示，二项分布的具体形状由n与p决定。因此，二项分布（binomial distribution）也能记为$\mathrm{Bn}(n, p)$。

那么，二项分布$\mathrm{Bn}(n, p)$通常会用于哪些类型的计算呢？我们来看一个具体的例子。假设硬币正面向上的概率为p，试求抛掷$n = 7$次后正面向上3次的概率$\mathrm{P}(X=3)$。下面列出了所有$X = 3$的$Z_1, \cdots, Z_7$的可能情况。○表示正面向上，●表示反面向上，共计35种组合。

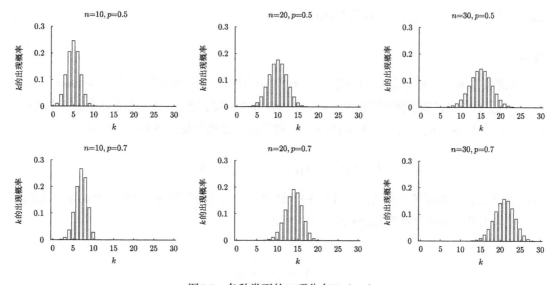

图 3.2　各种类型的二项分布 $\mathrm{Bn}(n, p)$

接下来，我们只需分别求出各种情况的概率即可。

- 模式 "●●●●○○○" 的概率为 $qqqqppp = p^3 q^4$
- 模式 "●●●○●○○" 的概率为 $qqqpqpp = p^3 q^4$
- 模式 "●●●○○●○" 的概率为 $qqqppqp = p^3 q^4$
- ……

显然，每一种情况都是 3 个 ○ 与 4 个 ●，而 3 个 p 与 4 个 q 相乘后得到的结果始终为 $p^3 q^4$。又由于共有 35 种情况，我们将得到以下结果。

$$P(X = 3) = 35 p^3 q^4$$

现在我们将该问题推而广之，求在任意 n、p 与 k 的条件下 $\mathrm{P}(X = k)$ 的值。不难看出，符合 $X = k$ 的模式 $Z_1, \cdots, Z_n$ 的模式共有 ${}_nC_k$ 种（如果读者感到疑惑，请阅读下一节）。这些模式的概率分别为 $p^k q^{n-k}$，因此我们能得到如下答案。

$$P(X = k) = {}_nC_k p^k q^{n-k} \qquad (k = 0, 1, 2, \cdots, n)$$

3.2.2　补充：排列 ${}_nP_k$、组合 ${}_nC_k$

作为补充，本节简单介绍一下排列组合的知识，读者在统计模式数量时需要用到这些知识。

已经了解了这些概念的读者可以直接跳过本节。

排列

如果要从 n 个人中选出 k 人排成一列，有几种可能呢？这一概念称为排列（permutation），记为 $_nP_k$。我们可以像下面这样思考：第一个人有 n 种可能，第二个人需要在剩余的人中选择，因此有 $(n-1)$ 种可能，第三个人则有 $(n-2)$ 种可能，以此类推，得到如下结果。

$$_nP_k = n(n-1)(n-2)\cdots(n-k+1)$$

（如果读者不能立刻理解为什么最后需要 $+1$，请以 $n=7$，$k=3$ 为例，计算一个具体的例子。）

我们也可以写成含有阶乘的形式，如下所示。

$$_nP_k = \frac{n!}{(n-k)!}$$

$n!$ 表示 $n(n-1)(n-2)\cdots 3\cdot 2\cdot 1$。我们规定 $0!=1$。举例来说，

$$\frac{7!}{(7-3)!} = \frac{7\cdot 6\cdot 5\cdot 4\cdot 3\cdot 2\cdot 1}{4\cdot 3\cdot 2\cdot 1} = 7\cdot 6\cdot 5 = {}_7P_3$$

可以看到，结果与之前一致。

组合

现在我们来讨论一下如何从 n 个人中选出 k 人，这次我们不关心选择的顺序。也就是说，选择"A、B、C"与选择"B、A、C"没有区别，合计为一种结果。此时，有多少种可能的情况呢？这一概念称为组合（combination），记为 $_nC_k$（有时也称二项系数，记为 $\binom{n}{k}$）。如果需要区分选择的顺序，情况共有 $_nP_k$ 种。如果不关注所选 k 人的排列顺序（共有 $_kP_k = k!$ 种），只需将 $_nP_k$ 除以 $k!$ 即可得到所有可能的组合数量。

$$_nC_k = \frac{_nP_k}{k!} = \frac{n!}{k!\,(n-k)!}$$

二项分布概率的计算过程中将遇到 $_nC_k$ 种模式，理由如下。模式的数量和长度为 n 的序列中"包含 k 个 ○"的组合数相同。换言之，如果要在写有 1 至 n 这 n 个数字的卡片中选择 k 张，将正好有 $_nC_k$ 种选择结果。这里需要注意的是，我们并不关心这 k 张卡片的选择顺序。

3.3 期望值

人非全知全能的神，无法预知世界的各种不确定性。任何类型的测量都存在误差，没有人可以预知未来。我们在学习概率知识时，需要用数学方式表述这类不确定的问题并进行各种计算，以帮助人们最终对某些问题做出判断或决策。决策这个词或许有些夸张，我们举个例子来解释。例如，移动通信设备需要不断地自动执行这类决策，它需要在接收了包含噪声的信号后，确定扬声器应当输出什么声音（即决策的结果）。

概率理论通过随机变量来表现不确定的随机值。我们可以使用学过的技巧来计算概率分布，导出"对于我们关注的值 X，它有 ○○ 的概率取这个值，有 △△ 的概率取那个值"之类的结论（不过，在求 X 时，我们需要首先知道相关的 A、B、C 等值的概率分布）。

然而，这种以概率分布的形式求取结果的方法并不那么容易理解，尤其是在我们需要考虑 X、Y、Z 等多个值的时候，很难把握各种概率分布之间的关系，也不便进行比较。此时，如果我们可以得出不含随机性的具体数值，即尽管单次结果随机确定，但平均值恒定，就能更深入地讨论问题。这就是本节的主题——期望值。

在将概率理论应用至某类具体的现实问题时，我们常会根据需要定义 X，并尽可能使 X 的期望值最大。在分析这类问题时会大量使用期望值，因此我们必须掌握期望值的性质。

3.3.1 期望值的定义

从上帝视角来看，随机变量 X 是所有平行世界的集合 Ω 中一个确定的函数（参见1.4节）。如果我们将每个世界 ω 所对应的 $X(\omega)$ 作为高度绘图，就能得到下面的块状体（限于版面，图中的高度作了缩放处理）。根据该图，X 的值为"1"的概率为 $1/2$，值为"2"的概率为 $1/3$，值为"5"的概率为 $1/6$。

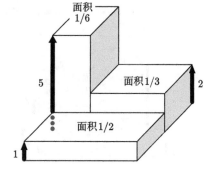

这一块状体的体积称为期望值（expectation），记为 E[X]。我们可以通过下面的算式分别计算各个块状体的体积并求和，得到具体的期望值。

$$E[X] = (\text{高}\,1) \times \left(\text{底面积}\frac{1}{2}\right) + (\text{高}\,2) \times \left(\text{底面积}\frac{1}{3}\right) + (\text{高}\,5) \times \left(\text{底面积}\frac{1}{6}\right)$$

$$= 1 \cdot P(X=1) + 2 \cdot P(X=2) + 5 \cdot P(X=5) = 2 \tag{3.1}$$

我们可以将期望值理解为所有平行世界的平均值。下面这个雪国的故事或许可以帮助读者理解这个概念。假设 Ω 国有 A、B、C 三个省，各省的面积分别为 1/6、1/3 与 1/2，全国总面积为 $1/6 + 1/3 + 1/2 = 1$。

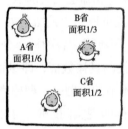

Ω 国的总面积 = 1

某一天，Ω 国下雪了。A省、B省和C省的积雪分别是 5 m、2 m 与 1 m。每个省的积雪情况不同，请读者考虑一下全国的平均积雪状况。也就是说，如果将积雪平整地铺满整个国家，积雪将有多深呢？答案是 E[X]。这是因为，如前所述，计算出的体积除以全国的总面积后得到的结果，正是积雪平铺的高度（平均积雪），由于全国的总面积为 1，因此该体积的值就等于平均积雪。我们之后将经常用到这一结论，不再反复解释。

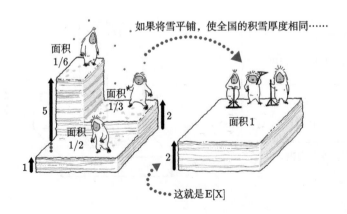

如果 X 为负，就表示该区域处于低洼处。在计算期望值时，必须用其他区域的降雪填满这些低洼处。

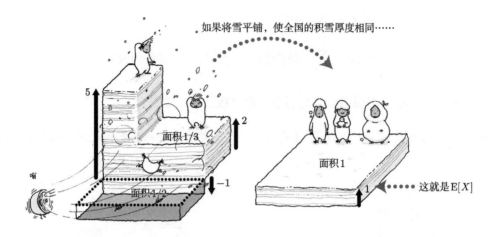

如果无法填满所有的低洼处，期望值就将为负。

3.3.2 期望值的基本性质

接下来，我们将借助上面的例子详细介绍期望值的性质。在雪国的故事中，我们做的只是单纯的计算，没有复杂的技巧，请读者务必弄懂。之后，我们将继续分别从上帝视角与人类视角来充分地讨论问题。

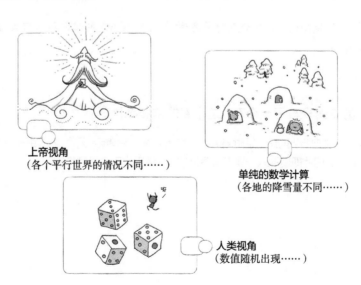

本书的一大目标就是帮助读者学会在这些思维方式之间自由切换。

我们首先来看一下下面的性质。

$$E[X] = \sum_k k P(X = k)$$

$$E[g(X)] = \sum_k g(k) P(X = k) \quad (g \text{ 表示某种函数})$$

前者表示的正是式3.1的计算方式，后者也非常直观，其含义如下。

对于 Ω 上的各点 ω，以 $g(X(\omega))$ 为高作图，得到的块状体的体积就是期望值 $E[g(X)]$。

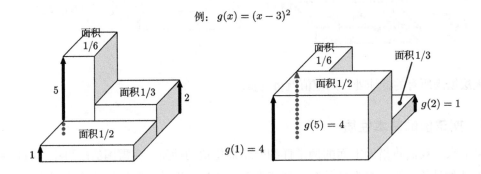

例：$g(x) = (x - 3)^2$

读者可以通过下面这句话来掌握期望值的计算方式。

如果要求 ○○ 的期望值，只需分别计算各种情况下"○○ 的值与该情况发生概率的乘积"，并将它们相加即可。

？3.3 $\sum_k$ 的右侧只写了一个 k，这个 k 的求和范围是什么

请读者根据上下文自行判断(参见附录A.4)，在上例中，它表示 $\sum_{k=-\infty}^{\infty}$。由于除了 $k=1, 2, 5$ 外，$P(X=k)=0$ 始终成立，因此即使混入一些没有意义的 k，结果也不会受到影响。

练习题 3.2

在转动扳手后，自动赌博机会显示若干图案的组合并吐出硬币，硬币个数 Y 遵从下面的概率分布。试求 Y 的期望值。

Y 的值	该值出现的概率
0	0.70
2	0.29
30	0.01

答案

$$\mathrm{E}[Y] = 0 \cdot 0.70 + 2 \cdot 0.29 + 30 \cdot 0.01 = 0.88$$

练习题 3.3

随机变量 X 值为 1 的概率为 $1/2$，值为 2 的概率为 $1/3$，值为 5 的概率为 $1/6$，试求 $\mathrm{E}[(X-3)^2]$。

答案

$$\mathrm{E}\left[(X-3)^2\right] = \left[(各种情况下(X-3)^2的值) \times (该情况发生的概率)\right]之和$$
$$= (1-3)^2 \cdot \mathrm{P}(X=1) + (2-3)^2 \cdot \mathrm{P}(X=2) + (5-3)^2 \cdot \mathrm{P}(X=5)$$
$$= 4 \cdot \frac{1}{2} + 1 \cdot \frac{1}{3} + 4 \cdot \frac{1}{6} = 2 + \frac{1}{3} + \frac{2}{3} = 3$$

期望值还有一个性质，即当 X 始终大于某个常量 c 时，有 $\mathrm{E}[X] > c$。我们可以将它理解为如果任意地点的高度都大于 c，最终的体积也自然会大于 c。

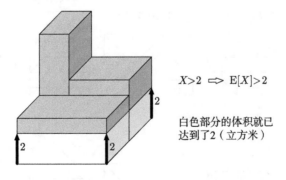

$X > 2 \implies \mathrm{E}[X] > 2$

白色部分的体积就已达到了 2（立方米）

读者可能会问，如果对常量 c 做加法或乘法运算，期望值将如何变化，如下图所示，我们只需把期望值理解为体积，答案就显而易见了。

$$\mathrm{E}[X+c] = \mathrm{E}[X]+c$$　　全国的高度同时增加3米后，体积也会增加3（立方米）

$$\mathrm{E}[cX] = c\mathrm{E}[X]$$　　全国的高度同时提高至原来的1.5倍后，体积也是原来的1.5倍

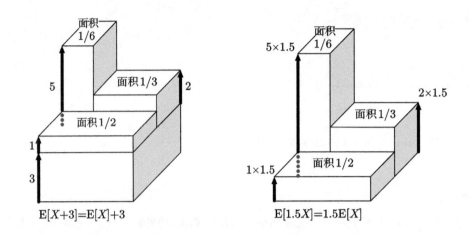

类似地，我们从该图不难看出，对于随机变量 X 与 Y，和的期望值等于期望值之和。

$$\mathrm{E}[X+Y] = \mathrm{E}[X]+\mathrm{E}[Y]$$

例如，下面两种方式最终都能得到昨天与今天全国的积雪数据统计。

- 先分别求出各地昨天与今天的积雪数据，再统计全国的数值
- 先分别求出昨天全国的积雪数据与今天全国的积雪数据，再将两者相加

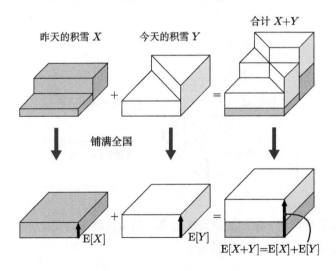

试求二项分布 $\mathrm{Bn}(n,p)$ 的期望值。

答案

二项分布 $\mathrm{Bn}(n,p)$ 表示 "硬币正面向上的概率为 p 时，掷硬币 n 次后正面向上的次数"(参见3.2节)。直接通过 $\mathrm{P}(X=k)=_n C_k p^k (1-p)^{n-k}$ 与 $\mathrm{E}[X]=\sum_k k\mathrm{P}(X=k)$ 计算它的期望值有时并不容易。不过，如果我们 "假设有独立的随机变量 $Z_1,\cdots,Z_n$，它们取值1的概率为 p，取值0的概率为 $(1-p)$，期望值 X 是所有这些随机变量之和"，答案就变得简单明了

$$\mathrm{E}[X]=\mathrm{E}[Z_1+\cdots+Z_n]=\mathrm{E}[Z_1]+\cdots+\mathrm{E}[Z_n]=\underbrace{p+\cdots+p}_{n\uparrow}=np$$

对于常量 c 的期望值 $\mathrm{E}[c]$，我们可以将其理解为 "值为 c 的概率为1的随机变量"(参见P20脚注①)的期望值。于是显然 $\mathrm{E}[c]=c$。

3.3.3 期望值乘法运算的注意事项

在计算随机变量 X 与 Y 的期望值相乘之积 $\mathrm{E}[XY]$ 时，我们必须注意独立性的问题。X 与 Y 独立与否将对结果产生影响。

设去年的积雪量为 X，且今年的积雪量是去年的 Y 倍。即，去年 Ω 上的各点 ω 覆盖了 $X(\omega)$ 的雪，今年则增加至了去年的 $Y(\omega)$ 倍。于是，今年的积雪能够以 $Z=XY$ 表示。现在，我们设全国有一半的土地 $Y=2$，另一半 $Y=1$，于是 $\mathrm{E}[Y]=2\cdot(1/2)+1\cdot(1/2)=1.5$。此时，$\mathrm{E}[Z]=\mathrm{E}[XY]=1.5\mathrm{E}[X]$ 是否成立呢？

如果 X 与 Y 独立，上面的等式的确成立。理由如下：如果两者独立，即使 X 的值已限定，也可以取任意合适的值，而不受 Y 的限制。例如，当 $X=5$ 时，我们依然能确保一半的土地 $Y=2$，另一半 $Y=1$①。因此，在 $X=5$ 的区域中，有一半 $Y=2$，另一半 $Y=1$，该部分的体积变为原来的1.5倍。其他部分也都如此，最终整体的体积也变为原来的1.5倍。

① 如果读者不能理解，请复习独立的含义(参见2.1节)。

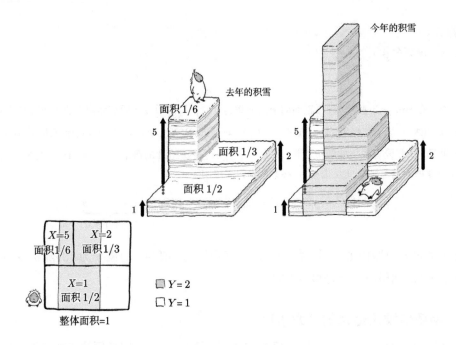

同理可知，除了这种情况，下面的式子同样成立。

如果 X 与 Y <u>独立</u>，则 $E[XY] = E[X]E[Y]$

然而，如果随机变量并不独立，$E[Z]$ 就不一定等于 $1.5\,E[X]$。根据积雪量倍增的具体区域的不同，今年降雪的总体积也将发生变化。

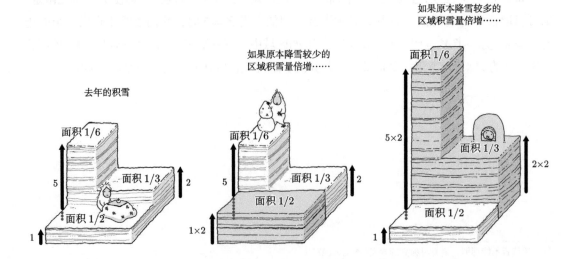

这种情况下，$\mathrm{E}[XY]$ 通常与 $\mathrm{E}[X]\mathrm{E}[Y]$ 不等。

练习题 3.5

随机变量 X 与 Y 的联合分布如下表所示，试求两者之积 XY 的期望值 $\mathrm{E}[XY]$，并与 $\mathrm{E}[X]\mathrm{E}[Y]$ 比较。

	$X=1$	$X=2$	$X=4$
$Y=1$	2/8	2/8	1/8
$Y=2$	1/8	1/8	1/8

答案

$\mathrm{E}[XY] =$ [(各种情况下 XY 的值)$\times$(该情况发生的概率)] 之和

$$=(1\cdot 1)\cdot \mathrm{P}(X=1,Y=1)+(2\cdot 1)\cdot \mathrm{P}(X=2,Y=1)+(4\cdot 1)\cdot \mathrm{P}(X=4,Y=1)$$
$$+(1\cdot 2)\cdot \mathrm{P}(X=1,Y=2)+(2\cdot 2)\cdot \mathrm{P}(X=2,Y=2)+(4\cdot 2)\cdot \mathrm{P}(X=4,Y=2)$$
$$=1\cdot \frac{2}{8}+2\cdot \frac{2}{8}+4\cdot \frac{1}{8}+2\cdot \frac{1}{8}+4\cdot \frac{1}{8}+8\cdot \frac{1}{8}=\frac{24}{8}=3$$

另一方面，由于 $\mathrm{E}[X]=1\cdot(2/8+1/8)+2\cdot(2/8+1/8)+4\cdot(1/8+1/8)=17/8$ 且 $\mathrm{E}[Y]=1\cdot(2/8+2/8+1/8)+2\cdot(1/8+1/8+1/8)=11/8$，因此 $\mathrm{E}[X]\mathrm{E}[Y]=187/64\neq \mathrm{E}[XY]$。

3.3.4　期望值不存在的情况

上面讨论的都是可取的值有限的情况，我们只需通过步骤固定的计算就能得到期望值。如果随机变量可取任意的整数值，期望值就不一定存在。

期望值存在的例子

例如，我们设反复抛硬币 X 次后首次得到正面向上的结果。X 的分布如下表所示（参见 3.1 节）。

X 的值	该值出现的概率
1	1/2
2	1/4
3	1/8
4	1/16
5	1/32
$\vdots$	$\vdots$

那么，X 的期望值 $E[X]$ 是多少呢？

根据之前的做法，我们可以通过下面的式子来计算期望值（关于等式右侧的计算方式，请参见附录 A.4.4）。

$$E[X] = 1 \cdot \frac{1}{2} + 2 \cdot \frac{1}{4} + 3 \cdot \frac{1}{8} + 4 \cdot \frac{1}{16} + 5 \cdot \frac{1}{32} + \cdots = 2$$

在该例中，期望值存在。

期望值不存在的例子（1）——发散至无穷大

接下来是一个期望值不存在的例子（级数发散）。与之前一样，我们将不断抛掷硬币，直至得到正面向上的结果。其中，

- 如果第 1 次就得到正面向上的结果（$X=1$），奖金为 2 元
- 如果第 2 次才得到正面向上的结果（$X=2$），奖金为 4 元
- 如果第 3 次才得到正面向上的结果（$X=3$），奖金为 8 元
- 如果第 4 次才得到正面向上的结果（$X=4$），奖金为 16 元
- ……

试求获得的奖金 $Y = 2^X$ 的期望值 $E[Y]$。

Y的值	该值出现的概率
2	1/2
4	1/4
8	1/8
16	1/16
32	1/32
⋮	⋮

我们可以据此列出以下式子。

$$E[Y] = 2 \cdot \frac{1}{2} + 4 \cdot \frac{1}{4} + 8 \cdot \frac{1}{8} + 16 \cdot \frac{1}{16} + \cdots = 1 + 1 + 1 + 1 + \cdots$$

不难发现，该式的期望值发散[1]。如果非要写出结果，我们可以用 $E[Y] = \infty$ 来表示该式的值。

---

[1] 因此，根据该期望值的结果，即使我们花 1 亿元参加这个游戏，最终也会盈利。不过在现实中，恐怕没有人会为此投入 1 亿元吧（圣彼得堡悖论）。对于这个问题，目前存在多种不同的解释，问答专栏 3.5 的效用函数也是其中之一。

不过，这并不表示期望值存在。从上帝视角（雪国的故事）的图示中也能得到这一结论。

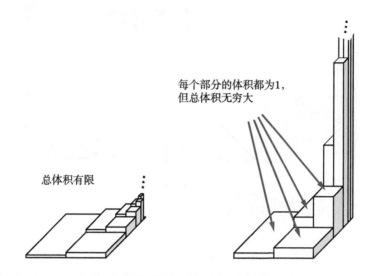

每个部分的体积都为1，
但总体积无穷大

总体积有限

期望值不存在的例子（2）——由无穷大减无穷大得到的待定型

我们再来看一个情况更加复杂的例子。对于之前的 X，如果 $Z \equiv (-2)^X$，期望值又会如何呢？

Z的值	该值出现的概率
-2	$1/2$
4	$1/4$
-8	$1/8$
16	$1/16$
-32	$1/32$
$\vdots$	$\vdots$

我们用雪国的例子来说明，此时的 Z 表示积雪与低洼处将交替出现。于是，体积为1的积雪部分有无数个，体积为1的低洼处也有无数个。在求总体积时，需要将无穷大与无穷大相减，求得一个待定型，而无法得到具体的期望值。

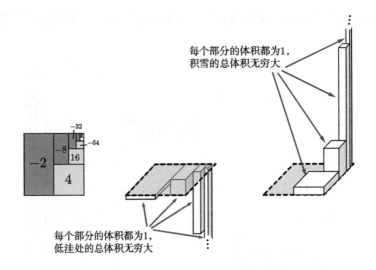

总结

我们来总结一下以上分析结果。通常，对于随机变量 R 来说，以下结论成立。

- 积雪与低洼处的体积都有穷→期望值存在（$E[R]$ 是有穷值）
- 积雪的体积无穷，低洼处的体积有穷→期望值不存在（$E[R] = \infty$）
- 积雪的体积有穷，低洼处的体积无穷→期望值不存在（$E[R] = -\infty$）
- 积雪与低洼处的体积都无穷→期望值不存在（$E[R]$ 是待定型）

3.4　有些书将期望值解释为重心，这是怎么回事

　　没错，除了可以用雪国的平均积雪做比喻，我们还可以将期望值解释为重心，如图3.3所示。也就是说，如果值为5的概率为3/18，我们就能根据这一概率"在刻度5的位置放置3/18千克的秤砣"，最终得到的平衡点就是期望值。

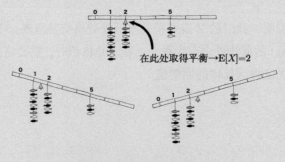

图3.3　期望值也是重心

　　为了解释这个问题，我们首先来回忆一下杠杆原理。如果一个孩子和一个成年人要在跷跷板上保持平衡，那个成年人就必须站在比较靠近支点的位置，如图3.4所示。当（体重）×（距离支点的距离）之积相等时，跷跷板才能平衡。如果体重加倍，与支点的距离就不得不减半。如果体重增加至原来的3倍，距离就要减少到原来的1/3。

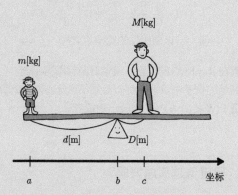

图3.4　孩子与成年人在跷跷板上做游戏

借用图中的坐标来讲，即 $m(b-a)=M(c-b)$。或者，我们也可以改用下面的等价表述。

$$m(a-b)+M(c-b)=0$$
即"重量 × （坐标 − 支点的坐标）"之和为0

接下来，我们来看一个具体的例子。假设随机变量 X 符合以下条件。

$$\begin{cases} \mathrm{P}(X=1)=1/2 & (=9/18) \\ \mathrm{P}(X=2)=1/3 & (=6/18) \\ \mathrm{P}(X=5)=1/6 & (=3/18) \end{cases}$$

请读者根据这些条件按照图3.3那样为杆秤设置配重。

　　此时，设置点的坐标为 μ，我们可以得到以下结论[1]。

$$\frac{9}{18}(1-\mu)+\frac{6}{18}(2-\mu)+\frac{3}{18}(5-\mu)=0$$
"概率 × （该概率对应的值，即 μ）"之和为0

将左边展开后如下。

---

①μ 是希腊字母，音同"缪"。

$$1 \cdot \frac{9}{18} + 2 \cdot \frac{6}{18} + 5 \cdot \frac{3}{18} - \left(\frac{9}{18} + \frac{6}{18} + \frac{3}{18} \right) \mu = 0$$

"（值）×（该值出现的概率）"之和 −"（所有概率之和 ×μ）"= 0

又由于所有概率之和为1，因此最终结果如下。

$$1 \cdot \frac{9}{18} + 2 \cdot \frac{6}{18} + 5 \cdot \frac{3}{18} - \mu = 0$$

"（值）×（该值出现的概率）"之和 − μ = 0

于是，只要像这样将支点设置在 $\mu = \mathrm{E}[X]$ 的位置，就恰好能够取得平衡。

　　最后再多说几句。在跷跷板的例子中，平衡状态显然不意味着两侧的重量相等。如果用概率的方式来表述，即 $\mathrm{E}[X]=\mu$ 并不保证 $\mathrm{P}(X < \mu) = \mathrm{P}(X > \mu)$ 一定成立。

❓3.5　对于赌博来说，期望值越高越好吗

　　很可惜，不能一概而论。例如，对于有1/2的概率获得10亿元与直接获得1亿元，你会如何选择呢？显然，前者的期望值为5亿元，后者则为1亿元。然而，在这个世界上，既有不喜欢风险而追求稳定的人，也有倾向于冒险，希望一次博取巨大利益的人。人们并不仅仅根据期望值的大小来做选择。

　　不过，期望值也并非完全没有价值。从下面的讨论中可以看到，期望值这一概念能够对该类现象做出解释。

　　获得 x 元的"幸福指数"$g(x)$ 并不一定与 x 成正比。对于大多数人来说，获得10亿元的"幸福指数"并没有达到获得1亿元时的10倍。很多时候，甚至连2倍都不到。

　　根据这一事实，我们可以说，对于"幸福指数"的期望值，以下关系成立。

$$\frac{1}{2} \cdot g(10\ 亿元) < 1 \cdot g(1\ 亿元)$$

这里的函数 g 称为效用函数[①]。效用函数具有以下性质。

　　请读者考虑下面的抽奖规则偏好问题。我们假定不同金额的奖金分别有不同的中奖概率。显然，每个人的偏好各不相同。不过，只要你的选择合乎逻辑并前后一致，它就必定可以通过效用函数表述。也就是说，必然存在一个专门为你设计的函数 g，且该函数的期望值最大的选项与你的选择一致。

当然，现实中，似乎人们并不总会做出合乎逻辑并前后一致的选择。

---

① 效用函数的英语是utility function，它与程序设计领域的工具类函数无关。另外，上例中默认 $g(0元) = 0$。

3.4　方差与标准差

　　3.3节引入了期望值的概念，它是用于描述分布性质的最重要的指标。现在，我们继续引入第二类指标——方差与标准差。

3.4.1　即使期望值相同

　　在某个角色扮演游戏中，玩家在被怪物攻击时受到的伤害值符合如下概率。

类型	伤害值
怪物A	某种骰子能表示1、2、3、4、5这五种结果，且它们的出现概率相同。怪物A的伤害值是该骰子投掷骰子3次的合计点数
怪物B	某种骰子能表示1、2、3、4、5、6、7、8这八种结果，且它们的出现概率相同。怪物B的伤害值是该骰子投掷骰子2次的合计点数

设怪物A的伤害值X与怪物B的伤害值Y符合下列分布。

X的值	该值出现的概率
2	0
3	$1/125 = 0.008$
4	$3/125 = 0.024$
5	$6/125 = 0.048$
6	$10/125 = 0.080$
7	$15/125 = 0.120$
8	$18/125 = 0.144$
9	$19/125 = 0.152$
10	$18/125 = 0.144$
11	$15/125 = 0.120$
12	$10/125 = 0.080$
13	$6/125 = 0.048$
14	$3/125 = 0.024$
15	$1/125 = 0.008$
16	0

Y的值	该值出现的概率
2	$1/64 = 0.016$
3	$2/64 = 0.031$
4	$3/64 = 0.047$
5	$4/64 = 0.063$
6	$5/64 = 0.078$
7	$6/64 = 0.094$
8	$7/64 = 0.109$
9	$8/64 = 0.125$
10	$7/64 = 0.109$
11	$6/64 = 0.094$
12	$5/64 = 0.078$
13	$4/64 = 0.063$
14	$3/64 = 0.047$
15	$2/64 = 0.031$
16	$1/64 = 0.016$

　　不难看出，两者的期望值相同，即$\mathrm{E}[X] = \mathrm{E}[Y] = 9$。然而，如图3.5所示，它们的分布形状不同。对于$X$，取值多与9接近，而$Y$中不少值都与9相差较多。从这个角度来看，怪物A的伤害值相对固定，较易对付，怪物B的伤害值浮动则较大，比较难以处理。

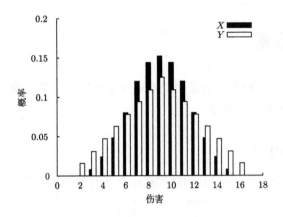

图3.5　伤害值 X 与 Y 的分布

　　尽管期望值是分布的首要描述指标，但仅凭它还无法判断数值的离散情况。为此，我们希望找到另一种指标，补充期望值的这一不足。这就是下文将要讲解的方差。

3.4.2　方差即"期望值离散程度"的期望值

　　设随机变量 X 的期望值 $\mathrm{E}[X]=\mu$。习惯上，随机值 X 以大写字母表示，它的期望值 μ 是一个定值，因此用小写字母表示。

　　由于 X 是一个随机变量，因此即使它的期望值为 μ，也不表示它的值就一定等于 μ。为此，我们需要计算它的实际取值 x 与 μ 的差距。测量（或者说定义这种偏差）的方式有很多。$|x-\mu|$ 可能是最为直观的方法，但落实到具体计算时，绝对值的存在会带来诸多不便（有时问题不得不分情况讨论，或是由于对应的曲线包含折角而无法微分等）。于是，人们通常使用偏差的平方 $(x-\mu)^2$ 而非绝对值来解决这个问题。

- 如果 X 的取值正巧为 μ，$(x-\mu)^2=0$
- 否则 $(x-\mu)^2>0$
- 且 x 与 μ 的偏差越大，$(x-\mu)^2$ 的值也越大。

这些性质非常符合离散程度的定义。

　　在确定了标准之后，我们就可以以此测量具体的离散程度。不过，由于 X 是一个随机值，直接计算 $(X-\mu)^2$ 得到的也将是一个随机值，而我们希望得到的是一种数值固定的指标，因此需要进一步计算它的期望值 $\mathrm{E}[(X-\mu)^2]$，来消除其中的随机性。用这种方式得到的"离散程度的期望值"称为方差（variance），记为 $\mathrm{V}[X]$ 或 $\mathrm{Var}[X]$。

$$V[X] \equiv E[(X - \mu)^2] \qquad \text{其中 } \mu \equiv E[X]$$

再多强调一次，X 是随机值，$E[X]$ 与 $V[X]$ 是固定值。请读者明确区分两者。

　　根据定义，方差必然非负。

$$V[X] \geqslant 0$$

这是因为 $E[\cdots]$ 中的 $(X - \mu)^2 \geqslant 0$ 始终成立。

练习题 3.6

　　对于之前怪物攻击的例子，试求 $V[X]$ 与 $V[Y]$，并验证 $V[X] < V[Y]$ 是否成立。

答案

由于 $E[X] = 9$，我们可以得到以下结果（如果忘了如何计算，请复习练习题 3.3）。

$$\begin{aligned}
V[X] &= E[(X - 9)^2] \\
&= (3-9)^2 P(X=3) + (4-9)^2 P(X=4) + \cdots + (14-9)^2 P(X=14) + (15-9)^2 P(X=15) \\
&= 6^2 \cdot \frac{1}{125} + 5^2 \cdot \frac{3}{125} + \cdots + 1^2 \cdot \frac{18}{125} + 0^2 \cdot \frac{19}{125} + 1^2 \cdot \frac{18}{125} + \cdots + 5^2 \cdot \frac{3}{125} + 7^2 \cdot \frac{1}{125} \\
&= \frac{750}{125} = 6
\end{aligned}$$

类似地，由于 $E[Y] = 9$，我们很容易求得 $V[Y]$ 的值。

$$\begin{aligned}
V[Y] &= E[(Y - 9)^2] \\
&= (2-9)^2 P(Y=2) + (3-9)^2 P(Y=3) + \cdots + (15-9)^2 P(Y=15) + (16-9)^2 P(Y=16) \\
&= 7^2 \cdot \frac{1}{64} + 6^2 \cdot \frac{2}{64} + \cdots + 1^2 \cdot \frac{7}{64} + 0^2 \cdot \frac{8}{64} + 1^2 \cdot \frac{7}{64} + \cdots + 6^2 \cdot \frac{2}{64} + 7^2 \cdot \frac{1}{64} \\
&= \frac{672}{64} = \frac{21}{2} = 10.5
\end{aligned}$$

由此可见，$V[X] < V[Y]$ 确实成立。

　　只要知道随机变量 X 的期望值 $E[X]$ 与方差 $V[X]$，我们就能判断 X 的取值的大致范围，以及它与某个值的离散程度。尤其当 $V[X] = 0$ 时，就表示该变量完全不含随机成分。这是因为当 $E[(X - \mu)^2] = 0$ 时 $P(X = \mu)$ 必然为 1。X 不等于 μ 的概率为零。

　　此外，根据定义，我们能很容易看出在 $E[X] = 0$ 时 $E[X^2] = V[X]$ 的事实。有时，这个性质对解决问题很有帮助。

3.4.3   标准差

我们已经在为随机变量 X 引入主要指标期望值 $\mathrm{E}[X]$ 后，又进一步引入了次要指标方差 $\mathrm{V}[X]$，以度量随机变量的离散程度。$\mathrm{V}[X]$ 的值越大，随机变量的值就越分散，值越小，随机变量的值就越集中。话虽如此，但对于具体的 $\mathrm{V}[X]=25$，读者能否想象分散的程度具体如何呢？

请读者先看图 3.6。其中，左图是一个方差为 25 的转盘转动 200 次后依次记录结果得到的图表（横轴是转动的次数，纵轴是转出的点数）[1]。右图是一个方差为 100 的转盘以同样方式得到的图表。

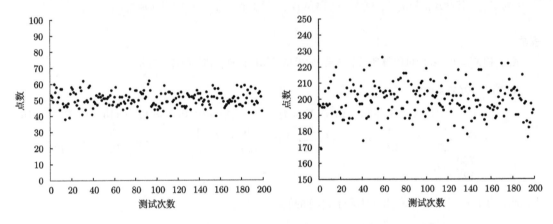

图 3.6   转盘的点数。左侧是方差为 25 的转盘，右侧是方差为 100 的转盘

尽管方差扩大了 4 倍，分散程度却似乎只增加了一倍。貌似即使方差为 100，也不意味着实际值总会与期望值相差 100。

请读者再回忆一下方差的定义。

$$\mathrm{V}[X] \equiv \mathrm{E}[(X-\mu)^2] \qquad \text{其中 } \mu \equiv \mathrm{E}[X]$$

需要注意的是，该式使用的是随机变量 X 与 μ 的差的平方。例如，假设 X 表示飞行距离 $[m]$，方差 $\mathrm{V}[X]$ 表示的就是距离之差的平方的期望值 $[m^2]$。如果表示的是长度，方差 $\mathrm{V}[X]$ 表示的就不是长度，而是长度的平方。两者无法直接比较的原因正在于此。

---

[1] 这是个有问题的转盘，它的取值概率并不均等。大部分值都在 50 附近，很少出现大幅偏差。

我们可以通过平方根运算将它还原成长度。诸如此类的方差的平方根称为标准差（standard deviation），通常记为 σ 或 s [①]。

$$\sigma \equiv \sqrt{\mathrm{V}[X]}$$

在统计学相关图书中"记方差为 σ^2"的表述十分常见，于是标准差的记法也沿用了这一习惯。

如果 X 表示长度，其方差就表示长度的平方，标准差则同样表示长度。例如，之前图 3.6 中纵轴的信息其实没有价值。长度与长度的平方是不同的单位，含义也完全不同，无法放到一起比较。标准差就不存在这个问题，可以在同一根轴上比较。期望值 μ 与 $\mu \pm \sigma$ 的示意图如图 3.7 所示。通过该图中的标准差 σ，我们就可以大致了解到数值的离散程度。

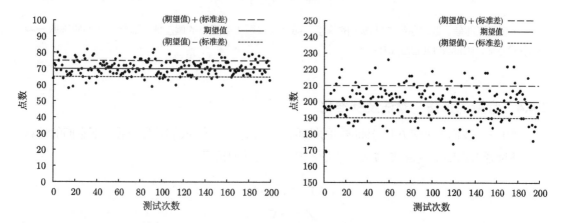

图 3.7　转盘的点数、期望值与标准差。图中，每次转动的点数以圆点表示，期望值 μ 及 $\mu \pm \sigma$ 以横线表示。左侧是方差为 25 的转盘（标准差 $\sigma = \sqrt{25} = 5$），右侧是方差为 100 的转盘（标准差 $\sigma = \sqrt{100} = 10$）

[①] 为了明确表示 X 的标准差，我们有时也会把它记作 σ_X。其实记作 σ（希腊字母 Sigma）或 s 都不过是习惯而已。如果只写一个 σ 就要求别人知道它表示的是标准差，也未免太强人所难，毕竟这并不是被广泛认可的做法。因此，在需要他人阅读的报告或解答中，还请读者预先写明"记 σ 为标准差"。

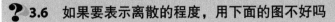

3.6　如果要表示离散的程度，用下面的图不好吗

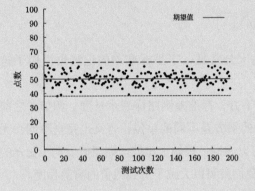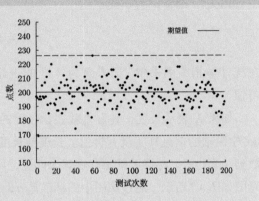

图3.8　离散的程度

σ 表示标准差。既然是标准情况下的偏差，那就存在更大或更小的偏差值。显然，我们应选取一种折中的方案，因此图3.8的方式并不妥当。

3.4.4　常量的加法、乘法及标准化

接下来，我们将讲解方差与标准差的性质。与期望值一样，我们首先来看一下它们的计算。请读者考虑随机变量 X 与某一常量 c 相加及相乘的情况。

$$Y \equiv X + c$$
$$Z \equiv cX$$

Y 与 Z 依然是随机变量。它们的方差如下。

$$\mathrm{V}[Y] = \mathrm{V}[X + c] = \mathrm{V}[X] \quad \cdots\cdots 增加常量 c 后，方差不变$$
$$\mathrm{V}[Z] = \mathrm{V}[cX] = c^2 \mathrm{V}[X] \quad \cdots\cdots 乘以常量 c 后，方差将变为原来的 c^2 倍$$

换言之，它们的标准差有以下性质

- 在加上常量 c 之后，标准差不变
- 在乘上常量 c 之后，标准差扩大至原来的 $|c|$ 倍[1]

---

① $-3X$ 的标准差是 X 的标准差的 $\sqrt{(-3)^2}$ 倍，即3倍，而不是 (-3) 倍。

例如，如果我们将前文中转盘的点数加上 20 或乘以 3，就能得到图 3.9 的结果。图 3.10 是具体的解释。

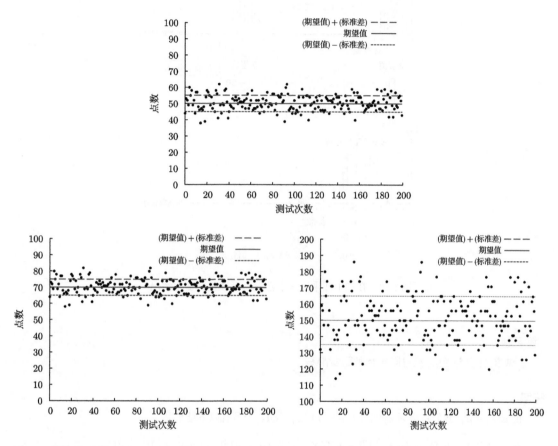

图 3.9 转盘的点数 X（上）、$X+20$（左下）、$3X$（右下）。它们的标准差 σ 分别是 5、5、15（由 3×5 得到）。点表示每次转动的结果，横线表示期望值 μ 与 $\mu \pm \sigma$。

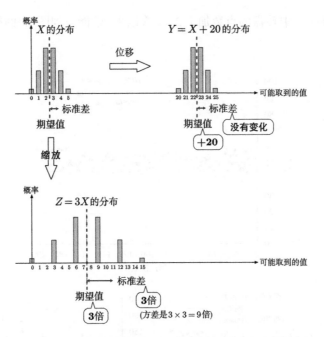

图 3.10   在加上或乘以一个常量后标准差的变化情况

练习题 3.7

试求 $V[Y]$ 与 $V[Z]$ 经过同样处理后的结果。

答案

设 $E[X] \equiv \mu$，我们将得到 $E[Y] = \mu + c$ 与 $E[Z] = c\mu$。于是有以下结果。

$$V[Y] = E[\{Y - (\mu + c)\}^2] = E[\{(X + c) - (\mu + c)\}^2] = E[(X - \mu)^2] = V[X]$$
$$V[Z] = E[(Z - c\mu)^2] = E[(cX - c\mu)^2] = E[c^2(X - \mu)^2] = c^2 E[(X - \mu)^2] = c^2 V[X]$$

根据上述性质，我们能够通过转换随机变量 X 来获得需要的期望值与方差。现设 $E[X] = \mu$，$V[X] = \sigma^2 > 0$，此时只要令 $W \equiv \frac{X - \mu}{\sigma}$，就能得到 $E[W] = 0$ 且 $V[W] = 1$。这种将期望值化为 0，方差化为 1 的转换处理称为标准化（或称归一化）。本书将在 4.6.2 节、4.6.3 节、5.1.3 节及 8.1.2 节中进一步讨论标准化。作为惯例，在对收集到的不同类型的数据进行正式处理前，我们通常需要对它们分别做标准化处理。例如，我们会在比较难易度不同的考试的成绩时引入偏差值，这本质上也是一种标准化。

练习题 3.8

试证明上述转换可以得到 $E[W] = 0$ 且 $V[W] = 1$。

答案

$$E[W] = E\left[\frac{X-\mu}{\sigma}\right] = \frac{E[X-\mu]}{\sigma} = \frac{E[X]-\mu}{\sigma} = \frac{\mu-\mu}{\sigma} = 0$$

$$V[W] = V\left[\frac{X-\mu}{\sigma}\right] = \frac{V[X-\mu]}{\sigma^2} = \frac{V[X]}{\sigma^2} = \frac{\sigma^2}{\sigma^2} = 1$$

❓ 3.7 标准化转换公式很难记忆

读者不必死记硬背，只需当场推导即可。设 $W = aX + b\,(a > 0)$，我们需要做的是求出特定的 a 与 b 使 $E[W] = 0$ 且 $V[W] = 1$ 成立。即求解如下方程。

$$E[W] = a\mu + b = 0, \quad V[W] = a^2\sigma^2 = 1$$

我们可以通过第二条方程求得 $a = 1/\sigma$，并将其代入第一条，求得 $b = -\mu/\sigma$。

习惯之后，我们即使不死记硬背也可以直接从中途开始推导，如图 3.11 所示。建议读者遵照图中的步骤计算。

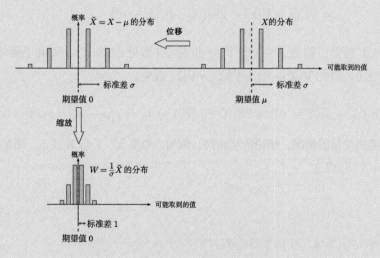

图 3.11 通过位移与缩放处理实现标准化

1. 求 X 原来的期望值 μ 与标准差 σ
2. 先对整个随机变量做位移处理使其期望值变为0

$$\tilde{X} \equiv X - \mu \qquad \rightarrow \qquad \mathrm{E}[\tilde{X}] = 0, \ \mathrm{V}[\tilde{X}] = \sigma^2$$

3. 再通过缩放处理调整偏差幅度，使其标准差变为1

$$W \equiv \frac{1}{\sigma}\tilde{X} \qquad \rightarrow \qquad \mathrm{E}[W] = 0, \ \mathrm{V}[W] = 1$$

3.4.5　各项独立时，和的方差等于方差的和

如果 X 与 Y 独立，则 $\mathrm{V}[X+Y] = \mathrm{V}[X] + \mathrm{V}[Y]$ 成立。

我们可以借助之前学习的期望值的性质来证明这点，如下所示。

设 $\mathrm{E}[X] = \mu$，$\mathrm{E}[Y] = \nu$[①]：

$$\begin{aligned}
\mathrm{V}[X+Y] &= \mathrm{E}\left[\left((X+Y)-(\mu+\nu)\right)^2\right] = \mathrm{E}\left[\left((X-\mu)+(Y-\nu)\right)^2\right] \\
&= \mathrm{E}\left[(X-\mu)^2 + (Y-\nu)^2 + 2(X-\mu)(Y-\nu)\right] \\
&= \mathrm{E}[(X-\mu)^2] + \mathrm{E}[(Y-\nu)^2] + \mathrm{E}[2(X-\mu)(Y-\nu)] \\
&= \mathrm{V}[X] + \mathrm{V}[Y] + 2\mathrm{E}[(X-\mu)(Y-\nu)]
\end{aligned}$$

由于此处 X 与 Y 独立，因此 $X-\mu$ 与 $Y-\nu$ 也独立（参见2.5.3节）。又由于递等式最后一行的后半部分值为0，因此 $\mathrm{V}[X+Y] = \mathrm{V}[X] + \mathrm{V}[Y]$ 成立。

$$2\mathrm{E}[(X-\mu)(Y-\nu)] = 2\mathrm{E}[X-\mu]\mathrm{E}[Y-\nu] = 2(\mu-\mu)(\nu-\nu) = 0 \qquad （3.2）$$

对于多个随机变量的情况，结论依然相同。例如，如果 X、Y 与 Z 独立，则 $\mathrm{V}[X+Y+Z] = \mathrm{V}[X] + \mathrm{V}[Y] + \mathrm{V}[Z]$ 成立。

练习题 3.9
请利用上述性质计算练习题3.6中的 $\mathrm{V}[X]$ 与 $\mathrm{V}[Y]$。

答案
对于 X，它使用的骰子能表示1、2、3、4、5这五种结果，且它们的出现概率相同。我们设第 t 次投掷

---

① ν 是希腊字母"纽"。它紧跟 μ 后，因此经常一起使用。

该骰子得到的点数为 X_t。于是 $X=X_1+X_2+X_3$，且各 X_t 的期望值与方差如下。

$$\mathrm{E}[X_t] = 1\cdot\frac{1}{5} + 2\cdot\frac{1}{5} + 3\cdot\frac{1}{5} + 4\cdot\frac{1}{5} + 5\cdot\frac{1}{5} = 3$$

$$\mathrm{V}[X_t] = (1-3)^2\cdot\frac{1}{5} + (2-3)^2\cdot\frac{1}{5} + (3-3)^2\cdot\frac{1}{5} + (4-3)^2\cdot\frac{1}{5} + (5-3)^2\cdot\frac{1}{5} = 2$$

由于 X_1、X_2、X_3 独立，因此我们可以求得方差 $\mathrm{V}[X]$。

$$\mathrm{V}[X] = \mathrm{V}[X_1] + \mathrm{V}[X_2] + \mathrm{V}[X_3] = 2+2+2 = 6$$

类似地，对于 Y，它使用的骰子能表示 1、2、3、4、5、6、7、8 这八种结果，且它们的出现概率相同。我们设第 t 次投掷该骰子得到的点数为 Y_t。于是 $Y=Y_1+Y_2$，且各 Y_t 的期望值与方差如下。

$$\mathrm{E}[Y_t] = 1\cdot\frac{1}{8} + 2\cdot\frac{1}{8} + \cdots + 7\cdot\frac{1}{8} + 8\cdot\frac{1}{8} = \frac{9}{2}$$

$$\mathrm{V}[Y_t] = \left(1-\frac{9}{2}\right)^2\cdot\frac{1}{8} + \left(2-\frac{9}{2}\right)^2\cdot\frac{1}{8} + \cdots + \left(7-\frac{9}{2}\right)^2\cdot\frac{1}{8} + \left(8-\frac{9}{2}\right)^2\cdot\frac{1}{8} = \frac{42}{8} = \frac{21}{4}$$

由于 Y_1 与 Y_2 独立，因此我们可以求得方差 $\mathrm{V}[Y]$。

$$\mathrm{V}[Y] = \mathrm{V}[Y_1] + \mathrm{V}[Y_2] = \frac{21}{4} + \frac{21}{4} = \frac{21}{2} = 10.5$$

练习题 3.10
试求二项分布 $\mathrm{Bn}(n,p)$ 的方差。

答案

假设我们有独立的随机变量 $Z_1,\cdots,Z_n$，它们取值为 1 的概率为 p，取值为 0 的概率 $q\equiv 1-p$。这些随机变量之和 $X\equiv Z_1+\cdots+Z_n$，并遵从二项分布 $\mathrm{Bn}(n,p)$（参见 3.2 节）。我们可以根据独立性得到它的方差。

$$\mathrm{V}[X] = \mathrm{V}[Z_1] + \cdots + \mathrm{V}[Z_n]$$

且根据定义，我们可以像下面这样计算个别的方差。

$$\mathrm{V}[Z_t] = \mathrm{E}[(Z_t-p)^2] = (1-p)^2 p + (0-p)^2 q = q^2 p + p^2 q = pq(q+p) = pq, \qquad (t=1,\cdots,n)$$

综上，$\mathrm{Bn}(n,p)$ 的方差 $\mathrm{V}[X] = npq = np(1-p)$。

请读者务必记住上述结论基于独立的前提。如果随机变量不独立，方差就不一定能做简单的加法。举个极端的例子，如果 $Y=X$，方差就无法直接相加。

$$\begin{cases} \mathrm{V}[X+Y] = \mathrm{V}[X+X] = \mathrm{V}[2X] = 4\mathrm{V}[X] \\ \mathrm{V}[X] + \mathrm{V}[Y] = \mathrm{V}[X] + \mathrm{V}[X] = 2\mathrm{V}[X] \end{cases}$$

如果读者不理解这与练习题3.9有何不同，请返回复习随机变量与概率分布的区别（1.5节）。练习题3.9中相同的仅仅是分布而已，而本例中，相同的是随机变量本身。

3.4.6   平方的期望值与方差

本节中，我们再介绍一条使用起来比较方便的公式。

$$V[X] = E[X^2] - E[X]^2$$

其中，等式右侧的 $E[X]^2$ 表示 $(E[X])^2$。这条公式也可以改写为以下形式，便于读者理解。

$$E[X^2] = \mu^2 + \sigma^2 \qquad 其中 \mu \equiv E[X]，\sigma^2 \equiv V[X]$$

也就是说，X 的平方的期望值等于 X 的期望值的平方加上 X 的方差。请读者注意不要混淆 $E[X^2]$ 与 $E[X]^2$，两者并不相同。举个极端的例子，如图3.12所示，即使期望值 $E[X] = 0$，只要方差不为0，$E[X^2]$ 就不会取到0值[①]。只要记住这点，就不会将两者混淆。

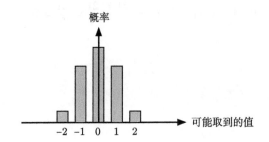

图3.12   即使 $E[X] = 0$，仍 $E[X^2]$ 可能大于0

该公式成立的理由如下。设 $Z \equiv X - \mu$，则有 $E[Z] = 0$，且 $X = Z + \mu$。于是，随机变量 X 就被分为了期望值 μ（这是一个常量，取值恒定）与对应的随机变量 Z。我们可以借助随机变量 Z 展开下式。

$$\begin{aligned} E[X^2] &= E[(Z+\mu)^2] = E[Z^2 + \mu^2 + 2\mu Z] = E[Z^2] + E[\mu^2] + E[2\mu Z] \\ &= E[Z^2] + \mu^2 + 2\mu E[Z] \end{aligned} \qquad (3.3)$$

其中，由于 $Z = X - \mu$ 且 $E[Z] = 0$，因此有 $E[Z^2] = V[X]$ 且 $2\mu E[Z] = 0$，从而得到以下结论。

$$式3.3 = V[X] + \mu^2$$

---

① 只要 X 不为0，$X^2 > 0$ 就一定成立，因此 $E[X^2]$ 必然为正。

练习题 3.11

随机变量 X 取值 -1 的概率为 $1/3$，取值 $+1$ 的概率为 $2/3$，试求该随机变量的方差。（请使用上述公式）

答案

无论 $X = -1$ 还是 $X = +1$，由于 $X^2 = 1$，因此 $\mathrm{E}[X^2] = 1$。同时，X 的期望值如下。

$$\mathrm{E}[X] = (-1) \cdot \frac{1}{3} + (+1) \cdot \frac{2}{3} = \frac{1}{3}$$

根据公式可以得到以下结果。

$$\mathrm{V}[X] = 1 - \left(\frac{1}{3}\right)^2 = \frac{8}{9}$$

相比直接从定义计算，这种方式要简单许多。

练习题 3.12

当 $\mathrm{E}[X] = \mu$ 且 $\mathrm{V}[X] = \sigma^2$ 时，试证明对于取值恒定的常量 a，以下等式成立。

$$\mathrm{E}[(X-a)^2] = (\mu - a)^2 + \sigma^2$$

答案

设 $Y \equiv X - \mathrm{a}$，则有

$$\mathrm{E}[(X-a)^2] = \mathrm{E}[Y^2] = \mathrm{E}[Y]^2 + \mathrm{V}[Y] = \mathrm{E}[X-a]^2 + \mathrm{V}[X-a] = (\mathrm{E}[X] - a)^2 + \mathrm{V}[X]$$
$$= (\mu - a)^2 + \sigma^2$$

当练习题 3.12 遇到下面的状况时，情况将变得十分有趣，值得仔细分析。假设要生产尺寸恰好为 a cm 的零件，而最终实际产品的尺寸为 X cm，存在一定的误差。通常，基准值 a 与实际值 X 的差的平方 $(X-a)^2$ 称为平方误差。在 3.4.2 节引入方差时也曾提到，平方误差是一种常用的判断依据。在练习题 3.12 中，平方误差的期望值如下。不难发现，它分解了两种不同的误差。

$$(X \text{与} a \text{的平方误差的期望值}) = (\text{期望值的平方误差}) + \text{方差}$$
$$= (\text{由偏移引起的误差}) + (\text{由离散引起的误差})$$

图 3.13 对这两类误差做了解释。如果要通过概率手段对数据进行处理，就必须小心处理系统误差（又称偏性误差，表现为数值整体偏移）与随机误差（又称机会误差，表现为数值离散）。

生产工艺 A 的质检结果如左图所示，看似误差较小，其实数值较为离散，右图表示的生产工艺 B 反而更加优秀。如果不能立即理解，请读者先记住 $\mathrm{E}[(X-a)^2]=(\mu-a)^2+\sigma^2$，只要令 $a=0$，就能导出上述的 $\mathrm{E}[(X)^2]=\mu^2+\sigma^2$。

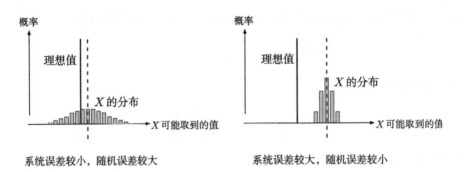

系统误差较小，随机误差较大　　　　　　系统误差较大，随机误差较小

图 3.13　系统误差与随机误差

❓ 3.8　这部分内容和课堂里学习的知识有些不同嘛

如果读者之前学习过统计相关的知识，可能会记得样本方差的分母是样本数量减 1。不过，这与本节讨论的方差是不同的概念。我们现在讨论的是随机变量 X 的方差 $V[X]$。从上帝视角来看，该方差是综合了所有平行世界的情况之后得到的结论。另一方面，课堂中教授的方差计算公式计算的是基于（某人居住的）某个特定平行世界的观测数据 $x_1, \cdots, x_n$ 求得的方差的无偏估计。也就是说，这不过是某个特定平行世界的情况。6.1.7 节将继续讨论方差的无偏估计。

此外，对于标准差 σ，读者或许听到过下面这样的论述：随机变量的取值 99.7% 情况下都在 $\pm 3\sigma$ 以内，如果超过了这一范围，背后很可能存在一些必然原因。然而，这种论述仅在讨论正态分布这种特定的分布时正确。一般的分布无法保证该结论成立（请参见附录 B.4）。

进一步讲，标准化这个词与读者在课堂中学习的版本也可能存在差异。与其说标准化是一个专有名词，不如说它是一个普通名词。只要是需要依照某种标准对对象进行处理，我们都可以称其为标准化。标准化的含义将随具体的应用环境而定，请读者根据具体的上下文判断。

3.5　大数定律

人们在研究与实践中发现，尽管每个随机变量取值随机，大量随机变量的平均值却相对恒定。现在让我们通过计算机来模拟这种现象。下面是一个通过 Ruby 语言实现的例子①。

---

① 请参见"面向对象脚本语言 Ruby"的站点：http://www.ruby-lang.org/zh_cn。本书使用的是 1.8.7 版。关于这段程序的阅读方式，请参见 P27 脚注①。我们会在之后的第 7 章中进一步讨论计算机对随机数的处理方式。

例如，如果只投掷一次骰子，我们完全无法预测它的点数。

```
$ ruby -e 'puts 1 + rand(6)'↵
2      结果为2只是一种偶然
```

然而，如果我们投掷20次骰子，将发现点数的平均值总是在3.5附近。

```
$ ruby -e 'n=20; puts "#{a=n.times.map{1+rand(6)}} [#{a.inject(:+).to_f/n}]"'↵
14441333635225662444 [3.6]      括号中是点数的平均值
```

下面列出了几条通过同样方式得到的结果。

```
32152654516312653264 [3.6]

62212631245413251655 [3.3]

23612631243213226165 [3.05]

45145515224626355466 [4.05]
```

如果投掷骰子200次，点数的平均值将更加稳定。把程序中的n=20替换为n=200后，我们将得到以下结果。

```
61546453236524164344566651213611662245441652455451623152113554363434531332621233453654321652243
52616146436364124533411123522431552341245161253656516464623234461654155445135612625112335231535
3544556531 [3.57]

61142555536314431355214323265243226414426531262366413521354436444242326613115415653521135455431 34
51241216636133556264143324312652641434135526353461165515355653224655214131333351422111465431336
4541256423 [3.42]

34661326445452131665543343213211311554411245651333446324555451632121163364162615643134461533422
65343635531512151132251354352261452642624114114312624143143361253355553521316262345426566141542
3621354526 [3.39]

36164541255424645162346525551332162516144323334322625515314145453254315331312413352524561462255
45265541555246666666652311424356156232653343625422333254335652413652661626153134554253521313631
4535254663 [3.645]

12312221246321335416531243145435363234633545313414126644326142256313623216363341541212553134613
16442314232256655112264536156466616543454534432313123346551343213112531626245351366231511156551
4616146655 [3.385]
```

可以看到，随机变量的数量越多，它们的平均值就越趋于稳定，在分析处理随机变量时，这是一条非常重要的性质。读者在日常生活中或许也会意识到这种性质。本节将通过概率的方式来验证这一性质。

3.5.1   独立同分布

首先需要考虑的是，如何表述投掷骰子20次这一行为。如果处理不当，随机变量与概率分布这两者就容易产生混淆。我们以随机变量 X_1 表示第一次投掷骰子的结果，以 X_2 表示第二次，以此类推直至 X_{20}。于是，20次投掷的结果分别与20个随机变量对应。由于使用的是同一个骰子，因此无论投掷多少次，每次的概率分布都相同，如下所示 [①]。

$$P(X_1 = 1) = P(X_2 = 1) = \cdots = P(X_{20} = 1) = 1/6 \quad （点数为1的概率始终是1/6）$$
$$P(X_1 = 2) = P(X_2 = 2) = \cdots = P(X_{20} = 2) = 1/6 \quad （点数为2的概率始终是1/6）$$
$$\vdots$$
$$P(X_1 = 6) = P(X_2 = 6) = \cdots = P(X_{20} = 6) = 1/6 \quad （点数为6的概率始终是1/6）$$

此外，只要没有人暗中操作，每次投掷的结果理应独立。无论第一次的点数是什么，第二次投掷时各个点数的出现概率都不会发生变化。

第一次的点数为 x_1、第二次的点数为 x_2、……且第二十次的点数为 x_{20} 的概率
$= P(X_1 = x_1, X_2 = x_2, \cdots, X_{20} = x_{20})$
$= P(X_1 = x_1)P(X_2 = x_2) \cdots P(X_{20} = x_{20})$

这样一来，随机变量 $X_1, \cdots, X_n$ 将符合以下条件。

- 每一个随机变量对应的分布（边缘分布）都相同
- 任意随机变量都相互独立

我们称这种情况为随机变量遵从独立同分布。独立同分布的英语是independent and identically distributed，可省略为i.i.d.。很多概率应用类图书常会不加说明就直接使用这一缩写，还请读者记住这一简称。在执行实验或进行调查时，结果通常都符合i.i.d.（或者说，人们会尽可能让结果符合i.i.d.）。

在上面的例子中，各个点数的出现概率一致，反而不易体现这一性质。让我们再来看一个有问题的骰子的例子。

[①] 不过，这并不意味着随机变量 $X_1, X_2, \cdots, X_{20}$ 本身相同。因为从第一次到第二十次不可能每次都掷出相同的点数。不能理解的读者请复习随机变量和概率分布的区别（1.5节）。

值	该值出现的概率
1	0.4
2	0.1
3	0.1
4	0.1
5	0.1
6	0.2

我们以随机变量 Y_1 表示第一次投掷骰子的结果,以 Y_2 表示第二次,以此类推直至 Y_{20}。于是,20 次投掷的结果分别与 20 个随机变量对应。由于使用的是同一个骰子,因此无论投掷多少次,每次的概率分布都相同。

$$\mathrm{P}(Y_1 = 1) = \mathrm{P}(Y_2 = 1) = \cdots = \mathrm{P}(Y_{20} = 1) = 0.4 \qquad (\text{点数为 1 的概率始终是 0.4})$$
$$\mathrm{P}(Y_1 = 2) = \mathrm{P}(Y_2 = 2) = \cdots = \mathrm{P}(Y_{20} = 2) = 0.1 \qquad (\text{点数为 2 的概率始终是 0.1})$$
$$\vdots$$
$$\mathrm{P}(Y_1 = 5) = \mathrm{P}(Y_2 = 5) = \cdots = \mathrm{P}(Y_{20} = 5) = 0.1 \qquad (\text{点数为 5 的概率始终是 0.1})$$
$$\mathrm{P}(Y_1 = 6) = \mathrm{P}(Y_2 = 6) = \cdots = \mathrm{P}(Y_{20} = 6) = 0.2 \qquad (\text{点数为 6 的概率始终是 0.2})$$

由于这次使用的骰子存在问题,因此点数的出现概率并不都是 1/6。即使如此,点数 1 的出现概率仍保持恒定,始终为 0.4,且只要没有人暗中操作,各次结果就都相互独立。

第一次的点数为 y_1、第二次的点数为 y_2、······且第二十次的点数为 y_{20} 的概率
$= \mathrm{P}(Y_1 = y_1, Y_2 = y_2, \cdots, Y_{20} = y_{20})$
$= \mathrm{P}(Y_1 = y_1)\mathrm{P}(Y_2 = y_2) \cdots \mathrm{P}(Y_{20} = y_{20})$

因此,$Y_1, Y_2, \cdots, Y_{20}$ 也遵从 i.i.d.。

练习题 3.13
请举出一个随机变量分布相同但不独立的例子。

答案

以第 1 章中的图 1.9 与图 1.10 为例,虽然随机变量 X 与 Y 的分布相同(有 1/4 的概率中奖,3/4 的概率落空),但两者并不独立(如果 X 的结果是中奖,Y 中奖的概率也会相应增加)。再举一个更极端的例子,假如我们仅投掷一次骰子,将结果记为 X,并复制该值使 $X_1 = X_2 = \cdots = X_{20} = X$。$X_1, X_2, \cdots, X_{20}$ 的分

布显然相同，但彼此并不独立。如果读者无法理解其中的原因，请复习1.5节讲解的随机变量与概率分布的区别，以及2.5节的独立性。

3.5.2　平均值的期望值与平均值的方差

接下来，我们将讨论平均值与期望值之间的区别。对于随机变量 $X_1, X_2, \cdots, X_n$，它们的平均值 Z 定义如下[①]。

$$Z \equiv \frac{X_1 + X_2 + \cdots + X_n}{n}$$

由于 $X_1, X_2, \cdots, X_n$ 都是随机值，因此由它们计算得到的 Z 仍然是一个随机值。事实上，在之前的实验中，每次得到的平均值也各不相同。由于平均值仅仅是所有数值之和除以个数后得到的结果，因此自然有以下结论。

- 恒定值的平均值仍然是恒定值
- 随机值的平均值仍然是随机值

图3.14通过上帝视角描述了这些性质。

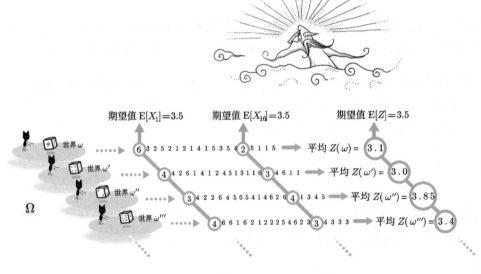

图3.14　平均值与期望值的区别（基于上帝视角）

---

① 虽然（在讨论大数问题时）平均值与期望值这两个词常常会被混用，但本书将明确区分两者。

另一方面，期望值是通过横向计算不同平行世界而求得的恒定值。对于本例中的随机变量 Z，它的期望值是各个期望值的平均，如下所示。

$$\mathrm{E}[Z] = \mathrm{E}\left[\frac{X_1 + X_2 + \cdots + X_n}{n}\right] = \frac{\mathrm{E}[X_1 + X_2 + \cdots + X_n]}{n}$$
$$= \frac{\mathrm{E}[X_1] + \mathrm{E}[X_2] + \cdots + \mathrm{E}[X_n]}{n}$$

又由于 $X_1, X_2, \cdots, X_n$ 遵从 i.i.d.，因此它们自然都与期望值（设为 μ）相同。于是，我们可以得到随机变量 Z 的期望值。

$$\mathrm{E}[Z] = \frac{n\mu}{n} = \mu$$

Z 的期望值与每个单独的期望值一致，这也符合我们预期的结果。

既然已经求得了期望值，我们顺便再计算一下 Z 的方差。

$$\mathrm{V}[Z] = \mathrm{V}\left[\frac{X_1 + X_2 + \cdots + X_n}{n}\right] = \frac{\mathrm{V}[X_1 + X_2 + \cdots + X_n]}{n^2} \quad \left(\text{除以} n \text{后方差为} \frac{1}{n^2}\right)$$

此时，如果 $X_1, X_2, \cdots, X_n$ 独立，如下关系成立。

$$\mathrm{V}[Z] = \frac{\mathrm{V}[X_1] + \mathrm{V}[X_2] + \cdots + \mathrm{V}[X_n]}{n^2} \quad (\text{如果独立，和的方差就等于方差的和})$$

进一步讲，当 $X_1, X_2, \cdots, X_n$ 遵从 i.i.d. 时，方差显然相同，于是得到以下结果。

$$\mathrm{V}[Z] = \frac{n\sigma^2}{n^2} = \frac{\sigma^2}{n}$$

虽说前文说顺便计算一下方差，其实是有意为之，希望读者注意该结论。如果实验或调查的设计非常理想，每个事件的条件相同且相互独立，那么在求 n 次结果的平均值时，方差必然为 $1/n$。这是处理随机值的一条基本常识。

方差为 $1/n$，就意味着标准差为 $1/\sqrt{n}$。如果希望将精度增加 10 倍（即把结果与期望值之间的平均误差缩小至原本的 $1/10$），测试次数就必须增加 $10^2 = 100$ 倍。仅增加 10 倍测试量无法提升 10 倍的精度。

3.5.3　大数定律

我们总结一下前几节得到的结论。对于遵从 i.i.d. 的随机变量 $X_1, \cdots, X_n$，它们的平均

值 Z 定义如下。

$$Z_n \equiv \frac{X_1 + \cdots + X_n}{n} \quad (\text{为明确表示这是 } n \text{ 个随机变量的平均值,我们为 } Z \text{ 添加了下标})$$

我们可以进一步计算 Z 的期望值与方差。

$$\mathrm{E}[Z_n] = \mu \quad \cdots\cdots \text{它的期望值与原来相同}$$

$$\mathrm{V}[Z_n] = \frac{\sigma^2}{n} \quad \cdots\cdots \text{它的方差是原来的} \frac{1}{n} (\text{标准差则是原来的} \frac{1}{\sqrt{n}})$$

该平均值的期望值与方差显示,如果可以无限增大,方差 $\mathrm{V}[Z_n]$ 则可以无限减小并趋近于 0。

$$\mathrm{V}[Z_n] \to 0 \quad (n \to \infty)$$

读者应该还记得,方差为零表示不含随机性。简单来讲,如果随机变量的个数 n 无限增加,它们的平均值将逐渐收敛于 μ。这就是所谓的大数定律 。

在向不了解概率的人说明期望值的定义时,我们可以将期望值简单总结为重复无数次后得到的平均值。这种敷衍的说法之所以行得通,正是由于大数定律起了作用。话虽如此,我们也不能始终安于这种粗浅的解释。这种马虎的定义方式会影响到之前的论证。要在讨论概率问题时使概念更加明确,我们必须充分理解期望值 μ 与平均值 Z_n 之间的差异。为此,我们必须像图 3.14 那样,通过上帝视角来考虑问题。

大数定律的妙处在于,尽管期望值与平均值的测量对象不同,但它们也有一致的地方。借助上帝视角,我们可以清楚地看出这点。讲得夸张些,这是只有俯视所有平行世界 Ω 的上帝才能做到的事。期望值 μ 是多个平行世界的观测结果,因此生活在某个特定世界 ω 的人类本无法知晓该值。然而,我们手中握有大数定律这一工具。多亏了它,即使我们只能观测某个特定的世界 ω,只要观测平均值 Z_n,就能知晓只有上帝才能观测的期望值 μ[①]。在得知这一点后,读者有没有对大数定律的威力刮目相看呢?

3.5.4   大数定律的相关注意事项

最后,我们总结一下与大数定律相关的三则注意事项。

首先,只有在随机变量之和除以 n 后,大数定律才成立。如果只是单纯求和,方差将不断增大(请参见 3.4.5 节)。无论 n 有多大,投掷骰子 n 次后的点数之和都不可能趋近于 $3.5n$,

---

[①] 不过,要做到这一看似绝对不可能的事,随机变量必须首先遵从 i.i.d.。

抛掷硬币 n 次后正面向上的次数 [1] 也不会趋近于 $n/2$。图 3.15 与图 3.16 分别是通过计算机对这两种实验进行随机数列模拟后得到的结果。

其次，我们要注意期望值不存在的情况。对于 3.3.4 节中出现的那种期望值不存在的概率分布，大数定律将不再成立。

最后是前提条件的放宽。本书已经讨论了方差存在且随机变量遵从 i.i.d. 的情况。事实上，我们可以进一步放宽这一前提条件。如果读者需要了解更详细的信息，请另外查阅专门的概率论教材。

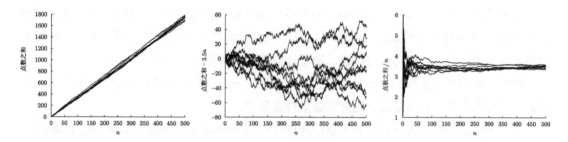

图 3.15 投掷骰子 n 次的模拟实验。本图叠加显示了 10 次试验的结果。点数之和当然不可能趋近于 $3.5n$。（左）点数之和；（中）点数之和 $-3.5n$；（右）点数之和 $/n$

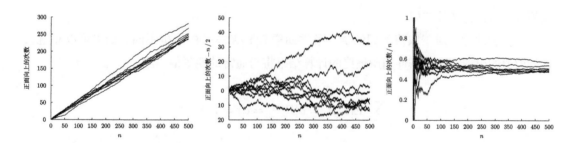

图 3.16 抛掷硬币 n 次的模拟实验。本图叠加显示了 10 次试验的结果。正面向上的次数当然不可能趋近于 $n/2$。（左）正面向上的次数；（中）正面向上的次数 $-n/2$；（右）正面向上的次数 $/n$

[1] 这里用 1 表示正面，用 0 表示反面，于是随机变量取值为 1 与为 0 的概率都是 1/2。这样的随机变量共有 n 个，且遵从 i.i.d.。不难发现，根据大数定律，抛掷硬币 n 次后正面向上的比例将趋近于 1/2。

3.6 补充内容：条件期望与最小二乘法

截至大数定律一节，本章最核心的内容已经全部结束。本节将介绍一些补充内容，请读者根据需要阅读。这些内容作为概率论的入门读物来说或许不太合适，但由于实际应用中常会遇到，因此一并做简单介绍（请参见5.3.5节、8.1.1节与6.1.9节）。

3.6.1 条件期望的定义

如果我们知道 $X=a$ 这一观测值，只要进一步计算条件概率 $P(Y=b|X=a)$，就能估计出 Y 的值。通过计算条件概率，我们可以对随机变量的取值概率做出预估。不过，我们有时并不满足于仅得出一些可能的情况，而是希望得到更精确的估计值。

此时，我们首先想到的自然是选择条件概率 $P(Y=b|X=a)$ 的值最大的 b 作为答案。如果需要尽可能提高估计的精度，这种做法很符合常理。

另一种做法是求在 $X=a$ 时 Y 的条件分布（即各个值的出现概率），并计算相应的期望值。

$$E[Y|X=a] \equiv \sum_b bP(Y=b|X=a)$$

该值可简单称为条件期望。

请读者注意，对于取值不同的 X，条件期望 $E[Y|X=a]$ 的值也不同。如果可以知道 X 各种取值的出现概率，条件期望最终的计算结果将与通常的期望值一致。

$$\sum_a E[Y|X=a]P(X=a) = E[Y]$$

等式左边可以像下面这样展开。

$$\sum_a E[Y|X=a]P(X=a)$$
$$= \sum_a \sum_b bP(Y=b|X=a)P(X=a) \qquad 代入定义$$
$$= \sum_a \sum_b bP(X=a,Y=b) \quad ——（*） \qquad 条件概率与联合概率的关系$$

在最后一句等式中，我们可以定义函数 $s(x, y) \equiv y$，于是就可以由 $\mathrm{E}[s(X, Y)]$ 得到 $\mathrm{E}[Y]$[①]。

3.6.2 最小二乘法

虽说上文引入条件期望 $\mathrm{E}[Y|X=a]$ 时将它归于供选读的补充内容，其实它有着很重要的实际价值。请读者思考以下问题。

假设有条件分布 $\mathrm{P}(Y=b|X=a)$。试编写一个程序，使它能在输入 X 之后输出 Y 的估计值 $\hat{Y}$。并使平方误差 $(Y-\hat{Y})^2$ 的期望值 $\mathrm{E}[(Y-\hat{Y})^2]$ 尽可能小[②]。

换言之，我们要求的是，所有在输入 X 后输出 Y 的估计值的函数中，$\mathrm{E}\left[(Y-g(X))^2\right]$ 的值最小的那个。这个问题的答案正是条件期望。

$$g(a) = \mathrm{E}[Y|X=a]$$

上述等式成立的理由如下。为简化问题，我们具体设 X 可以取值 1、2、3。此时，平方误差的期望值如下。

$$
\begin{aligned}
\mathrm{E}[(Y-\hat{Y})^2] =& \mathrm{E}\left[(Y-g(X))^2\right] \\
=& \sum_{a=1}^{3}\sum_{b}\left(b-g(a)\right)^2 \mathrm{P}(X=a, Y=b) \\
=& \sum_{b}\left(b-g(1)\right)^2 \mathrm{P}(X=1, Y=b) \\
&+ \sum_{b}\left(b-g(2)\right)^2 \mathrm{P}(X=2, Y=b) \\
&+ \sum_{b}\left(b-g(3)\right)^2 \mathrm{P}(X=3, Y=b) \\
=& (\text{取决于} g(1) \text{的量}) + (\text{取决于} g(2) \text{的量}) + (\text{取决于} g(3) \text{的量})
\end{aligned}
$$

该期望值可以分为 3 部分。因此，我们只要分别求出各部分的解，就能得到最佳的 g，如下所示。

[①] 读者如果忘记了这个结论，请复习练习题 3.5。要是感到难以理解，只需按部就班推导即可。

$$(*) = \sum_{b}\sum_{a} b\mathrm{P}(X=a, Y=b) = \sum_{b} b\sum_{a}\mathrm{P}(X=a, Y=b) = \sum_{b} b\mathrm{P}(Y=b) = \mathrm{E}[Y]$$

如有必要，可以参考附录 A.4。

[②] $\hat{Y}$ 读作 "Y hat"。与 Y' 或 $\tilde{Y}$ 类似，该符号表示一个与 Y 相关但又不同的值。在概率学与统计学中，$\hat{Y}$ 常用于表示估计值，是一种约定俗成的习惯。

- 定义 $g(1)$，使 $\sum_b \big(b - g(1)\big)^2 \mathrm{P}(X = 1, Y = b)$ 能有最小值

- 定义 $g(2)$，使 $\sum_b \big(b - g(2)\big)^2 \mathrm{P}(X = 2, Y = b)$ 能有最小值

- 定义 $g(3)$，使 $\sum_b \big(b - g(3)\big)^2 \mathrm{P}(X = 3, Y = b)$ 能有最小值

那么，试着根据该方针来定义 $g(1)$ 吧。为便于阅读，我们用 g_1 表示 $g(1)$，于是可以得到以下等价形式。

$$\sum_b (b - g_1)^2 \mathrm{P}(X = 1, Y = b) = \sum_b (b - g_1)^2 \mathrm{P}(Y = b | X = 1)\mathrm{P}(X = 1)$$
$$= \mathrm{P}(X = 1)\sum_b (b - g_1)^2 \mathrm{P}(Y = b | X = 1)$$

要求它的最小值，其实就是求 $\sum_b (b - g_1)^2 \mathrm{P}(Y = b | X = 1)$ 的最小值。为此，我们先定义 h_1。

$$h_1(g_1) \equiv \sum_b (b - g_1)^2 \mathrm{P}(Y = b | X = 1)$$

再计算它的微分。

$$\frac{\mathrm{d}h_1}{\mathrm{d}g_1} = 2 \sum_b (g_1 - b)\mathrm{P}(Y = b | X = 1)$$
$$= 2\left(\sum_b g_1 \mathrm{P}(Y = b | X = 1) - \sum_b b\mathrm{P}(Y = b | X = 1)\right)$$
$$= 2\left(g_1 \sum_b \mathrm{P}(Y = b | X = 1) - \sum_b b\mathrm{P}(Y = b | X = 1)\right)$$
$$= 2\left(g_1 - \mathrm{E}[Y | X = 1]\right)$$

由此可知，当 $\mathrm{d}h_1/\mathrm{d}g_1 = 0$ 时，即 $g_1 = \mathrm{E}[Y | X = 1]$ 时，$h_1(g_1)$ 能取到最小值[①]。$h_2(g_2)$、$h_3(g_3)$ 同理，因此能推出 $g(a) = \mathrm{E}[Y | X = a]$ 的结论。

3.6.3　上帝视角

上一节讲到的 $g(a) \equiv \mathrm{E}[Y | X = a]$ 是一个普通的函数，它在接受一个参数后，将返回

---

① 由于当 $g_1 < \mathrm{E}[Y | X = 1]$ 时 $\mathrm{d}h_1/\mathrm{d}g_1 < 0$，当 $g_1 > \mathrm{E}[Y | X = 1]$ 时 $\mathrm{d}h_1/\mathrm{d}g_1 > 0$，所以在 $g_1 = \mathrm{E}[Y | X = 1]$ 时最小。此外，读者还需注意 $h_1(g_1) = \mathrm{E}[(Y - g_1)^2 | X = 1]$。

一个相应的结果。请读者暂时忘记 g 的定义，先将其理解为一个普通的函数。只要提供一个具体的数值 a，它就会返回一个确定的值 $g(a)$。如果给 g 提供一个随机值 X，就能得到一个与 X 对应的随机值 $\hat{Y} = g(X)$。此处的 $g(X)$ 可以记为 $\mathrm{E}[Y|X]$。$\mathrm{E}[Y|X]$ 是一个随机值（随机变量）。光看数学表达式可能不易理解 [①]，不过只要通过图 3.17，我们就能借助上帝视角了解它的明确含义。简单来讲，该函数的作用是整平了 X 相同的区域。

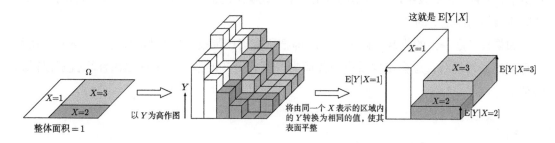

图 3.17　基于上帝视角，以各平行世界 ω 中的 Y 与 $\mathrm{E}[Y|X]$ 的值为高作图

如果在图 3.17 得到的 $\mathrm{E}[Y|X]$ 的基础上进一步铺平全国，整体的高度就是 $\mathrm{E}[Y]$。读者也可以回想一下"期望值就是体积"这句话，于是可以将图 3.17 中的 Y 与 $\mathrm{E}[Y|X]$ 都理解成体积。一些内容较深的教材常会采用这种表述方式，因此本书在此做简单介绍，希望读者在今后遇到时不会感到惊讶。

3.6.4　条件方差

我们顺便介绍一下条件方差。之后的 8.2.2 节也会用到这些知识。设 $\mathrm{E}[Y|X=a] \equiv \mu(a)$，我们可以据此求得相应的条件方差。

$$\mathrm{V}[Y|X=a] \equiv \mathrm{E}[(Y-\mu(a))^2|X=a]$$

只要将方差的定义中出现的所有期望值替换为条件期望即可，非常合乎逻辑。

需要注意的是，$\sum_a \mathrm{V}[Y|X=a]\mathrm{P}(X=a)$ 通常与 $\mathrm{V}[Y]$ 不等。举一个极端的例子，尽管当 $X=Y$ 时，$\mathrm{V}[Y|X=a] = \mathrm{V}[a|X=a] = 0$ 始终成立，但这并不意味着 $\mathrm{V}[Y]$ 就一定等于 0。

[①] 虽说 $g(a)=\mathrm{E}[Y|X=a]$，但我们不能将 X 直接代入右边的 a，写成 $\mathrm{E}[Y|X=X]$ 的形式。这种写法有其他不同的含义（由于 $X=X$ 必然成立，因此本质上我们没有添加任何条件）。

专栏　资产投资组合

设结果"甲"的出现概率为0.7，结果"乙"的出现概率为0.3。且无论选择甲还是乙，只要猜中，就能获得双倍下注金额。显然，选择甲是更明智的做法。

假设你每天都会投入所有资产参与这场赌博。具体来说，你会将占总资产比例 p 的金额投给甲，再将剩余的投给乙。这里的 p 是一个事先确定的值。该值在整个过程中将保持不变，请问应该如何设定 p 的值？

如果只考虑一天的收益，显然 $p=1$（即把所有资产都投给甲）是最佳选项。然而，在不断重复这场赌局时，总会出现没有中奖而失去所有资产的情况。下面是由计算机模拟得到的结果。

```
$ cd portfolio ↵
$ make ↵
=========== p = 0.99
./portfolio.rb -p=0.99 100 | ../histogram.rb -w=5
  -5<= | * 1 (1.0%)
 -10<= | ** 2 (2.0%)
 -15<= | ******* 7 (7.0%)
 -20<= | ******* 7 (7.0%)
 -25<= | *************** 16 (16.0%)
 -30<= | ************ 12 (12.0%)
 -35<= | **************************** 28 (28.0%)
 -40<= | ***************** 17 (17.0%)
 -45<= | ***** 5 (5.0%)
 -50<= | ** 2 (2.0%)
 -55<= | *** 3 (3.0%)
total 100 data (median -30.2025, mean -29.0052, std dev 9.85771)
=========== p = 0.7
./portfolio.rb -p=0.7 100 | ../histogram.rb -w=1
   7<= | *** 3 (3.0%)
   6<= | *** 3 (3.0%)
   5<= | ************** 14 (14.0%)
   4<= | ******************* 19 (19.0%)
   3<= | ************** 14 (14.0%)
   2<= | ************************* 25 (25.0%)
   1<= | ********* 9 (9.0%)
   0<= | ********** 10 (10.0%)
  -1<= | *** 3 (3.0%)
total 100 data (median 3.20552, mean 3.38215, std dev 1.79856)
```

此处显示的是 $p=0.99$ 与 $p=0.7$ 时的模拟结果。我们为了了解连续参与上述赌局100天之后的资产情况，重复实验了100次，并得到了这张图。不过，直接列出实际数值占用的篇幅过大，因此我们选择借助常用对数来表示资产变为了原来的几倍。也就是说，"-1<="表示大于等于0.1倍但小于1倍、"0<="表示大于等于1倍小于10倍、"1<="表示大于等于10倍小于100倍、"2<="表示大于等于100倍小于1000倍，以此类推。

由此可见，我们不该将所有资产集中投资于胜率最高的一方，而应分散资金，也适当投资其他胜率较低的选项。

专栏　事故间隔的期望值

上一章最后的专栏介绍了事件间隔的期望值，下面是关于该期望值的两种不同论述。读者支持哪一种论述呢？反对另一种的理由又是什么？

- 论述A

假设第 t 个字符是○。直到该字符之后的第 k 个字符才输出下一个○的概率，与连续输出"."$(k-1)$次后输出○的概率相同，都是 $0.9^2 \times 0.1$。这种分布的期望值为10（请参见附录A.4.4）。

- 论述B

首先看一下第 t 个字符与第 $(t+1)$ 个字符的交界处。如果要求的是再经过多少字符才会输出○，期望值就如论述A所说，结果为10。同理，如果要求的是向前多少字符后才会遇到○，期望值仍然为10。于是，两个○之间间隔的期望值是 $10+10-1=19$（由于我们规定○○的间隔为1、○.○的间隔为2、○..○的间隔为3，因此在计算期望值时最后需要减去1）。

第4章

连续值的概率分布

A: 我试着用正态分布去拟合数据，不过，用的这款统计软件好像有点问题呀。

B: 怎么了？

A: 它生成的正态分布图的高竟然超过了1。概率怎么可能是1.7呢？概率为1就表示事件必然发生，不可能比这还要大呀。

B: 嗯……依然是槽点太多不知道该说什么才好了。你还是重新学习一下概率密度函数的概念吧（练习题4.2）。

　　除了非有即无、三选一以及出现次数等离散值问题外，人们经常需要处理包含长度或重量等连续随机值的概率问题。在本章中，我们将扩充一下之前学习的概念的适用范围，使它们适用于连续值的情况。

　　虽然大家感觉连续值的情况应该和离散值差不多，不过在讨论连续值时，我们确实会遇到一些较为麻烦的问题。为此，本章将首先解答读者的疑问，解释为什么不能直接套用之前学过的内容，并讲解离散值概率问题的正确解法，帮助读者掌握连续随机变量与概率分布的处理方式。具体来讲，我们将介绍概率密度函数的含义，并说明如何用概率密度函数来表示各类概念。最后，我们还会讲解正态分布这种典型的连续概率分布，并了解中心极限定理这一令正态分布如此普适的重要原因。

　　也许很多读者已经学过正态分布及其图像等相关知识，在阅读本章时，大家不妨先忘掉那些内容，从头学起。在学习初级课程时，学习者往往容易忽略一些需要注意的地方，而只记住了最终结论，在阅读本书时，大家可能会觉得本书讲解的方式与当初学习的版本不太一样。为了防止混淆，还请读者一边阅读一边思考。

　　另外，本书将仅在实数范围内讨论连续值的概率问题（4.4.1节会涉及一些随机向量的联合分布问题，P397的脚注②则会简单介绍复值的情况）。

　　本书对微积分的处理可能存在不严密之处，还请读者谅解。在处理极限、微分与积分时，本书不会深究细节，在交换含有微积分的数式顺序时也较为随意。严格来讲，这种做法并不可取，在做转换前我们理应先求证是否可积、积分顺序是否可以调换等问题。如果读者希望了解严格的论证方式，请参阅数学分析的专门教材。

❓ 4.1　在阅读本章前，至少需要掌握哪些基础知识

在阅读本章前，读者必须先了解微积分的含义，否则连续随机变量的概率将无从谈起。本章将大量使用微积分知识，读者需要了解微分表示变化率或图像转折处切线的斜率，定积分表示图像的面积，微分与积分可以相互转换等概念。此外，为解决具体问题，读者还应掌握多项式与指数函数的微积分、复合函数的微分、换元积分等一些基本的微积分计算方式。

如果问题涉及多个随机变量，我们就不得不求解含有多个变量的微积分。这部分内容超出了本书的范围，本书将在必要时做简单说明。不过这类计算本身并不复杂，只是对积分结果再做积分而已，读者无需特地预习。

另外，事实上，本书使用的积分（勒贝格积分）与读者在学校中学习的积分（黎曼积分）在解题思路上有少许不同。我们虽然可以具体分析勒贝格积分的顺序交换问题，不过本书并不会深入讨论它的这一特点。

4.1　渐变色打印问题（密度计算的预热）

与第2章一样，本章也将首先引入一些易于理解的例子作为预热，帮助读者获得直观的印象。我们将讨论一些渐变色打印问题。读者可以暂时不考虑背后的概率问题，只需想象并思考油墨的浓淡变化即可。油墨浓淡与概率之间的关系，让我们留在之后深入讨论。

4.1.1　用图表描述油墨的消耗量（累积分布函数的预热）

假设有一条由打印机从左至右打印出的渐变色带，如图4.1所示。位于色带下方的函数 $F(x)$ 表示打印至该处时消耗的油墨量。为便于计算，我们设色带长 10 cm，最终消耗的油墨总量为 1 mg。

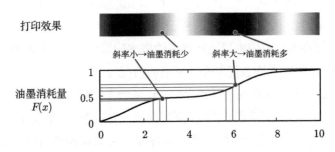

图4.1　上图是一条从左至右打印出的色带。下图所打印至位置 x 时消耗的油墨量 $F(x)$

从图中可以看出，从 $x = a$ 至 $x = b$ 的油墨消耗量为 $F(b) - F(a)(a \leqslant b)$。

那么，打印的浓淡与函数图像的关系如何呢? 在颜色较浓的地方，油墨的消耗速度也较快。同样打印 1 mm，较浓处将消耗大量油墨，较淡处则消耗很少。函数图像的斜率也体现了这点。斜率越大，油墨消耗就越快，且打印出的颜色也较浓。

4.1.2　用图表描述油墨的打印浓度(概率密度函数预热)

图4.2添加了表示位置 x 处油墨浓度的函数 $f(x)$。请读者留意 $F(x)$ 与 $f(x)$ 的关系。$F(x)$ 的斜率越大，$f(x)$ 的值也越大。

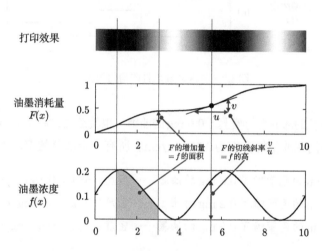

图4.2　打印至 x 处时消耗的油墨量 $F(x)$ 与浓度 $f(x)$ 的关系

F 与 f 的关系可以像这样通过微积分表示。事实上，浓度 $f(x)$ 由 x 自增时 $F(x)$ 的增量决定，而这正是微分的概念[1]。

$$f(x) = F'(x) = \frac{\mathrm{d}F(x)}{\mathrm{d}x}$$

通常，如果 f 是 F 的微分，F 也同样能通过 f 的积分得到，如下所示。

$$\int_a^b f(x)\,\mathrm{d}x = F(b) - F(a)$$

我们将通过一些例子来确认这一结论。首先一起来看下图4.3。

———————————
[1] 本章使用了 " ′ " 来表示微分。其他章节出现的 X' 等标注表示的仅仅是与 X 不同的另一个变量，相信读者根据上下文不难分辨。

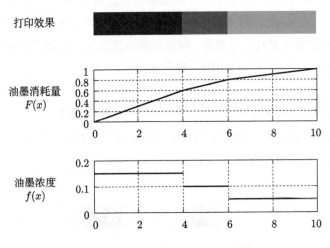

图4.3　各区域颜色打印均匀的色带

色带左侧 4 cm 长的部分均匀喷上了 0.6 mg 的油墨。也就是说，每 1 cm 喷有 $0.6/4 = 0.15$ mg 的油墨。于是，我们称油墨的密度为 0.15 mg/cm。所有三个部分的密度如下。

- 左侧：长 4 cm 的色带喷了 0.6 mg 的油墨……密度 $0.6/4 = 0.15$ mg/cm
- 中间：长 2 cm 的色带喷了 0.2 mg 的油墨……密度 $0.2/2 = 0.1$ mg/cm
- 右侧：长 4 cm 的色带喷了 0.2 mg 的油墨……密度 $0.2/4 = 0.05$ mg/cm

上例中的这种以密度表示油墨浓度的方法应该不难理解。每 1 cm 中打印的油墨越多，油墨颜色就越浓，反之，油墨较少的区域颜色也就较淡。之前讨论的油墨浓度 $f(x)$ 其实表示的就是密度。

最后再举一例，图4.4左侧颜色最浓部分的密度如下。

- 长 0.5 cm 的色带喷了 0.1 mg 的油墨……密度 $0.1/0.5 = 0.2$ mg/cm

该例中长度小于 1，读者可能不容易一下子看出答案。不过计算方式本身没有不同，只需通过油墨量 / 长度即可得到单位长度的油墨量（即油墨密度）。如果打印 0.5 cm 长的色带需要耗费 0.1 mg 的油墨，那按照此标注打印 1 cm 就需要使用 0.2 mg。这与计算结果 0.2 mg/cm 吻合。

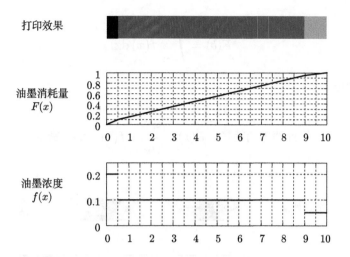

图4.4　打印各个区域颜色均匀的色带（每个区域的长度小于1）

综上所述，我们可以得到如下结论。

$$\frac{\text{该区域内的油墨量}}{\text{该区域的长度}} = \text{该区域的密度}$$

（油墨量/长度 ＝ 密度）

该结论有以下等价表述。

该区域的长度×该区域的密度＝该区域内的油墨量

（长度×密度＝油墨量）

在继续阅读前，请读者彻底理解这一结论。

在上面的例子中，长度逐渐减小，读者可以将该极限视为浓度连续变化的情况，如图4.5所示。根据微积分的定义，我们能够得到以下极限。

$$f(x) = F'(x) = \frac{\mathrm{d}F(x)}{\mathrm{d}x}$$

$$F(b) - F(a) = \int_a^b f(x)\,\mathrm{d}x$$

其中，由于 $\lim_{a \to -\infty} F(a) = 0$（左侧的油墨消耗量尚为零），于是该式可以进一步简化。

$$F(b) = \int_{-\infty}^{b} f(x)\,\mathrm{d}x$$

最终得到以下结论。

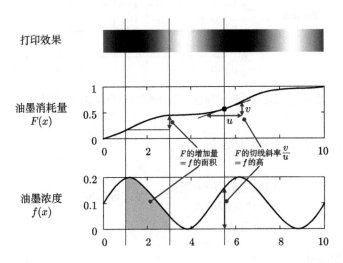

图 4.5　打印至 x 处时消耗的油墨量 $F(x)$ 与浓度 $f(x)$ 的关系（与图 4.2 相同）

❓ 4.2　本节用到了微积分的知识，能否再稍作说明

长度 h 在位置 x 与位置 $x+h$ 之间的变化范围可以通过下面的方式表示。

$$\frac{油墨量}{长度} = \frac{F(x+h) - F(x)}{h} \longrightarrow F'(x) = 油墨密度 \quad (长度\ h \to 0)$$

该极限中，长度 h 趋近于 0，这恰好是微分的定义。另一方面，为了理解积分的含义，请读者试将 x 轴分割为若干短小的区间，如图 4.6 所示。

油墨量 ＝ 各个区域中油墨的总量

　　　＝ 各个区域中"长度 × 油墨密度"之积的总和 ＝ 长条形色带的总面积

$$\longrightarrow \int_{a}^{b} f(x)\,\mathrm{d}x \quad (区域的长度 \to 0)$$

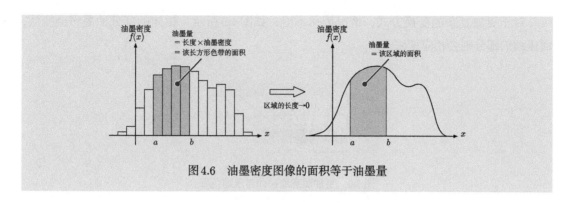

图4.6 油墨密度图像的面积等于油墨量

4.1.3 拉伸打印成品对油墨浓度的影响（变量变换的预热）

之前忘了提醒读者，这条色带并非纸质，而是一条透明的橡胶带。由于是橡胶材质，我们自然可以像图4.7那样对其做拉伸或压缩处理。请读者注意这一过程中油墨颜色的浓淡变化。如果长度拉伸为原来的两倍，油墨的浓度就会下降为原来的一半。反之，如果长度压缩为原来的一半，油墨浓度则将翻倍。通常，如果油墨的喷印量不变，色带长度变为原来的 α 倍，密度就会变为原来的 $1/\alpha$ 倍 [1]。

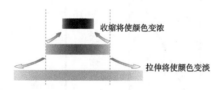

图4.7 拉伸或压缩色带

我们不仅可以均匀拉伸整条色带，使其长度变为原来的 α 倍，也可以对色带做局部拉伸处理。例如，图4.8是色带左半部分压缩右半部分拉伸后的结果。左半部分在长度压缩为原来的一半后密度倍增，右半部分在长度翻倍后密度减半。为方便理解，读者可以与右侧均匀打印的色带对比。

图4.8 对色带做局部拉伸处理

---

[1] α 是希腊字母，读作"阿尔法"。

对于更加复杂的变换方式，情况依然不变，如图4.9所示。拉伸的部分油墨将会变淡，而压缩的部分则会相应变浓。

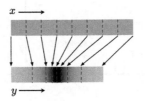

图4.9　更加随意地拉伸与压缩色带

现在，让我们进一步分析已有的观察结果。我们希望通过原来的位置 x 与变换后的位置 y 求出油墨浓淡的变化关系式。

首先考虑整条色带均匀拉伸至原长两倍的情况，即 $y=2x$。图4.10中的左图是该变换式的图像。我们可以通过该图看出油墨量不变而色带长度加倍。类似地，如果整条色带均匀压缩至原来的一半，即 $y=x/2$，图像将如图4.10中的右图，油墨量不变而色带长度减半。

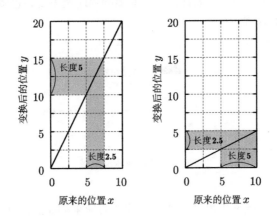

图4.10　（左）整体均匀拉伸的情况（右）整体均匀压缩的情况

图4.11是由色带左半部分压缩右半部分拉伸得到的转换图像。从该图可以看出，色带的左半部分压缩至了原长的一半，而右半部分则拉伸至了原长的两倍。例如，变换之前，$x=6$ 至 $x=9$ 之间的长度为3，变换之后，$y=4.5$ 至 $y=10.5$ 之间的长度为6，长度增加了 $6/3=2$ 倍。因此，这段色带的密度是原来的1/2。请读者注意，长度的变化比例与图像斜率的计算方式相同。由于长度从3增加至了6，因此斜率即为 $6/3=2$。推而广之，对于任何情况，我们都可以通过图像的斜率来表示喷印长度的变化比例。

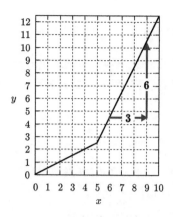

图4.11　压缩左半部分的同时拉伸右半部分。此时图像的斜率与长度的增加倍率相同

接下来，我们将开始讨论问题的本质。先来看一下对于任意的函数 g，经过变换 $y = g(x)$ 后密度将如何变化，如图4.12所示。问题的关键是图像的斜率。如果某处的斜率为 α，该处附近的长度就会是原来的 α 倍，于是密度变为原来的 $1/\alpha$ 倍。我们可以通过变换式 $g(x)$ 的微分 $g'(x)$ 求得斜率 α 的值[①]。设原本位置 x 处的油墨密度为 $f(x)$，变换后的位置 $y = g(x)$ 处的油墨密度将是原来的 $|1/g'(x)|$ 倍。我们也可以通过以下形式表示油墨密度。

$$\left| \frac{f(x)}{g'(x)} \right| \tag{4.1}$$

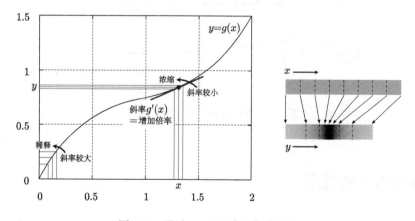

图4.12　通过 $y = g(x)$ 实现任意缩放

[①] 微分也可以写作 $\mathrm{d}y/\mathrm{d}x$，不过此处写成 $g'(x)$ 更加容易阅读。如果读者忘记了为什么微分就是斜率，请重新复习微分的含义。根据本章之前的解释，不难看出长度逐渐缩短得到的极限正是一种微分。

？ 4.3　为什么一定要使用绝对值

对于长度，似乎负数也不会有什么问题。例如，变换式 $g(x) \equiv -2x$，表示翻转色带后再扩大两倍。然而，油墨的浓度无法为负值。因此我们不能用 $1/(-2)$ 来表示浓度的倍率，而必须使用 $1/|-2|$。

练习题 4.1

请根据以下条件计算变换后位置 $y = 4.96$ 处的油墨密度（提示：$4.96 = g(8)$）。

油墨的密度 $f(x) = 0.02x$　（$0 \leqslant x \leqslant 10$）

变换 $y = g(x) = 0.005x^3 + 0.03x^2 + 0.06x$

答案

由提示可知，与 $y = 4.96$ 对应的是 $x = 8$。又由 $g'(x) = 0.015x^2 + 0.06x + 0.06$ 得 $g'(8) = 1.5$。因此，变换后 $y = 4.96$ 处的密度为 $|f(8)/g'(8)| = |0.16/1.5| \approx 0.11$（图 4.13）。

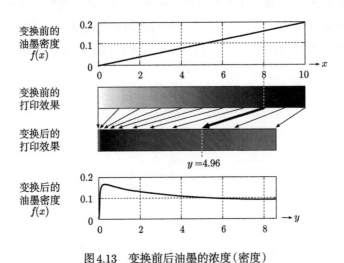

图 4.13　变换前后油墨的浓度（密度）

4.2　概率为零的情况

热身已经结束，让我们回到概率问题本身。如前所述，本章将推广上一章得出的结论，进一步讨论实数的概率分布。不过，由于实数的特殊性质，我们不得不考虑概率为零的情况。下面就让我们进入正题。

4.2.1　出现概率恰好为零的情况

试考虑以下随机变量 X。

- Ω 是一个正方形，如图 4.14 左半部分所示
- 由该图右半部分可知，对于点 $\omega = (u, v)$，$X(\omega) = 10u$ 成立

随 机 变 量 X 可 取 $0\sim10$ 的 实 数 值。于 是 从 人 类 视 角 来 看，X 能 够 取 到 3.294371314748902384765... 之类的随机实数值。

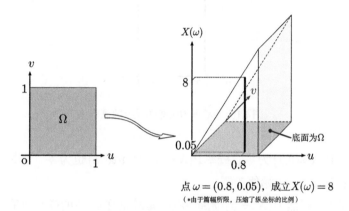

点 $\omega = (0.8, 0.05)$，成立 $X(\omega) = 8$
(∗由于篇幅所限，压缩了纵坐标的比例)

图 4.14　实数值随机变量的例子

概率可以通过面积计算。例如，X 大于等于 4 且小于等于 7 的概率为 0.3。这是因为，满足 $4 \leqslant X(\omega) \leqslant 7$ 的 $\omega = (u, v)$ 正好是图 4.15 中的阴影部分。

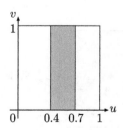

图 4.15　阴影部分符合 $4 \leqslant X(\omega) \leqslant 7$，其面积为 0.3

接下来进入正题。X 的值恰好为 2 的概率 $P(X=2)$ 是多少呢？满足 $X(\omega)=2$ 的点 ω 的集合可以由图 4.16 中的线段表示。由于这条线段的面积为 0，因此有以下结论。

$$\mathrm{P}(X=2)=0$$

也就是说，随机变量虽然可能取到 3.294371314748902384765… 这样的随机实数值，但是它恰好为 2，或者说恰好为 2.00000… 的概率为 0。

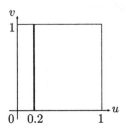

图 4.16　$X=10u$ 恰好为 2 的概率

类似地，概率 $\mathrm{P}(X=0.1)$ 为零，概率 $\mathrm{P}(X=3.1415926\ldots)$ 也为零。最终，无论 a 为何值，X 恰好为 a 的概率 $\mathrm{P}(X=a)$ 始终为零。

读者可能会疑惑，既然 $\mathrm{P}(X=a)$ 始终为零，取值落在 4~7 的概率似乎也应该为零才对。然而，我们之前已经得出了无可争议的结果，$\mathrm{P}(4\leqslant X\leqslant 7)=0.3$。即使无法理解也必须接受这个结论，因为事实就是这样。

相比分析概率的值，观察相应的面积更容易把握问题的实质。图 4.17 所示的正方形是一个点的集合。组成这个正方形的每一个点的面积都为零。然而，由这些面积为零的点组成的正方形却具有面积，面积为 1。

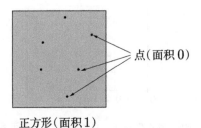

点（面积 0）

正方形（面积 1）

图 4.17　由面积为零的点组成的正方形面积为 1

　　因此，即使X的取值落在某一范围内的概率为正，X恰好为某个值的概率也必然为零。两者并不矛盾，这是概率论中的客观事实，并无有违常理之处。事实上，对于实数值随机变量来讲，这种现象十分常见。

　　此处的关键在于，线段与点的面积为零。虽然也有人认为它们的面积不为零，而是无穷小，不过数学中通常不会使用无穷小这个数。如果不能使用无穷小，我们就只能使用零来表述了。

4.2.2　概率为零将带来什么问题

　　那么，概率为零将带来什么问题呢？我们先不直接讨论这个问题，来看一下概率为零对概率分布的影响。为了处理这种情况，我们不得不对概率分布的概念做少许推广。

　　对于离散值的随机变量，我们可以用下面这样的一览表来表述它的概率分布。

X的值	该值出现的概率
1	0.4
2	0.1
3	0.1
4	0.1
5	0.1
6	0.2

然而，对于实数值，这种方法不可行。是因为此时表格将包含无限多行吗？不是。如果只是这个问题，我们只要将表格转换为图4.18那样的图像即可。

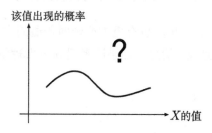

图4.18　如何为实数值随机变量各取值的出现概率作图？

　　真正的问题在于，如果随机变量是一个实数值，"该值出现的概率"一列将失去意义。事实上，对于上述X，"该值出现的概率"一列中所有的值都为0。

即使我们根据该结论，将图表画成图4.19那样，依然无法从图中获取有价值的信息（该图甚至无法表示随机变量能够取到0~10的值）。如果我们不想办法设计出其他的表现方式，就无法正确表述实数值随机变量的概率分布。那具体该怎样设计才好呢？接下来我们就将讨论这个问题。

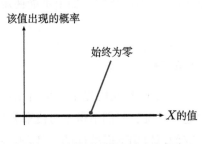

图4.19　"该值出现的概率"全都为0

4.3　概率密度函数

> 学习数学就好比沿着道路漫步，初学者应当尽可能走在道路的中央。如果走在路的边缘，很容易分不清自己是仍然走在路上，还是已经偏离了正道。至于边界应该如何具体划分，交给专门的数学家去论证就好。
>
> ——杉原厚吉《阅读数学公式的诀窍》（日本评论社、2008）P.117

我们已经做了很多铺垫，接下来将进入正题。至此，我们已经得到了两个结论：

- 通常，对于实数值随机变量X，$P(X = a)$ 的值始终为0
- 因此，表格与图像都无法表述 $P(X = a)$ 的内涵，我们必须设计其他的方法

本节将讲解这一"其他的方法"。虽然也有更为严密而普适的方法，但它过于复杂，因此我们暂且只讨论上面所说的"通常"情况。如果读者遇到不太理解之处，请随时回顾4.1节介绍的渐变色打印问题。

4.3.1　概率密度函数

累积分布函数与概率密度函数

实数值随机变量的概率分布（各个值的出现概率）应该如何表述呢？4.1节的热身练习已经给出了提示。只要将问题中的"油墨"理解为"概率"，情况便一目了然了。

图4.20的左半部分是4.1节中油墨的消耗情况。从图中可以看到，某些位置的油墨消耗量也恰好为零。不过这不妨碍我们描述油墨的打印效果，油墨消耗量与浓度的图像依然能表述所需的信息。

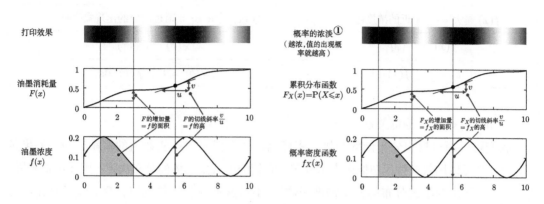

图4.20　打印问题（左）与概率问题（右）的对比（左图与图4.2相同）

现假设 X 是一个实数值随机变量，并将油墨视作 X 的取值概率。请读者仔细观察图4.20的右半部分。直至位置 a 处的油墨量 $F(a)$ 与直至 a 处的概率之和 $P(X \leqslant a)$ 对应。我们将其称为累积分布函数（或简称为分布函数）[2]，其数学定义如下。

$$F_X(a) \equiv \mathrm{P}(X \leqslant a)$$

如果进一步微分消耗的油墨量 $F(x)$，就能得到油墨的浓度。同理，只要微分累积分布函数，就能得到概率的浓度（即密度）。

$$f_X(x) \equiv F'_X(x) = \frac{\mathrm{d}F_X(x)}{\mathrm{d}x}$$

$f_X(x)$ 称为概率密度函数。概率密度函数 $f_X(x)$ 的值越大，x 附近的概率就越浓，也就是说，x 附近的值有着更高的出现概率。事实上，某一位置（如 x 加减 0.1 的范围内）密度越大就表示油墨量越多。用概率来解释，就是 x 加减 0.1 的范围内的值有着更高的出现概率。

下表列出了两者的对应关系。

---

① 作者在本书中采用了浓淡这种形象的说法来描述概率，读者只需理解为概率的大小即可。——译者注
② 有些书会使用 $\mathrm{P}(X < a)$ 的定义，不过对于本书讨论的情况，这两种定义并没有太大的差别，读者不必在意这一符号的不同。

油 墨	概 率
直至位置 a 处消耗的油墨量 $F(a)$	小于等于 a 的值的出现概率（累积分布函数）$F_X(a)$
位置 x 处的油墨密度 $f(x)$	概率密度函数 $f_X(x)$
$f(x)$ 越大 $\Leftrightarrow$ x 附近的浓度越大	$f_X(x)$ 越大 $\Leftrightarrow$ x 附近的值的出现概率越高
$f(x) = F'(x)$	$f_X(x) = F'_X(x)$
$F(b) = \int_{-\infty}^{b} f(x)\,\mathrm{d}x$	$F_X(b) = \int_{-\infty}^{b} f_X(x)\,\mathrm{d}x$

表格中的 $\Leftrightarrow$ 表示等价关系。

我们可以通过累积分布函数与概率密度函数的图像来表示实数值的概率分布。如果条件允许，还可以用数式替代图像来表示分布。它们的形式由具体的分布决定，因此严格来讲，$f_X(x)$ 是"随机变量 X 分布的概率密度函数"。不过这种说法比较拗口，今后我们将在不会引起歧义的前提下简称为"随机变量 X 的概率密度函数"。

在很多实际应用中，概率密度函数比累积分布函数应用范围更广。它的图像能够直接表示浓淡，更加简单明了。本书之后也会主要讲解概率密度函数（累积分布函数将在 7.2.2 节求遵从特定分布的随机数时使用）。

通过概率密度函数求解概率

那么，对于给定的概率密度函数 f_X，我们应该如何得到指定范围内的值的出现概率呢？答案与问答专栏 4.2 中求油墨浓度的方法相似，请读者思考下面的式子。

$$\mathrm{P}(a \leqslant X \leqslant b) = \int_{a}^{b} f_X(x)\,\mathrm{d}x \tag{4.2}$$

图 4.21 的左半部分是对应的图像。对于限定的范围，f_X 的值越大，该范围对应的面积也越大，于是概率也就越大。这与之前的结论（f_X 的值越大，与之对应的值出现概率也越大）也吻合。

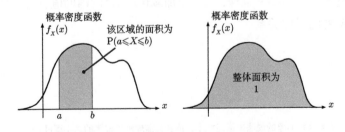

图 4.21　通过概率密度函数求解概率

又由于一般情况下，$P(-\infty < X < \infty) = 1$，因此我们能得到以下结论。

$$\int_{-\infty}^{\infty} f_X(x)\,\mathrm{d}x = 1$$

图 4.21 的右半部分是对应的图像。读者应该还记得，对于离散值的随机变量，"所有的概率之和为 1"。这张图正表现了该性质的实数值版本。

进一步讲，我们还能得到下面的性质。

$$P(X = a) = P(a \leqslant X \leqslant a) = \int_a^a f_X(x)\,\mathrm{d}x = 0 \quad (\text{无论} a \text{为何值})$$

在通过给定的概率密度函数来描述概率分布时，随机变量恰好为某值的概率始终为零。因此，在讨论概率密度函数时，总能满足 4.3 节开头所说的"通常"情况。于是，$P(a \leqslant X < b)$ 与 $P(a < X \leqslant b)$、$P(a < X < b)$ 或 $P(a \leqslant X \leqslant b)$ 都相等（式子中的等号与不等号没有区别）。$\int_a^b f_X(x)\,\mathrm{d}x$ 的计算结果也都相同（$a \leqslant b$）。

再多强调一遍，f_X 的值并不表示"概率本身"，而是"概率的密度"，请读者务必多加注意。为了进一步理解两者的区别，请读者做一下练习题 4.2。

练习题 4.2

下面的不等式是否始终成立？始终成立则标为○，否则标为×。

- $f_X(x) \geqslant 0$
- $f_X(x) \leqslant 1$

答案

$f_X(x) \geqslant 0$ 为○。如果存在 $f_X(x) < 0$ 的情况，那么根据图 4.22 的左半部分，该处附近的概率将小于零，如下所示。

$$P(a \leqslant X \leqslant b) = \int_a^b f_X(x)\mathrm{d}x < 0$$

由于概率即是面积，因此自然不可能取到负值（1.8.2 节）。

——就本书的难度来讲，读者只需理解到这一层面即可。

另一方面，$f_X(x) \leqslant 1$ 为×。事实上，如图 4.22 的右半部分所示，$f_X(x)$ 可以取到大于 1 的值。即使纵坐标高于 1，整体面积也能为 1，不存在任何问题。

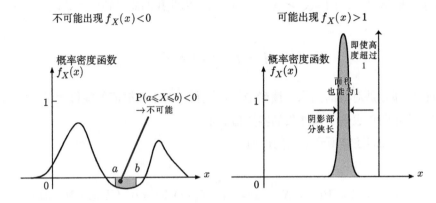

图 4.22　概率密度函数可以取到的值

练习题 4.3

设 X 能够取所有实数，问下面的函数 $f(x)$ 中有哪些可以作为概率密度函数。

1. $f(x) = 1$
2. $f(x) = x$
3. 当 $0 \leqslant x \leqslant 1$ 时 $f(x) = x$ ，否则 $f(x) = 0$
4. 当 $x \geqslant 0$ 时 $f(x) = e^{-x}$，否则 $f(x) = 0$
5. 当 $-1 \leqslant x \leqslant 1$ 时 $f(x) = 1 - |x|$ ，否则 $f(x) = 0$

答案

　　能够作为概率密度函数的是 4 和 5。2 的函数值可以为负，因此不符合要求。1 与 3 的积分（图像的面积）不为 1，因此不能作为概率密度函数。

练习题 4.4

设随机变量 X 的概率密度函数如下。试求 $0.2 \leqslant X \leqslant 0.4$ 的概率。

$$f_X(x) = \begin{cases} 1 - |x| & (-1 \leqslant x \leqslant 1) \\ 0 & (x < -1 \text{ 或 } x > 1) \end{cases}$$

答案

　　我们只需通过积分计算图 4.23 中阴影部分的面积即可，如下所示。

$$\mathrm{P}(0.2 \leqslant X \leqslant 0.4) = \int_{0.2}^{0.4} f_X(x)\,\mathrm{d}x = \int_{0.2}^{0.4} (1-x)\,\mathrm{d}x = \left[x - \frac{x^2}{2}\right]_{0.2}^{0.4}$$

$$= (0.4 - 0.16/2) - (0.2 - 0.04/2) = 0.14$$

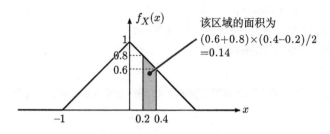

图 4.23　阴影部分的面积为 $\mathrm{P}(0.2 \leqslant X \leqslant 0.4)$

练习题 4.5

　　设随机变量 X 的概率密度函数如下。试求在对 X 的小数部分做四舍五入处理时，"舍去"的概率。

$$f_X(x) = \begin{cases} \mathrm{e}^{-x} & (x \geqslant 0) \\ 0 & (x < 0) \end{cases}$$

答案

$$\mathrm{P}(0 \leqslant X < 0.5) + \mathrm{P}(1 \leqslant X < 1.5) + \mathrm{P}(2 \leqslant X < 2.5) + \cdots$$

$$= \int_0^{0.5} \mathrm{e}^{-x}\,\mathrm{d}x + \int_1^{1.5} \mathrm{e}^{-x}\,\mathrm{d}x + \int_2^{2.5} \mathrm{e}^{-x}\,\mathrm{d}x + \cdots$$

$$= (\mathrm{e}^{-0} - \mathrm{e}^{-0.5}) + (\mathrm{e}^{-1} - \mathrm{e}^{-1.5}) + (\mathrm{e}^{-2} - \mathrm{e}^{-2.5}) + \cdots$$

$$= \mathrm{e}^{-0}(1 - \mathrm{e}^{-0.5}) + \mathrm{e}^{-1}(1 - \mathrm{e}^{-0.5}) + \mathrm{e}^{-2}(1 - \mathrm{e}^{-0.5}) + \cdots$$

$$= (\mathrm{e}^{-0} + \mathrm{e}^{-1} + \mathrm{e}^{-2} + \cdots)(1 - \mathrm{e}^{-0.5})$$

$$= \frac{1}{1 - \mathrm{e}^{-1}} \cdot (1 - \mathrm{e}^{-0.5}) = \frac{1}{(1 - \mathrm{e}^{-0.5})(1 + \mathrm{e}^{-0.5})} \cdot (1 - \mathrm{e}^{-0.5}) = \frac{1}{1 + \mathrm{e}^{-0.5}}$$

　　计算过程中用到了等比数列的计算公式（参见附录 A.4）。我们还可以通过 $P(入) = \mathrm{e}^{-0.5} P(舍)$ 直接得出答案。

4.4   实数值的概率分布究竟是什么

实数值随机变量 X 的概率分布是一种特定概率的集合，这些概率满足诸如下面这样的"与 X 相关的条件"。

- 随机变量 X 的值为正
- 随机变量 X 的值大于等于3且小于等于4
- 随机变量 X 的值的百位为7

......

换言之，假设有以实数为元素的任意集合 A，随机变量 X 的概率分布是满足以下条件的概率一览，如图4.24所示。

P(X 的取值属于集合 A)

我们只要知道了累积分布函数与概率密度函数，就能计算得到各个相应的概率（只需像刚才的练习题4.5那样分区间计算即可）。

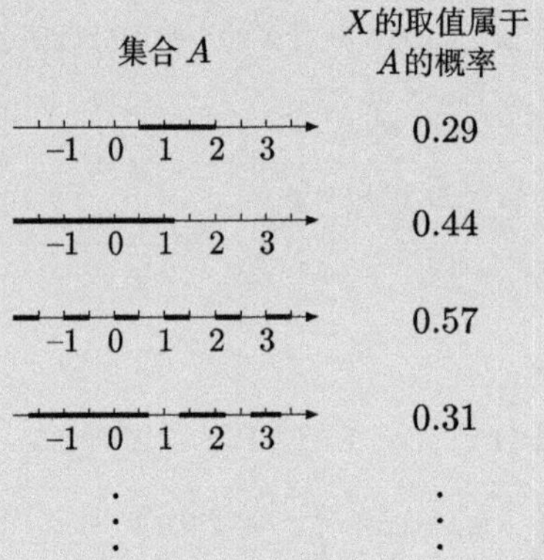

图 4.24　概率分布="与所有的集合 A 对应的概率一览"

4.3.2   均匀分布

在讲解离散分布时，我们介绍了均匀分布这种最为普遍的分布（3.1节）。类似地，实数值也定义了某一区间上的均匀分布。

图4.25的概率分布由概率密度函数表述，我们称该图所示的分布为区间 $[\alpha, \beta]$ 上的均匀分布 $(\alpha < \beta)$[①]。

———————————

① β 是希腊字母，读作"贝塔"。

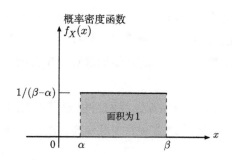

图 4.25 区间 $[\alpha, \beta]$ 上的均匀分布 $(\alpha < \beta)$

均匀分布的数学定义如下。

$$f_X(x) = \begin{cases} \frac{1}{\beta - \alpha} & (\alpha \leqslant x \leqslant \beta) \\ 0 & (x < \alpha \text{ 或 } x > \beta) \end{cases}$$

也就是说，均匀分布满足以下两个条件。

- 区间内任意值的概率密度（出现的概率）恒定
- 不会出现区间范围之外的值

4.3.3　概率密度函数的变量变换

利用概率密度函数，我们能够通过数式或图像等形式来描述实数值的概率分布这种新的概念，并将其保存在纸稿上。如果说描述对象是开拓新领域的第一步，那第二步就是如何处理该对象。具体来讲，我们将研究如何通过变量变换来改变实数值的概率分布。这与打印问题（4.1.3 节）中拉伸或压缩打印的色带类似。

设已知随机变量 X 的概率分布。此时我们可以通过某个函数 g 来创建一个新的随机变量 Y，使 $Y = g(X)$。我们希望求得这一随机变量 Y 的概率分布。

对于离散值随机变量 X，仅通过 $P(X = \bigcirc\bigcirc)$ 的一览表就能表述概率分布，因此变换起来也很容易（练习题 3.1）。实数值的概率变量则没有那么简单，毕竟两者的概率分布的表述方式就各不相同。

我们来看一个具体的例子。假设 X 的概率密度函数为 f_X，并记 $Y = 3X - 5$ 的概率密度函数为 f_Y。此时，$f_Y(4)$ 的值为多少呢？对于这个问题，稍不注意，就可能犯下如下错误。

当 $Y = 4$ 时，$3X - 5 = 4$，即 $X = (4 + 5)/3 = 3$。因此 $f_Y(4) = f_X(3)$ 就是问题的答案。

　　然而，这种解法是错误的。"当$Y=4$时，$X=3$"的部分并没有问题，但我们无法据此得到 $f_Y(4)=f_X(3)$ 的结论。这是因为，密度会在拉伸后变小，在压缩后变大（参见4.1.3节）。要得到变换后的概率密度函数，我们不仅需要知道对应位置的浓度，还需要了解拉伸或压缩的比率（扩大倍率）。

　　在该例中，根据函数 $g(x)=3x-5$ ，我们可以知道扩大的倍率是3倍（如果读者无法从图4.26中读出这一信息，请回顾4.1.3节的变量变换问题）。于是，密度也将相应地缩小为原来的1/3，最终答案如下。

$$f_Y(4)=\frac{1}{3}f_X(3)$$

　　更为一般的情况也能用油墨的类比来解释。假设有任意的函数 g ，并通过 $Y=g(X)$ 作变量变换，结果将得到以下概率密度函数（我们假设g是一一对应函数，也就是说，只要$u\neq v$，$g(u)\neq g(v)$ 就始终成立。若用打印问题的方式来说明，即规定橡胶色带不会出现重叠的情况）。

$$f_Y(y)=\left|\frac{f_X(x)}{g'(x)}\right|\qquad\text{其中 } y=g(x)$$

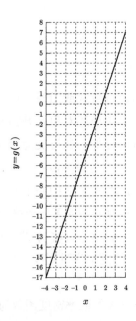

图4.26　由函数 $g(x)=3x-5$ 可知扩大的倍率是3倍

　　接下来我们做一些练习题吧。

练习题 4.6

试通过随机变量 X 的概率密度函数 f_X 表示 $Y = 3X - 5$ 的概率密度函数 f_Y。

答案

$g(x) = 3x - 5$ 中的变换 g 是一个一一对应函数。又由于 $Y = g(X)$，于是得到 $f_Y(y) = |f_X(x)/g'(x)|$（其中 $y = g(x)$）。接着我们根据 $y = g(x)$ 求解 x，得到 $x = (y+5)/3$。又 $g'(x) = 3$，因此最终得到以下答案。

$$f_Y(y) = \left| \frac{f_X\left(\frac{y+5}{3}\right)}{3} \right| = \frac{1}{3} f_X\left(\frac{y+5}{3}\right)$$

练习题 4.7

对于上一题中的 f_X 与 f_Y，试判断 $2 \leqslant X \leqslant 4$ 的概率与 $1 \leqslant Y \leqslant 7$ 的概率是否相等。

答案

（接着上一题的回答）对于 $y = g(x)$，我们可以通过换元积分法来计算 $\mathrm{P}(2 \leqslant X \leqslant 4)$。请读者注意，$\mathrm{d}x/\mathrm{d}y = 1/g'(x) = 1/3$，且与 $x = 2, 4$ 对应的是 $y = 1, 7$，于是我们可以得到以下结果。

$$\mathrm{P}(2 \leqslant X \leqslant 4) = \int_{x=2}^{x=4} f_X(x)\,\mathrm{d}x = \int_{y=1}^{y=7} f_X(x) \cdot \frac{\mathrm{d}x}{\mathrm{d}y}\,\mathrm{d}y = \int_1^7 f_X\left(\frac{y+5}{3}\right) \cdot \frac{1}{3}\,\mathrm{d}y$$
$$= \int_1^7 f_Y(y)\,\mathrm{d}y = \mathrm{P}(1 \leqslant Y \leqslant 7)$$

如练习题 4.7 所示，换元积分法的公式中也可以使用 $1/g'(x)$。练习题 4.8 则会遇到 $g'(x) < 0$ 的情况。

练习题 4.8

试通过随机变量 X 的概率密度函数 f_X 表示 $Y = -2X + 1$ 的概率密度函数 f_Y。且对于 f_X 与 f_Y，试判断 $0 \leqslant X \leqslant 3$ 的概率与 $-5 \leqslant Y \leqslant 1$ 的概率是否相等。

答案

$g(x) = -2x + 1$ 中的变换 g 是一个一一对应函数。又由于 $Y = g(X)$，于是得到 $f_Y(y) = |f_X(x)/g'(x)|$（其中 $y = g(x)$）。接着我们根据 $y = g(x)$ 求解 x，得到 $x = (1-y)/2$。又 $g'(x) = -2$，因此最终得到以下答案。

$$f_Y(y) = \left| \frac{f_X\left(\frac{1-y}{2}\right)}{-2} \right| = \frac{1}{2} f_X\left(\frac{1-y}{2}\right) \quad \text{（不要忘记添加绝对值）}$$

之后，对于 $y = g(x)$，我们可以通过换元积分法来计算 $\mathrm{P}(0 \leqslant X \leqslant 3)$。请读者注意，$dx/dy = 1/g'(x) = -1/2$，且与 $x = 0, 3$ 对应的是 $y = 1, -5$，于是我们可以得到以下结果。

$$\mathrm{P}(0 \leqslant X \leqslant 3) = \int_{x=0}^{x=3} f_X(x)\,\mathrm{d}x = \int_{y=1}^{y=-5} f_X(x) \cdot \frac{\mathrm{d}x}{\mathrm{d}y}\,\mathrm{d}y = \int_1^{-5} f_X\left(\frac{1-y}{2}\right) \cdot \left(-\frac{1}{2}\right)\,\mathrm{d}y$$

$$= \int_{-5}^1 f_X\left(\frac{1-y}{2}\right) \cdot \frac{1}{2}\,\mathrm{d}y = \int_{-5}^1 f_Y(y)\,\mathrm{d}y = \mathrm{P}(-5 \leqslant Y \leqslant 1)$$

（请读者注意，如果调换积分的上限与下限，绝对值也会有相应的变化）

练习题 4.9

当 X 在区间 $[0,3]$ 内呈均匀分布时，求 $Y = (X+1)^2$ 的概率密度函数 f_Y。

答案

X 的概率密度函数如下。

$$f_X(x) = \begin{cases} 1/3 & (0 \leqslant x \leqslant 3) \\ 0 & (x < 0 \text{ 或 } x > 3) \end{cases}$$

且 $g(x) = (x+1)^2$ 中的变换 g（在 $0 \leqslant x \leqslant 3$ 的范围内）是一个一一对应函数。此时，在 $0 \leqslant x \leqslant 3$ 的范围内求解 $y = g(x)$，能得到 $x = \sqrt{y} - 1 (1 \leqslant y \leqslant 16)$。又由于 $g'(x) = 2(x+1)$，最终可以得到以下结果。

$$f_Y(y) = \begin{cases} \left|\dfrac{f_X(x)}{g'(x)}\right| = \dfrac{1}{6(x+1)} = \dfrac{1}{6\sqrt{y}} & (1 \leqslant y \leqslant 16) \\ 0 & (y < 1 \text{ 或 } y > 16) \end{cases}$$

读者可能已经从最后的练习题 4.9 中注意到了，均匀分布在做（非线性）变量变换后得到的结果将不再是均匀分布。反过来说，我们可以通过变换均匀分布来得到各类所需的分布。第 7 章将利用这一性质，用均匀随机数来生成正态分布随机数。

？ 4.5　在记忆变换公式时，常常记错 x 与 y 的位置。有什么记忆的诀窍吗

请读者回忆先前的打印问题。在图4.27中，"由 x 至 $x+\Delta x$ 消耗的油墨量"与"由 y 至 $y+\Delta y$ 消耗的油墨量"应当相等 [1]。这是因为我们不会另外添加或减少油墨。当 Δx 与 Δy 非常小时，两者近似于 $f_X(x)|\Delta x|$ 与 $f_Y(y)|\Delta y|$ [2]，于是有以下结论。

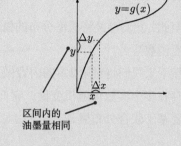

$$f_X(x)|\Delta x| \sim f_Y(y)|\Delta y|$$

（此处的 $\sim$ 表示"几乎相等"）。
我们将它变形得到下面的式子。

$$f_Y(y) \sim f_X(x)\left|\frac{\Delta x}{\Delta y}\right|$$

图 4.27　概率密度函数变换法则的记忆方法

再借助极限 $\Delta x \to 0$，就能得到一个有价值的结果 [3]。

$$f_Y(y) \sim f_X(x)\left|\frac{1}{g'(x)}\right|$$

因为 $f_X(x) \geqslant 0$，所以我们也可以写成 $f_Y(y)=|f_X(x)/g'(x)|$ 形式。
习惯之后，读者可以直接写成以下形式。

$$f_Y(y) = f_X(x)\left|\frac{\mathrm{d}x}{\mathrm{d}y}\right|$$

在脑中演算时则像下面这样消去分母。

$$f_Y(y)|\mathrm{d}y| = f_X(x)|\mathrm{d}x| \qquad \cdots\cdots\text{"密度} \times \text{长度"的乘积（即油墨量）不变} \tag{4.3}$$

（式4.3不能写在书面答案中，这是因为单独的 $\mathrm{d}x$ 与 $\mathrm{d}y$ 没有意义。如果批阅的老师比较严格，可能会因此扣分。）

---

[1] 请读者将 Δx 视为一个完整的符号，它与 x' 或 $\tilde{x}$ 等符号相同，都用于表示一个与 x 相关但又不同的量。Δ（希腊字母 δ 的大写形式，读作"德尔塔"）包含差的含义，正适合用于此处。把两个符号当作一个符号理解可能并不是那么容易，不过这种做法很常见，请读者试着去习惯这种情况。

[2] 油墨量＝密度 × 长度。且为了让 Δx 或 Δy 为负值时也能成立，需要为它们添加绝对值。

[3] 如果读者不太理解为什么 $\Delta x \to 0$ 能够推出后面的结论，请复习微分的定义。在图4.27中，当 $\Delta x \to 0$ 时，有 $\Delta y/\Delta x \to g'(x)$。

4.4　联合分布·边缘分布·条件分布

至此，我们已经将概率分布的概念推广到了实数范围，并学习了一些方便的表述方式（概率密度函数）。

接下来我们将对第2章的内容做一下补充，讨论多个实数值随机变量的关系。也就是说，如果存在多个实数值随机变量，它们之间将会如何相互影响。回顾第2章，我们会发现，讨论主要基于联合分布展开。

- 联合分布包含了与各个随机变量有关的所有信息
- 借助联合分布，可以方便地推出相应的边缘分布与条件分布

本节将沿用这一思路，首先引入联合分布的概念，并进一步展开介绍边缘分布与条件分布。

4.4.1　联合分布

假设有实数值随机变量 X 与 Y，此时，由它们组成的二元向量 $W \equiv (X, Y)$ 的概率分布（各值出现的概率）称为 X, Y 的联合分布。图 4.28 的左半部分是该分布的浓度（密度）示意图，其中横轴表示 X 的值，纵轴表示 Y 的值。该图包含以下两条信息。

- 某一范围内的油墨总量→该范围内的值的出现概率
- 某一点的油墨浓度→该点的概率密度

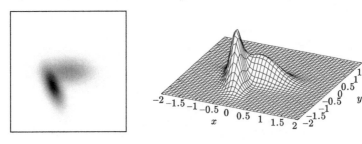

图 4.28　浓度示意图（左）及与之对应的概率密度函数 $f_{X,Y}(x, y)$（右）

在该图的右半部分，各点 (x, y) 的高度表示油墨的浓度，即相应的概率密度。我们称之为 X, Y 的联合分布的概率密度函数 $f_{X,Y}(x, y)$。

我们将上述内容总结如下。

- 表示各位置 (x, y) 的概率浓度的概率密度函数 $f_{X,Y}(x, y) \geqslant 0$
- 概率的浓度指的是该位置附近的值的出现概率
- 更确切的说法是，"图 4.29 中与阴影部分对应的柱状体体积"恰好等于"这一阴影部分中的值的出现概率"
- 下面是这一论述的数学形式 [①]。

$$\mathrm{P}(a \leqslant X \leqslant b \text{ 且 } c \leqslant Y \leqslant d) = \int_c^d \left(\int_a^b f_{X,Y}(x, y) \, \mathrm{d}x \right) \mathrm{d}y = \int_a^b \left(\int_c^d f_{X,Y}(x, y) \, \mathrm{d}y \right) \mathrm{d}x$$

$$(a \leqslant b, \, c \leqslant d)$$

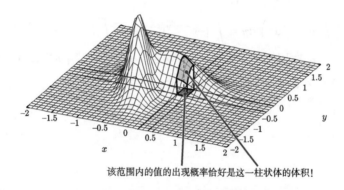

该范围内的值的出现概率恰好是这一柱状体的体积！

图 4.29　阴影部分中 $(0.2 \leqslant X \leqslant 0.4$ 且 $-0.3 \leqslant Y \leqslant 0)$ 的值的出现概率，就是概率密度函数 $f_{X,Y}(x, y)$ 的图像中由这块阴影部分切割得到的柱状体的体积

读者需要特别注意的是，概率密度函数图像的总体积为 1。也就是说，图 4.29 中整个"山体"的体积为 1。根据概率密度函数的定义，这一性质显然成立（X 与 Y 没有限定范围，因此能够表示所有可能的情况）。该性质也能通过以下数式表述。

$$\int_{-\infty}^{\infty} \left(\int_{-\infty}^{\infty} f_{X,Y}(x, y) \, \mathrm{d}x \right) \mathrm{d}y = \int_{-\infty}^{\infty} \left(\int_{-\infty}^{\infty} f_{X,Y}(x, y) \, \mathrm{d}y \right) \mathrm{d}x = 1$$

也就是说，对整个概率密度函数的截面做积分之后得到的结果必然为 1。

---

① 该式计算的是图中柱状体的体积。内层的括号求出了断面的面积，对其做积分就能得到柱状体的体积。至于更加详细的说明以及必要的前提条件，请读者参考数学分析方面的教材。

练习题 4.10

设 X, Y 的联合分布的概率密度函数如下。

$$f_{X,Y}(x,y) = \begin{cases} \mathrm{e}^{-x-y} & (x \geqslant 0 \text{ 且 } y \geqslant 0) \\ 0 & (x < 0 \text{ 或 } y < 0) \end{cases}$$

试求以下概率。

1. $0 \leqslant X \leqslant 1$ 且 $0 \leqslant Y \leqslant 1$
2. $X \geqslant 1$ 且 $Y \geqslant 1$

答案

这两个概率的解法如下。请读者注意，在计算内层积分 (x 的积分) 时，y 只是一个常量。

$$\begin{aligned}
&\mathrm{P}(0 \leqslant X \leqslant 1 \text{ 且 } 0 \leqslant Y \leqslant 1) \\
&= \int_0^1 \left(\int_0^1 \mathrm{e}^{-x-y} \,\mathrm{d}x \right) \mathrm{d}y = \int_0^1 [-\mathrm{e}^{-x-y}]_{x=0}^{x=1} \,\mathrm{d}y = \int_0^1 (\mathrm{e}^{-y} - \mathrm{e}^{-y-1}) \,\mathrm{d}y \\
&= [-\mathrm{e}^{-y} + \mathrm{e}^{-y-1}]_0^1 = (1 - \mathrm{e}^{-1}) + (\mathrm{e}^{-2} - \mathrm{e}^{-1}) = 1 - 2\mathrm{e}^{-1} + \mathrm{e}^{-2} = (1 - \mathrm{e}^{-1})^2 \\
&\mathrm{P}(X \geqslant 1 \text{ 且 } Y \geqslant 1) \\
&= \int_1^\infty \left(\int_1^\infty \mathrm{e}^{-x-y} \,\mathrm{d}x \right) \mathrm{d}y = \int_1^\infty [-\mathrm{e}^{-x-y}]_{x=1}^{x=\infty} \,\mathrm{d}y = \int_1^\infty \mathrm{e}^{-y-1} \,\mathrm{d}y \\
&= [-\mathrm{e}^{-y-1}]_1^\infty = \mathrm{e}^{-2}
\end{aligned}$$

练习题 4.11

以下函数 $f(x,y)$ 中，哪些可以作为联合分布的概率密度函数？其中 x, y 都是任意实数。

1. $f(x,y) = 1$
2. $f(x,y) = xy$
3. 当 $0 \leqslant x^2 + y^2 \leqslant 1$ 时，$f(x,y) = 1$，否则 $f(x,y) = 0$
4. 当 $0 \leqslant x^2 + y^2 \leqslant 1$ 时，$f(x,y) = \frac{3}{2\pi}\sqrt{1 - x^2 - y^2}$，否则 $f(x,y) = 0$
（提示：$z = \sqrt{1 - x^2 - y^2}$ 的图像是一个半球形）

答案

只有 4 可能是概率密度函数。函数 2 能够取到负值因此不符合要求。1 与 3 的积分（图像的体积）不是 1，因此也被排除。由于半径为 1 的球体体积为 $4\pi/3$，可以推出半球体的体积是 $2\pi/3$，因此 4 的积分为 1。

？ 4.6 $f_{X,Y}(x,y)$ 与 $f_{Y,X}(y,x)$ 相等吗

$f_{X,Y}(x,y)=f_{Y,X}(y,x)$ 始终成立。读者只要回忆一下它们的定义就不难得出这一结论。

根据知识体系，我们本应继续讲解变量变换，不过这部分内容比较困难，因此我们将先介绍一些重要但较为简单的内容，之后再讨论变量变换的相关话题。

4.4.2 本小节之后的阅读方式

从本小节开始，我们将首先把第 2 章中关于多个随机变量之间关系的那些结论推广至实数范围。如果读者时间充裕，或希望按照顺序学习相关概念的讲解与推导，请按照章节编排依次阅读。如果希望节省时间，则可以在通过下面的对应表快速确认离散值与实数值的区别之后直接跳至 4.4.7 节。这张对应表的实质是将概率中的级数运算转换为了概率密度中的积分运算。

离散值（概率）	实数值（概率密度）
边缘分布 $P(X=a)=\sum_y P(X=a,Y=y)$	$f_X(a)=\int_{-\infty}^{\infty}f_{X,Y}(a,y)\,\mathrm{d}y$
条件分布 $P(Y=b\|X=a)\equiv\dfrac{P(X=a,Y=b)}{P(X=a)}$ $P(X=a,Y=b)=P(Y=b\|X=a)P(X=a)$	$f_{Y\|X}(b\|a)\equiv\dfrac{f_{X,Y}(a,b)}{f_X(a)}$ $f_{X,Y}(a,b)=f_{Y\|X}(b\|a)f_X(a)$
贝叶斯公式 $P(X=a\|Y=b)=\dfrac{P(Y=b\|X=a)P(X=a)}{\sum_x P(Y=b\|X=x)P(X=x)}$	$f_{X\|Y}(a\|b)=\dfrac{f_{Y\|X}(b\|a)f_X(a)}{\int_{-\infty}^{\infty}f_{Y\|X}(b\|x)f_X(x)\,\mathrm{d}x}$
独立性的等价表述 $P(Y=b\|X=a)$ 的值与 a 无关 $P(Y=b\|X=a)=P(Y=b)$ 对于多个 $P(X=a,Y=$某一特定的值$)$，它们的比值恒定，与 a 无关 $P(X=a,Y=b)=P(X=a)P(Y=b)$ $P(X=a,Y=b)=g(a)h(b)$ 的形式	$f_{Y\|X}(b\|a)$ 的值与 a 无关 $f_{Y\|X}(b\|a)=f_Y(b)$ 对于多个 $f_{X,Y}(a,$某一特定的值$)$，它们的比值恒定，与 a 无关 $f_{X,Y}(a,b)=f_X(a)f_Y(b)$ $f_{X,Y}(a,b)=g(a)h(b)$ 的形式

4.4.3 边缘分布

如果知道了联合分布的概率密度函数 $f_{X,Y}(x,y)$，我们就能据此求出边缘分布的概率密度函数。边缘分布指的是单个随机变量 X 或 Y 的概率分布，其概率密度函数如下。

$$f_X(x) = \int_{-\infty}^{\infty} f_{X,Y}(x,y)\,\mathrm{d}y$$

$$f_Y(y) = \int_{-\infty}^{\infty} f_{X,Y}(x,y)\,\mathrm{d}x$$

(4.4)

该值即为 $f_{X,Y}(x,y)$ 的图像经直线 $x=c$ 切割得到的截面面积 $f_X(c)$，如图4.30所示。换一种较为直观的方式来讲，它就是图像沿 y 轴压缩后得到的 x 轴方向的油墨浓淡情况 $f_X(x)$，如图4.31所示。此时我们不关心 Y，仅考虑 X 的值，因此不难理解 x，$(x,0)$、$(x,-8)$ 或 $(x, 3.14159265)$ 等所有情况下 x 的出现概率之和才是 x 真正的出现概率。

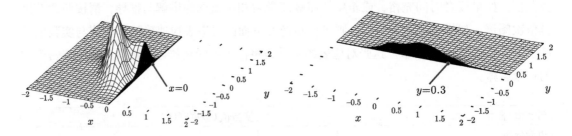

图4.30   边缘概率密度是 $f_{X,Y}(x,y)$ 的图像的截面面积。左图的截面面积为 $f_X(0)$，右图的截面面积为 $f_Y(0.3)$

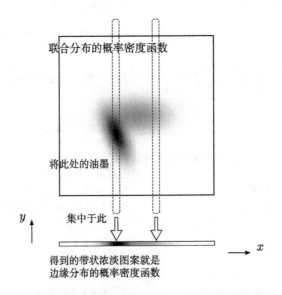

图4.31   将 $f_{X,Y}(x,y)$ 表示的浓淡示意图沿 y 轴压缩，使油墨集中于 x 轴。这样得到的新的浓淡图案就是边缘概率密度 $f_X(x)$

为进一步深入理解式4.4的结论，我们看一下下面的讨论。对于任意区间，$a \leqslant X \leqslant b$ 的概率如下 ($a \leqslant b$)。

$$P(a \leqslant X \leqslant b) = \int_a^b f_X(x)\, dx$$

图4.32中的阴影部分就表示这一概率，因此我们可以将其改写为以下形式。

$$P(a \leqslant X \leqslant b) = \int_a^b \left(\int_{-\infty}^{\infty} f_{X,Y}(x,y)\, dy \right) dx$$

只要满足 $a \leqslant b$，以上两者都应当相等，于是我们能通过这两个式子推出式4.4的结论。

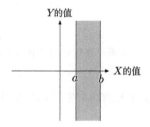

图 4.32　$a \leqslant X \leqslant b$ 的概率等同于图中阴影部分表示的概率

练习题 4.12

设实数值随机变量 X, Y 的联合分布的概率密度函数为 $f_{X,Y}(x,y) = \frac{3}{2}\max(0, 1-|x|-|y|)$（其中 max 表示"两者中较大的值"，参见附录A.2）。试求 X 的概率密度函数 $f_X(x)$。

答案

$f_{X,Y}(x,y)$ 的图像形如一个金字塔（图4.33）。在 $0 \leqslant x \leqslant 1$ 的范围内：

$$f_X(x) = \int_{-\infty}^{\infty} f_{X,Y}(x,y)\, dy = \int_{-(1-x)}^{1-x} \frac{3}{2}(1-x-|y|)\, dy = 2\int_0^{1-x} \frac{3}{2}(1-x-y)\, dy$$

$$= 3\left[(1-x)y - \frac{y^2}{2} \right]_{y=0}^{y=1-x} = 3\left((1-x)^2 - \frac{(1-x)^2}{2} \right) = \frac{3}{2}(1-x)^2$$

类似地，在 $-1 \leqslant x < 0$ 的范围内：

$$f_X(x) = \frac{3}{2}(1+x)^2$$

其他情况下 x 都有 $f_X(x) = 0$。综上，$f_X(x)$ 的值如下。

$$f_X(x) = \begin{cases} \frac{3}{2}(1-|x|)^2 & (-1 \leqslant x \leqslant 1) \\ 0 & (x < -1 \text{ 或 } x > 1) \end{cases}$$

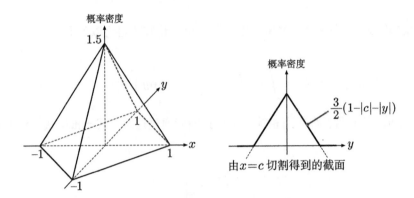

图4.33　联合分布的概率密度函数及其截面$(-1 \leqslant c \leqslant 1)$

如果随机变量不止两个，边缘分布的概率密度函数的求法依然类似。下面是一些例子。

$$f_{X,Y,Z}(x,y,z) = \int_{-\infty}^{\infty} f_{X,Y,Z,W}(x,y,z,w)\,\mathrm{d}w$$

$$f_{X,Z}(x,z) = \int_{-\infty}^{\infty} \left(\int_{-\infty}^{\infty} f_{X,Y,Z,W}(x,y,z,w)\,\mathrm{d}y \right)\,\mathrm{d}w$$

$$f_Z(z) = \int_{-\infty}^{\infty} \left(\int_{-\infty}^{\infty} \left(\int_{-\infty}^{\infty} f_{X,Y,Z,W}(x,y,z,w)\,\mathrm{d}x \right)\,\mathrm{d}y \right)\,\mathrm{d}w$$

通常，读者可以在习惯之后省略这类重积分中的括号，简写为以下形式。

$$f_Z(z) = \int_{-\infty}^{\infty} \int_{-\infty}^{\infty} \int_{-\infty}^{\infty} f_{X,Y,Z,W}(x,y,z,w)\,\mathrm{d}x\,\mathrm{d}y\,\mathrm{d}w$$

？4.7　改变积分的计算顺序会影响计算结果吗?
例如，上式能否以 $f_Z(z) = \int_{-\infty}^{\infty}\int_{-\infty}^{\infty}\int_{-\infty}^{\infty} f_{X,Y,Z,W}(x,y,z,w)\,\mathrm{d}y\,\mathrm{d}x\,\mathrm{d}w$ 的
方式计算

可以(可能有读者会奇怪为什么没有更详细的解释，请回顾本书在问答专栏4.1之后所做的声明)。

　　虽然我们花了不少篇幅讲解，但从结果来看，实数值的情况仅仅是将离散值时的级数运算转换为了积分运算而已。除此之外，两者的形式十分相似。事实上，在之后的几节中，我们也会得出类似的结论。

4.4.4　条件分布

　　我们接下来要讨论的是条件分布。与之前一样，假设我们已知实数值随机变量 X,Y 的联合分布的概率密度函数 $f_{X,Y}(x,y)$。现观察 X 的值，并令 $X=a$。试求，在 $X=a$ 这一条件下，Y 的条件分布如何？

　　为了解决这个问题，我们首先需要将推广现有的定义。如果我们直接使用下面这条离散值条件分布的定义，就会陷入 0/0 的状况。

$$P(Y=b|X=a) = \frac{P(X=a, Y=b)}{P(X=a)}$$

　　让我们通过图 4.34 那样的图像来考虑问题。对于联合分布的概率密度函数，$X=a$ 这一条件就相当于沿这条直线切割图像，得到一个截面。

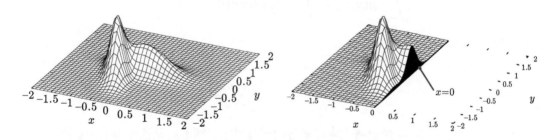

图 4.34　联合分布的概率密度函数（左）与由直线 $x=0$ 切割得到的截面（右）

　　因此，我们可以根据该截面包含的信息，来了解在 $X=a$ 这一条件下 Y 的取值概率。截面高度较高处的值出现概率也较高，较低处的值就不太容易出现。这样一来，我们似乎可以用截面的形状做如下定义，用于表示条件分布的概率密度函数。

$$g(y) \equiv f_{X,Y}(a,y)$$

且慢。

通常，概率密度函数 h 具有以下性质。

$$h(y) \geqslant 0, \quad \int_{-\infty}^{\infty} h(y)\,\mathrm{d}y = 1$$

然而，上述的 g 并不能确保第二条性质始终成立。因此我们不能直接将截面 g 作为概率密度函数的定义。

那该怎么办呢？其实只要在确保不改变值的出现概率的前提下调整 g，使其积分为 1，就能圆满解决这个问题。为此，我们需要找出一个合适的常量 c，对原式做除法运算[①]。

$$h(y) \equiv \frac{g(y)}{c}$$

除以 c 的目的是让积分的值变为 1。根据以下积分形式，我们只需要令 $c = \int_{-\infty}^{\infty} g(y)\,\mathrm{d}y$，就能确保 $\int_{-\infty}^{\infty} h(y)\,\mathrm{d}y = 1$。

$$\int_{-\infty}^{\infty} h(y)\,\mathrm{d}y = \frac{1}{c}\int_{-\infty}^{\infty} g(y)\,\mathrm{d}y$$

此外，$\int_{-\infty}^{\infty} g(y)\,\mathrm{d}y$ 其实表示的是边缘分布，该式展开如下。

$$\int_{-\infty}^{\infty} g(y)\,\mathrm{d}y = \int_{-\infty}^{\infty} f_{X,Y}(a, y)\,\mathrm{d}y = f_X(a)$$

综上，我们可以得到一个新的函数。

$$h(y) = \frac{g(y)}{c} = \frac{f_{X,Y}(a, y)}{f_X(a)}$$

通过上述方式得到的 $h(y)$ 满足概率密度函数的所有要求。图 4.35 是该处理的示意图。

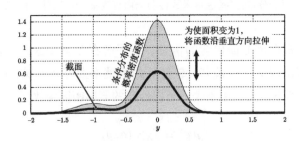

图 4.35　截面与条件分布

[①] 其实更直接的做法是找到一个合适的常量 r 做乘法运算，得到 $h(y) \equiv rg(y)$。两种方式没有实质区别（因为 $c = 1/r$）。之所以选择除法，只是为了方便阅读。

　　我们可以借助上面这种由截面得到的概率密度函数来定义实数值的条件分布，其数学形式如下。

$$f_{Y|X}(b|a) \equiv \frac{f_{X,Y}(a,b)}{f_X(a)}$$

或使用消去分母后的形式。

$$f_{X,Y}(a,b) = f_{Y|X}(b|a)f_X(a)$$

　　在替换 X 与 Y 的位置后，将得到以下结果。

$$f_{X|Y}(a|b) = \frac{f_{X,Y}(a,b)}{f_Y(b)}$$

$$f_{X,Y}(a,b) = f_{X|Y}(a|b)f_Y(b)$$

请同时参见图 4.36。

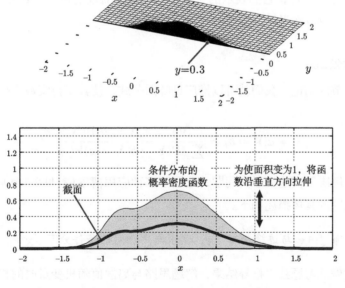

图 4.36　由联合分布 $f_{X,Y}(x,y)$ 的截面求条件分布 $f_{X|Y}(x|0.3)$

最终得到的结果与离散值随机变量的条件分布在形式上十分相似。下表是两者的对比。

离散值（概率）	实数值（概率密度）
$\mathrm{P}(Y=b\|X=a)=\dfrac{\mathrm{P}(X=a,Y=b)}{\mathrm{P}(X=a)}$	$f_{Y\|X}(b\|a)=\dfrac{f_{X,Y}(a,b)}{f_X(a)}$
$\mathrm{P}(X=a\|Y=b)=\dfrac{\mathrm{P}(X=a,Y=b)}{\mathrm{P}(Y=b)}$	$f_{X\|Y}(a\|b)=\dfrac{f_{X,Y}(a,b)}{f_Y(b)}$

也可以写成以下形式。

离散值（概率）	实数值（概率密度）
$\mathrm{P}(X=a,Y=b)=\mathrm{P}(Y=b\|X=a)\mathrm{P}(X=a)$	$f_{X,Y}(a,b)=f_{Y\|X}(b\|a)f_X(a)$
$\mathrm{P}(X=a,Y=b)=\mathrm{P}(X=a\|Y=b)\mathrm{P}(Y=b)$	$f_{X,Y}(a,b)=f_{X\|Y}(a\|b)f_Y(b)$

无论是离散值还是实数值，调换这些式子中竖线左右两侧的元素所产生的效果相同，因此很容易一起记忆。不过，它们表示的含义不同，请读者注意区分。P表示概率，f表示概率密度。概率密度只有在做积分运算后才能成为概率。

4.4.5　贝叶斯公式

有了之前章节的结论，我们就可以推广贝叶斯公式，使其支持实数值随机变量。

$$\mathrm{P}(X=a|Y=b)=\frac{\mathrm{P}(Y=b|X=a)\mathrm{P}(X=a)}{\sum_x \mathrm{P}(Y=b|X=x)\mathrm{P}(X=x)}$$

贝叶斯公式用于解决下面这类逆向问题，适用于多种应用情景（参见2.4节）。

这类逆向问题的具体描述如下。

已知条件分布 $f_{Y|X}$ 与边缘分布 f_X，试求与之相对的条件分布 $f_{X|Y}$。

请读者尝试通过做练习题独立推导结果，解题思路与离散值随机变量时的相同。

练习题 4.13

试证明以下等式。

$$f_{X|Y}(a|b) = \frac{f_{Y|X}(b|a)f_X(a)}{\int_{-\infty}^{\infty} f_{Y|X}(b|x)f_X(x)\,\mathrm{d}x}$$

答案

前面已经说过，$f_{X|Y}(a|b) = f_{X,Y}(a,b)/f_Y(b)$。由于分母 $f_Y(b) = \int_{-\infty}^{\infty} f_{X,Y}(x,b)\,\mathrm{d}x$，因此有以下结果。

$$f_{X|Y}(a|b) = \frac{f_{X,Y}(a,b)}{\int_{-\infty}^{\infty} f_{X,Y}(x,b)\,\mathrm{d}x}$$

之后再将联合分布以条件分布与边缘分布表示，就能推出上面的等式。

从结论上来看，连续值贝叶斯公式的形式也与离散值时相似，依然仅仅是将级数替换为了积分。

4.4.6　独立性

当同时存在多个随机变量时，我们必须考虑独立性这一重要概念。请读者回忆离散值随机变量独立性的定义（参见 2.5 节）。独立性有多种表述方式，其中最易于理解的也许是"无论是否附加条件，分布都不会发生变化"的表述方式。实数值 X, Y 也是如此，即（无论 a, b 为何值），如果下式始终成立，则称 X 与 Y 独立。

$$f_{Y|X}(b|a) = f_Y(b)$$

又因为 $f_{Y|X}(b|a) = f_{X,Y}(a,b)/f_X(a)$，代入并消去分母后将得到以下等价表述。

$$f_{X,Y}(a,b) = f_X(a)f_Y(b)$$

进一步变形后，结果如下。

$$f_{X|Y}(a|b) = f_X(a)$$

同理，这些与"$f_{Y|X}(b|a)$ 的值与条件 a 无关""$f_{X|Y}(a|b)$ 的值与条件 b 无关"等表述等价。此外，"X, Y 的联合分布可由仅与 x 相关的函数和仅与 y 相关的函数的乘积表示，即 $f_{X,Y}(x,y) = g(x)h(y)$"也是独立性的一种等价表述。

从联合分布的概率密度函数的图像来看，独立指的是（除了沿着垂直方向的固定倍数外）任意切割方式得到的截面形状都相同，如图 4.37 所示。其数学形式如下。

$$f_{X,Y}(a,y) = cf_{X,Y}(\tilde{a},y) \qquad c \text{是一个由 } a,\tilde{a} \text{ 决定的常量（与} y \text{无关）} \tag{4.5}$$

不难看出，该式表示条件分布与条件无关[①]。并且，调换 X,Y 的位置对结果不会产生影响。

$$f_{X,Y}(x,b) = cf_{X,Y}(x,\tilde{b}) \qquad c \text{是一个由 } b,\tilde{b} \text{ 决定的常量（与} x \text{无关）} \tag{4.6}$$

图 4.38 与图 4.39 是两个随机变量不独立的例子，读者可以比较它们与随机变量独立时的图像，还要与图 2.4 中离散值的情况做对比。

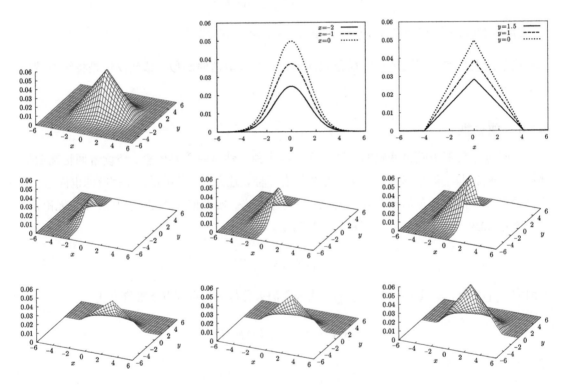

图 4.37　独立的例子。联合分布的概率密度函数 $f_{X,Y}(x,y)$ 的各个截面（ $x=$ 某一定值，或 $y=$ 某一定值）成比例（→条件分布与条件无关）

[①] 为了使联合分布 $f_{X,Y}$ 的截面面积变为 1，我们将其乘以了一个常量，得到的结果是条件分布 $f_{Y|X}(b|a)$。因此，式 4.5 其实等同于 $f_{Y|X}(b|a) = f_{Y|X}(b|\tilde{a})$（条件无论是 a 还是 $\tilde{a}$ 都没有影响）。如果读者无法理解，请复习 2.5 节。式 4.5 其实与该节出现的条件（5）对应。

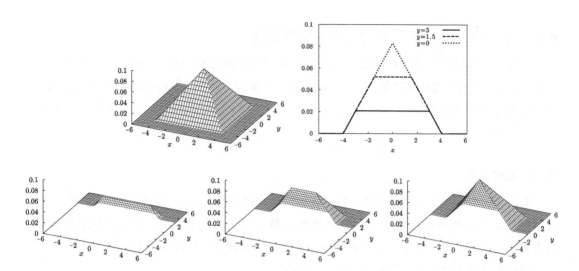

图 4.38　不独立的例子（一）。联合分布的概率密度函数 $f_{X,Y}(x,y)$ 的各个截面不成比例（→条件分布与条件相关）。在本图中，在条件 $Y=3$ 下，X 近似于均匀分布，而在条件 $Y=0$ 下，X 取 0 附近的值的概率较高）

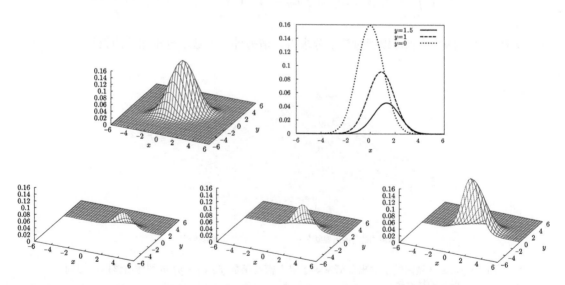

图 4.39　不独立的例子（二）。截面依然不成比例（→条件分布与条件相关）。在本图中，在条件下 $Y=0$ 下，X 的取 0 附近的值的概率较高，而在条件 $Y=1.5$ 下，X 更容易取到较大的值）

　　最终，之前的结论仍然适用，连续值的独立性与离散值时相似，差别仅在于使用级数运算还是积分运算。由于独立性原本就不涉及级数运算，因此不必做特别的修改。

4.4.7　任意区域的概率·均匀分布·变量变换

至此，我们已经着重介绍了有关多个实数值随机变量之间关系的一些问题。联合分布、边缘分布与条件分布是描述随机变量关系时最重要的概念。为了尽快讲解以上这些分布，4.4.1节在介绍联合分布时跳过了一些内容。本节将补充说明之前没有深入介绍的联合分布的概率密度函数。

任意区域的概率

4.4.1节介绍了 (X, Y) 属于某一特定矩形区域内的概率。事实上，除了矩形之外，任意形状的图形都有相同的性质，(X, Y) 属于该区域的概率就是如图4.40所示的柱状体体积。读者只需按照图4.41的方式，将它近似处理为矩形，就能很容易理解这个问题。

相应的数学形式如下，需要用到两次积分运算。

$$\mathrm{P}((X, Y) \text{属于图4.42中的阴影区域})$$

$$= \int_c^d \left(\int_{a(y)}^{b(y)} f_{X,Y}(x, y) \,\mathrm{d}x \right) \mathrm{d}y = \int_a^b \left(\int_{c(x)}^{d(x)} f_{X,Y}(x, y) \,\mathrm{d}y \right) \mathrm{d}x$$

至于为什么柱状体的体积可以通过该积分求得，请另外参考数学分析相关的教材。

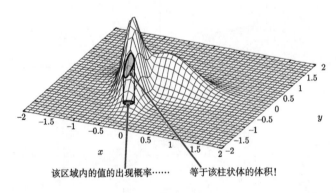

该区域内的值的出现概率……　　等于该柱状体的体积！

图4.40　阴影区域内的值的出现概率等于概率密度函数 $f_{X,Y}(x, y)$ 的图像由该区域切割得到的柱状体

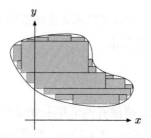

图 4.41 如果知道值属于矩形内的概率，就能通过极限求出属于任意图形的概率

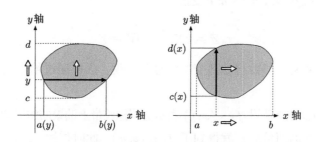

图 4.42 用于计算概率的积分范围

均匀分布

对于平面上的某一特定区域 C（且区域 C 的面积有限），与之对应的概率密度函数如下。

$$f_{X,Y}(x,y) \equiv \begin{cases} \dfrac{1}{C\text{的面积}} & ((x,y) \text{ 在 } C \text{ 内}) \\ 0 & ((x,y) \text{ 在 } C \text{ 外}) \end{cases}$$

图 4.43 是该分布的图示。C 内部所有点的出现概率相同。C 外部的点出现的概率为零。这种分布称为区域 C 上的均匀分布。存在多个随机变量时的情况类似。

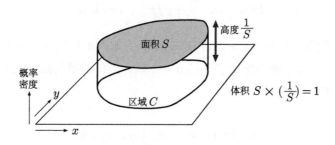

图 4.43 区域 C 上的均匀分布

请读者思考这一 $f_{X,Y}(x,y)$ 是否满足概率密度函数的条件。由于 $f_{X,Y}(x,y) \geqslant 0$，且图像的体积为1，可知该函数确实符合要求。

变量变换

最后补充说明一下变量变换。请读者回忆单个变量时的情况，变量变换的基本原理为浓度（密度）将随拉伸或压缩处理而变化（4.4.3节）。即使同时存在多个变量，该原理依然适用。

让我们从一些简单的例子开始说起。

■ **横向拉伸：** 对随机变量 X, Y 做如下变换。

$$Z \equiv 2X, \qquad W \equiv Y$$

请问联合分布的概率密度函数将如何变换？也就是说，怎样通过给定的 $f_{X,Y}(x,y)$ 来表示 $f_{Z,W}(z,w)$？

与之前一样，我们依然假设 $f_{X,Y}(x,y)$ 表示透明橡胶带上油墨的浓淡图案，如图4.44所示。将它横向拉伸至原来的两倍后，就得到了 $f_{Z,W}(z,w)$。此时位置 (z,w) 处的油墨浓度是多少呢？原本的位于 (x,y) 的点由于拉伸处理移动至了 $(z,w) = (2x,y)$ 处。反之，我们可以通过$(x,y) = (z/2,w)$，求出与变换后的位置 (z,w) 对应的原来的位置。在变换前，此处的浓度为 $(x,y) = (z/2,w)$。不过，这并不表示 (z,w) 的浓度就等于 $f_{X,Y} = (z/2,w)$。由于图案被拉伸，因此油墨的浓度会变淡。在本例中，拉伸倍数为2倍，浓度将变为原来的1/2。因此，最终答案如下。

$$f_{Z,W}(z,w) = \frac{1}{2}f_{X,Y}(z/2,w)$$

■ **纵向拉伸：** 我们再来看一个例子，$Z \equiv X$，$W \equiv 1.5Y$。这次图像将纵向拉伸1.5倍。请读者参考图4.44，以与之前类似的方式推导出下面的结论。

$$f_{Z,W}(z,w) = \frac{1}{1.5}f_{X,Y}(z,w/1.5)$$

■ **横向纵向同时拉伸：** 现在，$Z \equiv 2X$，$W \equiv 1.5Y$。如图4.44所示，该变换将横向拉伸2倍，纵向拉伸1.5倍。由于面积增加了 $2 \cdot 1.5 = 3$ 倍，因此油墨的浓度也相应减少为了原来的1/3。最终结果如下。

$$f_{Z,W}(z,w) = \frac{1}{3}f_{X,Y}(z/2,w/1.5)$$

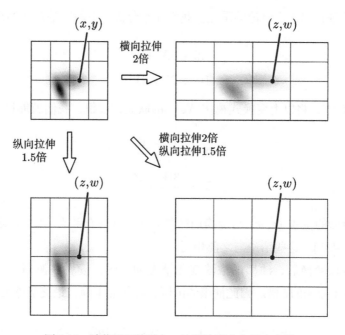

图 4.44　随着面积的增大，油墨浓度也会相应变淡

■ **翻转：** 我们再考虑一种容易出错的情况。此时 $Z \equiv -2X$, $W \equiv 1.5Y$。

　　该变换在横向翻转后又拉伸了 2 倍。从图 4.45 中可以看到，面积变为了原来的 $|(-2) \cdot 1.5| = 3$ 倍。如果忘记添加绝对值，概率密度函数就会出现负值。读者可能还记得，在处理单个变量时我们也以同样的方式添加了了绝对值（问答专栏 4.3）。此问题的正确答案如下。

$$f_{Z,W}(z,w) = \frac{1}{3} f_{X,Y}(-z/2, w/1.5)$$

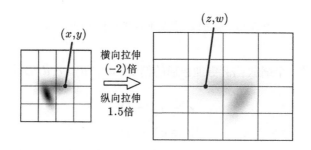

图 4.45　必须注意翻转的情况。此时面积增加为原来的 $|(-2) \cdot 1.5| = 3$ 倍

■ **斜向缩放：** 从现在起进入讨论的重点。我们先来分析一下斜向缩放的情况。

$$Z \equiv 3X + Y$$
$$W \equiv X + 2Y$$

假设已知 Z, W，将以上变换式视作 X, Y 的联立方程组，我们就能得到如下结果。

$$X = \frac{2Z - W}{5}$$
$$Y = \frac{3W - Z}{5}$$

由此可知，变换后的位置 (z, w) 与变换前的位置 $(x, y) = (\frac{2z-w}{5}, \frac{3w-z}{5})$ 对应。该处的浓度为 $f_{X,Y}(\frac{2z-w}{5}, \frac{3w-z}{5})$。这些结论与之前相同。

那么，经过该变换后，油墨的浓淡变化情况如何呢？读者在测量图4.46后将会发现，面积实际增加为了原来的5倍。因此油墨的浓度也将相应下降，最终概率密度函数如下。

$$f_{Z,W}(z, w) = \frac{1}{5} f_{X,Y}\left(\frac{2z - w}{5}, \frac{3w - z}{5}\right)$$

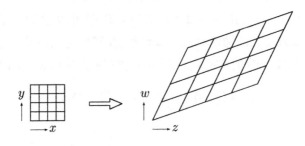

图4.46   经过该变换后面积变为了原来的5倍

■ **线性变换：** 接着看一个缩放比例更加普通的例子（其中 a, b, c, d 都是常量）。

$$Z \equiv aX + bY$$
$$W \equiv cX + dY$$

在解决这类问题前，读者首先需要具备一些线性代数的知识。

我们可以通过向量与行列式来表示这种变换。

$$\begin{pmatrix} Z \\ W \end{pmatrix} = A \begin{pmatrix} X \\ Y \end{pmatrix}, \qquad A \equiv \begin{pmatrix} a & b \\ c & d \end{pmatrix}$$

经过这一变换，面积将变为原来的 $|\det A|$ 倍。因此我们可以得到以下答案。

$$A = \begin{pmatrix} 3 & 1 \\ 1 & 2 \end{pmatrix} \qquad \rightarrow \qquad |\det A| = |3 \cdot 2 - 1 \cdot 1| = 5$$

事实上，上一种情况我们也可以按照同样的方式计算放大倍率。

$$f_{Z,W}(z,w) = \frac{1}{|\det A|} f_{X,Y}(x,y), \qquad 其中 \quad \begin{pmatrix} x \\ y \end{pmatrix} \equiv A^{-1} \begin{pmatrix} z \\ w \end{pmatrix}$$

■ **具有曲率的变换：** 我们继续深入讨论，分析 $Z \equiv X\mathrm{e}^Y$，$W \equiv Y$ 时网格将如何弯曲。

我们可以根据该变换式用 X, Y 来表示 Z, W，于是有 $X = Z\mathrm{e}^{-W}$，$Y = W$。因此，变换后的位置 (z, w) 与变换前的位置 $(x, y) = (z\mathrm{e}^{-w}, w)$ 对应。此处变换前的浓度为 $f_{X,Y}(z\mathrm{e}^{-w}, w)$。以上结论与前几种情况类似。

问题在于此时油墨的浓度将如何稀释或浓缩。这取决于经过变换后面积将如何缩放。如图 4.47 所示，本例中不同位置的面积扩大倍率不同。点 (x, y) 在变换后移动至了 (z, w)，我们需要分析各点的面积扩大倍率。由于 $w = y$，因此纵向没有变化。又由于横向坐标从 x 变换为了 $z = x\mathrm{e}^y$，因此拉伸比为 e^y。综上，面积的扩大倍率为 $1 \cdot \mathrm{e}^y = \mathrm{e}^y$ 倍。若用 (z, w) 表示即为 e^w 倍。

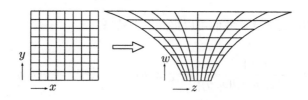

图 4.47　不同位置的面积扩大倍率不同

油墨的浓度也将据相应变淡，最终得到以下结果。

$$f_{Z,W}(z,w) = \frac{1}{\mathrm{e}^w} f_{X,Y}(z\mathrm{e}^{-w}, w)$$

■ **——对应的非线性变换：** 进一步泛化问题后我们可以得到 $Z \equiv g(X,Y)$，$W \equiv h(X,Y)$，它可以表示任意类型的变换。为方便讨论，我们规定该变换中各点一一对应，如图4.48所示。也就是说，对于某一特定的 (Z,W)，有且仅有一个 (X,Y) 与之对应。如果用橡胶带做类比，即胶带不会发生重叠，整条胶带完全铺开。

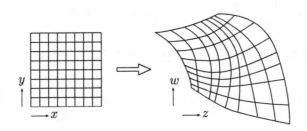

图4.48　任意的变换

为了处理这类问题，读者必须掌握一定的数学分析知识。如果读者没有学习过含有多个变量的微积分计算，请先根据线性变换的例子类推，尝试理解以下说明。

点 (x,y) 在变换后移动至了 (z,w)，点 (x,y) 的面积扩大倍率为 $|\partial(z,w)/\partial(x,y)|$（两侧竖线表示绝对值）。其中 $\partial(z,w)/\partial(x,y)$ 称为雅可比式（Jacobian），其定义如下（具体内容请参见数学分析教材）[①]。

$$\frac{\partial(z,w)}{\partial(x,y)} \equiv \det \begin{pmatrix} \frac{\partial z}{\partial x} & \frac{\partial z}{\partial y} \\ \frac{\partial w}{\partial x} & \frac{\partial w}{\partial y} \end{pmatrix}$$

因此，通过与之前类似的方式，我们可以得到以下结果。

$$f_{Z,W}(z,w) = \frac{1}{|\partial(z,w)/\partial(x,y)|} f_{X,Y}(x,y), \qquad 其中 z = g(x,y),\, w = h(x,y)$$

这就是概率密度函数的变换公式。有些教材中也可能采用以下形式。

$$f_{Z,W}(z,w) = \left| \frac{\partial(x,y)}{\partial(z,w)} \right| f_{X,Y}(x,y), \qquad 其中 z = g(x,y),\, w = h(x,y)$$

通常，$\frac{1}{\partial(z,w)/\partial(x,y)} = \partial(x,y)/\partial(z,w)$ 始终成立，因此两者的含义相同。

[①] ∂ 表示偏微分。$\partial f/\partial x$ 表示"除 x 之外所有的变量取值不变（即视为常量）时，函数 f 关于变量 x 的偏导数"。

我们试着用这条公式来计算一下之前的 $z \equiv xe^y$，$w \equiv y$，结果如下所示。

$$\left| \frac{\partial(z,w)}{\partial(x,y)} \right| = \left| \det \begin{pmatrix} e^y & xe^y \\ 0 & 1 \end{pmatrix} \right| = |e^y|$$

由于此处的 e^y 始终为正，不必额外添加绝对值符号，因此结果与之前相符，面积扩大倍率为 e^y。

多个变量的情况依然如此。对于 $Z_1 = g_1(X_1, \cdots, X_n)$，$\cdots$，$Z_n = g_n(X_1, \cdots, X_n)$，有以下结论。

$$f_{Z_1, \cdots, Z_n}(z_1, \cdots, z_n) = \left| \frac{\partial(x_1, \cdots, x_n)}{\partial(z_1, \cdots, z_n)} \right| f_{X_1, \cdots, X_n}(x_1, \cdots, x_n)$$

其中 $z_1 \equiv g_1(x_1, \cdots, x_n)$，$\cdots$，$z_n \equiv g_n(x_1, \cdots, x_n)$

$$\frac{\partial(x_1, \cdots, x_n)}{\partial(z_1, \cdots, z_n)} \equiv \det \begin{pmatrix} \frac{\partial x_1}{\partial z_1} & \cdots & \frac{\partial x_1}{\partial z_n} \\ \vdots & & \vdots \\ \frac{\partial x_n}{\partial z_1} & \cdots & \frac{\partial x_n}{\partial z_n} \end{pmatrix} = \frac{1}{\partial(z_1, \cdots, z_n)/\partial(x_1, \cdots, x_n)}$$

如果读者学习过多元函数的数学分析知识，会发现这与多重积分的变量变换紧密相关。上面提到的雅可比式正是在多重积分的计算中也用到的相同概念。请读者比较多个变量与单个变量的变量变换以加深理解（4.3.3节）。

练习题 4.14

设 X, Y 的联合分布的概率密度函数为 $f_{X,Y}(x,y)$，Z, W 的联合分布的概率密度函数为 $f_{Z,W}(z,w)$（其中 $Z \equiv 2Xe^{X-Y}$，$W \equiv X - Y$）。试通过 $f_{X,Y}$ 表示 $f_{Z,W}(6,0)$ 的值。

答案

首先我们需要求出与 $(Z,W) = (6,0)$ 对应的 X, Y。由于 $W = 0$ 即 $X = Y$，$Z = 2Xe^0 = 2X$，于是得到对应值 $(X,Y) = (3,3)$。又对于 $z = 2xe^{x-y}$，$w = x - y$，雅可比式如下。

$$\frac{\partial(z,w)}{\partial(x,y)} = \det \begin{pmatrix} 2(e^{x-y} + xe^{x-y}) & -2xe^{x-y} \\ 1 & -1 \end{pmatrix} = -2(e^{x-y} + xe^{x-y}) - (-2xe^{x-y}) = -2e^{x-y}$$

因此得到以下结果。

$$f_{Z,W}(6,0) = \frac{1}{|-2e^{3-3}|} f_{X,Y}(3,3) = \frac{1}{2} f_{X,Y}(3,3)$$

4.4.8　实数值与离散值混合存在的情况

在实际应用中，我们可能遇到实数值与离散值混合存在的情况。假设 X 与 Y 是实数值，而 Z 是离散值（设它能取到 1、2、3、4、5、6 中的某一个值），为了定义它们的联合分布，我们需要设计 6 个平面 xy，并按本章介绍的方式处理问题。

当 X 是离散值而 Y 是实数值时，相应的贝叶斯公式如下。

$$\mathrm{P}(X = a | Y = b) = \frac{f_{Y|X}(b|a)\mathrm{P}(X = a)}{\sum_x f_{Y|X}(b|x)\mathrm{P}(X = x)}$$

$$f_{Y|X}(b|a) = \frac{\mathrm{P}(X = a | Y = b) f_Y(b)}{\int_{-\infty}^{\infty} \mathrm{P}(X = a | Y = y) f_Y(y)\,\mathrm{d}y}$$

这部分内容较深奥，不过由于会在之后讲解概率估计理论时用到，因此在此先做简单介绍（练习题 6.4 ）。

4.5　期望值、方差与标准差

在本节中，我们将继续把离散值概率论的相关结论推广至实数范围。接下来的主题是期望值、方差与标准差。

如果希望节省时间，读者可以在通过下面的对应表快速确认离散值与实数值的区别之后直接跳至 4.6 节。与之前一样，这张对应表的实质是将概率中的级数运算转换为了概率密度中的积分运算。

离散值（概率）	实数值（概率密度）
期望值 $\mathrm{E}[X] \equiv$ "$X(\omega)$ 的图像体积" $\mathrm{E}[X] = \sum_x x\mathrm{P}(X = x)$ $\mathrm{E}[g(X)] = \sum_x g(x)\mathrm{P}(X = x)$ $\mathrm{E}[h(X, Y)] = \sum_y \sum_x h(x, y)\mathrm{P}(X = x, Y = y)$ $\mathrm{E}[aX + b] = a\mathrm{E}[X] + b$ 等	完全相同 $\mathrm{E}[X] = \int_{-\infty}^{\infty} x f_X(x)\,\mathrm{d}x$ $\mathrm{E}[g(X)] = \int_{-\infty}^{\infty} g(x) f_X(x)\,\mathrm{d}x$ $\mathrm{E}[h(X, Y)] = \int_{-\infty}^{\infty}\int_{-\infty}^{\infty} h(x, y) f_{X,Y}(x, y)\,\mathrm{d}x\,\mathrm{d}y$ 完全相同
方差 $\mathrm{V}[X] \equiv \mathrm{E}[(X - \mu)^2], \quad \mu \equiv \mathrm{E}[X]$ $\mathrm{V}[aX + b] = a^2\mathrm{V}[X]$ 等	完全相同 完全相同

离散值（概率）	实数值（概率密度）
标准差 $\sigma_X \equiv \sqrt{\mathrm{V}[X]}$ $\sigma_{aX+b} = \lvert a \rvert \sigma_X$ 等	完全相同 完全相同
条件期望值 $\mathrm{E}[Y \mid X = a] \equiv \sum_b b \mathrm{P}(Y = b \mid X = a)$	$\mathrm{E}[Y \mid X = a] \equiv \int_{-\infty}^{\infty} y f_Y(y \mid X = a)\, \mathrm{d}y$
条件方差 $\mathrm{V}[Y \mid X = a] \equiv \mathrm{E}[(Y - \mu(a))^2 \mid X = a]$	完全相同

4.5.1　期望值

对于实数值随机变量 X，我们将沿用整数值的期望值定义（3.3 节），将函数 $X(\omega)$ 的图像体积定义为 X 的期望值，记作 $\mathrm{E}[X]$。该图的底面（一个面积为 1 的正方形）表示所有的平行世界 Ω，竖直方向表示与各平行世界 ω 对应的函数值 $X(\omega)$。

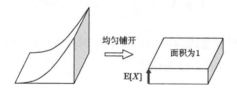

我们可以通过 X 的概率密度函数 f_X 来计算这一体积。

$$\mathrm{E}[X] = \int_{-\infty}^{\infty} x f_X(x)\, \mathrm{d}x$$

理由如下。

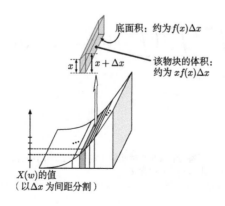

我们希望计算该物块的体积，但整个体积很难直接计算，因此我们需要将其分割为若干部分。现取一个极小的正数 Δx ，并以高度为 x 与 $x + \Delta x$ 之处为界切割该物块[①]。该物块的底面积表示 X 的取值落在 x 至 $x + \Delta x$ 之间的概率。于是，底面积近似于 $f_X(x)\Delta x$ （这正是概率密度函数 f_X ）。因此，该物块的近似体积如下[②]。

$$\text{高} \times \text{底面积} = x f_X(x)\Delta x$$

如果 Δx 足够小，我们就能得到下面的极限。

$$\text{"各个物块的体积 } x f_X(x)\Delta x\text{" 之和} \to \int_{-\infty}^{\infty} x f_X(x)\,\mathrm{d}x \qquad (\Delta x \to +0)$$

最终得到的结论 $\mathrm{E}[X] = \int_{-\infty}^{\infty} x f_X(x)\,dx$ 与离散值时的形式相似，区别仅在于级数运算被替换为了积分运算。类似地，对于任意函数 g，以下等式始终成立。

$$\mathrm{E}[g(X)] = \int_{-\infty}^{\infty} g(x) f_X(x)\,\mathrm{d}x$$

读者可以将它与离散值随机变量的版本做比较以加深理解（3.3节）。

对于二元函数 h，我们也有类似的结论。

$$\mathrm{E}[h(X,Y)] = \int_{-\infty}^{\infty} \left(\int_{-\infty}^{\infty} h(x,y) f_{X,Y}(x,y)\,\mathrm{d}x \right)\mathrm{d}y = \int_{-\infty}^{\infty} \left(\int_{-\infty}^{\infty} h(x,y) f_{X,Y}(x,y)\,\mathrm{d}y \right)\mathrm{d}x$$

这是因为，"X 的取值落在 x 至 $x + \Delta x$ 之间，且 Y 的取值落在 y 至 $y + \Delta y$ 之间的概率近似于 $f_{X,Y}(x,y)\Delta x \Delta y$"。根据这一性质，我们就能够通过与之前相同的方式得到上述结论。具体步骤在此省略。类似地，三元函数的期望值如下。

$$\mathrm{E}[h(X,Y,Z)] = \int_{-\infty}^{\infty} \left(\int_{-\infty}^{\infty} \left(\int_{-\infty}^{\infty} h(x,y,z) f_{X,Y,Z}(x,y,z)\,\mathrm{d}x \right)\mathrm{d}y \right)\mathrm{d}z$$

[①] 请读者将 Δx 视为一个完整的符号，问答专栏4.5也对此做了解释。在不同场合，Δx 的含义也各不相同。对于公开的材料或答案，请读者务必注明每一处 Δx 表示的含义。

[②] 准确来讲，物块的体积大致介于 $x f_X(x)\Delta x$ 和 $(x + \Delta x) f_X(x)\Delta x$ 之间。不过，当 Δx 很小时，$(\Delta x)^2$ 的值将更小，这些误差可以忽略不计。

练习题 4.15

设随机变量 X 的概率密度函数 $f_X(x)$ 如下，试求 $\mathrm{E}[X]$ 与 $\mathrm{E}[X^2]$。

$$f_X(x) = \begin{cases} 2x & (0 \leqslant x \leqslant 1) \\ 0 & (x < 0 \text{ 或 } x > 1) \end{cases}$$

答案

$$\mathrm{E}[X] = \int_{-\infty}^{\infty} x f_X(x)\,\mathrm{d}x = \int_0^1 x(2x)\,\mathrm{d}x = \left[\frac{2}{3}x^3\right]_0^1 = \frac{2}{3}$$

令 $g(x) = x^2$，

$$\mathrm{E}[X^2] = \mathrm{E}[g(X)] = \int_{-\infty}^{\infty} g(x) f_X(x)\,\mathrm{d}x = \int_0^1 x^2(2x)\,\mathrm{d}x = \left[\frac{2}{4}x^4\right]_0^1 = \frac{1}{2}$$

练习题 4.16

设随机变量 X, Y 的联合分布的概率密度函数 $f_{X,Y}(x,y)$ 如下。试求 $\mathrm{E}[XY]$。

$$f_{X,Y}(x,y) = \begin{cases} x+y & (0 \leqslant x \leqslant 1 \text{ 且 } 0 \leqslant y \leqslant 1) \\ 0 & (x < 0 \text{ 或 } x > 1 \text{ 或 } y < 0 \text{ 或 } y > 1) \end{cases}$$

答案

令 $h(x,y) \equiv xy$，

$$\mathrm{E}[XY] = \mathrm{E}[h(X,Y)] = \int_{-\infty}^{\infty} \left(\int_{-\infty}^{\infty} h(x,y) f_{X,Y}(x,y)\,\mathrm{d}x \right) \mathrm{d}y = \int_0^1 \left(\int_0^1 xy(x+y)\,\mathrm{d}x \right) \mathrm{d}y$$

$$= \int_0^1 \left(\int_0^1 (x^2 y + xy^2)\,\mathrm{d}x \right) \mathrm{d}y \qquad \cdots\cdots \text{对于内层的积分（}x\text{的积分），}y\text{仅仅是一个常量}$$

$$= \int_0^1 \left[\frac{y}{3}x^3 + \frac{y^2}{2}x^2 \right]_{x=0}^{x=1} \mathrm{d}y = \int_0^1 \left(\frac{y}{3} + \frac{y^2}{2} \right) \mathrm{d}y = \left[\frac{y^2}{6} + \frac{y^3}{6} \right]_0^1 = \frac{1}{3}$$

练习题 4.17

试通过积分运算推导以下性质。

- $\mathrm{E}[3X] = 3\mathrm{E}[X]$
- $\mathrm{E}[X+3] = \mathrm{E}[X] + 3$

答案

我们可以借助积分的一些基本运算性质来推导这两条等式。

$$\mathrm{E}[3X] = \int_{-\infty}^{\infty} 3x f_X(x)\,\mathrm{d}x = 3\int_{-\infty}^{\infty} x f_X(x)\,\mathrm{d}x = 3\mathrm{E}[X]$$

$$\mathrm{E}[X+3] = \int_{-\infty}^{\infty} (x+3) f_X(x)\,\mathrm{d}x = \int_{-\infty}^{\infty} x f_X(x)\,\mathrm{d}x + 3\int_{-\infty}^{\infty} f_X(x)\,\mathrm{d}x$$

$$= \mathrm{E}[X] + 3\cdot 1 = \mathrm{E}[X] + 3 \quad (\text{此处用到了 } \int_{-\infty}^{\infty} f_X(x)\,\mathrm{d}x = 1 \text{ 的性质})$$

练习题 4.18

　　试通过积分运算推导以下性质（如果读者没有学习过重积分，只需知道该性质与离散值数学期望的情况类似即可）。

- $\mathrm{E}[X+Y] = \mathrm{E}[X] + \mathrm{E}[Y]$
- X 与 Y 独立的话，$\mathrm{E}[XY] = \mathrm{E}[X]\mathrm{E}[Y]$

答案

　　令 $h(X,Y) \equiv X+Y$，

$$\mathrm{E}[X+Y] = \mathrm{E}[h(X,Y)] = \int_{-\infty}^{\infty}\int_{-\infty}^{\infty} h(x,y) f_{X,Y}(x,y)\,\mathrm{d}x\,\mathrm{d}y = \int_{-\infty}^{\infty}\int_{-\infty}^{\infty} (x+y) f_{X,Y}(x,y)\,\mathrm{d}x\,\mathrm{d}y$$

$$= \int_{-\infty}^{\infty}\int_{-\infty}^{\infty} x f_{X,Y}(x,y)\,\mathrm{d}x\,\mathrm{d}y + \int_{-\infty}^{\infty}\int_{-\infty}^{\infty} y f_{X,Y}(x,y)\,\mathrm{d}x\,\mathrm{d}y$$

再令 $s(x,y) \equiv x$，于是上式中的第一项将计算 $\mathrm{E}[s(X,Y)]$，即 $\mathrm{E}[X]$。类似地，第二项计算的是 $\mathrm{E}[Y]$，于是得到 $\mathrm{E}[X+Y] = \mathrm{E}[X] + \mathrm{E}[Y]$ 的结论 [①]。

　　对于第二问，令 $h(X,Y) \equiv XY$，

$$\mathrm{E}[XY] = \mathrm{E}[h(X,Y)] = \int_{-\infty}^{\infty}\int_{-\infty}^{\infty} h(x,y) f_{X,Y}(x,y)\,\mathrm{d}x\,\mathrm{d}y = \int_{-\infty}^{\infty}\int_{-\infty}^{\infty} xy f_{X,Y}(x,y)\,\mathrm{d}x\,\mathrm{d}y$$

由于此时 X 与 Y 独立，因此 $f_{X,Y}(x,y) = f_X(x)f_Y(y)$，于是上式可以改写为以下形式。

$$\mathrm{E}[XY] = \int_{-\infty}^{\infty}\int_{-\infty}^{\infty} xy f_X(x) f_Y(y)\,\mathrm{d}x\,\mathrm{d}y$$

---

① 如果读者觉得这段说明较为费解，可以尝试更换积分的顺序，写成更加清晰的形式。

$$\int_{-\infty}^{\infty}\int_{-\infty}^{\infty} x f_{X,Y}(x,y)\,\mathrm{d}x\,\mathrm{d}y = \int_{-\infty}^{\infty}\int_{-\infty}^{\infty} x f_{X,Y}(x,y)\,\mathrm{d}y\,\mathrm{d}x = \int_{-\infty}^{\infty} x\left(\int_{-\infty}^{\infty} f_{X,Y}(x,y)\,\mathrm{d}y\right)\mathrm{d}x$$

$$= \int_{-\infty}^{\infty} x f_X(x)\,\mathrm{d}x = \mathrm{E}[X]$$

观察后不难发现，该积分内其实是一个仅包含 x 的表达式与一个仅包含 y 的表达式的乘积，因此我们可以进一步将其变形，最终得到如下结论。

$$\mathrm{E}[XY] = \left(\int_{-\infty}^{\infty} x f_X(x)\,\mathrm{d}x \right) \left(\int_{-\infty}^{\infty} y f_Y(y)\,\mathrm{d}y \right) = \mathrm{E}[X]\mathrm{E}[Y]$$

练习题 4.17 与练习题 4.18 中推导得到的期望值的性质，对于离散值随机变量与连续值随机变量都成立。本书后续章节将经常直接使用这些性质。

4.5.2　方差·标准差

我们已经推广了期望值的定义，推广方差与标准差的定义也就顺理成章。它们的定义都能由期望值得到。具体来讲，当 $\mathrm{E}[X] = \mu$ 时，两者的定义如下。

- 方差 $\mathrm{V}[X] = \mathrm{E}[(X - \mu)^2]$
- 标准差 $\sigma = \sqrt{\mathrm{V}[X]}$

3.4 节中介绍的离散值方差与标准差的性质对于实数值依然成立。此时，这些性质的推导也与离散值的版本十分类似。关于在证明中需要用到的公式，请参见上一节中的练习题 4.17 与练习题 4.18。

练习题 4.19

随机变量 X 的概率密度函数 $f_X(x)$ 如下所示，试求方差 $\mathrm{V}[X]$ 与标准差 σ。

$$f_X(x) = \begin{cases} 2x & (0 \leqslant x \leqslant 1) \\ 0 & (x < 0 \text{ 或 } x > 1) \end{cases}$$

答案

如练习题 4.15 所示，$\mathrm{E}[X] = 2/3$。因此，我们可以根据方差与标准差的定义直接求解。

$$\begin{aligned}
\mathrm{V}[X] &= \mathrm{E}\left[\left(X - \frac{2}{3} \right)^2 \right] = \int_{-\infty}^{\infty} \left(x - \frac{2}{3} \right)^2 f_X(x)\,\mathrm{d}x = \int_0^1 \left(x - \frac{2}{3} \right)^2 (2x)\,\mathrm{d}x \\
&= \int_0^1 \left(2x^3 - \frac{8}{3}x^2 + \frac{8}{9}x \right) \mathrm{d}x = \left[\frac{1}{2}x^4 - \frac{8}{9}x^3 + \frac{4}{9}x^2 \right]_0^1 \\
&= \frac{1}{2} - \frac{8}{9} + \frac{4}{9} = \frac{1}{18} \\
\sigma &= \sqrt{\mathrm{V}[X]} = \sqrt{\frac{1}{18}} = \frac{1}{3\sqrt{2}}
\end{aligned}$$

（另一种解法）我们已经在练习题4.15中得到了 $\mathrm{E}[X] = 2/3$ 与 $\mathrm{E}[X^2] = 1/2$ 的结论。根据方差的性质即可得到以下结果。

$$V[X] = \mathrm{E}[X^2] - \mathrm{E}[X]^2 = \frac{1}{2} - \frac{4}{9} = \frac{1}{18}$$

连续值的条件期望值与条件方差，也能以与3.6节相同的方式定义。条件期望的数学形式为 $\mathrm{E}[Y|X = a] \equiv \int_{-\infty}^{\infty} y f_Y(y|X = a)\,\mathrm{d}y$。条件方差 $V[Y|X = a]$ 则与3.6.4节中离散值的定义完全相同。

至此，我们已经将所有离散整数值的定义与性质推广至了实数范围。从结果上来看，离散值与实数值的情况基本相同，区别仅在于前者通过级数来计算概率，后者通过积分来计算概率密度。请读者务必注意两者的含义不同（概率与概率密度是不同的概念），不过它们的表述形式相似，最好一同记忆。

4.6　正态分布与中心极限定理

从本节开始，我们将讨论新的主题，介绍正态分布这一最为重要的实数值概率分布。在有些领域，正态分布常被称为Gauss分布（高斯分布）。

在做严格定义之前，我们先来看一个例子。图4.49是一个典型的正态分布。

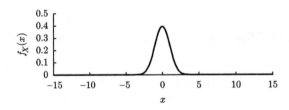

图4.49　标准正态分布的概率密度函数。中间部分的值的出现概率较高，偏差巨大的值的出现概率较小（不过无论偏差有多大，该值的出现概率都不为零，而是在 $x \to \pm\infty$ 时向零趋近）

图4.50是一些正态分布图。

如果读者平时对概率统计方面有所关注，应该经常会听到正态分布这个词，也经常见到图4.50这样的钟形曲线图。为什么正态分布会有如此高的出现频率呢？理由主要有两条。

- 理论价值高：帮助简化各类计算，降低计算结果中数学表达式的复杂性。
- 应用价值高：实际应用中，大量结果遵从（或近似于）正态分布。

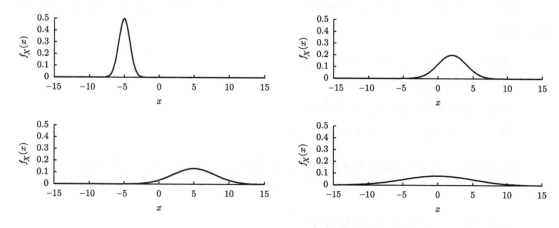

图4.50　各种正态分布的概率密度函数

本节将首先介绍正态分布的定义与性质，并介绍它的一些理论价值。最后我们将讨论中心极限定理，来回答为什么现实世界中正态分布会如此常见。

4.6.1　标准正态分布

如上所述，正态分布也分为多种类型。其中最典型的就是图4.49所示的标准正态分布。标准正态分布的概率密度函数如下[①]。

$$f(z) = \frac{1}{\sqrt{2\pi}} \exp\left(-\frac{z^2}{2}\right)$$

看到这个式子后，读者不必感到不安。确实，很多人对这类复杂的式子有些抗拒。但要详细讲解正态分布，难免要用到这样的式子。请读者仔细阅读之后的说明，理解该式的含义。

我们可以先忽略该式的前半部分。后半部分的 $\exp(\cdots)$ 是式子的主体。进一步来讲，括号中的分子是更重要的部分。也就是说，可以暂且像下面这样理解该式。

$$f(z) = \square \exp\left(-\frac{z^2}{\triangle}\right)$$

　　系数□与分母△都是符号为正的常量，暂且不管。读者也许已经发现，exp中的部分有以下性质。

- 左右对称（$z = c$ 与 $z = -c$ 的值相同）
- $z = 0$ 时值为零
- 随着z与0的差不断增大，值渐渐减小
- 当 $z \to +\infty$ 或 $z \to -\infty$ 时，值为 $-\infty$

将这些性质与exp本身的性质相结合，可以得到 $f(z)$ 的性质（请参见图4.51所示的exp的图像）

- 左右对称（$f(c)$ 与 $f(-c)$ 的值相同）
- $z = 0$ 时值为 $f(z)$ 取到最大值
- 随着z与0的差不断增大，$f(z)$ 值渐渐减小（但不会为负）
- 当 $z \to +\infty$ 或 $z \to -\infty$ 时，$f(z)$ 值为趋近于零

因此，f的图像呈钟形。

　　接下来，我们分析一下□。为什么这里要使用 π 与 $\sqrt{}$ 呢？这是为了让 $f(z)$ 满足概率密度函数的条件。概率密度函数有以下要求。

- 值大于等于0
- 积分为1（即图像的面积为1）

前者姑且不论，如果要满足第二条要求，我们必须为其添加恰当的□。这里需要使用一条名为高斯积分的公式（附录A.5.2）。

$$\int_{-\infty}^{\infty} \exp\left(-\frac{z^2}{2}\right) \mathrm{d}z = \sqrt{2\pi}$$

另一方面，我们可以由积分为1得到以下条件。

$$\int_{-\infty}^{\infty} f(z)\, \mathrm{d}z = \int_{-\infty}^{\infty} \square \exp\left(-\frac{z^2}{2}\right) \mathrm{d}z = 1$$

结合这条公式与积分为1的条件，就能求得常量□的值必定为 $1/\sqrt{2\pi}$。最终，由于积分必须为1，□只能取这样一个固定的值。不过，读者需要注意，exp($\cdots$) 才是该式的主要部分，系数□只是一个补充项。

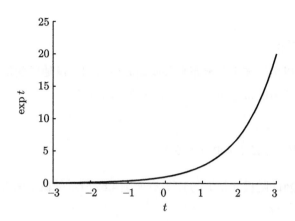

图 4.51　指数函数 $\exp t$ 的图像。t 越大，$\exp t$ 就越大，且呈指数级增长。$t \to +\infty$ 时 $\exp t \to +\infty$，$t \to -\infty$ 时 $\exp t \to 0$

接着看一下分母 $\triangle$。在讨论分母前，我们先要知道标准正态分布的期望值为 0（参见附录 A.5.2）。期望值既非正值也非负值，而恰好为 0，颇具典型性。

有了期望值之后，我们就可以计算它的方差。由于期望值为 0，因此方差可以通过积分计算得到。

$$\mathrm{V}[Z] = \mathrm{E}[Z^2] = \int_{-\infty}^{\infty} z^2 \square \exp\left(-\frac{z^2}{\triangle}\right)\,\mathrm{d}z$$

该积分不易计算，我们需要使用另一条公式来帮助简化计算。与之前那条公式不同，这条公式中包含了一个系数 z^2。

$$\int_{-\infty}^{\infty} z^2 \exp\left(-\frac{z^2}{2}\right)\,\mathrm{d}z = \sqrt{2\pi}$$

结合这条公式与如下所示的方差表达式（此时不可忽略 $\square$ 与 $\triangle$），我们就能得到 $\mathrm{V}[Z]$ 的结果。

$$\mathrm{V}[Z] = \int_{-\infty}^{\infty} z^2 \frac{1}{\sqrt{2\pi}} \exp\left(-\frac{z^2}{2}\right)\,\mathrm{d}z$$

方差恰好为 1 也是标准正态分布的典型之处 [1]。事实上，分母 $\triangle$ 的值之所以特意设定为 2，正是为了使方差恰好为 1。

---

[1] 此外，读者应该还记得，方差不能为负，且当方差为 0 时，随机变量是一个定值（参见 3.4.2 节）。

4.6.2　一般正态分布

　　一般正态分布可以由标准正态分布平移或缩放后得到。设随机变量 Z 的分布为标准正态分布，我们可以定义合适的常量 μ 与 σ 来实现两者的变换。

- 平移 μ：$Y \equiv Z + \mu$
- 缩放 σ 倍：$W \equiv \sigma Z$（其中 $\sigma > 0$）

经过这一变换得到的新的随机变量 Y 与 W 具有如图 4.52 所示的概率密度函数（参见 4.3.3 节）。缩放与平移可以同时进行。

- 缩放 σ 倍后平移 μ：$X \equiv \sigma Z + \mu$

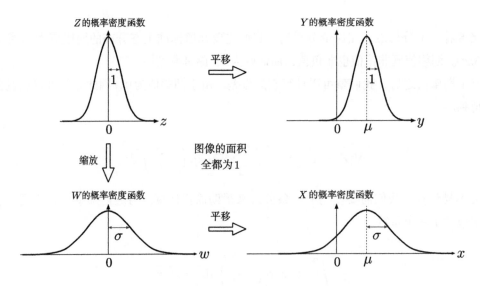

图 4.52　对标准正态分布做缩放或平移变换

经过变换得到的 X 的期望值与方差如下所示。

$$\mathrm{E}[X] = \mathrm{E}[\sigma Z + \mu] = \sigma \mathrm{E}[Z] + \mu = \mu \qquad (\because \mathrm{E}[Z] = 0)$$
$$\mathrm{V}[X] = \mathrm{V}[\sigma Z + \mu] = \sigma^2 \mathrm{V}[Z] = \sigma^2 \qquad (\because \mathrm{V}[Z] = 1)$$

此时，X的概率分布是一个为"期望值为 μ，方差为 σ^2 的正态分布（normal distribution）"。记为 $X \sim \mathrm{N}(\mu, \sigma^2)$，读作"$X$遵从期望值为 μ，方差为 σ^2 的正态分布"。类似地，之前的 Z可以记为 $Z \sim \mathrm{N}(0,1)$ 。

那么，我们该如何求得X的概率密度函数呢？请读者将其作为变量变换的练习题尝试独立解决。

练习题 4.20

已知 $X \sim \mathrm{N}(\mu, \sigma^2)$ ，试求X的概率密度函数。

答案

令 $g(z) \equiv \sigma z + \mu$ ，于是以下关系成立。

$$X = g(Z), \qquad Z \sim \mathrm{N}(0,1)$$

当 $x = g(z)$ 时，有 $\mathrm{d}x/\mathrm{d}z = \sigma$ 且 $z = (x - \mu)/\sigma$ ，于是可以求得如下的概率密度函数。

$$f_X(x) = \frac{1}{|\sigma|} \cdot \frac{1}{\sqrt{2\pi}} \exp\left(-\frac{1}{2}\left(\frac{x-\mu}{\sigma}\right)^2\right) = \frac{1}{\sqrt{2\pi\sigma^2}} \exp\left(-\frac{(x-\mu)^2}{2\sigma^2}\right)$$

以下是一些关于正态分布的注意事项，它们都可以由正态分布的定义直接得到。

- 对于特定的期望值 μ 与方差 σ^2 ，正态分布完全确定。请读者记住这一事实，它能在多种情况下发挥作用，简化问题。如果某个随机变量遵从正态分布，那么我们只要知道它的期望值与方差，就能求得具体的概率密度函数。之后的练习题4.22将应用这一性质。

- 如果X遵从正态分布，它在加上某个常量或乘以某个不为零的常量后依然遵从正态分布。具体来讲，对于 $X \sim \mathrm{N}(\mu, \sigma^2)$，如果 $Y \equiv aX + b$，则有 $Y \sim \mathrm{N}(a\mu + b, a^2\sigma^2)$。习惯之后，读者可以一眼看出Y的期望值与方差符合这一规律（参见3.3节与4.5节）。

- 如果 $X \sim \mathrm{N}(\mu, \sigma^2)$，$(X - \mu)/\sigma$ 将遵从标准正态分布N(0,1)。这是3.4.4节介绍的标准化的一个例子。这类将一般正态分布转换为标准正态分布的做法在统计学中十分常见。

- 对于，X的取值落在 $\mu \pm k\sigma$ 范围内的概率与 μ 和 σ 无关，仅由常量k决定。下面是一些著名的值。

$$\mathrm{P}(\mu - 2\sigma \leqslant X \leqslant \mu + 2\sigma) \approx \quad 0.954$$
$$\mathrm{P}(\mu - 3\sigma \leqslant X \leqslant \mu + 3\sigma) \approx \quad 0.997$$

它们的图像如图4.53所示。

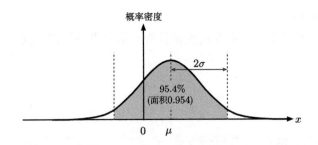

图4.53　对于正态分布来讲，X的取值落在 $\mu \pm 2\sigma$ 范围内的概率为95.4%，落在 $\mu \pm 3\sigma$ 范围内的概率为99.7%

此外，正态分布还具有以下性质。

- 只要随机变量X的概率密度函数如果满足以下形式，X就必然遵从正态分布。

$$f_X(x) = 常量 \cdot \exp(x的二次式) \quad (-\infty < x < \infty) \tag{4.7}$$

- 只要独立的随机变量X与Y中有一个遵从正态分布，它们的和 $W \equiv X + Y$ 也就遵从正态分布。简言之，"独立的正态分布经过加法运算后仍是正态分布"[1]。

练习题 4.21

本书介绍了缩放 σ 倍后平移 μ 的情况，如果是平移 μ 后缩放 σ 倍，结果将会如何呢？也就是说，$Z \sim N(0,1)$ 加上 μ 后再乘以 σ 将会得到怎样的分布？$(\sigma \neq 0)$

答案

$$\sigma(Z + \mu) = \sigma Z + \sigma \mu \sim N(\sigma \mu, \sigma^2)$$

练习题 4.22

假设 X_1、X_2、X_3、X_4、X_5 独立，且都遵从相同的正态分布 $N(\mu, \sigma^2)$。请问它们的均值 $Y \equiv (X_1 + X_2 + X_3 + X_4 + X_5)/5$ 遵从怎样的分布？

---

[1] X的二次式指的是形如$\bigcirc x^2 + \triangle x + \square$的式子（其中$\bigcirc\triangle\square$为常量）。

答案

独立的正态分布经过加法运算后仍是正态分布，反复应用该性质后可知 $X_1 + X_2 + X_3 + X_4 + X_5$ 也遵从正态分布。Y 是它的 $1/5$，因此也遵从正态分布。我们只要继续求出 Y 的期望值与方差，就能完全确定分布。

$$\mathrm{E}[Y] = \mathrm{E}\left[\frac{X_1 + X_2 + X_3 + X_4 + X_5}{5}\right] = \frac{\mathrm{E}[X_1] + \mathrm{E}[X_2] + \mathrm{E}[X_3] + \mathrm{E}[X_4] + \mathrm{E}[X_5]}{5}$$

$$= \frac{\mu + \mu + \mu + \mu + \mu}{5} = \mu$$

$$\mathrm{V}[Y] = \mathrm{V}\left[\frac{X_1 + X_2 + X_3 + X_4 + X_5}{5}\right] = \frac{\mathrm{V}[X_1] + \mathrm{V}[X_2] + \mathrm{V}[X_3] + \mathrm{V}[X_4] + \mathrm{V}[X_5]}{5^2}$$

$$= \frac{\sigma^2 + \sigma^2 + \sigma^2 + \sigma^2 + \sigma^2}{5^2} = \frac{\sigma^2}{5}$$

因此，答案为 $Y \sim \mathrm{N}(\mu, \sigma^2/5)$ 。

🤔 4.8　为什么我们可以通过断定遵从正态分布

首先，我们可以通过配方将 exp 中的二次式改写为以下形式[①]。其中 $a < 0$ [②]。

$$f_X(x) = 常量 \cdot \exp(a(x - \mu)^2 + c)$$

设 $a = -1/(2\sigma^2)$，即可得到下式。

$$f_X(x) = (常量 \cdot \exp c) \exp\left(-\frac{(x - \mu)^2}{2\sigma^2}\right)$$

总之，我们需要让该式满足 $f_X(x) = \square \exp(\cdots)$ 的形式，且 $(\cdots)$ 与 $\mathrm{N}(\mu, \sigma^2)$ 的概率密度函数相同。又由于 $f_X(x)$ 的图像面积为 1，因此常量 $\square$ 的值也能由此确定。于是 $\square$ 也与 $\mathrm{N}(\mu, \sigma^2)$ 相同。

4.6.3　中心极限定理

正态分布的使用非常容易。这虽然是一个优点，却还无法帮助我们解决问题。正态分布之所以受到青睐，是因为现实世界中存在大量可以视作正态分布（或与正态分布近似）的对象。

确实，正态分布的下列特征非常符合自然规律。

● 以某个值 μ 为中心。

● 该值附近的值出现概率较高。

[①] 严格来讲，一次式 $(\triangle x + \square)$ 也是二次式的一种，不过我们暂时不考虑这种情况。因为一次式无法满足 $f_X(x)$ 图像面积为 1 的基本条件。

[②] 如果 $a \geqslant 0$，面积为 1 的基本条件将无法满足。

● 距离该值越远，出现概率越低（尽管无论距离中心多远，出现概率都不会为零，但此时概率极低，几乎不会出现）。

那么，为什么现实世界中到处都能发现正态分布呢？这种巧合的背后有着怎样的原因？一种说法认为这一现象由误差的叠加引起。请读者想象篮球比赛中罚球时的场景。即使球员站在球场的同一个位置，以相同姿势投篮，篮球每次的飞行轨迹也会存在差异。出现这种差异的原因是每次投篮的动作最终都会有一些微小的差别。膝盖的弯曲程度、肩膀的发力情况，或是手指松开的时机都可能与上一次有所不同。无数误差叠加之后，就会产生人肉眼可以观察到的巨大变化。不难想象，除了投篮之外，很多活动中都存在这种情况。

事实上，如果初始条件相同，随着误差的逐渐叠加，最终将接近正态分布。这正是本节的主要内容。

让我们进入正题。试考虑 n 个 i.i.d. 随机变量 $X_1, \cdots, X_n$，作为上面所说的微小差异（关于 i.i.d. 请参见 3.5.1 节）。由于它们是 i.i.d. 变量，因此期望值与方差都相同。为了让它们符合误差的含义，我们设期望值为 0，方差为正。

$$\mathrm{E}[X_1] = \cdots = \mathrm{E}[X_n] = 0$$
$$\mathrm{V}[X_1] = \cdots = \mathrm{V}[X_n] \equiv \sigma^2 > 0 \qquad \sigma \text{ 为标准差}$$

我们关心的是，误差的叠加 $X_1 + \cdots + X_n$ 将产生哪些影响。尤其是当 n 足够大时，该叠加会有怎样的性质。

然而，如果简单令 $n \to \infty$，方差将会发散（参见 3.5.4 节）。

$$[X_1 + \cdots + X_n] = n\sigma^2 \to \infty \qquad (n \to \infty)$$

如图 4.54 所示，这种做法没有讨论的价值。

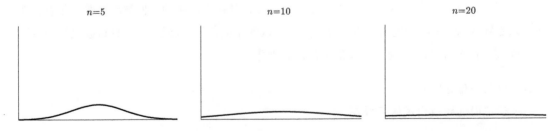

图 4.54　$X_1 + \cdots + X_n$ 的概率密度函数的例子。随着随机变量个数 n 的增加，分布越来越平

　　为了进一步深入比较分布的特征, 我们需要按照3.4.4节介绍对这些分布进行标准化处理, 观察比较它们的分布情况。只需要将这些分布除以标准差 $\sqrt{\mathrm{V}[X_1 + \cdots + X_n]} = \sqrt{n}\,\sigma$ 即可。也就是说, 本节将会讨论, 当 $n \to \infty$ 时, 以下分布将具备怎样的特征。

$$W_n \equiv \frac{X_1 + \cdots + X_n}{\sqrt{n}\,\sigma}$$

　　事实上, 分布 W_n 将收敛为正态分布。请读者通过图4.55与图4.56来考察这一结论。对于任意数字a, 该结论始终成立(中心极限定理)。它的数学形式如下。

　　$\mathrm{P}(W_n \leqslant a) \to$ 标准正态分布$\mathrm{N}(0,1)$中小于等于a的值出现的概率　　($n \to \infty$)　　(4.8)

用附录C.1.4的术语来讲, 即 W_n 依分布收敛于 $Z \sim N(0,1)$。这意味着微小的误差在大量叠加后将符合正态分布, 是一条强有力的断言。它表明, 无论分布原本的特征如何, 都能收敛至正态分布这一特定的分布。

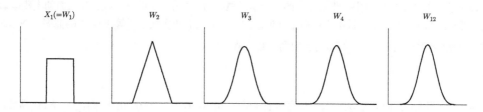

图4.55　中心极限定理的例子(一)。图为 $\sigma = 1$ 时, $W_n \equiv (X_1 + \cdots + X_n)/(\sqrt{n}\,\sigma)$ 的概率密度函数。左侧是不同X_i的概率密度函数。随着个数n的增加, 分布越来越趋近正态分布

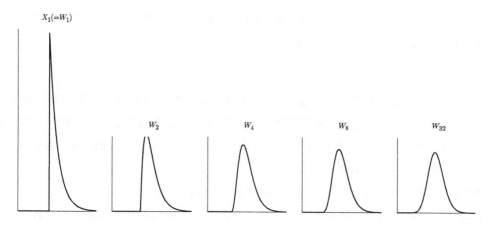

图4.56　中心极限定理的例子(二)。阅读方式与上一幅图相同

即使期望值不为零，由于期望值会相互抵消，因此该结论依然成立。也就是说，对于 $X_1, \cdots, X_n$ (i.i.d.)，当 $\mu \equiv \mathrm{E}[X_i]$, $\sigma^2 \equiv \mathrm{V}[X_i]$（其中 $i = 1, \cdots, n$）时，下述分布收敛于标准正态分布 N(0, 1)。

$$W_n \equiv \frac{(X_1 - \mu) + \cdots + (X_n - \mu)}{\sqrt{n}\,\sigma}$$

类似地，我们可以直接将 3.4.4 节的标准化处理应用于 $S_n \equiv X_1 + \cdots + X_n$，通过计算得到相同的结论。

$$W_n \equiv \frac{S_n - \mathrm{E}[S_n]}{\sqrt{\mathrm{V}[S_n]}} = \frac{(X_1 + \cdots + X_n) - n\mu}{\sqrt{n}\,\sigma}$$

练习题 4.23

设标准正态分布 N(0, 1) 中小于等于 w 的值的出现概率为 $F(w)$。现抛掷一枚正反两面朝上概率恰好各为一半的硬币 100 次，试通过中心极限定理近似估计正面朝上的次数小于等于 60 次的概率，并用 F 表示这一概率（之后 6.2 节的练习题 6.5 将会用到本题的结论）。

答案

记第 i 次结果为正面向上为 $X_i \equiv 1$，反面向上为 $X_i \equiv 0 (i = 1, \cdots, 100)$，由于 $X_1, \cdots, X_{100}$ 满足 i.i.d.，因此有如下结论。

$$\mathrm{E}[X_i] = 1/2, \quad \mathrm{V}[X_i] = 1/4 \qquad （参见练习题 3.10）$$

因此，$W \equiv \sum_{i=1}^{100} (X_i - 1/2) / \sqrt{100 \cdot 1/4}$ 的分布可由 N(0, 1) 近似。问题的条件为 $\sum_i X_i \leqslant 60$，即 $W \leqslant (60 - 100/2)/\sqrt{100 \cdot 1/4} = 2$，于是它的概率为 $F(2) \approx 0.977$（正确数字约为 0.982）。

中心极限定理的证明需要用到附录 C.2 中的特征函数，技巧性较强，暂不在此处展开。

如前文所述，中心极限定理首先说明了为何现实世界中会充满正态分布。此外，我们常在各种领域中借助中心极限定理将分布近似处理为正态分布（参见 6.2 节的练习题 6.5）。正态分布的优点已经在之前的小节中做了介绍。

与 3.5.4 节介绍的大数定律一样，中心极限定理的前提条件也可以稍加放宽。同时，中心极限定理还有适用于向量值的版本。如果读者有需要，请查阅其他概率论的相关教材。

？ 4.9　大数定律（3.5.3节）与中心极限定理有什么区别

请读者注意，两者的分母不同（前者的分母是个数 n，后者则是 $\sqrt{n}$）。大数定律表示和除以 n 之后的结果收敛于期望值。中心极限定理则会将其扩大 $\sqrt{n}$ 倍，并描述期望值附近的误差情况。请读者同时参考附录C.3中的大偏差原理。

在本章结束之前，我们还需要再强调几点。虽然正态分布使用起来十分方便，适用范围也很广泛，但我们决不能不经思考滥用正态分布。例如，严格来讲，正态分布不适用于只能取到正值的情况。在做近似处理时，我们也必须分析具体的偏差程度，如图 4.57 所示。此外，有时虽然测量得到的数据乍一看呈钟形，但它其实不遵从正态分布，而是更加复杂情况（与期望值相距甚远的值的出现概率远高于通常的正态分布）。如果不进一步分析，轻率地将其视作正态分布，很可能会引发严重的问题（参见练习题C.1）。有人甚至会得出这样的结论：正态分布经常会含有噪声，误差较大。对于这种情况，我们应该首先分析数据中不符合正态分布的部分，其中常会包含有价值的信息。例如，2.5节在介绍独立性时提到的独立成分分析也运用了这种思想。

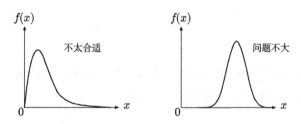

图 4.57　能否将仅含正值的分布近似为正态分布？

专栏　蛋糕

圆形蛋糕

　　我们现在要把图4.58所示的圆形蛋糕分给兄弟两人。哥哥在蛋糕的12点钟位置插上了叉子，并说：我们从中心开始往任意方向切两刀，把蛋糕一分为二。插有叉子的那部分归我，剩下的归你。

　　这样是否公平呢？我们通过计算机来模拟一下吧。

图4.58　随机切分蛋糕

```
$ {cd cake}
$ {make long}
./cake.rb 10000 | ../histogram.rb -w=0.1 -u=100
  0.9<= | * 106 (1.1%)
  0.8<= | *** 306 (3.1%)
  0.7<= | ***** 505 (5.1%)
  0.6<= | ******* 701 (7.0%)
  0.5<= | ******** 858 (8.6%)
  0.4<= | ********** 1088 (10.9%)
  0.3<= | ************* 1321 (13.2%)
  0.2<= | *************** 1538 (15.4%)
  0.1<= | ***************** 1711 (17.1%)
     0<= | ****************** 1866 (18.7%)
total 10000 data (median 0.291384, mean 0.333657, std dev 0.235988)
```

　　该图显示了计算机根据上述规则切分蛋糕1万次之后，弟弟得到的蛋糕大小（假设整块蛋糕的大小为1）。从结果上来看，这一规则显然不公平。

蛋糕卷

　　如图4.59所示，我们现在要将一块蛋糕卷分给一郎、二郎、三郎、四郎和五郎共5人。四刀完全随机（且不会受之前的切分情况影响），切分得到的5段蛋糕卷将从左至右依次分给一郎、二郎直至五郎。这种分法是否公平？

　　我们借助计算机模拟了一郎和三郎分到的蛋糕大小（假设整块蛋糕的大小为1），并重复实验1万次，得到的图如下所示。

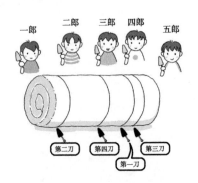

图4.59　随机切分蛋糕卷

```
$ {make rlong}
(1st piece)
./cake.rb -r=5 10000 | ./cut.rb -f=1 | ../histogram.rb -w=0.1 -u=100
  0.9<= |  3 (0.0%)
  0.8<= |  13 (0.1%)
  0.7<= |  65 (0.7%)
  0.6<= | * 154 (1.5%)
  0.5<= | *** 382 (3.8%)
  0.4<= | ****** 684 (6.8%)
  0.3<= | ********** 1119 (11.2%)
  0.2<= | **************** 1721 (17.2%)
  0.1<= | *********************** 2454 (24.5%)
    0<= | ********************************* 3405 (34.1%)
total 10000 data (median 0.160145, mean 0.200375, std dev 0.162916)
(3rd piece)
./cake.rb -r=5 10000 | ./cut.rb -f=3 | ../histogram.rb -w=0.1 -u=100
  0.8<= |  15 (0.1%)
  0.7<= |  83 (0.8%)
  0.6<= | * 161 (1.6%)
  0.5<= | *** 374 (3.7%)
  0.4<= | ****** 674 (6.7%)
  0.3<= | ********* 1085 (10.8%)
  0.2<= | **************** 1703 (17.0%)
  0.1<= | *********************** 2494 (24.9%)
    0<= | ********************************* 3411 (34.1%)
total 10000 data (median 0.159986, mean 0.200335, std dev 0.163917)
```

上半部分是一郎的结果,下半部分是三郎的结果。这种分发看似公平(分布相似),读者能否通过数学表达式来说明一下呢?

第5章

协方差矩阵、多元正态分布与椭圆

A：一收到去年入学考试成绩数据，我便马上分析了一下，发现使用的统计软件有问题啊。

B：怎么了？

A：这个软件预测在模拟考中考出700分的人实际考试时得分为650分。以防万一又反过来拿650分作为实际考试成绩试了一下，结果得出的模拟考分数只有600。按理说应该得到700分才对吧？

B：嗯……依然是槽点太多不知道该说什么才好了。你还是重新学习一下多元正态分布的性质吧（图5.19）。

本章将再次讨论随机变量 X, Y, Z 之间的关系。第2章已经对此做了初步介绍，本章的内容与第2章有以下区别。

- 第2章：不关心随机变量之间的具体关系，仅讨论是否相关或完全独立
- 本章：讨论具体的相关程度，即当某一变量改变时，其他变量将发生多大的变化

前者讨论的是整体的相关性，后者则着重分析某方面的相关程度。另一方面，前者的适用范围更广，可以解决诸如抛硬币的朝向等各类问题，后者却只能处理数字。前者在概率理论中发挥着极为重要的作用。不过，后者（协方差与相关系数）由于较易理解与运用，因此在基础的数据分析中得到了广泛应用。这么说或许还不太容易理解，不过不用担心，我们接下来将具体说明。

本书将以如下方式讲解，帮助读者深刻理解协方差矩阵的性质。

- 将所有随机变量配对，并分析它们之间的相关性
- 将分析结果整理成一览表
- 将该一览表视作矩阵（协方差矩阵）处理

协方差矩阵的内容暂不展开，我们首先讨论多元正态分布的问题。不少入门教材会省略这方面的内容，不过在概率统计的实际应用中常会采用多元正态分布。为了理解这些应用，我们需要了解一些基本的概念。上面的一览表将涉及大量复杂的数学公式，本章将通过几何图像帮助读者理解这些概念。事实上，本章的很多结论都可以通过椭圆或椭圆体的图像来解释。

　　在充分理解了多元正态分布与椭圆之间的关系后，我们将继续讨论更为一般的分布。与多元正态分布不同，一般分布通常无法通过椭圆来表现。话虽如此，从某种意义上来讲，椭圆仍然是一种很好的参照物。在学完本章之后，读者就能以图像方式来理解上述一览表，它不再仅仅是大量数字的无序罗列，而是椭圆的某种特殊表述。

　　本章旨在为8.1节和8.2节的讲解做一下铺垫，与后两章的相关性较小。如果读者希望提前阅读其他章节，可以先跳过本章。

5.1　协方差与相关系数

5.1.1　协方差

　　本节将首先引入两个随机变量 X, Y 的协方差(covariance) $\mathrm{Cov}[X, Y]$ 的概念。协方差的数学表述与方差类似，不过含义有所不同。X 与 Y 都是随机变量，可能取任意大小的值。我们希望协方差能够描述以下情况。

- 协方差为正→当一方增大时，另一方也倾向于增大
- 协方差为负→当一方增大时，另一方反而倾向于减小
- 协方差为0→即使一方增大，另一方也不会因此增大或减小

　　下面是协方差的具体定义。设随机变量 X, Y 的期望值分别为 μ, ν。此时，X 与 Y 的协方差的定义如下。

$$\mathrm{Cov}[X, Y] \equiv \mathrm{E}[(X - \mu)(Y - \nu)]$$

请读者将它与方差的定义 $\mathrm{V}[X] \equiv \mathrm{E}[(X - \mu)^2]$ 做一下对比(参见3.4节)。不难发现，从形式上来看，协方差是方差定义的一种扩充。

　　我们已经定义了协方差，那么 $\mathrm{Cov}[X, Y]$ 究竟包含了怎样的含义呢？要解决这个问题，我们需要切换至人类视角，将 X 与 Y 视作值不确定的随机量。由于 X 随机，因此并不能始终取到期望值 μ，它的值有时会大于 μ，有时又会小于 μ。为了表示"X 与 μ 具体相差多少"，协方差的定义中使用了 $(X - \mu)$。类似地，$(Y - \nu)$ 用于表示 Y 与期望值之差。由此，我们可以通过下面的比较来确定协方差的符号。

$$\begin{cases} (X - \mu) \text{ 与 } (Y - \nu) \text{ 的符号相同} \to (X - \mu)(Y - \nu) \text{ 为正（图5.1中的甲丙部分）} \\ (X - \mu) \text{ 与 } (Y - \nu) \text{ 的符号相反} \to (X - \mu)(Y - \nu) \text{ 为负（图5.1中的乙丁部分）} \end{cases}$$

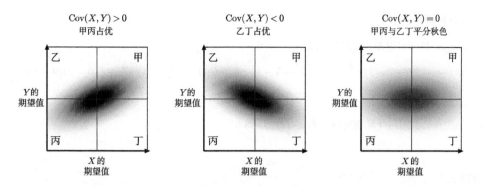

图 5.1　分布的倾向与协方差的符号。图案的深浅用于表示概率密度函数 $f_{X,Y}(x,y)$

也就是说，当协方差的值为正时：

- 如果一方的取值大于期望值，另一方取值大于期望值的概率也将更大
- 如果一方的取值小于期望值，另一方取值小于期望值的概率也将更大

反之，如果协方差的值为负：

- 如果一方的取值大于期望值，另一方取值小于期望值的概率将更大
- 如果一方的取值小于期望值，另一方取值大于期望值的概率将更大

如果不存在上述相关性，协方差的值则为零。这就是本节的主要内容。

　　如果 $\mathrm{Cov}[X,Y]$ 为正，我们称 X 与 Y 正相关。如果为负则称负相关。有时，我们也统称两者相关。另一方面，如果 $\mathrm{Cov}[X,Y]$ 为零，我们称 X 与 Y 不具有相关性，或简称 X 与 Y 不相关。

练习题 5.1

　　对于 $(X,Y)=(-6,-7),(8,-5),(-4,7),(10,9)$，每种结果的出现概率都是 $1/4$。试求 $\mathrm{Cov}[X,Y]$。

答案

设 X,Y 的期望值分别为 μ,ν。

$$\mu \equiv \mathrm{E}[X] = \sum_i i\mathrm{P}(X=i) = (-6)\cdot\frac{1}{4} + 8\cdot\frac{1}{4} + (-4)\cdot\frac{1}{4} + 10\cdot\frac{1}{4} = 2$$

$$\nu \equiv \mathrm{E}[Y] = \sum_j j\mathrm{P}(Y=j) = (-7)\cdot\frac{1}{4} + (-5)\cdot\frac{1}{4} + 7\cdot\frac{1}{4} + 9\cdot\frac{1}{4} = 1$$

于是答案如下。

$$\mathrm{Cov}[X, Y] = \mathrm{E}[(X-2)(Y-1)]$$
$$= (-6-2)(-7-1) \cdot \frac{1}{4} + (8-2)(-5-1) \cdot \frac{1}{4} + (-4-2)(7-1) \cdot \frac{1}{4} + (10-2)(9-1) \cdot \frac{1}{4}$$
$$= 14$$

（如果读者忘了如何计算期望值，请复习练习题3.5）。

练习题 5.2

实数值随机变量 X, Y 的联合分布的概率密度函数 $f_{X,Y}(x, y)$ 如下所示，试写出用于计算 $\mathrm{Cov}[X, Y]$ 的积分表达式。如有能力，请求出 $\mathrm{Cov}[X, Y]$ 的值。

$$f_{X,Y}(x, y) = \begin{cases} x + y & (0 \leqslant x \leqslant 1 \text{ 且 } 0 \leqslant y \leqslant 1) \\ 0 & (x < 0 \text{ 或 } x > 1 \text{ 或 } y < 0 \text{ 或 } y > 1) \end{cases}$$

答案

设 X, Y 的期望值分别为 μ, ν。

$$\mu \equiv \mathrm{E}[X] = \int_{-\infty}^{\infty} \left(\int_{-\infty}^{\infty} x f_{X,Y}(x, y) \, \mathrm{d}x \right) \mathrm{d}y = \int_0^1 \left(\int_0^1 x(x+y) \, \mathrm{d}x \right) \mathrm{d}y$$
$$= \int_0^1 \left[\frac{1}{3}x^3 + \frac{y}{2}x^2 \right]_{x=0}^{x=1} \mathrm{d}y = \int_0^1 \left(\frac{1}{3} + \frac{y}{2} \right) \mathrm{d}y = \left[\frac{y}{3} + \frac{y^2}{4} \right]_0^1 = \frac{1}{3} + \frac{1}{4} = \frac{7}{12}$$

又由对称性可得 ν 也是 7/12。于是有如下答案。

$$\mathrm{Cov}[X, Y] = \mathrm{E}\left[\left(X - \frac{7}{12} \right) \left(Y - \frac{7}{12} \right) \right] = \int_{-\infty}^{\infty} \left(\int_{-\infty}^{\infty} \left(x - \frac{7}{12} \right) \left(y - \frac{7}{12} \right) f_{X,Y}(x, y) \, \mathrm{d}x \right) \mathrm{d}y$$
$$= \int_0^1 \left(\int_0^1 \left(x - \frac{7}{12} \right) \left(y - \frac{7}{12} \right)(x+y) \, \mathrm{d}x \right) \mathrm{d}y$$
$$= \int_0^1 \left(\int_0^1 xy(x+y) \, \mathrm{d}x \right) \mathrm{d}y - \frac{7}{12} \int_0^1 \left(\int_0^1 x(x+y) \, \mathrm{d}x \right) \mathrm{d}y - \frac{7}{12} \int_0^1 \left(\int_0^1 y(x+y) \, \mathrm{d}x \right) \mathrm{d}y$$
$$+ \left(\frac{7}{12} \right)^2 \int_0^1 \left(\int_0^1 (x+y) \, \mathrm{d}x \right) \mathrm{d}y$$

仔细观察后不难发现，第1项的积分在练习题4.16出现过，值为1/3。第2项与第3项积分刚才也已求得。第4项积分正是概率密度函数，因此值应当为1（根据题干就能得出这一结论，如果不放心，读者也可以自己计算确认，得到的值应该一样）。由此，我们能够求得协方差的值。

$$\mathrm{Cov}[X, Y] = \frac{1}{3} - \frac{7}{12} \cdot \frac{7}{12} - \frac{7}{12} \cdot \frac{7}{12} + \left(\frac{7}{12} \right)^2 \cdot 1 = -\frac{1}{144}$$

5.1.2　协方差的性质

在进一步讨论前，我们需要总结一下协方差的性质。上一节对协方差做了如下定义。

$$\mathrm{Cov}[X,Y] = \mathrm{E}[(X-\mu)(Y-\nu)] \qquad \text{其中}\mu = \mathrm{E}[X],\, \nu = \mathrm{E}[Y]$$

根据该定义，我们可以立即得到以下两条结论。

$$\mathrm{Cov}[X,Y] = \mathrm{Cov}[Y,X]$$
$$\mathrm{Cov}[X,X] = \mathrm{V}[X]$$

由于协方差的定义中使用了 $(X-\mu)$, $(Y-\nu)$ 来表示随机变量与期望值的差，因此在为随机变量加上常量 a,b 后，结论依然成立。

$$\mathrm{Cov}[X+a,Y+b] = \mathrm{Cov}[X,Y]$$

事实上，$X' \equiv X+a$ 与其期望值 $\mu' \equiv \mu+a$ 两者的变换方式相同，于是变换后的差 $(X'-\mu')$ 与原来的 $(X-\mu)$ 也相同。Y 也是如此，因此 $\mathrm{Cov}[X+a,Y+b]$ 与 $\mathrm{Cov}[X,Y]$ 相同。不过，在乘以常量 a,b 后，协方差的值将发生变化。

$$\mathrm{Cov}[aX,bY] = ab\,\mathrm{Cov}[X,Y]$$

由于 $X'' \equiv aX$ 的期望值 $\mu'' \equiv a\mu$，且 $Y'' \equiv bY$ 的期望值 $\nu'' \equiv b\nu$，因此协方差也会相应增大，最终结果如下。

$$\mathrm{Cov}[aX,bY] = \mathrm{Cov}[X'',Y''] = \mathrm{E}[(X''-\mu'')(Y''-\nu'')]$$
$$= \mathrm{E}[(aX-a\mu)(bY-b\nu)] = ab\,\mathrm{E}[(X-\mu)(Y-\nu)] = ab\,\mathrm{Cov}[X,Y]$$

特别是，当 $\mathrm{V}[X] = \mathrm{Cov}[X,X]$ 时，协方差将增加 a^2 倍，这与3.4.4节的性质也相符。

$$\mathrm{V}[aX] = \mathrm{Cov}[aX,aX] = aa\,\mathrm{Cov}[X,X] = a^2\mathrm{V}[X] \qquad \text{（并非增加a倍！）}$$

此外，如果 X 与 Y 独立，它们与各自的期望值 μ,ν 相减得到的 $X-\mu$ 与 $Y-\nu$ 自然也独立，因此协方差必然为零，如下所示。

$$\mathrm{Cov}[X,Y] = \mathrm{E}[(X-\mu)(Y-\nu)] \qquad \cdots\cdots\text{由于独立，相乘后的期望值是期望值的乘积}$$
$$= \mathrm{E}[X-\mu]\mathrm{E}[Y-\nu] = (\mu-\mu)(\nu-\nu) = 0$$

简言之，变量独立则不相关。根据定义，这一结论顺理成章。由于 X 的取值不会影响 Y 的条件分布，Y 的取值自然不会受到 X 的取值大小的影响。

不过，我们只能从独立推出不相关，反之则不一定。即使两个随机变量不相关，也不表示它们一定独立。之后我们将讨论具体的例子(参见5.1.4节)。

练习题 5.3

当 $\mathrm{Cov}[X, Y] = 3$ 时，$\mathrm{Cov}[2X + 1, Y - 4]$ 的值为多少?

答案

$$\mathrm{Cov}[2X + 1, Y - 4] = \mathrm{Cov}[2X, Y] = 2\mathrm{Cov}[X, Y] = 6$$

练习题 5.4

试证明如下公式 [①]。

$$\mathrm{Cov}[X, Y] = \mathrm{E}[XY] - \mathrm{E}[X]\mathrm{E}[Y]$$

答案

设 $\mathrm{E}[X] = \mu$，$\mathrm{E}[Y] = \nu$。其中 μ, ν 是常量，取值确定。

$$\begin{aligned}
\mathrm{Cov}[X, Y] &= \mathrm{E}[(X - \mu)(Y - \nu)] = \mathrm{E}[XY - \nu X - \mu Y + \mu\nu] \\
&= \mathrm{E}[XY] - \mathrm{E}[\nu X] - \mathrm{E}[\mu Y] + \mathrm{E}[\mu\nu] \\
&= \mathrm{E}[XY] - \nu\mathrm{E}[X] - \mu\mathrm{E}[Y] + \mu\nu \\
&= \mathrm{E}[XY] - \nu\mu - \mu\nu + \mu\nu = \mathrm{E}[XY] - \mu\nu
\end{aligned}$$

5.1.3　分布倾向的明显程度与相关系数

5.1.1节已经得出了如下结论。

1. 当 X 取值较大时 Y 也倾向于取较大的值 $\rightarrow \mathrm{Cov}[X, Y] > 0$

2. 当 X 取值较大时 Y 倾向于取较小的值 $\rightarrow \mathrm{Cov}[X, Y] < 0$

3. 不存在上述倾向 $\rightarrow \mathrm{Cov}[X, Y] = 0$

图5.2是几个例子，请读者确认。

---

① 请读者将它与3.4.6节介绍的公式 $\mathrm{V}[X] = \mathrm{E}[X^2] - \mathrm{E}[X]^2$ 做比较。

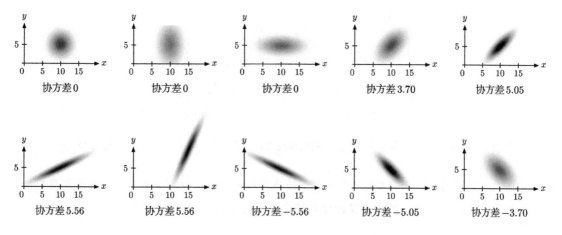

图 5.2 分布的倾向与协方差

我们已经了解了符号 $\mathrm{Cov}[X,Y]$ 的含义。那么，它的值表示什么含义呢？例如，读者一定非常好奇，$\mathrm{Cov}[X,Y] = 3.70$ 与 $\mathrm{Cov}[X,Y] = 5.05$ 同样都是正值，它们之间有何差异？本节就将解决这些问题。

根据我们之前列举的例子，大家可能会有如下猜测。

- 第一种倾向（结论1）越明显，$\mathrm{Cov}[X,Y]$ 就为正值且越大
- 第二种倾向（结论2）越明显，$\mathrm{Cov}[X,Y]$ 就为负值且越小

也就是说，绝对值 $|\mathrm{Cov}[X,Y]|$ 的大小表示分布倾向的明显程度

然而，上述猜测是不正确的。

我们来看一个极端的例子，读者将很容易发现其中的问题。设 $\mathrm{Cov}[X,Y] = 3.70$，于是 X 与 Y 之间呈现出第一种倾向。将 X,Y 都扩大一百倍后得到 $Z \equiv 100X$ 与 $W \equiv 100Y$。Z 与 W 的协方差的值非常大。

$$\mathrm{Cov}[Z, W] = \mathrm{Cov}[100X, 100Y] = 100 \cdot 100 \cdot \mathrm{Cov}[X,Y] = 37\,000$$

不过，这是否表示 Z 与 W 之间明显呈现出第一种倾向呢？并非如此。事实上，我们可以从图 5.3 中看出，X、Y 和 Z、W 之间所呈现的第一种倾向的程度基本相同。我们改变的仅仅是数值的比例，分布倾向没有变化也理所当然。

因此，我们无法通过协方差的值的大小来判断分布的倾向。那我们该如何了解分布倾向的明显程度呢？既然协方差的值不能实现这一目的，我们试着改用以下方法。

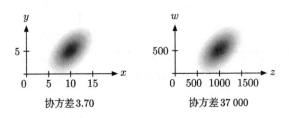

图5.3　协方差的大小并不反映分布倾向的明显程度。左图为 $f_{X,Y}(x,y)$，右图为 $f_{Z,W}(z,w)$

　　　改变 X 与 Y 的比例不会对分布倾向造成实际的影响。分布的形状没有发生本质变化。为了避免比例干扰，我们应保持比例恒定，再对不同情况做具体比较。

具体的比较方式如下。为了统一分布的范围，我们可以采用3.4.4节介绍的标准化方法。对于我们现在讨论的情况，期望值是否发生位移变化都不会影响协方差，只需做缩放处理即可。于是我们只要将变量除以方差的平方根（即标准差）就能完成标准化。

$$\tilde{X} \equiv \frac{X}{\sigma_X}, \quad \tilde{Y} \equiv \frac{Y}{\sigma_Y} \qquad \text{其中 } \sigma_X \equiv \sqrt{V[X]}, \quad \sigma_Y \equiv \sqrt{V[Y]}$$

经过上述变换，$V[\tilde{X}]$ 与 $V[\tilde{Y}]$ 的值都变为了1。$\tilde{X}, \tilde{Y}$ 的协方差如下。

$$\text{Cov}[\tilde{X}, \tilde{Y}] = \text{Cov}\left[\frac{X}{\sigma_X}, \frac{Y}{\sigma_Y}\right] = \frac{\text{Cov}[X,Y]}{\sigma_X \sigma_Y} = \frac{\text{Cov}[X,Y]}{\sqrt{V[X]}\sqrt{V[Y]}}$$

　　此时，用于去除比例干扰的这一指标称为相关系数 ρ_{XY} [1]。

$$\rho_{XY} \equiv \frac{\text{Cov}[X,Y]}{\sqrt{V[X]}\sqrt{V[Y]}}$$

相关系数是一种用于分析数据之间关系的基本工具，常用于统计分析领域。之前图5.2的相关系数如图5.4所示。

---

① ρ 是希腊字母，读作"柔"。

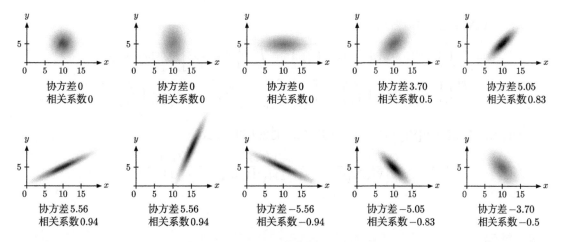

图5.4　分布的倾向与协方差・相关系数

练习题 5.5

试求练习题5.1中 X, Y 的相关系数 ρ_{XY}。

答案

我们已经得到 $E[X] = 2$，$E[Y] = 1$，$Cov[X, Y] = 14$。两变量的方差如下。

$$V[X] = E[(X-2)^2]$$
$$= (-6-2)^2 \cdot \frac{1}{4} + (8-2)^2 \cdot \frac{1}{4} + (-4-2)^2 \cdot \frac{1}{4} + (10-2)^2 \cdot \frac{1}{4} = 50$$
$$V[Y] = E[(Y-1)^2]$$
$$= (-7-1)^2 \cdot \frac{1}{4} + (-5-1)^2 \cdot \frac{1}{4} + (7-1)^2 \cdot \frac{1}{4} + (9-1)^2 \cdot \frac{1}{4} = 50$$

于是可以求得以下相关系数。

$$\rho_{XY} = \frac{Cov[X, Y]}{\sqrt{V[X]}\sqrt{V[Y]}} = \frac{14}{\sqrt{50}\sqrt{50}} = \frac{14}{50} = 0.28$$

练习题 5.6

对于练习题5.2中的 X, Y，试写出用于计算相关系数 ρ_{XY}的积分表达式。如有能力，请求出该相关系数的值。

答案

我们已经得到 $E[X] = E[Y] = 7/12$，$Cov[X, Y] = -1/144$。随机变量 X 的方差如下。

$$V[X] = E[X^2] - E[X]^2$$

$$= \int_0^1 \left(\int_0^1 x^2(x+y)\,\mathrm{d}x \right) \mathrm{d}y - \left(\frac{7}{12}\right)^2 = \int_0^1 \left[\frac{1}{4}x^4 + \frac{y}{3}x^3 \right]_{x=0}^{x=1} \mathrm{d}y - \left(\frac{7}{12}\right)^2$$

$$= \int_0^1 \left(\frac{1}{4} + \frac{y}{3} \right) \mathrm{d}y - \left(\frac{7}{12}\right)^2 = \left[\frac{y}{4} + \frac{y^2}{6} \right]_0^1 - \left(\frac{7}{12}\right)^2 = \frac{1}{4} + \frac{1}{6} - \left(\frac{7}{12}\right)^2 = \frac{11}{144}$$

类似地，可以得到 $V[Y] = 11/144$ 。于是可以求得以下相关系数。

$$\rho_{XY} = \frac{\mathrm{Cov}[X,Y]}{\sqrt{V[X]}\sqrt{V[Y]}} = \frac{-1/144}{\sqrt{11/144}\sqrt{11/144}} = -\frac{1/144}{11/144} = -\frac{1}{11}$$

练习题 5.7

请读者证明相关系数是否确实不受变量的缩放比例影响，计算不同比例下的相关系数。

答案

我们需要改变随机变量 X, Y 的比例，设 $Z \equiv aX$，$W \equiv bY$（其中 a, b 都是正常量）。此时以下等式成立。

$$\rho_{ZW} = \frac{\mathrm{Cov}[Z,W]}{\sqrt{V[Z]}\sqrt{V[W]}} = \frac{\mathrm{Cov}[aX,bY]}{\sqrt{V[aX]}\sqrt{V[bY]}} = \frac{ab\,\mathrm{Cov}[X,Y]}{\sqrt{a^2V[X]}\sqrt{b^2V[Y]}} = \frac{\mathrm{Cov}[X,Y]}{\sqrt{V[X]}\sqrt{V[Y]}} = \rho_{XY}$$

练习题 5.8

请读者证明变量与常量相加后相关系数不变。即对于 $Z \equiv X + a$，$W \equiv Y + b$（其中 a, b 为常量），$\rho_{ZW} = \rho_{XY}$ 始终成立。

答案

我们可以借助方差与协方差的性质来证明等式。

$$\rho_{ZW} = \frac{\mathrm{Cov}[Z,W]}{\sqrt{V[Z]}\sqrt{V[W]}} = \frac{\mathrm{Cov}[X+a,Y+b]}{\sqrt{V[X+a]}\sqrt{V[Y+b]}} = \frac{\mathrm{Cov}[X,Y]}{\sqrt{V[X]}\sqrt{V[Y]}} = \rho_{XY}$$

相关系数具有以下性质。请读者通过图5.4确认这些性质。

- 相关系数的取值范围为 -1 到 $+1$。
- 相关系数距离 $+1$ 越近，(X,Y) 就越趋近于一条左下右上方向的直线[①]。

---

① 请读者注意，并不是距离 $+1$ 越近就越往右上倾斜，而是越接近一条向右上倾斜的直线。

- 相关系数距离 -1 越近，(X,Y) 就越趋近于一条左上右下方向的直线。
- 如果 X,Y 独立，相关系数为 0。

由于变量独立时 $\mathrm{Cov}[X,Y]=0$，因此最后一条性质显然成立。其他性质的证明需要一些技巧，我们将通过一些练习题来验证离散值的情况。

练习题 5.9

(X,Y) 可以取值 $(a_1,b_1),(a_2,b_2),\cdots,(a_9,b_9)$，且每种取值的概率相等。也就是说，$X=a_1$ 且 $Y=b_1$ 的概率为 $1/9$，$X=a_2$ 且 $Y=b_2$ 的概率也是 $1/9$，包括 $X=a_9$ 且 $Y=b_9$ 在内所有情况的取值概率都是 $1/9$。请读者证明此时相关系数大于等于 -1 且小于等于 $+1$，并回答何时相关系数恰好为 -1 或 $+1$。

提示：设 $\mathrm{E}[X]\equiv\mu$，$\mathrm{E}[Y]\equiv\nu$，且 $\Delta a_i\equiv a_i-\mu$，$\Delta b_i\equiv b_i-\nu$ $(i=1,\cdots,9)$ 来构造 9 元向量。

答案

根据提示，我们可以得到以下两个向量。

$$\Delta\boldsymbol{a}\equiv\begin{pmatrix}\Delta a_1\\ \vdots\\ \Delta a_9\end{pmatrix},\qquad \Delta\boldsymbol{b}\equiv\begin{pmatrix}\Delta b_1\\ \vdots\\ \Delta b_9\end{pmatrix}$$

之后，我们可以像下面这样，通过内积来表示方差与协方差（$\cdot$ 表示内积，$\|\cdots\|$ 表示向量的长度）。

$$\mathrm{Cov}[X,Y]=\frac{1}{9}\Delta\boldsymbol{a}\cdot\Delta\boldsymbol{b},\quad \mathrm{V}[X]=\frac{1}{9}\Delta\boldsymbol{a}\cdot\Delta\boldsymbol{a}=\frac{1}{9}\|\Delta\boldsymbol{a}\|^2,\quad \mathrm{V}[Y]=\frac{1}{9}\Delta\boldsymbol{b}\cdot\Delta\boldsymbol{b}=\frac{1}{9}\|\Delta\boldsymbol{b}\|^2$$

于是相关系数可以用以下形式表述。

$$\rho_{XY}=\frac{\frac{1}{9}\Delta\boldsymbol{a}\cdot\Delta\boldsymbol{b}}{\sqrt{\frac{1}{9}\|\Delta\boldsymbol{a}\|^2}\sqrt{\frac{1}{9}\|\Delta\boldsymbol{b}\|^2}}=\frac{\Delta\boldsymbol{a}\cdot\Delta\boldsymbol{b}}{\|\Delta\boldsymbol{a}\|\|\Delta\boldsymbol{b}\|}$$

根据施瓦茨不等式，$-1\leqslant\rho_{XY}\leqslant 1$ 成立（参见附录 A.6）。

当 $\Delta\boldsymbol{a}$ 与 $\Delta\boldsymbol{b}$ 完全同向时 $\rho_{XY}=1$。换言之，在比例关系 $a_i-\mu=c(b_i-\nu)$（其中 $c>0$）成立时 $\rho_{XY}=1$。当 $\Delta\boldsymbol{a}$ 与 $\Delta\boldsymbol{b}$ 完全反向时 $\rho_{XY}=-1$。也就是说，在比例关系 $a_i-\mu=-c(b_i-\nu)$（其中 $c>0$）成立时 $\rho_{XY}=-1$。

综上所述，$\rho_{XY}=\pm 1$ 将在 $(a_1,b_1),\cdots,(a_9,b_9)$ 处于同一直线时成立，如图 5.5 所示。如果直线沿左下右上方向，符号则为正，否则为负。

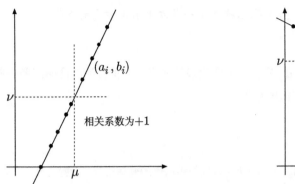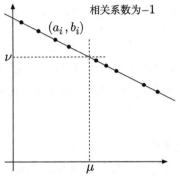

图 5.5 相关系数 $\rho_{XY} = \pm 1$ 将在各点处于同一直线上时成立

练习题 5.10

请问如果上一题中 $(X, Y) = (a_i, b_i)$ 的概率 p_i 各不相同，情况将会如何？假设 $p_i > 0$，其中 $(i = 1, \cdots, 9)$。

提示：设 $\mathrm{E}[X] \equiv \mu$，$\mathrm{E}[Y] \equiv \nu$，且 $\tilde{a}_i \equiv \sqrt{p_i}(a_i - \mu)$，$\tilde{b}_i \equiv \sqrt{p_i}(b_i - \nu)(i = 1, \cdots, 9)$ 来构造 9 元向量。

答案

根据提示，我们可以得到以下两个向量。

$$\tilde{a} \equiv \begin{pmatrix} \tilde{a}_1 \\ \vdots \\ \tilde{a}_9 \end{pmatrix}, \qquad \tilde{b} \equiv \begin{pmatrix} \tilde{b}_1 \\ \vdots \\ \tilde{b}_9 \end{pmatrix}$$

于是方差与协方差可以通过如下方式表示。

$$\mathrm{Cov}[X, Y] = \tilde{a} \cdot \tilde{b}, \quad \mathrm{V}[X] = \|\tilde{a}\|^2, \quad \mathrm{V}[Y] = \|\tilde{b}\|^2$$

与上一题一样，我们可以得出 $-1 \leqslant \rho_{XY} \leqslant +1$ 的结论。$\rho_{XY} = \pm 1$ 的条件也与之前完全相同。

5.1.4 协方差与相关系数的局限性

我们可以通过协方差与相关系数获知联合分布是否形如一条左下右上方向（或左上右下方向）的斜线，以及相似的程度。这一特性十分有用，在实际的数据分析问题中，求解相关系数往往是最基本的步骤。

　　然而，我们也不能过分盲信相关系数。在使用相关系数时，我们必须明确了解它能够反映哪些信息，不能反映哪些信息，弄清楚它的局限性。

　　我们来看一个极端的例子。对于图5.6所示的分布，相关系数都几乎为零。整个分布完全看不出有任何地方与左下右上方向（或左上右下方向）的斜线相似。即使如此，我们还不能断言X与Y不相关。对于左图的分布，如果知道$X=5$，我们就能大致判断出Y约为5或15。对于右图的分布，如果$X=5$，那Y就会接近15。如果我们不知道X的值，就无法得出这类推论。也就是说，这两个例子中X与Y完全不同。因此，X与Y不可能独立。

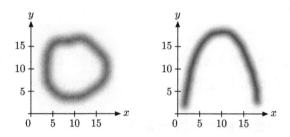

图5.6　即使相关系数为0，变量也可能相关（两图的图案深浅都表示概率密度函数 $f_{X,Y}(x,y)$）

　　由于存在这类情况，我们不能草率地仅凭相关系数来判断变量之间的关系。在分析数据时，我们应首先观察图5.7那样的散点图。如果该图与之前的图5.4明显不同，变量之间的关系往往就无法简单地通过相关系数判断，我们必须做更深入的分析。

（学号）	期中考试的分数	期末考试的分数
1	59	37
2	64	72
3	30	68
⋮	⋮	⋮

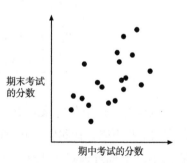

图5.7　散点图

　　另一方面，相关系数接近$+1$或-1并不表示变量直接相关。例如，某大学食堂咖喱饭的销售额与总务处的失物招领数正相关，这是否表示咖喱饭与失物招领有直接的关联呢？事实很可能只是因为假期学生放假，于是咖喱饭的销售额和失物招领件数同时下降，仅此而已。

也就是说，两者之所以具有表面上的相关性，只不过是由于它们都与出勤人数这一参数有关而已。

$$咖喱的销售额 \overset{相关}{\longleftrightarrow} 出勤人数 \overset{相关}{\longleftrightarrow} 失物招领件数$$

后文的图5.21是一个类似的例子，它通过截面与投影表示出这种情况。读者也可以参考问答专栏2.7中关于因果关系的一些注意事项。

5.2 协方差矩阵

我们已经讨论了两个随机变量 X, Y 之间的相关性问题，即在 X 增大时 Y 是否具有同时增大（或减小）的倾向。本节将对问题做进一步推广，讨论四个随机变量 X, Y, Z, W 的情况。

5.2.1 协方差矩阵＝方差与协方差的一览表

假设有 n 个随机变量 X，$X_1, \cdots, X_n$，我们怎样才能了解这些变量之间的相关性呢？即如何判断在某个变量增大时，另一个变量是否具有增大（或减小）的倾向。最简单的方法是计算所有变量对（如 X_1 与 X_2，X_1 或 X_3）的协方差 $\mathrm{Cov}[\bigcirc, \triangle]$，并将它们整理为一张 $n \times n$ 的一览表。例如，下表是 $n = 3$ 时的情况。

	X_1	X_2	X_3
X_1	$\mathrm{Cov}[X_1, X_1]$	$\mathrm{Cov}[X_1, X_2]$	$\mathrm{Cov}[X_1, X_3]$
X_2	$\mathrm{Cov}[X_2, X_1]$	$\mathrm{Cov}[X_2, X_2]$	$\mathrm{Cov}[X_2, X_3]$
X_3	$\mathrm{Cov}[X_3, X_1]$	$\mathrm{Cov}[X_3, X_2]$	$\mathrm{Cov}[X_3, X_3]$

读者也许打算逐个分析该表中的数据，判断变量之间的关系，不过本节不会采用这种机械的方法。接下来，让我们一起讨论一种更有趣的方式。

我们不应把视野锁定于表中一个个具体的数值，而应该关注整张表将与怎样的图像对应。这是本节的基本思路。解决问题的突破口是将该表视做一个 3×3 的矩阵。该矩阵称为 X_1, X_2, X_3 的协方差矩阵。有时它也被称为协方差阵。通常，对于 n 个随机变量 $X_1, X_2, \cdots, X_n$，它们的协方差矩阵是一个 $n \times n$ 的方阵。

协方差矩阵中元素 (i, j) 的方差如下。

- 当 $i=j$ 时（对角线元素）方差 $\mathrm{V}[X_i]$ $(=\mathrm{Cov}[X_i,X_i])$。
- 当 $i\neq j$ 时（非对角线元素）协方差 $\mathrm{Cov}[X_i,X_j]$ $(=\mathrm{Cov}[X_j,X_i])$。

于是，X_1,X_2,X_3 的协方差矩阵可以改写为以下形式。

$$\begin{pmatrix} \mathrm{V}[X_1] & \mathrm{Cov}[X_1,X_2] & \mathrm{Cov}[X_1,X_3] \\ \mathrm{Cov}[X_1,X_2] & \mathrm{V}[X_2] & \mathrm{Cov}[X_2,X_3] \\ \mathrm{Cov}[X_1,X_3] & \mathrm{Cov}[X_2,X_3] & \mathrm{V}[X_3] \end{pmatrix}$$

不难发现，协方差矩阵是一个对称矩阵（转置后矩阵不变），且对角线元素全都大于等于零。

习惯上，我们使用 σ^2 来表示方差，为此，协方差矩阵常会通过字母 Σ 表示（它是 σ 的大写字母）。不过这种记法容易与求和符号混淆，因此本书不会采用这种方式。

5.2.2　协方差矩阵的向量形式表述

上一节仅仅介绍了协方差矩阵的矩阵定义，并没有太多可以深挖之处。在引入了矩阵之后，我们就能够通过单个向量列出所有的随机变量，来表述协方差矩阵。设纵向排列 $X_1,X_2,\cdots,X_n$ 得到的列向量为 $\boldsymbol{X}$。

$$\boldsymbol{X}\equiv\begin{pmatrix}X_1\\X_2\\\vdots\\X_n\end{pmatrix}$$

$\boldsymbol{X}$ 是一个列向量而非数字，为避免混淆，本章出现的所有向量都将以粗体表示。读者在做笔记时可以用 $\mathbb{X},\mathbb{Z},\mathbb{A}$ 这类的黑板粗体来区分（手写时如果特意加粗，字体的效果反而不好，更难以区分）。此外，为区分列向量与行向量，本章提及的向量 $\boldsymbol{X}$ 原则上都是列向量①。行向量将以列向量的转置形式 $\boldsymbol{X}^T$ 表示。符号○^{T} 表示"○的转置"②。

---

① 在其他章节中，向量并不一定全都以粗体表示，且不限于列向量，例如，我们会使用 $X=(X_1,\cdots,X_n)$ 的表述方式。毕竟，如果不含矩阵计算，行向量书写起来更加方便。这种规则的不统一确实会给读者带来不便，不过这并非本书才有的问题。进入大学后，读者在学习时可能常会遇到这类规则的不统一。这是因为不同的领域都有各自最佳的表述方式，很难找到一种通用的写法。读者多接触后就会习惯这种情况，不必过分在意这些差别。
② 为节省篇幅，本书有时也会使用 $\boldsymbol{X}=(X_1,X_2,\cdots,X_n)^T$ 的表述方式。它也表示一个由 $X_1,X_2,\cdots,X_n$ 组成的列向量 $\boldsymbol{X}$。在其他一些教材中，转置也会记作○^{t}、○$^\top$、^{T}○或^t○。一些统计专业的老师甚至会简单地用一个○$'$来表示转置。

❓5.1　X 是一个取值随机的向量吗

是的。从人类视角来看，确实如此。从上帝视角来看，X 则是一个函数，能为 Ω 内所有平行世界 ω 中的向量 $X(\omega)$ 赋上特定的值。请读者根据需要，选择合适的角度理解。X 的期望值由其中每一个元素的期望值决定。

$$E[X] = E\left[\begin{pmatrix} X_1 \\ X_2 \\ \vdots \\ X_n \end{pmatrix}\right] \equiv \begin{pmatrix} E[X_1] \\ E[X_2] \\ \vdots \\ E[X_n] \end{pmatrix}$$

有时我们也称其为期望值向量，强调其中含有多个元素，不过两者的含义相同。与一元的时候一样，期望值依然可以理解为向量的重心，如图5.8所示。读者可以回顾问答专栏3.4的说明，并将情况扩展至各坐标轴方向即可。

我们再来考虑一个取值随机的矩阵 R。R 的期望值仍然由它包含的每一个元素 R_{ij} 定义。

$$E[R] = E\left[\begin{pmatrix} R_{11} & \cdots & R_{1n} \\ \vdots & & \vdots \\ R_{m1} & \cdots & R_{mn} \end{pmatrix}\right] \equiv \begin{pmatrix} E[R_{11}] & \cdots & E[R_{1n}] \\ \vdots & & \vdots \\ E[R_{m1}] & \cdots & E[R_{mn}] \end{pmatrix}$$

更加具体的说明，请参见5.2.3节。

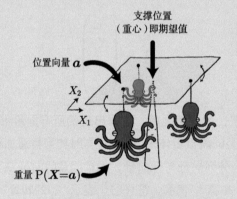

图5.8　期望值就是重心

我们可以借助 $\boldsymbol{X}$ 以向量和矩阵的形式来表示协方差矩阵。

$$\mathrm{V}[\boldsymbol{X}] = \mathrm{E}\left[(\boldsymbol{X} - \boldsymbol{\mu})(\boldsymbol{X} - \boldsymbol{\mu})^T\right] \qquad 其中 \ \boldsymbol{\mu} \equiv \mathrm{E}[\boldsymbol{X}]$$

请读者注意，等式右边的 $(\boldsymbol{X} - \boldsymbol{\mu})(\boldsymbol{X} - \boldsymbol{\mu})^T$ 是一个由列向量与行向量相乘得到的矩阵（如果不理解这部分内容，请复习线性代数的相关知识）。之前的问答专栏5.1已经介绍了向量和矩阵的期望值。假设有向量 $\boldsymbol{X}$，$\mathrm{V}[\boldsymbol{X}]$ 表示的是协方差矩阵而非方差。虽然两者都以 V 表示，但前者括号内的是一个向量，而后者是一个数字，请读者注意区分。

？ 5.2 为什么可以通过上面这种方式来表示协方差矩阵呢

我们只要试着列出元素，就会发现这是理所当然的。例如，当 $n = 3$ 时 $\boldsymbol{\mu}$ 的值如下。

$$\boldsymbol{\mu} = \begin{pmatrix} \mu_1 \\ \mu_2 \\ \mu_3 \end{pmatrix} \equiv \mathrm{E}\left[\begin{pmatrix} X_1 \\ X_2 \\ X_3 \end{pmatrix}\right] = \mathrm{E}[\boldsymbol{X}]$$

我们可以进而像下面这样逐步推出 $\mathrm{V}[\boldsymbol{X}]$。

$$\begin{aligned}
&\mathrm{E}\left[(\boldsymbol{X} - \boldsymbol{\mu})(\boldsymbol{X} - \boldsymbol{\mu})^T\right] \\
&= \mathrm{E}\left[\begin{pmatrix} X_1 - \mu_1 \\ X_2 - \mu_2 \\ X_3 - \mu_3 \end{pmatrix}(X_1 - \mu_1, X_2 - \mu_2, X_3 - \mu_3)\right] \\
&= \mathrm{E}\left[\begin{pmatrix} (X_1 - \mu_1)^2 & (X_1 - \mu_1)(X_2 - \mu_2) & (X_1 - \mu_1)(X_3 - \mu_3) \\ (X_2 - \mu_2)(X_1 - \mu_1) & (X_2 - \mu_2)^2 & (X_2 - \mu_2)(X_3 - \mu_3) \\ (X_3 - \mu_3)(X_1 - \mu_1) & (X_3 - \mu_3)(X_2 - \mu_2) & (X_3 - \mu_3)^2 \end{pmatrix}\right] \\
&= \begin{pmatrix} \mathrm{V}[X_1] & \mathrm{Cov}[X_1, X_2] & \mathrm{Cov}[X_1, X_3] \\ \mathrm{Cov}[X_1, X_2] & \mathrm{V}[X_2] & \mathrm{Cov}[X_2, X_3] \\ \mathrm{Cov}[X_1, X_3] & \mathrm{Cov}[X_2, X_3] & \mathrm{V}[X_3] \end{pmatrix} = \mathrm{V}[\boldsymbol{X}]
\end{aligned}$$

本节已经介绍了如何借助向量与矩阵的特性方便地表述协方差矩阵。不过，这并非我们的最终目标。之所以引入矩阵，并不仅仅是为了节省纸张与油墨，而是有更深远的意义。我们将进一步分析矩阵，去除具体元素的影响，通过图形的方式来反映问题的本质。这部分内容是协方差的核心。

5.2.3　向量与矩阵的运算及期望值

上一节提到了我们将借助图形来理解协方差, 不少读者也许已经迫不及待想要一探究竟了。不过在此之前, 我们还需要学习一些准备知识。这些内容虽然基础, 但对于准确理解之后的讲解不可或缺。我们争取在本节把所有这些内容全部解决。

为了处理取值随机的向量与取值随机的矩阵, 问答专栏5.1引入了值为向量与矩阵的随机变量。之后, 我们自然会在算式中遇到向量与矩阵的运算以及相关的期望值。本书并非故意讨论这些复杂的计算, 向量与矩阵的运算在统计分析、模式识别和信号处理等领域都有着广泛的应用。因此, 本节将帮助读者练习这方面的计算。

设 $\boldsymbol{X}$ 为 n 元随机列向量(如果觉得 n 元不容易理解, 也可以使用二元或三元等具体的值)。前面已经介绍过, $\boldsymbol{X}$ 的期望值由其中每一个元素的期望值决定。

$$\mathrm{E}[\boldsymbol{X}] = \mathrm{E}\left[\begin{pmatrix} X_1 \\ X_2 \\ \vdots \\ X_n \end{pmatrix}\right] \equiv \begin{pmatrix} \mathrm{E}[X_1] \\ \mathrm{E}[X_2] \\ \vdots \\ \mathrm{E}[X_n] \end{pmatrix}$$

根据该定义不难看出, 常量 c、常向量 $\boldsymbol{a}$ 或向量值随机变量 $\boldsymbol{Y}$ 与该期望值存在以下关系, 与数值的期望值没有区别(设 $\boldsymbol{a}$ 与 $\boldsymbol{Y}$ 的维数与 $\boldsymbol{X}$ 相同)。

$$\mathrm{E}[c\boldsymbol{X}] = c\mathrm{E}[\boldsymbol{X}], \quad \mathrm{E}[\boldsymbol{X}+\boldsymbol{a}] = \mathrm{E}[\boldsymbol{X}]+\boldsymbol{a}, \quad \mathrm{E}[\boldsymbol{X}+\boldsymbol{Y}] = \mathrm{E}[\boldsymbol{X}]+\mathrm{E}[\boldsymbol{Y}], \quad \mathrm{E}[\boldsymbol{a}] = \boldsymbol{a}$$

假设有一个取值恒定的列向量 $\boldsymbol{a}$, $\boldsymbol{a}$ 与 $\boldsymbol{X}$ 的内积的期望值如下。

$$\mathrm{E}[\boldsymbol{a} \cdot \boldsymbol{X}] = \mathrm{E}[\boldsymbol{a}^T \boldsymbol{X}] = \boldsymbol{a}^T \mathrm{E}[\boldsymbol{X}] = \boldsymbol{a} \cdot \mathrm{E}[\boldsymbol{X}]$$

如果读者无法理解这部分计算, 请参见附录A.6。当然, 上式成立的前提是 $\boldsymbol{a}$ 与 $\boldsymbol{X}$ 维数相同(否则不满足内积的条件)。此外, 请读者注意, 行向量与列向量的乘积是一个数字 [①]。只要写出其中的元素, 就能很容易证明上式成立。事实上, 对于 $\boldsymbol{X} \equiv (X_1, \cdots, X_n)^T$ 与 $\boldsymbol{a} \equiv (a_1, \cdots, a_n)^T$, 我们可以对式子做如下变形, 证明两者的值相同。

---

① 我们在此默认读者理解这一规定, 如果有任何问题, 请复习线性代数的相关章节。我们建议初学者在学习这部分内容时, 仔细判断式中的每一个元素, 确认它们究竟是数字还是向量抑或是矩阵。如果不能立即指出式中的元素表示的含义, 请不要急着继续阅读, 而应静下心来认真领悟。如果没能深入理解这些元素的含义, 就很容易发生错误。这也是本章的一个难点。

$$
\begin{cases}
\mathrm{E}[\boldsymbol{a}^T \boldsymbol{X}] = \mathrm{E}\left[(a_1, \cdots, a_n)\begin{pmatrix} X_1 \\ \vdots \\ X_n \end{pmatrix}\right] = \mathrm{E}[a_1 X_1 + \cdots + a_n X_n] = a_1\mathrm{E}[X_1] + \cdots + a_n\mathrm{E}[X_n] \\[20pt]
\boldsymbol{a}^T\mathrm{E}[\boldsymbol{X}] = (a_1, \cdots, a_n)\,\mathrm{E}\left[\begin{pmatrix} X_1 \\ \vdots \\ X_n \end{pmatrix}\right] = (a_1, \cdots, a_n)\begin{pmatrix} \mathrm{E}[X_1] \\ \vdots \\ \mathrm{E}[X_n] \end{pmatrix} = a_1\mathrm{E}[X_1] + \cdots + a_n\mathrm{E}[X_n]
\end{cases}
$$

对于取值确定的矩阵 A，下式仍然成立。

$$
\mathrm{E}[A\boldsymbol{X}] = A\mathrm{E}[\boldsymbol{X}] \tag{5.1}
$$

当然，上式成立的前提是 A 的列数（宽度）为 n，以满足矩阵与向量的乘法的定义。之后我们将不再每次重复这一前提，请读者了解所有这些等式中向量与矩阵的维数都符合运算的定义。我们可以将矩阵 A 横向分割为多个行向量的组合来证明上式。即，设 A 由 m 个行向量组成，再借助之前的结论，就能推出等式左右两侧相等。

$$
A = \begin{pmatrix} \boldsymbol{a}_1^T \\ \hline \vdots \\ \hline \boldsymbol{a}_m^T \end{pmatrix}
$$

$$
\begin{cases}
\mathrm{E}[A\boldsymbol{X}] = \mathrm{E}\left[\begin{pmatrix} \boldsymbol{a}_1^T \\ \hline \vdots \\ \hline \boldsymbol{a}_m^T \end{pmatrix}(\boldsymbol{X})\right] = \mathrm{E}\left[\begin{pmatrix} \boldsymbol{a}_1^T \boldsymbol{X} \\ \vdots \\ \boldsymbol{a}_m^T \boldsymbol{X} \end{pmatrix}\right] = \begin{pmatrix} \mathrm{E}[\boldsymbol{a}_1^T \boldsymbol{X}] \\ \vdots \\ \mathrm{E}[\boldsymbol{a}_m^T \boldsymbol{X}] \end{pmatrix} = \begin{pmatrix} \boldsymbol{a}_1^T\mathrm{E}[\boldsymbol{X}] \\ \vdots \\ \boldsymbol{a}_m^T\mathrm{E}[\boldsymbol{X}] \end{pmatrix} \\[30pt]
A\mathrm{E}[\boldsymbol{X}] = \begin{pmatrix} \boldsymbol{a}_1^T \\ \hline \vdots \\ \hline \boldsymbol{a}_m^T \end{pmatrix}\mathrm{E}\left[(\boldsymbol{X})\right] = \begin{pmatrix} \boldsymbol{a}_1^T\mathrm{E}[\boldsymbol{X}] \\ \vdots \\ \boldsymbol{a}_m^T\mathrm{E}[\boldsymbol{X}] \end{pmatrix}
\end{cases}
$$

为强调 $\boldsymbol{X}$ 是列向量，上面的算式中特意标明了这点。如果读者对此还有疑惑，请复习矩阵与向量的乘法。

矩阵 R 的取值随机，它的期望值同样由其元素决定。假设上式中的 A 是一个特定的矩阵，我们就能得到该式的矩阵版本，如下所示。

$$\mathrm{E}[AR] = A\mathrm{E}[R]$$

请读者务必注意区分式中的随机量与确定量，否则会对式子的含义产生误解。我们可以将 R 纵向分割为多个列向量来证明上式。即，设 R 由 k 个列向量组成，再借助之前的结论，就能推出等式左右两侧相等。

$$R = \left(\; \boldsymbol{R}_1 \; \middle| \; \cdots \; \middle| \; \boldsymbol{R}_k \; \right) \qquad (\boldsymbol{R}_1, \cdots, \boldsymbol{R}_k \text{是} k \text{个随机的列向量})$$

$$
\begin{cases}
\mathrm{E}[AR] = \mathrm{E}\left[\left(\; A \; \right) \left(\; \boldsymbol{R}_1 \; \middle| \; \cdots \; \middle| \; \boldsymbol{R}_k \; \right) \right] = \mathrm{E}\left[\left(\; A\boldsymbol{R}_1 \; \middle| \; \cdots \; \middle| \; A\boldsymbol{R}_k \; \right) \right] \\[2ex]
\quad = \left(\; \mathrm{E}[A\boldsymbol{R}_1] \; \middle| \; \cdots \; \middle| \; \mathrm{E}[A\boldsymbol{R}_k] \; \right) = \left(\; A\mathrm{E}[\boldsymbol{R}_1] \; \middle| \; \cdots \; \middle| \; A\mathrm{E}[\boldsymbol{R}_k] \; \right) \\[2ex]
A\mathrm{E}[R] = \left(\; A \; \right) \left(\; \mathrm{E}[\boldsymbol{R}_1] \; \middle| \; \cdots \; \middle| \; \mathrm{E}[\boldsymbol{R}_k] \; \right) = \left(\; A\mathrm{E}[\boldsymbol{R}_1] \; \middle| \; \cdots \; \middle| \; A\mathrm{E}[\boldsymbol{R}_k] \; \right)
\end{cases}
$$

为强调 A 是一个矩阵，上面的算式中特意标明了这点。如果读者对此存在疑惑，请复习矩阵与向量的乘法。

　　通过这两个例子，想必读者对期望值的计算已经有了一些概念。总而言之，正如我们每次都强调的，取值确定的成分可以做乘法运算时从期望值中取出。不过需要注意的是，对于取值确定的矩阵 B，取出后的结果如下。

$$\mathrm{E}[RB] = \mathrm{E}[R]B$$

读者千万不能把该式误写成 $B\mathrm{E}[R]$ 的形式。B 不是一个数值，而是一个矩阵，因此通常不符合交换律，不能随意改变它在式中的位置。

　　对于取值确定的矩阵 A, B，我们可以对左右两侧应用上述结论，得到以下变形。

$$\mathrm{E}[ARB] = A\mathrm{E}[R]B$$

并且对于常量 c、取值确定的矩阵 A 与随机的矩阵 S，下列结论依然成立。

$$\mathrm{E}[cR] = c\mathrm{E}[R], \quad \mathrm{E}[R+A] = \mathrm{E}[R]+A, \quad \mathrm{E}[R+S] = \mathrm{E}[R]+\mathrm{E}[S], \quad \mathrm{E}[A] = A$$

这部分内容非常简单，在此不多赘述（读者可以对其中的元素逐个确认）。此外，$\mathrm{E}[R^T] = \mathrm{E}[R]^T$ 自然也成立，如下所示。其中等式右边表示 $(\mathrm{E}[R])^T$。

$$\mathrm{E}\left[\begin{pmatrix} A & B & C \\ D & E & F \end{pmatrix} \text{的转置}\right] \text{与} \ \mathrm{E}\left[\begin{pmatrix} A & B & C \\ D & E & F \end{pmatrix}\right] \text{的转置都将得到} \begin{pmatrix} \mathrm{E}[A] & \mathrm{E}[D] \\ \mathrm{E}[B] & \mathrm{E}[E] \\ \mathrm{E}[C] & \mathrm{E}[F] \end{pmatrix}$$

练习题 5.11

假设随机变量 $\boldsymbol{X}$ 是一个列向量，试证明以下公式 [1]。
$$\mathrm{V}[\boldsymbol{X}] = \mathrm{E}[\boldsymbol{X}\boldsymbol{X}^T] - \mathrm{E}[\boldsymbol{X}]\mathrm{E}[\boldsymbol{X}]^T$$

答案

设 $\mathrm{E}[\boldsymbol{X}] \equiv \boldsymbol{\mu}$。由于 $\boldsymbol{\mu}$ 是一个取值确定的向量，因此以下等式成立。

$$\begin{aligned} \mathrm{V}[\boldsymbol{X}] &= \mathrm{E}[(\boldsymbol{X}-\boldsymbol{\mu})(\boldsymbol{X}-\boldsymbol{\mu})^T] = \mathrm{E}[(\boldsymbol{X}-\boldsymbol{\mu})(\boldsymbol{X}^T-\boldsymbol{\mu}^T)] = \mathrm{E}[\boldsymbol{X}\boldsymbol{X}^T - \boldsymbol{X}\boldsymbol{\mu}^T - \boldsymbol{\mu}\boldsymbol{X}^T + \boldsymbol{\mu}\boldsymbol{\mu}^T] \\ &= \mathrm{E}[\boldsymbol{X}\boldsymbol{X}^T] - \mathrm{E}[\boldsymbol{X}\boldsymbol{\mu}^T] - \mathrm{E}[\boldsymbol{\mu}\boldsymbol{X}^T] + \mathrm{E}[\boldsymbol{\mu}\boldsymbol{\mu}^T] \\ &= \mathrm{E}[\boldsymbol{X}\boldsymbol{X}^T] - \mathrm{E}[\boldsymbol{X}]\boldsymbol{\mu}^T - \boldsymbol{\mu}\mathrm{E}[\boldsymbol{X}]^T + \boldsymbol{\mu}\boldsymbol{\mu}^T \\ &= \mathrm{E}[\boldsymbol{X}\boldsymbol{X}^T] - \boldsymbol{\mu}\boldsymbol{\mu}^T - \boldsymbol{\mu}\boldsymbol{\mu}^T + \boldsymbol{\mu}\boldsymbol{\mu}^T = \mathrm{E}[\boldsymbol{X}\boldsymbol{X}^T] - \boldsymbol{\mu}\boldsymbol{\mu}^T \end{aligned}$$

5.2.4 向量值随机变量的补充说明

借此机会，我们再对向量值随机变量做一些更为深入的讨论。

在 4.4.1 节中，我们已经介绍了向量值随机变量 $\boldsymbol{X} = (X_1, \cdots, X_n)^T$ 的概率密度函数。既然已经有了向量，我们不妨引入 $f_{\boldsymbol{X}}(\boldsymbol{x})$ 的表述形式，这样就不必再书写那些冗长的元素。

$$f_{\boldsymbol{X}}(\boldsymbol{x}) \equiv f_{X_1,\cdots,X_n}(x_1,\cdots,x_n) \qquad \text{其中} \ \boldsymbol{x} \equiv \begin{pmatrix} x_1 \\ \vdots \\ x_n \end{pmatrix}$$

---

[1] 请读者另外参见练习题 5.4 中出现的公式 $\mathrm{Cov}[X,Y] = \mathrm{E}[XY] - \mathrm{E}[X]\mathrm{E}[Y]$。

此时，根据4.4.7节的结论，我们将得到以下关系[1]。

$$P(\boldsymbol{X}\text{处于某一范围}D\text{内}) = \int \cdots \int f_{\boldsymbol{X}}(\boldsymbol{x})\,\mathrm{d}x_1 \cdots \mathrm{d}x_n \quad (\text{其中积分范围为}D)$$

在理工领域，我们常常会采用下面的省略方式。

$$P(\boldsymbol{X}\text{处于某一范围}D\text{内}) = \int_D f_{\boldsymbol{X}}(\boldsymbol{x})\,\mathrm{d}\boldsymbol{x}$$

类似地，期望值也可以这样改写。

$$\mathrm{E}[\boldsymbol{X}] = \int_{\mathbf{R}^n} \boldsymbol{x} f_{\boldsymbol{X}}(\boldsymbol{x})\,\mathrm{d}\boldsymbol{x}$$

$\mathbf{R}^n$ 表示$\boldsymbol{x}$所在的n元实向量空间。对于给定的函数g，$g(\boldsymbol{X})$的期望值如下（这些结论都可根据4.5.1节的结论直接推广得到）。

$$\mathrm{E}[g(\boldsymbol{X})] = \int_{\mathbf{R}^n} g(\boldsymbol{x}) f_{\boldsymbol{X}}(\boldsymbol{x})\,\mathrm{d}\boldsymbol{x}$$

接着讨论一下向量值随机变量 $\boldsymbol{X}, \boldsymbol{Y}, \boldsymbol{Z}$ 的独立性。我们规定以下等式始终成立。

$$P(\text{“}\boldsymbol{X}\text{的条件”且“}\boldsymbol{Y}\text{的条件”且“}\boldsymbol{Z}\text{的条件”}) = P(\boldsymbol{X}\text{的条件})P(\boldsymbol{Y}\text{的条件})P(\boldsymbol{Z}\text{的条件})$$

由此可见，向量值、实数值与离散值独立性的定义是通用的。设 $\boldsymbol{X}, \boldsymbol{Y}, \boldsymbol{Z}$ 中各元素为$X_1, \cdots, X_l$，$Y_1, \cdots, Y_m$，$Z_1, \cdots, Z_n$，在通过概率密度函数表示 $\boldsymbol{X}, \boldsymbol{Y}, \boldsymbol{Z}$ 的分布时，如果下式成立，则表示它们相互独立。

$$f_{X_1,\cdots,X_l,Y_1,\cdots,Y_m,Z_1,\cdots,Z_n}(x_1,\cdots,x_l,y_1,\cdots,y_m,z_1,\cdots,z_n)$$
$$= f_{X_1,\cdots,X_l}(x_1,\cdots,x_l)\,f_{Y_1,\cdots,Y_m}(y_1,\cdots,y_m)\,f_{Z_1,\cdots,Z_n}(z_1,\cdots,z_n)$$

我们可以将等式左边简写为 $f_{\boldsymbol{X},\boldsymbol{Y},\boldsymbol{Z}}(\boldsymbol{x},\boldsymbol{y},\boldsymbol{z})$，得到一种更为熟悉的形式（参见第4.4.6节）。

$$\boldsymbol{X}, \boldsymbol{Y}, \boldsymbol{Z}\text{独立} \quad \Leftrightarrow \quad f_{\boldsymbol{X},\boldsymbol{Y},\boldsymbol{Z}}(\boldsymbol{x},\boldsymbol{y},\boldsymbol{z}) = f_{\boldsymbol{X}}(\boldsymbol{x})f_{\boldsymbol{Y}}(\boldsymbol{y})f_{\boldsymbol{Z}}(\boldsymbol{z}) \quad (\text{对于任意}\boldsymbol{x},\boldsymbol{y},\boldsymbol{z}\text{都成立})$$

无论含有多少个随机变量，这一结论始终成立。

---

[1] 大写字母D表示集合，它并不是一个随机值。此外，本书有时会直接使用 $\int$ 表示定积分，此时积分范围将另行标注。

对于那些在实数情况下成立的各种性质，我们只需从定义出发，就能推出它们是否对于向量值依然成立。例如，对于实数值随机变量 W 与向量值随机变量 X，如果两者独立，$\mathrm{E}[WX] = \mathrm{E}[W]\mathrm{E}[X]$ 就将成立。如果两者不独立，等式就不一定成立。随机向量的内积或外积的期望值也有类似的结论。如果读者无法立即理解这些性质，可以尝试写出所有的元素再逐步推导。

5.2.5　协方差矩阵的变量变换

至此，我们已经学习了必要的基础知识，从本节开始回到正题。之前提到过，我们希望去除元素的束缚，以图形的形式来解释协方差的概念。变量变换是实现这一目标的关键。

设 X 是一个 n 元随机向量。当 X 的期望值向量 $\boldsymbol{\mu} \equiv \mathrm{E}[X]$ 时，X 的协方差矩阵可以通过如下形式表示（问答专栏 5.2）。

$$\mathrm{V}[X] = \mathrm{E}[(X - \boldsymbol{\mu})(X - \boldsymbol{\mu})^T]$$

如果将 X 乘以一个常量 a，协方差矩阵将发生如下变化。

$$\mathrm{V}[aX] = a^2\mathrm{V}[X]$$

下面是该式的推导过程。

$\mathrm{E}[aX] = a\mathrm{E}[X] = a\boldsymbol{\mu}$，因此

$$\mathrm{V}[aX] = \mathrm{E}[(aX - a\boldsymbol{\mu})(aX - a\boldsymbol{\mu})^T] = \mathrm{E}[a^2(X - \boldsymbol{\mu})(X - \boldsymbol{\mu})^T] = a^2\mathrm{E}[(X - \boldsymbol{\mu})(X - \boldsymbol{\mu})^T]$$
$$= a^2\mathrm{V}[X]$$

此外，对于取值确定的列向量 a，以下等式始终成立。

$$\mathrm{V}[a^T X] = a^T\mathrm{V}[X]a$$

请读者注意，等号左侧的 $a^T X$ 是一个由行向量与列向量相乘得到的数字，右侧是行向量、方阵与列向量的乘积，依然是一个数字。乍一看该结果可能让人有些意外，不过稍加思考，应该不难从向量 a 参与了两次乘法运算中看出一些端倪。

最后来看一下矩阵的情况。设 A 是一个取值确定的矩阵，以下等式始终成立。

$$\mathrm{V}[AX] = A\mathrm{V}[X]A^T \tag{5.2}$$

此时，A 不一定非要是一个方阵。该等式的推导过程如下（其中使用了矩阵乘法的运算性质）。

$\mathrm{E}[A\boldsymbol{X}] = A\mathrm{E}[\boldsymbol{X}] = A\boldsymbol{\mu}$，因此

$$
\begin{aligned}
\mathrm{V}[A\boldsymbol{X}] &= \mathrm{E}[(A\boldsymbol{X} - A\boldsymbol{\mu})(A\boldsymbol{X} - A\boldsymbol{\mu})^T] \quad \cdots\cdots\text{代入上式}\\
&= \mathrm{E}\left[\{A(\boldsymbol{X} - \boldsymbol{\mu})\}\{A(\boldsymbol{X} - \boldsymbol{\mu})\}^T\right] \quad \cdots\cdots\text{根据分配律取出通项}\\
&= \mathrm{E}\left[\{A(\boldsymbol{X} - \boldsymbol{\mu})\}\{(\boldsymbol{X} - \boldsymbol{\mu})^T A^T\}\right] \quad \cdots\cdots\text{通常情况下}(\bigcirc\triangle)^T = \triangle^T\bigcirc^T\\
&= \mathrm{E}\left[A\{(\boldsymbol{X} - \boldsymbol{\mu})(\boldsymbol{X} - \boldsymbol{\mu})^T\}A^T\right] \quad \cdots\cdots\text{通常情况下}(\bigcirc\triangle)(\square\star) = \bigcirc(\triangle\square)\star\\
&= A\mathrm{E}\left[(\boldsymbol{X} - \boldsymbol{\mu})(\boldsymbol{X} - \boldsymbol{\mu})^T\right]A^T \quad \cdots\cdots\text{将取值确定的矩阵取出}\mathrm{E}\\
&= A\mathrm{V}[\boldsymbol{X}]A^T \quad \cdots\cdots\text{中间恰好是}\mathrm{V}[\boldsymbol{X}]
\end{aligned}
$$

向量版本的 $\mathrm{V}[\boldsymbol{a}^T\boldsymbol{X}] = \boldsymbol{a}^T\mathrm{V}[\boldsymbol{X}]\boldsymbol{a}$ 其实是该式在 A 是一个 $1 \times n$ 矩阵时的特例。

5.2.6　任意方向的发散程度

在引入了方差与协方差的矩阵表述后，我们终于可以开始尝试通过图形来解释这些概念。

一如既往，我们还是假设 $\boldsymbol{X} = (X_1,\cdots,X_n)^T$ 是一个取值随机的 n 元列向量。协方差矩阵 $\mathrm{V}[\boldsymbol{X}]$ 中对角线上的元素的方差分别为 $\mathrm{V}[X_1],\mathrm{V}[X_2],\cdots,\mathrm{V}[X_n]$（5.2.1节）。如图 5.9（$n=2$ 的情况）所示，$\mathrm{V}[X_1]$ 表示横向的发散情况，$\mathrm{V}[X_2]$ 表示纵向的发散情况。该例中 $\mathrm{V}[X_1] > \mathrm{V}[X_2]$，因此图形的横幅大于纵幅。

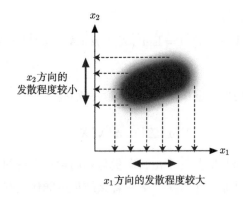

图 5.9　坐标轴方向的发散程度（图案的深浅表示概率密度函数 $f_{X_1,X_2}(x_1,x_2)$）

那么，图 5.10那样斜向发散的情况如何呢？此时，我们依然可以通过协方差矩阵来计算。协方差矩阵不只包含坐标轴方向的发散信息，事实上，它含有任意方向的发散信息。我们这就开始深入讨论这一问题。

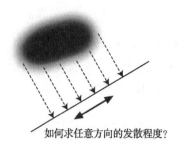

如何求任意方向的发散程度?

图5.10 求解倾斜方向的发散程度

我们可以借助长度为1的向量 u 来表示特定的方向, 如图5.11所示。u 是一个普通的向量, 取值恒定。

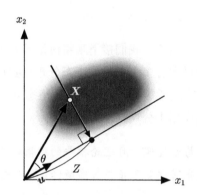

图5.11 为了确定任意方向的发散程度, 我们需要向该方向投影

在此简单说明一下这一步骤的目的。如图 5.11 所示, 我们将随机向量 X 投影至 u 方向的直线并得到点 Z。设 Z 的长度是由原点至投影处的距离, 且当它与 u 同向时为正, 反向时为负。由于 X 是一个随机向量, 因此 Z 是一个随机值(实数值随机变量)。我们希望求的是 Z 的方差 $V[Z]$。为此, 我们首先需要确定 X 与 Z 存在以下关系。

$$Z = u^T X$$

其实, 只要观察图5.11, 就不难发现, $Z = \|X\| \cos\theta$ ($\|X\|$ 表示向量 X 的长度, θ 是 X 与 u 的夹角)[①]。此外, 我们可以根据内积的定义与性质(附录A.6)得到如下关系。

[①] 我们常用希腊字母 θ (西塔)来表示角度。此外, 如P265脚注①所说, θ 有时也用于表示未知的参数。

$$u^T X = u \cdot X = \|u\|\|X\|\cos\theta$$

又因为 $\|u\| = 1$，于是有 $u^T X = \|X\|\cos\theta$。Z 满足这些条件。

这样一来，我们的问题变为了假设有一个长度为1的向量 u，求 $V[u^T X]$ 的值。应用我们之前得到的变换规则，可以得到以下答案。

$$V[u^T X] = u^T V[X] u$$

通过上面的变换，我们可以由协方差矩阵 $V[X]$ 求出任意方向的发散程度。之后的5.4节将对该结论做一定的处理，以图形的形式表示协方差矩阵。

5.3 多元正态分布

协方差矩阵的话题就此告一段落。我们接下来将讨论多元正态分布的问题。

顾名思义，多元正态分布是含有多个变量的正态分布（也称为多变量正态分布）。正态分布是一种极为重要的基本分布类型（参见4.6节），多元正态分布同样具有重要意义。基于以下两个特征，多元正态分布的应用十分广泛。

- 多元正态分布的表达式易于处理，且理论推导的结果较为简洁
- 现实生活中很多问题都能通过多元正态分布解释（或与之近似）

在理论研究或实际应用中，我们常会首先考虑多元正态分布是否适用，如果不符，再考虑其他类型的分布。

因此，在概率统计的应用问题中经常会使用多元正态分布。一些概率论的入门教材并不会涉及多元正态分布的内容，但我们不应该回避这个问题。多元正态分布的数学形式较为复杂，但大多数情况下，它们都可以通过椭圆或椭圆体来表述，请读者在学习时借助几何学的方式来理解这些概念。

5.3.1 多元标准正态分布

首先，我们讨论一下列向量 $Z \equiv (Z_1, \cdots, Z_n)^T$，它由若干个遵从标准正态分布的i.i.d.随机变量 $Z_1, \cdots, Z_n$ 组成。我们称 Z 遵从 n 元标准正态分布。

图5.12是一个二元标准正态分布。原点附近的值出现概率较高，远离原点的值出现概率较低。测量误差通常遵从这类分布。原点是标准值（即误差为零），以此为中心，误差越大即距离原点

越远，出现的概率越低。这是理所当然的结论。并且，无论是向上还是向右下，任何方向的概率都没有差别，完全均等。虽然具体情况还要具体分析，不过很多时候情况都是如此。

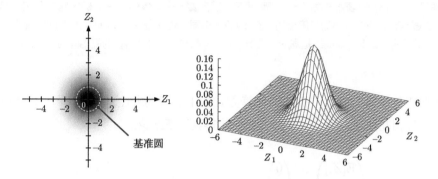

图 5.12　二元标准正态分布的概率密度(左)及概率密度函数(右)

当 $Z_1, \cdots, Z_n$ 独立时，$\boldsymbol{Z}$ 的概率密度函数如下。

$$f_{\boldsymbol{Z}}(\boldsymbol{z}) = g(z_1)g(z_2) \cdots g(z_n) \quad \text{其中} \boldsymbol{z} \equiv (z_1, z_2, \cdots, z_n)^T$$

g 是标准正态分布的概率密度函数，其具体形式如下。

$$f_{\boldsymbol{Z}}(\boldsymbol{z}) = c \exp\left(-\frac{z_1^2}{2}\right) \cdot c \exp\left(-\frac{z_2^2}{2}\right) \cdots c \exp\left(-\frac{z_n^2}{2}\right)$$

其中，c 是根据总概率为 1 这一条件求得的一个常量。我们可以整理得到以下式子。

$$f_{\boldsymbol{Z}}(\boldsymbol{z}) = d \exp\left(-\frac{1}{2}\|\boldsymbol{z}\|^2\right)$$

这是一个 n 元标准正态分布的概率密度函数。d 仍然是一个由 "总概率为 1" 的条件求得的常量[1]。另一方面，向量 z 的长度可以通过以下方式表示。

$$\|\boldsymbol{z}\| = \sqrt{z_1^2 + z_2^2 + \cdots + z_n^2} = \sqrt{\boldsymbol{z}^T \boldsymbol{z}}$$

从这一结果可以看出，概率密度函数 $f_{\boldsymbol{Z}}(\boldsymbol{z})$ 的等高线是一个圆(或者说其等值面是一个球面或超球面)[2]。

---

[1] 具体来讲，我们可以由 $c = 1/\int_{-\infty}^{\infty} \exp(-z^2/2)\mathrm{d}z = 1/\sqrt{2\pi}$ 得到 $d = c^n = 1/\sqrt{2\pi}^n$。读者暂时不用过分关心这里的推导过程，之后记忆该结论或研究如何推导即可。在初学阶段，请关注函数的主要部分，即 $\exp(-\|\boldsymbol{z}\|^2/2)$ (的若干倍)。
[2] 等值面是等高线的高维版本。它们都是由函数值相同的点连接得到的图形。

❓ 5.3　为什么会是圆形呢

这是因为 $f_Z(z)$ 的表达式为 $\|z\|$ 。即使不知道向量 z 的具体值，只要确定它的长度，就能计算 $f_Z(z)$ 。这意味着，只要向量的长度相同，f_Z 的值就相同。也就是说，（以原点为中心的）圆周上任意位置的 f_Z 值都相同。因此，等高线呈圆形。函数 f_Z 的等高线指的是由 f_Z 的值相同的点连接而成的图形。

Z 的期望值向量与协方差矩阵的计算方式如下。请读者注意，$Z_1, \cdots, Z_n$ 都遵从标准正态分布，且相互独立。当 $n = 3$ 时，我们能得到以下结论。

$$\mathrm{E}[Z] = \begin{pmatrix} \mathrm{E}[Z_1] \\ \mathrm{E}[Z_2] \\ \mathrm{E}[Z_3] \end{pmatrix} = \begin{pmatrix} 0 \\ 0 \\ 0 \end{pmatrix} = o$$

$$\mathrm{V}[Z] = \begin{pmatrix} \mathrm{V}[Z_1] & \mathrm{Cov}[Z_1, Z_2] & \mathrm{Cov}[Z_1, Z_3] \\ \mathrm{Cov}[Z_2, Z_1] & \mathrm{V}[Z_2] & \mathrm{Cov}[Z_2, Z_3] \\ \mathrm{Cov}[Z_3, Z_1] & \mathrm{Cov}[Z_3, Z_2] & \mathrm{V}[Z_3] \end{pmatrix} = \begin{pmatrix} 1 & 0 & 0 \\ 0 & 1 & 0 \\ 0 & 0 & 1 \end{pmatrix}$$

n 元的情况也类似，期望值是一个 n 元零向量 o ，协方差矩阵是一个 n 元单位矩阵 I（单位矩阵也可通过 E 表示，不过本书统一使用 I）。

$$I = \begin{pmatrix} 1 & & \\ & \ddots & \\ & & 1 \end{pmatrix} \quad \text{（空白部分全都为零）}$$

综上，我们可以通过 $Z \sim \mathrm{N}(o, I)$ 来表示 Z 遵从 n 元标准正态分布。这里直接推广了一元时的表述方式。

图5.12中画了一个单位圆（以原点为中心半径为1的圆）作为基准。我们可以由此得出以下性质。

- 各元素的标准差全都为1（这正是单位圆的定义，显然成立）
- 不仅坐标轴方向，任意方向的标准差都为1

事实上，由于多元标准正态分布的等高线是一个圆（即任意方向的分布都相同），我们可以由第一条性质推导出第二条。由于偏差情况相同且各方向的偏差都为1，自然会得到一个半径为1的圆。如果对这部分内容还有疑惑，请回顾问答专栏3.6中对标准差的解释。

5.3.2　多元一般正态分布

在一元时，我们可以通过对遵从标准正态分布的随机变量 $Z \sim N(0,1)$ 做缩放或位移处理，来获得遵从各类正态分布的随机变量 $X \equiv \sigma Z + \mu \sim N(\mu, \sigma^2)$（参见4.6.2节）。类似地，我们也可以对遵从 n 元标准正态分布的随机变量 $\boldsymbol{Z} \sim N(\boldsymbol{o}, I)$ 进行变换，得到相应的衍生版本。

缩放与位移

首先我们来讨论一下缩放与位移的情况，此时与一元时的情况完全相同，设 $\boldsymbol{X} \equiv \sigma \boldsymbol{Z} + \boldsymbol{\mu}$，其中 σ 是一个正的常量，$\boldsymbol{\mu}$ 是一个 n 元的常向量。此时，$\boldsymbol{X}$ 的期望值与方差如下。

$$E[\boldsymbol{X}] = \sigma E[\boldsymbol{Z}] + \boldsymbol{\mu} = \boldsymbol{\mu}$$

$$V[\boldsymbol{X}] = \sigma^2 V[\boldsymbol{Z}] = \sigma^2 I = \begin{pmatrix} \sigma^2 & & \\ & \ddots & \\ & & \sigma^2 \end{pmatrix} \quad (\text{空白部分全都为零})$$

$\boldsymbol{X}$ 的分布称为"期望值为 $\boldsymbol{\mu}$ 且协方差矩阵为 $\sigma^2 I$ 的 n 元正态分布"，记作 $\boldsymbol{X} \sim N(\boldsymbol{\mu}, \sigma^2 I)$。分布的形态如图5.13所示。请读者注意，无论概率密度函数的范围有多大，图形的体积始终必须为1，因此与之前一样，函数的范围越大，高度就会越低。基准圆也会相应地缩放与位移，圆心将变为 $\boldsymbol{\mu}$，半径变为 σ。

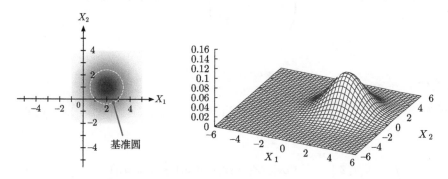

图5.13　二元正态分布 $N((2,1)^T, 1.4^2 I)$ 的概率密度(左)及概率密度函数(右)

纵向缩放与横向缩放变换

在之前的缩放处理中，所有方向都会均等地缩放 σ 倍。如果不同坐标轴方向的缩放倍率不同，我们就能得到一个如图5.14所示的椭圆状分布。基准圆也会相应地变为一个椭圆。

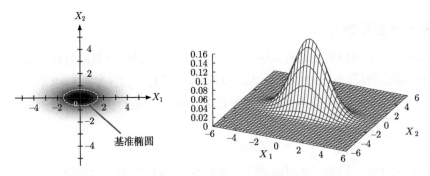

图 5.14　$D = \begin{pmatrix} 3/2 & 0 \\ 0 & 2/3 \end{pmatrix}$ 时二元正态分布 $\mathrm{N}(o, D^2)$ 的概率密度（左）及概率密度函数（右）

具体来讲，我们对 $\boldsymbol{Z} \equiv (Z_1, \cdots, Z_n)^T$ 的各个元素分别缩放 $\sigma_1, \cdots, \sigma_n$ 倍，得到 $\boldsymbol{X} \equiv (\sigma_1 Z_1, \cdots, \sigma_n Z_n)^T$。这一变换的矩阵形式如下。

$$\boldsymbol{X} = D\boldsymbol{Z}, \qquad D \equiv \begin{pmatrix} \sigma_1 & & \\ & \ddots & \\ & & \sigma_n \end{pmatrix} \quad (\text{空白部分全都为零})$$

此时，$\boldsymbol{X}$ 的协方差矩阵是一个对角阵，具体如下。

$$\mathrm{V}[\boldsymbol{X}] = D^2 = \begin{pmatrix} \sigma_1^2 & & \\ & \ddots & \\ & & \sigma_n^2 \end{pmatrix} \quad (\text{空白部分全都为零})$$

练习题 5.12

假设 $n = 3$，试对上式进行推导。

答案

$$\mathrm{V}[\boldsymbol{X}] = \begin{pmatrix} \mathrm{V}[\sigma_1 Z_1] & \mathrm{Cov}[\sigma_1 Z_1, \sigma_2 Z_2] & \mathrm{Cov}[\sigma_1 Z_1, \sigma_3 Z_3] \\ \mathrm{Cov}[\sigma_1 Z_1, \sigma_2 Z_2] & \mathrm{V}[\sigma_2 Z_2] & \mathrm{Cov}[\sigma_2 Z_2, \sigma_3 Z_3] \\ \mathrm{Cov}[\sigma_1 Z_1, \sigma_3 Z_3] & \mathrm{Cov}[\sigma_2 Z_2, \sigma_3 Z_3] & \mathrm{V}[\sigma_3 Z_3] \end{pmatrix}$$

$$= \begin{pmatrix} \sigma_1^2 \mathrm{V}[Z_1] & \sigma_1 \sigma_2 \mathrm{Cov}[Z_1, Z_2] & \sigma_1 \sigma_3 \mathrm{Cov}[Z_1, Z_3] \\ \sigma_1 \sigma_2 \mathrm{Cov}[Z_1, Z_2] & \sigma_2^2 \mathrm{V}[Z_2] & \sigma_2 \sigma_3 \mathrm{Cov}[Z_2, Z_3] \\ \sigma_1 \sigma_3 \mathrm{Cov}[Z_1, Z_3] & \sigma_2 \sigma_3 \mathrm{Cov}[Z_2, Z_3] & \sigma_3^2 \mathrm{V}[Z_3] \end{pmatrix} = \begin{pmatrix} \sigma_1^2 & 0 & 0 \\ 0 & \sigma_2^2 & 0 \\ 0 & 0 & \sigma_3^2 \end{pmatrix}$$

(另一种解法)由式5.2即可推得 $V[\boldsymbol{X}] = V[D\boldsymbol{Z}] = DV[\boldsymbol{Z}]D^T = DID^T = D^2$。其中最后的等号用到了 $D^T = D$。

如有必要，我们可以再加上一个常向量 $\boldsymbol{\mu}$，使其偏离坐标中心。$\tilde{\boldsymbol{X}} \equiv \boldsymbol{X} + \boldsymbol{\mu}$ 的期望值为 $\boldsymbol{\mu}$，协方差矩阵仍然为 $V[\boldsymbol{X}]$。$\tilde{\boldsymbol{X}}$ 的分布也称为多元正态分布，记作 $N(\boldsymbol{\mu}, D^2)$。我们可以通过这种方式得到协方差矩阵为对角阵的多元正态分布。

旋转变换

旋转已有的分布后，结果如图5.15所示，这是一个更为一般的多元正态分布。从图像的角度来讲，只是旋转了一下而已。根据定义不难看出，二元正态分布的概率密度函数的等高线是一个与基准椭圆相似的同心椭圆，三元正态分布的等值面则与基准椭圆体相似。

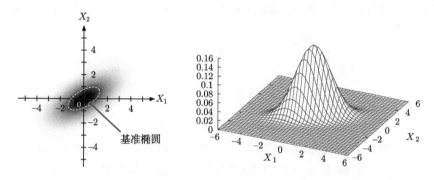

图5.15　二元正态分布 $N(\boldsymbol{o}, V)$ 的概率密度(左)及概率密度函数(右)

我们通常使用正交矩阵的乘法运算来表示旋转变换(如果读者无法理解，请参考线性代数教材。如果方阵 Q 满足 $Q^T Q = QQ^T = I$，我们就称它为正交矩阵)。我们来看一下如何通过数学表达式来表述旋转变换。我们将依然研究以原点为中心(期望值为 $\boldsymbol{o}$)的多元正态分布。

1. 将遵从多元标准正态分布的 $\boldsymbol{Z} \sim N(\boldsymbol{o}, I)$ 乘以一个对角阵D，得到 $\boldsymbol{X} \equiv D\boldsymbol{Z} \sim N(\boldsymbol{o}, D^2)$。这部分内容已经讨论完毕。

2. 将 X 乘以一个正交矩阵Q，得到 $\boldsymbol{Y} = Q\boldsymbol{X}$。它的期望值与方差如下。

$$E[\boldsymbol{Y}] = QE[\boldsymbol{X}] = \boldsymbol{o}$$
$$V[\boldsymbol{Y}] = QV[\boldsymbol{X}]Q^T = QD^2Q^T \qquad \text{由式5.2得到}$$

通过这种方式得到的 Y 的分布是一个（期望值为 o 的）一般多元正态分布。于是，我们得到了一个协方差矩阵 $V = QD^2Q^T$ 不是对角阵的多元正态分布 $N(o, V)$。

反之，如果我们希望得到的多元正态分布具有符合要求的协方差矩阵 V，就必须令对角阵 D 与正交矩阵 Q 符合以下条件。

$$V = QD^2Q^T$$

如何做到这点呢？请读者注意，$V = QD^2Q^T$ 这一条件与 $Q^TVQ = D^2$ 等价 [1]。此外，不要忘了协方差矩阵 V 是一个对称矩阵（参见5.2.1节）。也就是说，对于给定的对称矩阵 V，我们要找到一个合适的正交矩阵 Q，使 Q^TVQ 是一个对角阵。大学的线性代数课程应该都会讲解这种技巧，这是一种通过对称矩阵和正交矩阵实现矩阵对角化的方法。通过这一技巧，我们可以找到合适的正交矩阵 Q，使得 $Q^TVQ = \mathrm{diag}(\lambda_1, \cdots, \lambda_n)$ 成立 [2]。$\mathrm{diag}(\cdots)$ 表示"对角线元素为……的对角阵"。之后，我们只需使 $D^2 = \mathrm{diag}(\lambda_1, \cdots, \lambda_n)$ 即可，结果如下。

$$D \equiv \begin{pmatrix} \sqrt{\lambda_1} & & \\ & \ddots & \\ & & \sqrt{\lambda_n} \end{pmatrix} \quad \text{（空白部分全都为零）}$$

将 D 与 Q 代入上面的步骤，就能得到多元正态分布 $N(o, V)$。

我们已经讲解了如何得到 $Y \sim N(o, V)$。再对其加上一个常向量 μ，就可以把它移动至任意位置。显然，$\tilde{Y} \equiv Y + \mu$ 的期望值为 μ，协方差矩阵为 V。$\tilde{Y}$ 的分布称为多元正态分布 $N(\mu, V)$。之前介绍的 $N(o, I)$ 与 $N(\mu, D^2)$ 都是这种分布的特例。

❓ 5.4 通过对称矩阵和正交矩阵实现矩阵对角化指的是什么

对称矩阵通常具有以下强有力的性质 [3]。

如果 H 是对称矩阵，则必然存在正交矩阵 Q，使 Q^THQ 成为对角阵。设通过这种方式得到的对角阵为 $\Lambda \equiv \mathrm{diag}(\lambda_1, \cdots, \lambda_n)$（$\Lambda$ 是 λ 的大写形式）。由于 Q 是正交矩阵，因此 $Q^T = Q^{-1}$。于是

---

[1] 为了证明等价，我们需要用到正交矩阵的定义 $Q^TQ = QQ^T = I$。为 $V = QD^2Q^T$ 的等式两边分别左乘 Q^T 并右乘 Q 后将得到以下结果。

$$Q^TVQ = Q^T(QD^2Q^T)Q = (Q^TQ)D^2(Q^TQ) = ID^2I = D^2$$

反之亦然。为 $Q^TVQ = D^2$ 的等式两边分别左乘 Q 且右乘 Q^T 后，我们可以得到 $V = QD^2Q^T$ 的结论。

[2] λ 是希腊字母，读作"兰布达"。顺便一提，程序设计语言 Lisp 与 Scheme 中出现的 lambda 正是这个 λ。

[3] 如果读者希望了解有关特征值、特征向量以及对阵矩阵和正交矩阵的内容，请参见线性代数的相关教材。

$Q^T H Q = \Lambda$ 与 $HQ = Q\Lambda$ 等价（等式两边同时左乘 Q）。此时，Q 的各个列向量 $\boldsymbol{q}_1, \cdots, \boldsymbol{q}_n$ 称为 H 的特征向量。事实上，分析各列后可以得到 $H\boldsymbol{q}_i = \lambda_i \boldsymbol{q}_i$ 的结论（其中 $i = 1, \cdots, n$）。即 $\boldsymbol{q}_i$ 是 H 的特征向量（且特征值为 λ_i）。

$$H \left(\begin{array}{c|c|c} \boldsymbol{q}_1 & \cdots & \boldsymbol{q}_n \end{array} \right) = \left(\begin{array}{c|c|c} \boldsymbol{q}_1 & \cdots & \boldsymbol{q}_n \end{array} \right) \begin{pmatrix} \lambda_1 & & \\ & \ddots & \\ & & \lambda_n \end{pmatrix}$$

结合正文，我们可以通过以下方式得到所需的变换。

1. 求出给定对称矩阵 V 的特征值 $\lambda_1, \cdots, \lambda_n$
2. 求出各个特征值 λ_i 的特征向量 $\boldsymbol{q}_i$
3. 将特征向量的长度化为 1。具体来讲，即计算 $\boldsymbol{q}_i \equiv \boldsymbol{p}_i / \|\boldsymbol{p}_i\|$
4. 横向排列所有特征向量得到矩阵 Q

$$Q = \left(\begin{array}{c|c|c} \boldsymbol{q}_1 & \cdots & \boldsymbol{q}_n \end{array} \right)$$

最终得到的 Q 必然是一个正交矩阵。之后，我们只需借助矩阵 Q 就能将 V 变换为如下对角阵。这种方法真是方便[①]！

$$Q^T V Q = \begin{pmatrix} \lambda_1 & & \\ & \ddots & \\ & & \lambda_n \end{pmatrix} \qquad （空白部分全都为零）$$

练习题 5.13

已知 $\boldsymbol{Z} \sim \mathrm{N}(\boldsymbol{o}, I)$ 遵从二元标准正态分布，试对其变换得到 $\boldsymbol{X} \sim \mathrm{N}(\boldsymbol{\mu}, V)$，使得 $\boldsymbol{\mu}$ 与 V 的值如下。

$$\boldsymbol{\mu} \equiv \begin{pmatrix} 0 \\ 3 \end{pmatrix}, \qquad V \equiv \frac{1}{25} \begin{pmatrix} 34 & 12 \\ 12 & 41 \end{pmatrix}$$

提示：V 的特征值分别是 1 和 2。

答案

我们可以设 V 的特征值为 1 的特征变量为 $\boldsymbol{p}_1 \equiv (4, -3)^T$。为了使它的长度为 1，我们需要除以 $\|\boldsymbol{p}_1\| = \sqrt{4^2 + (-3)^2} = 5$，得到 $\boldsymbol{q}_1 \equiv (4/5, -3/5)^T$。类似地，对于特征值为 2 的特征向量 $\boldsymbol{p}_2 \equiv (3, 4)^T$，我们可

[①] 虽然没有专门强调，不过为了保证分布有意义，我们需要确保多元正态分布 $\mathrm{N}(\boldsymbol{\mu}, V)$ 的协方差矩阵 V 的特征值 $\lambda_1, \cdots, \lambda_n$ 全都大于零。

以得到长度为1的特征向量 $\boldsymbol{q}_2 \equiv (3/5, 4/5)^T$。合并这两个特征向量即可得到正交矩阵 Q。

$$Q \equiv \begin{pmatrix} 4/5 & 3/5 \\ -3/5 & 4/5 \end{pmatrix}$$

借助 Q 即可实现矩阵的对角化。

$$Q^T V Q = \begin{pmatrix} 1 & 0 \\ 0 & 2 \end{pmatrix} = D^2, \qquad D \equiv \begin{pmatrix} 1 & 0 \\ 0 & \sqrt{2} \end{pmatrix}$$

最终得到如下变换。

$$\boldsymbol{X} \equiv QD\boldsymbol{Z} + \boldsymbol{\mu} = \begin{pmatrix} 4/5 & (3/5)\sqrt{2} \\ -3/5 & (4/5)\sqrt{2} \end{pmatrix} \boldsymbol{Z} + \begin{pmatrix} 0 \\ 3 \end{pmatrix}$$

不过本题的答案并不唯一。对于任意 2×2 的正交矩阵 R，$QDR\boldsymbol{Z} + \boldsymbol{\mu}$ 都满足条件。

？5.5   正交矩阵可以实现旋转和翻转两种变换。翻转变换的情况如何呢

如果发生翻转，将正交矩阵第1列的 $\boldsymbol{q}_1$ 改为 $-\boldsymbol{q}_1$ 即能变回普通的旋转。不过根据对称性，多元正态分布在翻转之后仍然是多元正态分布（椭圆在翻转后仍然是一个椭圆）。因此翻转完全不会带来任何问题。

5.3.3   多元正态分布的概率密度函数

我们现在来求一下上一节得到的多元正态分布的概率密度函数。为了讨论多元正态分布的各种方便的性质，我们必须先知道它们的概率密度函数。

首先是期望值为 $\boldsymbol{o}$ 的情况。设 $\boldsymbol{Z}$ 是遵从 n 元标准正态分布 $\mathrm{N}(\boldsymbol{o}, I)$ 的随机变量，我们已经知道它的概率密度函数如下。

$$f_{\boldsymbol{Z}}(\boldsymbol{z}) = \frac{1}{\sqrt{2\pi}^n} \exp\left(-\frac{1}{2}\|\boldsymbol{z}\|^2\right)$$

请读者重点关注该式 $\exp(\cdots)$ 的部分。exp之前那个复杂的常量只是为了使积分（图形的体积）为1而已。于是，我们可以通过下面的变换得到一个协方差矩阵 $V = QD^2Q^T$ 的 n 元正态分布 $\mathrm{N}(\boldsymbol{o}, V)$。

$$\boldsymbol{Y} \equiv A\boldsymbol{Z} \qquad (A \equiv QD)$$

其中，Q 是一个正交矩阵，D 是一个对角线元素全都为正的对角阵。此时，Q 与 D 都是正规矩阵，因此它们的乘积 $A = QD$ 也是正规矩阵。我们之前已经讨论了以这种形式乘以一个正规矩阵 A 后概率密度函数将会如何变换的情况（参见 4.4.7 节）。

$$f_{\boldsymbol{Y}}(\boldsymbol{y}) = \frac{1}{|\det A|} f_{\boldsymbol{Z}}(A^{-1}\boldsymbol{y}) = \frac{1}{|\det A|} \cdot \frac{1}{\sqrt{2\pi}^n} \exp\left(-\frac{1}{2}\|A^{-1}\boldsymbol{y}\|^2\right)$$

我们对等式右边进行整理，用它来表示 V。这里需要用到一些矩阵计算技巧。首先，我们可以发现以下关系。

$$V = \mathrm{V}[A\boldsymbol{Z}] = A\mathrm{V}[\boldsymbol{Z}]A^T = AIA^T = AA^T \qquad \text{由式 5.2 得到}$$

于是有如下结论。

$$\det V = \det(AA^T) = (\det A)(\det A^T) = (\det A)^2$$

因此 $|\det A| = \sqrt{\det V}$。又由于 $V^{-1} = (AA^T)^{-1} = (A^T)^{-1}A^{-1} = (A^{-1})^T A^{-1}$，我们可以得到下面的结果。

$$\|A^{-1}\boldsymbol{y}\|^2 = (A^{-1}\boldsymbol{y})^T(A^{-1}\boldsymbol{y}) = \boldsymbol{y}^T(A^{-1})^T A^{-1}\boldsymbol{y} = \boldsymbol{y}^T V^{-1}\boldsymbol{y}$$

综上，最终的结果如下。

$$f_{\boldsymbol{Y}}(\boldsymbol{y}) = \frac{1}{\sqrt{(2\pi)^n \det V}} \exp\left(-\frac{1}{2}\boldsymbol{y}^T V^{-1}\boldsymbol{y}\right)$$

这就是期望值为 $\boldsymbol{o}$ 的 n 元正态分布 $\mathrm{N}(\boldsymbol{o}, V)$ 的概率密度函数。

只要通过 $\boldsymbol{\mu}$，使 $\boldsymbol{Y}$ 位移至 $\tilde{\boldsymbol{Y}} \equiv \boldsymbol{Y} + \boldsymbol{\mu}$，就能得到期望值为 $\boldsymbol{\mu}$ 的 n 元正态分布。这只是单纯的位移变换，因此面积和体积都不会发生变化。于是它的概率密度函数如下。

$$f_{\tilde{\boldsymbol{Y}}}(\tilde{\boldsymbol{y}}) = f_{\boldsymbol{Y}}(\tilde{\boldsymbol{y}} - \boldsymbol{\mu}) = \frac{1}{\sqrt{(2\pi)^n \det V}} \exp\left(-\frac{1}{2}(\tilde{\boldsymbol{y}} - \boldsymbol{\mu})^T V^{-1}(\tilde{\boldsymbol{y}} - \boldsymbol{\mu})\right)$$

这就是 n 元正态分布 $\mathrm{N}(\boldsymbol{\mu}, V)$ 的概率密度函数。该式非常重要，请读者将其中的 $\boldsymbol{y}$ 改写为我们更加熟悉的 $\boldsymbol{x}$ 并加以记忆。n 元正态分布 $\mathrm{N}(\boldsymbol{\mu}, V)$ 的概率密度如下。

$$f(\boldsymbol{x}) = \frac{1}{\sqrt{(2\pi)^n \det V}} \exp\left(-\frac{1}{2}(\boldsymbol{x} - \boldsymbol{\mu})^T V^{-1}(\boldsymbol{x} - \boldsymbol{\mu})\right) \qquad (5.3)$$

我们可以将其抽象为以下形式。

$$f(\boldsymbol{x}) = \Box \exp(\boldsymbol{x}\text{的元素的二次式}) \qquad \Box\text{是不含}\boldsymbol{x}\text{的常量} \tag{5.4}$$

反之，如果概率密度函数形如式5.4，我们就能确定 $\boldsymbol{X}$ 的分布是一种正态分布。这与一元情况下的式4.7同理。

？ 5.6   为什么仅凭"$\Box \exp(\boldsymbol{x}$的元素的二次式$)$"就能确定分布为正态分布

如果已知向量 $\boldsymbol{x}$ 的元素的二次式 $g(\boldsymbol{x})$，我们就能求得对称矩阵 H（以及相应的向量 $\boldsymbol{b}$ 和常量 c），通过 $g(\boldsymbol{x}) = \boldsymbol{x}^T H \boldsymbol{x} + \boldsymbol{b}^T \boldsymbol{x} + c$ 的形式表示该二次式。我们可以将其理解为问答专栏4.8中配平的向量版本，其他都与一元的情况类似。此时，协方差矩阵也必然满足P227脚注①中的前提条件（特征值大于零）。否则，概率密度函数的图形的体积就无法为1。该图形的体积必须为1。

5.3.4   多元正态分布的性质

从概率密度函数的形式不难看出，多元正态分布具有很多良好的性质。

- 可以由期望值向量与协方差矩阵确定具体的分布
- 如果各随机变量不相关，则一定独立
- 多元正态分布在做线性变换后仍然是多元正态分布

我们依次来讨论这些性质。

可以由期望值向量与协方差矩阵确定具体的分布

根据式5.3，这条性质显然成立。对于多元正态分布，只要计算期望值向量与协方差矩阵并将其代入式5.3即可求得概率密度函数。在4.6.2节介绍一元正态分布时，我们也使用了类似的技巧。对于多元的情况，这一方法仍然适用。

如果各随机变量不相关，则一定独立

对于一般的随机变量 X, Y 有如下两点需要注意。

- 如果 X, Y 独立，则 $\mathrm{Cov}[X, Y] = 0$（即相关系数 $\rho_{XY} = 0$）
- 反之并不成立。即使 $\mathrm{Cov}[X, Y] = 0$（即相关系数 $\rho_{XY} = 0$，也不能保证 X, Y 一定独立

不过，如果 $\boldsymbol{X} \equiv (X, Y)^T$ 是二元正态分布，我们就可以由 $\mathrm{Cov}[X, Y] = 0$ 直接推得 X 与 Y 独立。理由如下。

当 $\mathrm{Cov}[X, Y] = 0$ 时，协方差矩阵 $V \equiv \mathrm{V}[\boldsymbol{X}]$ 是一个对角阵。

$$
V = \begin{pmatrix} \mathrm{V}[X] & \mathrm{Cov}[X, Y] \\ \mathrm{Cov}[X, Y] & \mathrm{V}[Y] \end{pmatrix} = \begin{pmatrix} \sigma^2 & 0 \\ 0 & \tau^2 \end{pmatrix}, \quad \text{其中 } \sigma^2 \equiv \mathrm{V}[X], \quad \tau^2 \equiv \mathrm{V}[Y]
$$

此时它的逆矩阵也是对角阵[1]。

$$
V^{-1} = \begin{pmatrix} 1/\sigma^2 & 0 \\ 0 & 1/\tau^2 \end{pmatrix}
$$

于是我们可以得到它的概率密度函数。

$$
\begin{aligned}
f_{\boldsymbol{X}}(\boldsymbol{x}) &= \square \exp\Big(-\square (\boldsymbol{x} - \boldsymbol{\mu})^T V^{-1} (\boldsymbol{x} - \boldsymbol{\mu})\Big) = \square \exp\Big(-\square \frac{(x - \mu)^2}{\sigma^2} - \square \frac{(y - \nu)^2}{\tau^2}\Big) \\
&= \square \exp\Big(-\square \frac{(x - \mu)^2}{\sigma^2}\Big) \exp\Big(-\square \frac{(y - \nu)^2}{\tau^2}\Big) \\
&\quad \text{其中 } \boldsymbol{x} = \begin{pmatrix} x \\ y \end{pmatrix}, \quad \boldsymbol{\mu} = \mathrm{E}[\boldsymbol{X}] = \begin{pmatrix} \mu \\ \nu \end{pmatrix} \quad (\text{式中无关紧要的常量都略记为} \square)
\end{aligned}
$$

该式可以分解为仅含 x 的式子和仅含 y 的式子（参见附录 A.5）。这意味着 X 与 Y 相互独立（参见 4.4.6 节）。

即使随机变量的数量超过两个，该结论依然成立。假设 $\boldsymbol{X} \equiv (X_1, \cdots, X_n)^T$ 是 n 元正态分布，且 $\mathrm{Cov}[X_i, X_j]$（其中 $i \neq j$）全都为零，我们可以断定 $X_1, \cdots, X_n$ 独立。也就是说，只要 $\mathrm{V}[\boldsymbol{X}]$ 是一个对角阵，就能推出 $X_1, \cdots, X_n$ 独立。

多元正态分布在做线性变换后仍然是多元正态分布

对于 $\boldsymbol{X} \sim \mathrm{N}(\boldsymbol{\mu}, V)$，假设正规矩阵 A 是一个取值确定的矩阵，经过变量变换 $\boldsymbol{Y} = A\boldsymbol{X}$ 将得到一个 n 元正态分布 $\mathrm{N}(\boldsymbol{\nu}, W)$。变换后的期望值向量 $\boldsymbol{\nu}$ 与协方差矩阵 W 如下。

$$
\begin{aligned}
\boldsymbol{\nu} &\equiv \mathrm{E}[\boldsymbol{Y}] = A\mathrm{E}[\boldsymbol{X}] = A\boldsymbol{\mu} \\
W &\equiv \mathrm{V}[\boldsymbol{Y}] = A\mathrm{V}[\boldsymbol{X}]A^T = AVA^T
\end{aligned}
$$

---

[1] τ 表示希腊字母"套"。它紧跟 σ 之后，因此我们经常搭配使用两者。在表示时刻与时间时，如果不希望使用拉丁字母 t，τ 是一种常见的替代方案。

由式5.1与式5.2可知，即使A不是正规矩阵，期望值向量与协方差矩阵也是如此。因此我们还要判断它是否确实是一个多元正态分布。由于 $\boldsymbol{Y}$ 具有如下概率密度函数，因此我们可以确认它是一个多元正态分布（其中□是无关紧要的常量）。

$$f_{\boldsymbol{Y}}(\boldsymbol{y}) = \frac{1}{|\det A|} f_{\boldsymbol{X}}(A^{-1}\boldsymbol{y})$$

$$= \square \exp\left(-\frac{1}{2}(A^{-1}\boldsymbol{y} - \boldsymbol{\mu})^T V^{-1}(A^{-1}\boldsymbol{y} - \boldsymbol{\mu})\right) = \square \exp\left(\boldsymbol{y}\text{的元素的二次式}\right)$$

尤其需要注意的是，如果 $\boldsymbol{Z}$ 遵从多元标准正态分布，$A\boldsymbol{Z}$ 将遵从多元正态分布 $\mathrm{N}(\boldsymbol{o}, AA^T)$。5.3.2节通过伸缩与旋转的方式解释了这一点，其实我们可以直接根据"乘上了一个正规矩阵"得出这一结论。

5.3.5 截面与投影

多元正态分布还具有以下优良性质。

- 多元正态分布的条件分布也是多元正态分布
- 多元正态分布的边缘分布也是多元正态分布

我们依次来讨论这两条性质。

截面（条件分布）

首先是条件分布。假设 $\boldsymbol{X} \equiv (X_1, X_2, \cdots, X_n)^T$ 遵从 n 元正态分布 $\mathrm{N}(\boldsymbol{o}, V)$。此时，在 $X_1 = c$（c 是常量）的条件下，由剩余向量组成的 c 的条件分布将是一个 $(n-1)$ 元正态分布。下面是具体的计算验证，不过与之前一样，我们将用□表示式中无关紧要的部分（今后无论具体的值为何，我们都将统一使用□替代）。设 V^{-1} 的元素 (i,j) 为 r_{ij}。于是，$\tilde{\boldsymbol{X}}$ 的条件概率密度函数恰好是 $(n-1)$ 元正态分布。

$$f_{\tilde{\boldsymbol{X}}|X_1}(x_2, \cdots, x_n|c)$$

$$= \square \exp\left(-\frac{1}{2}(c, x_2, \cdots, x_n)\begin{pmatrix} r_{11} & r_{12} & \cdots & r_{1n} \\ r_{21} & r_{22} & \cdots & r_{2n} \\ \vdots & \vdots & & \vdots \\ r_{n1} & r_{n2} & \cdots & r_{nn} \end{pmatrix}\begin{pmatrix} c \\ x_2 \\ \vdots \\ x_n \end{pmatrix}\right)$$

$$= \square \exp\left(x_2, \cdots, x_n\text{的二次式}\right)$$

在该例中，$\boldsymbol{X}$ 的期望值向量为 $\boldsymbol{o}$。即使期望值向量不为 $\boldsymbol{o}$，结论依然成立。

　　只要反复应用该结论，我们就能证明所有由剩余向量组成的条件分布都是多元正态分布。例如，当 X_1、X_2 与 X_4 的值确定时，$(X_3, X_5, X_6, \cdots, X_n)^T$ 的条件分布也是多元正态分布。

　　既然确认了那些分布仍然是多元正态分布，我们就希望了解这些多元正态分布的性质。如图 5.16 所示，从图像的角度来看，当 $n=3$ 时，椭圆体的截面也是一个椭圆。这里所说的椭圆体即概率密度函数的等值面。

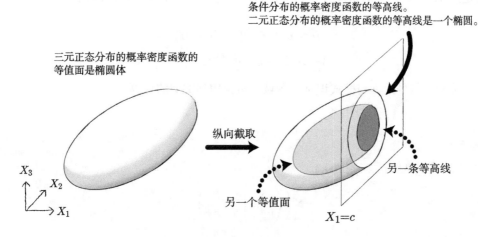

图 5.16　椭圆体的截面是椭圆（当 $n=3$ 时）

图 5.17 是 $n=2$ 的情况。我们可以由截面面积的常量倍必然为 1 来推得条件分布具体的概率密度函数（4.4.4 节）。它仍然是一个正态分布。

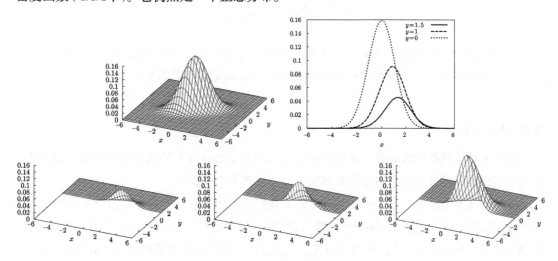

图 5.17　二元正态分布的概率密度函数 $f_{X,Y}(x, y)$ 的截面

尽管有些复杂，我们可以具体算出条件分布的期望值向量与协方差矩阵的值。下面是通用的结论，其中粗体字表示向量，文字表示矩阵。

$$\begin{pmatrix} \boldsymbol{X} \\ \boldsymbol{Y} \end{pmatrix} \sim \mathrm{N}\left(\begin{pmatrix} \boldsymbol{\mu} \\ \boldsymbol{\mu} \end{pmatrix}, \begin{pmatrix} 甲 & 乙 \\ 乙^T & 丁 \end{pmatrix} \right)$$

对于给定的 $\boldsymbol{X} = \boldsymbol{c}$，$\boldsymbol{Y}$ 的条件分布为 $\mathrm{N}(\tilde{\boldsymbol{\nu}}, \tilde{W})$。其中 $\tilde{\boldsymbol{\nu}}$ 与 $\tilde{W}$ 的定义如下。

$$\tilde{\boldsymbol{\nu}} \equiv \boldsymbol{\nu} + 乙^T 甲^{-1}(\boldsymbol{c} - \boldsymbol{\mu})$$

$$\tilde{W} \equiv 丁 - 乙^T 甲^{-1} 乙$$

在统计、控制、信号处理与模式识别等领域，常会用到类似的计算。

练习题 5.14

设 $(X, Y)^T$ 遵从以下二元正态分布。

$$\mathrm{N}\left(\begin{pmatrix} \mu \\ \nu \end{pmatrix}, \begin{pmatrix} a & b \\ b & d \end{pmatrix} \right)$$

试求 $X = c$ 时 Y 的条件分布。

答案

根据上述结论即可得出如下答案。

$$\mathrm{N}\left(\nu + \frac{b}{a}(c - \mu), d - \frac{b^2}{a} \right)$$

（另一种解法）我们也可以计算 $f_{Y|X}(y|c)$ 并得到这样一个正态分布。如果直接根据定义计算，需要用到附录 A.5.2 的高斯积分，不过我们也可以使用问答专栏 4.8 介绍的方法更快地得出答案。

投影（边缘分布）

接下来讨论的是边缘分布。我们可以通过积分计算边缘分布的概率密度函数（4.4.3 节）。仔细观察该积分可以发现，边缘分布其实也是一个多元正态分布。

既然确认了边缘分布也是多元正态分布，我们就希望了解这些多元正态分布的性质。也就是说，我们希望知道它们的期望值向量与协方差矩阵的值（参见 5.3.4 节）。这并不难。例如，设 $\boldsymbol{X} = (X_1, X_2, X_3, X_4)^T$，且 $\tilde{\boldsymbol{X}} \equiv (X_2, X_3, X_4)^T$，相应的期望值向量与协方差矩阵如下。

$$\mathrm{E}[\boldsymbol{X}] = \begin{pmatrix} \mathrm{E}[X_1] \\ \hline \mathrm{E}[X_2] \\ \mathrm{E}[X_3] \\ \mathrm{E}[X_4] \end{pmatrix} = \begin{pmatrix} * \\ \hline \mathrm{E}[\tilde{\boldsymbol{X}}] \end{pmatrix}$$

$$\mathrm{V}[\boldsymbol{X}] = \begin{pmatrix} \mathrm{V}[X_1] & \mathrm{Cov}[X_1,X_2] & \mathrm{Cov}[X_1,X_3] & \mathrm{Cov}[X_1,X_4] \\ \hline \mathrm{Cov}[X_2,X_1] & \mathrm{V}[X_2] & \mathrm{Cov}[X_2,X_3] & \mathrm{Cov}[X_2,X_4] \\ \mathrm{Cov}[X_3,X_1] & \mathrm{Cov}[X_3,X_2] & \mathrm{V}[X_3] & \mathrm{Cov}[X_3,X_4] \\ \mathrm{Cov}[X_4,X_1] & \mathrm{Cov}[X_4,X_2] & \mathrm{Cov}[X_4,X_3] & \mathrm{V}[X_4] \end{pmatrix} = \begin{pmatrix} * & * & * & * \\ \hline * & & & \\ * & & \mathrm{V}[\tilde{\boldsymbol{X}}] & \\ * & & & \end{pmatrix}$$

只要从 $\mathrm{E}[\boldsymbol{X}]$ 与 $\mathrm{V}[\boldsymbol{X}]$ 中取出相应的部分,就能得到 $\mathrm{E}[\tilde{\boldsymbol{X}}]$ 与 $\mathrm{V}[\tilde{\boldsymbol{X}}]$。

　　如图5.18所示,从图像的角度来看,椭圆体的投影也是一个椭圆。这里所说的椭圆体和椭圆与之前介绍的基准椭圆体和基准椭圆对应。

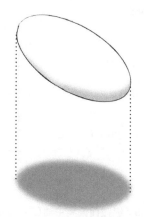

图5.18　椭圆体的投影是椭圆

　　只要反复应用该结论,我们就能证明,所有由剩余向量组成的边缘分布都是多元正态分布。例如,对于 $(X_1,\cdots,X_n)^T \sim \mathrm{N}(\boldsymbol{\mu},V)$,$(X_3,X_4,X_8)^T$ 仍然是多元正态分布。尤其需要注意的是,多元正态分布中的各个元素 $X_1,\cdots,X_n$ 都遵从(一元)正态分布。我们可以很容易地通过定义证明该结论(这是因为,独立的正态分布经过加法运算后仍然是正态分布。参见4.6.2节)。

关于截面与投影的一些注意事项

通过椭圆体的截面与投影是椭圆这一图形方式的解释，我们可以直观地理解多元正态分布的条件分布与边缘分布。不过这里必须强调的是，偏离主轴的截面、偏离坐标轴的截面以及偏离坐标轴的投影是形状不同的椭圆。如果没能完全理解它们的含义，就容易产生一些误解。

首先介绍的是截面偏离主轴的情况。设 $\boldsymbol{X} \equiv (X,Y)^T$ 是二元正态分布，我们希望根据 X 的值得到 Y 的值。请读者观察图5.19。当 $X=c$ 时，Y 的条件分布为正态分布 $\mathrm{N}(\nu,\tau^2)$。于是当 $Y=\nu$ 时概率密度最大。换言之，条件期望值 $\mathrm{E}[Y|X=c]=\nu$。在这种情况下，我们很容易把 ν 当做正确答案。然而请读者注意，此时 ν 与主轴偏离。因此，如图5.19所示，根据 X 求 Y 的值，与根据 Y 求 X 的值时的情况不同。图5.20是三元的情况，此时截面的中心不在主轴上。

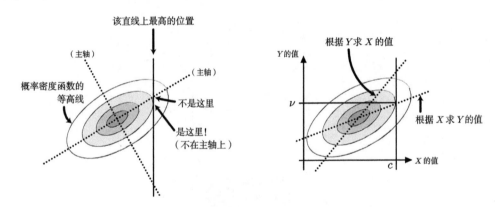

图5.19   纵截面偏离主轴（二元的情况）

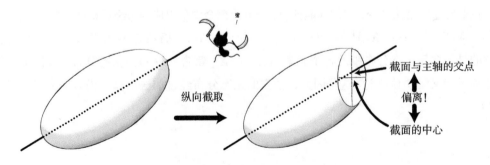

图5.20   纵截面偏离主轴（三元的情况）

第二点需要注意的是截面与投影的区别。对于图5.21中的分布，X与Y相关（投影倾斜）。不过，只要我们加上$Z=c$的条件，就会得到一个X与Y不相关的条件分布（截面不倾斜）。在做数据分析时，请读者不要混淆这两种情况。

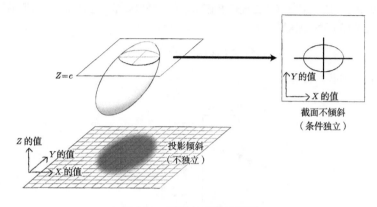

图5.21　截面与投影的区别

即使不是多元正态分布，也存在以上情况。例如，5.1.4节讨论的咖喱问题也能通过截面与投影的概念来解释（此时咖喱的销售额为X，失物招领件数为Y，出勤人数为Z）。借助椭圆型的概念，这个问题便很容易理解。

有些读者可能不是很了解椭圆主轴的概念，我们借此机会一并讨论一下。如图5.22所示，如果坐标轴发生了缩放，原本的主轴在缩放之后将不再是主轴。主轴之间必须正交，而经过这一缩放，这一条件显然不再成立，因此变换后的轴线不再是主轴。之后的8.1.2节将再次讨论该图（参见图8.11）。

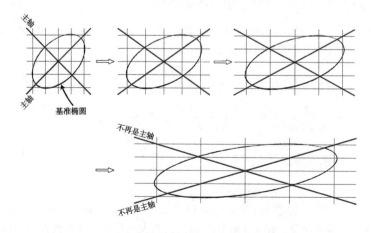

图5.22　坐标轴经过缩放后原本的主轴将不再是主轴

❓ 5.7   由遵从正态分布的随机变量 X_1, X_2 组成的向量 $(X_1, X_2)^T$ 始终遵从二元正态分布吗

答案是否定的。我们可以找出一些反例。

设随机变量 $\boldsymbol{Z} \equiv (Z_1, Z_2)^T$ 遵从二元标准正态分布，随机变量 S 与 $\boldsymbol{Z}$ 独立，且取值 $+1$ 或 -1 的概率都为 $1/2$，并定义如下随机变量。

$$X_1 \equiv S|Z_1|, \quad X_2 \equiv S|Z_2|$$

X_1，X_2 的联合分布如图5.23所示。

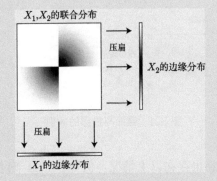

图5.23 X_1 与 X_2 都遵从正态分布。然而两者的联合分布并不是二元正态分布

由于正态分布左右对称，因此 X_1 与 X_2 都遵从正态分布。然而，向量 $\boldsymbol{X} = (X_1, X_2)^T$ 并不遵从二元正态分布。（$\boldsymbol{X}$ 的值仅在第一象限与第三象限出现，不满足二元正态分布的条件）

总之，我们无法仅凭边缘分布就确定联合分布。

❓ 5.8   （续）如果 X_1 与 X_2 独立，情况将会如何

此时，$(X_1, X_2)^T$ 必然遵从二元正态分布。事实上，当 $X \equiv X_1 \sim \mathrm{N}(\mu, \sigma^2)$ 与 $Y \equiv X_2 \sim \mathrm{N}(\nu, \tau^2)$ 相互独立时，它们的联合分布的概率密度函数如下。

$$
\begin{aligned}
f_{X,Y}(x,y) = f_X(x)f_Y(y) &= \frac{1}{\sqrt{2\pi\sigma^2}} \exp\left(-\frac{(x-\mu)^2}{2\sigma^2}\right) \cdot \frac{1}{\sqrt{2\pi\tau^2}} \exp\left(-\frac{(y-\nu)^2}{2\tau^2}\right) \\
&= \frac{1}{2\pi\sqrt{\sigma^2\tau^2}} \exp\left(-\frac{1}{2}\left(\frac{(x-\mu)^2}{\sigma^2} + \frac{(y-\nu)^2}{\tau^2}\right)\right) \\
&= \frac{1}{2\pi\sqrt{\sigma^2\tau^2}} \exp\left(-\frac{1}{2}(x-\mu, y-\nu)\begin{pmatrix} 1/\sigma^2 & 0 \\ 0 & 1/\tau^2 \end{pmatrix}\begin{pmatrix} x-\mu \\ y-\nu \end{pmatrix}\right)
\end{aligned}
$$

这是一个期望值向量为 $(\mu, \nu)^T$，协方差矩阵为 $\mathrm{diag}(\sigma^2, \tau^2)$ 的二元正态分布。

我们也可以换一种思路。设 $\tilde{X} \equiv (X-\mu)/\sigma$ 且 $\tilde{Y} \equiv (Y-\nu)/\tau$，随机变量 $\tilde{X}$ 与 $\tilde{Y}$ 都遵从 $\mathrm{N}(0,1)$ 且相互独立。于是，根据定义，$\tilde{\boldsymbol{W}} \equiv (\tilde{X}, \tilde{Y})^T$ 遵从二元正态分布。再将其改写为 $\boldsymbol{W} \equiv (X, Y)^T = \mathrm{diag}(\sigma, \tau)\,\tilde{\boldsymbol{W}} + (\mu, \nu)^T$ 之后，就能得到 $\boldsymbol{W} \sim N((\mu, \nu)^T, \mathrm{diag}(\sigma^2, \tau^2))$。

5.3.6 补充知识：卡方分布

既然讲到了多元正态分布，我们最后再介绍一些由此衍生出的分布。

如果 $\boldsymbol{Z}$ 遵从多元标准正态分布，那么原点附近的值出现概率较高，远离原点的值出现概率就会相应降低，如图 5.12 所示。不过，我们不能就此断言图 5.24 就是长度 $\|\boldsymbol{Z}\|$ 的分布。

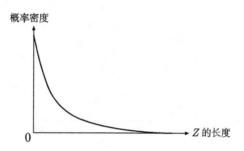

图 5.24　$\boldsymbol{Z} \sim \mathrm{N}(\boldsymbol{o}, I)$ 的长度 $\|\boldsymbol{Z}\|$ 的概率密度函数是这样的吗

长度的取值落在 u 与 $u + \epsilon$ 之间的概率如下[①]。

$$\mathrm{P}(u \leqslant \|\boldsymbol{Z}\| \leqslant u + \epsilon) = \int_{u \leqslant \|\boldsymbol{z}\| \leqslant u + \epsilon} f_{\boldsymbol{Z}}(\boldsymbol{z}) \,\mathrm{d}\boldsymbol{z}$$

u 越大，每一个 $f_{\boldsymbol{Z}}(\boldsymbol{z})$ 就越小。然而，如图 5.25 所示，u 越大，与 $u \leqslant \|\boldsymbol{z}\| \leqslant u + \epsilon$ 这一条件对应的区域面积也就越大。因此，图 5.26 才是 $\|\boldsymbol{Z}\|$ 的概率密度函数的实际情况。

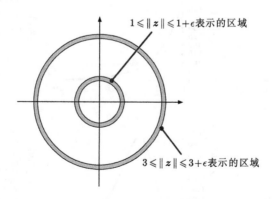

图 5.25　u 越大，与 $u \leqslant \|\boldsymbol{z}\| \leqslant u + \epsilon$ 这一条件对应的区域面积也就越大

[①] 这是 5.2.4 节介绍的表述方式的一种变形。除了集合外，我们也经常会用这种方式来表示积分范围。此外，希腊字母 ϵ（读作伊普西龙或艾普西龙，亦可写作 ε）通常用于表示极其微小的值。

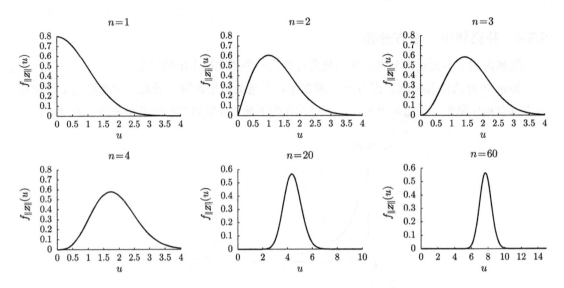

图 5.26 n 元标准正态分布 $Z \sim N(o, I)$ 的长度 $\|Z\|$ 的概率密度函数

在通常情况下，向量长度的平方更加易于使用，相信这也与读者的实际经验相吻合。图 5.27 是 n 元标准正态分布的长度的平方的概率密度函数。该分布称为自由度为 n 的卡方分布（也可记作 χ^2 分布。χ 不是拉丁字母，而是希腊字母，读作"西"）。在统计分析领域，卡方分布十分常用。

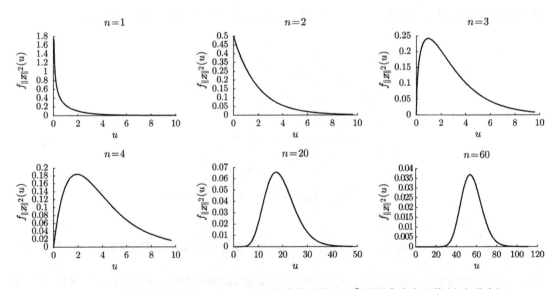

图 5.27 n 元标准正态分布 $Z \sim N(o, I)$ 的长度的平方 $\|Z\|^2$ 的概率密度函数（卡方分布）

自由度为 n 的卡方分布的概率密度函数具体如下所示。

$$f(x) = \begin{cases} \frac{1}{2\Gamma(n/2)} \left(\frac{x}{2}\right)^{n/2-1} \exp\left(-\frac{x}{2}\right) & (x \geqslant 0) \\ 0 & (x < 0) \end{cases}$$

其中，Γ 表示 Γ 函数[①]。

读者需要特别注意的是，在 $n=2$ 时，$f(x) = (1/2)\exp(-x/2)$，与普通的指数函数形式相似，因此我们可以通过积分运算求出具体的累积分布函数。在之后的 7.2.3 节中，我们将通过该特性生成遵从正态分布的拟随机数。

练习题 5.15

设 $\boldsymbol{X} = (X,Y)^T \sim \mathrm{N}(\boldsymbol{o}, I)$ 且 $U \equiv X^2 + Y^2$，其中向量 $\boldsymbol{X}$ 的偏角（与 x 轴的夹角）为 S。也就是说，有如下变量变换。

$$X = \sqrt{U}\cos S, \quad Y = \sqrt{U}\sin S, \qquad (U \geqslant 0, 0 \leqslant S < 2\pi)$$

试求此时 (U,S) 的联合分布的概率密度函数。

答案

变换 $x \equiv \sqrt{u}\cos s$，$y \equiv \sqrt{u}\sin s$ 的雅可比矩阵如下。

$$\frac{\partial(x,y)}{\partial(u,s)} = \det \begin{pmatrix} \frac{\partial x}{\partial u} & \frac{\partial x}{\partial s} \\ \frac{\partial y}{\partial u} & \frac{\partial y}{\partial s} \end{pmatrix} = \det \begin{pmatrix} \frac{1}{2\sqrt{u}}\cos s & -\sqrt{u}\sin s \\ \frac{1}{2\sqrt{u}}\sin s & \sqrt{u}\cos s \end{pmatrix}$$

$$= \left(\frac{1}{2\sqrt{u}}\cos s\right)\left(\sqrt{u}\cos s\right) - \left(\frac{1}{2\sqrt{u}}\sin s\right)\left(-\sqrt{u}\sin s\right) = \frac{1}{2}(\cos^2 s + \sin^2 s) = \frac{1}{2}$$

我们可以由此求得概率密度函数的值。

$$f_{U,S}(u,s) = f_{X,Y}(x,y)\left|\frac{(x,y)}{(u,s)}\right| = \frac{1}{2\pi}\exp\left(-\frac{x^2+y^2}{2}\right) \cdot \frac{1}{2} = \frac{1}{4\pi}\exp\left(-\frac{u}{2}\right)$$

最后的等式用到了 $x^2 + y^2 = u\cos^2 s + u\sin^2 s = u$。此外，上式成立的前提是 $u \geqslant 0$ 且 $0 \leqslant s < 2\pi$。否则 $f_{U,S}(u,s) = 0$。

根据这一结论，我们可以得出以下推论。

- U 与 S 独立
- S 遵从均匀分布

[①] 具体来讲，$\Gamma(1) = 1$，$\Gamma(1/2) = \sqrt{\pi}$。根据 $\Gamma(x+1) = x\Gamma(x)$ 这一规则，我们可以计算求得任意的值。例如，$\Gamma(6) = 5 \cdot 4 \cdot 3 \cdot 2 \cdot 1 = 120$，$\Gamma\left(\frac{9}{2}\right) = \frac{7}{2} \cdot \frac{5}{2} \cdot \frac{3}{2} \cdot \frac{1}{2} \cdot \sqrt{\pi} = \frac{105}{16}\sqrt{\pi}$ 等。

- U 的概率密度函数如下

$$f_U(u) = \int_0^{2\pi} f_{U,S}(u,s)\,\mathrm{d}s = \frac{1}{2}\exp\left(-\frac{u}{2}\right), \qquad (u \geqslant 0)$$

（即自由度为 2 的卡方分布的概率密度函数在形式上确实与指数函数相同）

5.4　协方差矩阵与椭圆的关系

上一节我们已经了解了多元正态分布的图像表述。多元正态分布可以通过一个与协方差矩阵对应的椭圆来描述。在此基础之上，本节将进一步讨论一般分布的协方差矩阵。与多元正态分布不同，一般分布的图像并不一定呈椭圆形。不过我们仍然可以将椭圆作为基准，来方便地执行各类处理。

为此，本节将继续使用多元正态分布中引入的基准椭圆的概念。也就是说，对向量值随机变量 $\boldsymbol{X}$ 做如下操作。

1. 求 $\boldsymbol{\mu} \equiv \mathrm{E}[\boldsymbol{X}]$ 与 $V \equiv \mathrm{V}[\boldsymbol{X}]$ 的值
2. 将它们视作多元正态分布 $\mathrm{N}(\boldsymbol{\mu}, V)$ 的期望值与协方差矩阵
3. 根据 $\mathrm{N}(\boldsymbol{\mu}, V)$ 绘制相应的基准椭圆

如此得到的图像就是 $\boldsymbol{X}$ 的基准椭圆。即使分布并不呈椭圆形，我们也可以通过这种方式得到将该分布换算为椭圆之后的结果。

以上就是本节的核心内容。不过既然我们将继续使用基准椭圆的概念，不妨在此换一种思路，重新思考它的含义。不同角度的解释可以帮助我们加深理解，请读者充分体会。如果只看协方差矩阵的元素，我们很难把握它的几何性质，但借助椭圆这一图像，问题就迎刃而解了。

那么，我们重新来研究一下向量值随机变量 $\boldsymbol{X} \equiv (X_1, \cdots, X_n)^T$ 的协方差矩阵 $\mathrm{V}[\boldsymbol{X}]$ 吧。

5.4.1　（实例一）单位矩阵与圆

首先来看一种最简单的情况，即协方差矩阵 $\mathrm{V}[\boldsymbol{X}]$ 是一个单位矩阵 I。该矩阵有一个显著的特征，即任意方向上的方差都为 1。事实上，正如 5.2.6 节所示，任意长度为 1 的向量 $\boldsymbol{u}$ 在该方向上的方差都为 1。

$$\mathrm{V}[\boldsymbol{u}^T \boldsymbol{X}] = \boldsymbol{u}^T \mathrm{V}[\boldsymbol{X}]\boldsymbol{u} = \boldsymbol{u}^T I \boldsymbol{u} = \boldsymbol{u}^T \boldsymbol{u} = \boldsymbol{u} \cdot \boldsymbol{u} = \|\boldsymbol{u}\|^2 = 1$$

请读者回忆方差（与标准差）的定义，上式其实表示任意方向上的标准偏差为 $\sqrt{1}$（参见3.4节）。也就是说，从偏差的角度来讲，所有方向的情况全都一致。

如图5.28所示，本书将通过半径为1的圆来表现这种情况。圆的中心是期望值 $\mathrm{E}[\boldsymbol{X}]$。为避免误解，此处有两点需要读者特别注意。

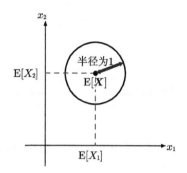

图5.28 通过圆来表现 $\mathrm{V}[\boldsymbol{X}] = I$

首先，这个圆无法覆盖大部分可取的值。圆的半径只是各方向上的标准偏差，因此既存在比它小的值，也存在比它大的值。之前的问答专栏也提到过这个问题。

其次，我们无法确保 $\boldsymbol{X}$ 的概率密度函数的等高线是一个圆，如图5.29所示。这是它与多元正态分布的一大区别。如果读者无法理解，请按以下方式考虑：方差仅仅是分布形状的各类特征中的一种。例如，如图5.30所示，即使我们能确保方差为1，即标准差为 $\sqrt{1}$，符合条件的分布也不尽相同。

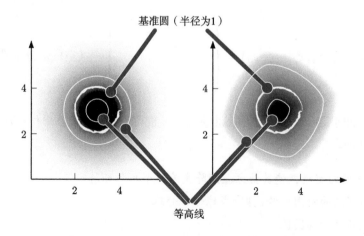

图5.29 两者的协方差矩阵都是 I。即使如此，概率密度函数的等高线也不一定是一个圆。左图是一个多元正态分布，右图是一个一般的分布

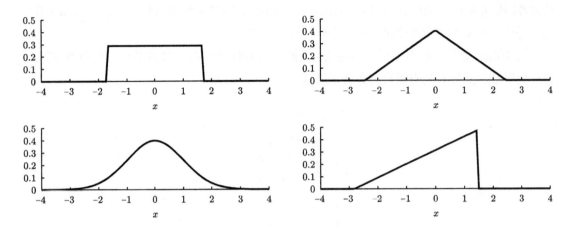

图5.30　方差为1的概率密度函数。即使方差相同，概率密度函数的形状也不一定相同

　　尽管存在以上两个问题，但我们仍然可以用圆作为大致的基准来解释协方差矩阵。无论各方向的标准差如何，采用这种图像的解释方式都能带来很大的方便。只要协方差矩阵是一个单位矩阵，读者就可以放心地使用圆作为近似基准。

　　不过，基准圆仅适用于 $n=2$ 的情况。$n=3$ 的情况可以用球体表示。如果 n 大于等于 4，则是一个相同维数的超球体。

5.4.2 （实例二）对角矩阵与椭圆

　　我们再来讨论一种较为复杂的情况，此时协方差矩阵是一个对角阵[①]。其数学表述如下。

$$\mathrm{V}[\boldsymbol{X}] = \mathrm{diag}(v_1, v_2, \cdots, v_n) = \begin{pmatrix} v_1 & & & \\ & v_2 & & \\ & & \ddots & \\ & & & v_n \end{pmatrix} \quad （空白部分全都为零）$$

　　此时的情况如何呢？事实上，如图5.31所示，我们可以借用之前在单位矩阵下得到的结论，采取如下步骤处理。

- 对 $\boldsymbol{X}$ 做一定的变换，使其协方差矩阵变为一个单位矩阵
- 在变换后得到的空间中绘制圆（或球体、超球体）
- 分析逆变换之后的图像

---

① 以对角线元素 $v_1, v_2, \cdots, v_n$ 全都大于零为前提。

$$\begin{array}{ccccc}
\boldsymbol{X} & \longrightarrow & \mathrm{V}[\boldsymbol{X}] & = & 对角阵 & ? \\
变换 \downarrow & & \downarrow & & & \uparrow 逆变换 \\
\boldsymbol{Z} & \longrightarrow & \mathrm{V}[\boldsymbol{Z}] & = & I & \longrightarrow & 圆
\end{array}$$

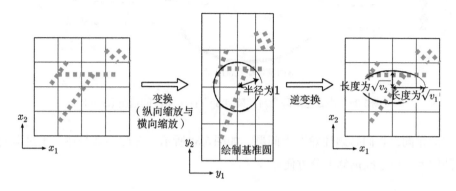

图 5.31　变换、绘制基准圆，再进行逆变换。背景中的图案没有特别的含义，只是为了方便读者观察变换的情况

接下来我们依次讲解这些步骤。

■ **变换**：首先，我们需要对 $\boldsymbol{X}$ 做适当变换。如何才能将协方差矩阵变换为单位矩阵呢？请读者回忆下面的式子。

$$Z_i \equiv \frac{X_i}{\sqrt{v_i}}$$

如此一来，便可得到 $\mathrm{V}[Z_i] = 1$，对角线元素就都满足了要求。又由下式可知此时所有非对角线元素都为零。

$$\mathrm{Cov}[Z_i, Z_j] = \frac{\mathrm{Cov}[X_i, X_j]}{\sqrt{v_i v_j}} = \frac{0}{\sqrt{v_i v_j}} = 0 \qquad (i \neq j)$$

于是，对于由 $Z_1, Z_2, \cdots, Z_n$ 组成的列向量 $\boldsymbol{Z}$，恰好满足 $\mathrm{V}[\boldsymbol{Z}] = I$。从空间变换的角度来看，这相当于沿着各坐标轴进行缩放变换（可以类比分别设定复印机的横向与纵向缩放倍率，或是视频节目的画面长宽比例调整）。经过缩放后，第 i 轴是原来的 $1/\sqrt{v_i}$ 倍。

■ **绘制基准圆**：接着，我们要在变换后的空间中绘制基准圆。这一步没有什么特别之处。

■ **逆变换**：最后，我们要对图像做逆变换，并分析最终得到的图像。这里的逆变换仍然是沿坐标轴的缩放变换。由于是逆变换，第 i 轴将变为之前的 $\sqrt{v_i}$ 倍，于是圆变为了椭圆。图 5.31 标出了椭圆各轴的长度，应该没有什么难以理解之处。

　　以下是结论。如果协方差矩阵是对角阵 $\mathrm{diag}(v_1, v_2, \cdots, v_n)$，请读者将其理解为一个椭圆。当然，椭圆的图像仅适用于 $n = 2$ 的情况。如图 5.32 所示，如果 $n = 3$，则是一个经过缩放的球体。

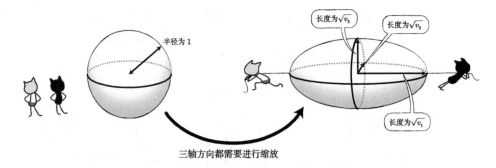

图5.32　协方差矩阵为对角阵 $\mathrm{diag}(v_1, v_2, v_3)$ 的情况($n = 3$)

与之前相同，我们必须注意两点问题，如图5.33所示，在此不多赘述。不过即使如此，使用椭圆作为近似基准仍然十分方便。

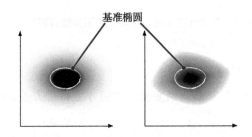

图5.33　即使以椭圆作为基准，概率密度函数的等高线并不一定就是椭圆。左图是一个多元正态分布，
　　　　右图是一个一般的分布

事实上，我们在5.2.6节讨论的任意方向的发散程度，对于椭圆仍然适用，如图5.34所示。另一方面，如果知道了各个方向上的标准差，我们就能基于这些信息重现该椭圆，如图5.35所示。

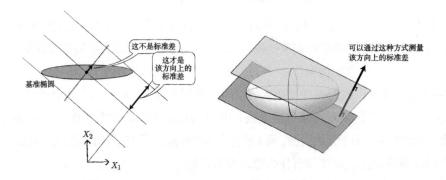

图5.34　（左）由椭圆投影的长度推得该方向上的标准差。（右）对于三元的情况，我们可以用两块平
　　　　行的板夹住椭圆体来计算标准差。此时两板之间距离的一半就是标准差

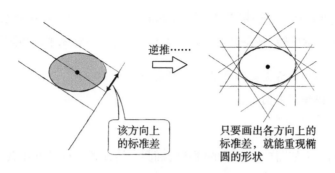

图 5.35　根据标准差重现椭圆

5.4.3　（实例三）一般矩阵与倾斜的椭圆

现在我们终于可以开始讨论更为一般的情况了。

研究的方针与之前相同。如果协方差矩阵 $V[X] = V$ 不是一个对角阵，我们就需要将 X 变换为适当的 W。这里所讲的适当指的是，W 的协方差矩阵 $V[W]$ 需要是一个对角阵。

$$
\begin{array}{ccccc}
X & \longrightarrow & V[X] & = & V & & ? \\
\text{变换} \downarrow & & \downarrow & & & & \uparrow \text{逆变换} \\
W & \longrightarrow & V[W] & = & \text{对角阵} & \longrightarrow & \text{椭圆}
\end{array}
$$

完成上述操作之后，我们只需照例执行以下步骤即可。

- 在变换后的空间中绘制椭圆
- 分析逆变换之后的图像

因此，问题的关键在于能否将矩阵变换为对角阵。

在挑战这一难题之前，请读者先回忆一下关键的变换规则。对于（取值确定的、一般的）矩阵 A，经过变换 $W \equiv AX$ 后，协方差矩阵将变换为 $V[W] = AV[X]A^T$ [参见式5.2]。我们只要可以找到一个合适的变换矩阵 A，使 $V[W]$ 是一个对角阵即可[1]。

问答专栏5.4已经介绍了这种变换矩阵的解法。我们需要求出 $V[X]$ 的特征值 $\lambda_1, \cdots, \lambda_n$，以及相应的长度为1的特征向量 $q_1, \cdots, q_n$，并以此构造正交矩阵 $Q = (q_1, \cdots, q_n)$，最终得到 $Q^T V[X] Q = \mathrm{diag}(\lambda_1, \cdots, \lambda_n)$。为此，我们可以取 $A = Q^T$ 作为变换矩阵[2]。

---

[1] 不过，A 必须是一个正规矩阵。如果不是正规矩阵，就无法进行逆变换，于是经过 $W = AX$ 变换后得到的图形将无法还原至 X 时的情况。详细内容请参见线性代数教材。

[2] 我们默认特征值 $\lambda_1, \cdots, \lambda_n$ 都大于零。

　　那么，经过这些步骤后我们将得到怎样的基准图形呢？我们已经在线性代数课程中学过，正交矩阵可以用于表示旋转（或翻转）变换。因此，我们其实对原来的矩阵做了如下操作。

1. 通过旋转变换使协方差矩阵变为一个对角阵
2. 根据该对角阵绘制椭圆
3. 逆向旋转

最终，我们将得到一个如图5.36所示的倾斜的椭圆。请读者注意以下几点。

- 特征向量 $q_1, \cdots, q_n$ 都与椭圆的主轴同向
- 特征向量的特征值 λ_i 越大，椭圆在该方向的宽幅就越长
- 椭圆各主轴的半径不等于特征值，而是特征值的平方根 $\sqrt{\lambda_i}$

与之前类似，图5.37同时给出了分布与基准图形的变换情况。相比之前的例子，我们现在只是执行一次旋转变换，因此自然仍可通过该椭圆投影的长度得到任意方向的标准差。

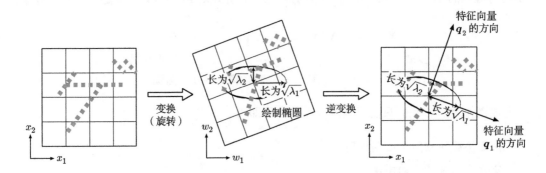

图5.36　旋转、绘制基准椭圆，再逆向旋转。背景中的图案没有特别的含义，只是为了方便读者观察变换的情况。

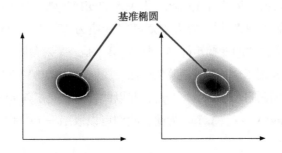

图5.37　基准椭圆。左图是一个多元正态分布，右图是一个一般的分布

？5.9　主轴的长度不难理解，不过为什么主轴的方向会和特征向量一致呢

我们可以在 $W = Q^T X$ 的两侧分别左乘 Q 得到 $X = QW$。这样就能将 W 逆变换为 X。在 W 所在的空间中，椭圆主轴都在坐标轴方向上，如图 5.36 中间的图像所示。设 W 所在的空间中各坐标轴方向的单位向量分别为 $e_1, \cdots, e_n$。也就是说，e_i 是一个第 i 个元素为 1，其他元素都为 0 的列向量（$i = 1, \cdots, n$）。请读者思考，它们在经过 Q 变换至 X 所在的空间后，将发生怎样的变化。答案是 $Qe_i = q_i$。也就是说，$q_1, \cdots, q_n$ 与椭圆主轴的方向一致。

经过一番努力，我们终于得到了令人心旷神怡的满意结果。不妨通过自己喜欢的方式稍作休息，或是一边品茗茶一边回味已有的成果。仔细想来，我们的讲解已经相当深入。当初遇到 5.2.1 节的一览表时，我们对它还毫无概念，现在已经清楚地了解到它正是一个椭圆。协方差矩阵与多元正态分布并没有想象中那么可怕。

协方差矩阵就是椭圆！

练习题 5.16

由练习题 5.1 中的 X, Y 可以构造出向量值随机变量 $\boldsymbol{X} = (X, Y)^T$。请读者为 X 的分布绘制基准椭圆（参见练习题 5.5）。

答案

我们已经得到了以下期望值向量与协方差矩阵。

$$\mathrm{E}[\boldsymbol{X}] = \begin{pmatrix} \mathrm{E}[X] \\ \mathrm{E}[Y] \end{pmatrix} = \begin{pmatrix} 2 \\ 1 \end{pmatrix}, \qquad \mathrm{V}[\boldsymbol{X}] = \begin{pmatrix} \mathrm{V}[X] & \mathrm{Cov}[X,Y] \\ \mathrm{Cov}[X,Y] & \mathrm{V}[Y] \end{pmatrix} = \begin{pmatrix} 50 & 14 \\ 14 & 50 \end{pmatrix}$$

只要知道了 $\mathrm{V}[\boldsymbol{X}]$ 的特征值与特征向量，就能画出相应的椭圆。我们可以通过特征方程 $\det(\lambda I - \mathrm{V}[\boldsymbol{X}]) = 0$ 来计算 $\mathrm{V}[\boldsymbol{X}]$ 的特征值。具体如下。

$$\det \begin{pmatrix} \lambda - 50 & -14 \\ -14 & \lambda - 50 \end{pmatrix} = (\lambda - 50)^2 - (-14)^2 = 0$$

经过整理得到以下方程。

$$\lambda^2 - 100\lambda + 2304 = (\lambda - 64)(\lambda - 36) = 0$$

由此得到 $V[\boldsymbol{X}]$ 的特征值为 64 与 36。为了求与特征值 64 对应的特征向量，我们可以设 $\boldsymbol{r}=(r,s)^T \neq \boldsymbol{o}$，并求解 $V[\boldsymbol{X}]\boldsymbol{r}=64\boldsymbol{r}$。$\boldsymbol{r}=(1,1)^T$ 是一个符合要求的答案。类似地，与特征值 36 对应的特征向量为 $\boldsymbol{r}=(1,-1)^T$。综上，椭圆的形状可以通过以下条件描述。

- 中心位于 $E[\boldsymbol{X}]=(2,1)^T$
- 一根主轴沿 $(1,1)^T$ 方向，该方向上的半径为 $\sqrt{64}=8$
- 另一根主轴沿 $(1,-1)^T$ 方向，该方向上的半径为 $\sqrt{36}=6$

该椭圆的形状如图 5.38 所示。

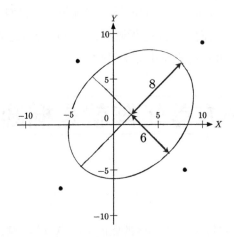

图 5.38　基准椭圆。作为参考，途中标记了 $(X,Y)^T$ 的四个可能取到的值

？5.10　图 5.38 有些奇怪。$(\boldsymbol{X},\boldsymbol{Y})^T$ 的值都位于椭圆外侧，但这个椭圆表示的是标准差，按理说不应该出现这种情况吧

　　这里可能存在一些误解。基准椭圆各方向上的投影才表示相应的标准差，如图 5.39 所示。从该图可以看到，有些值大于标准差，另一些在比标准差小，并无任何不妥。

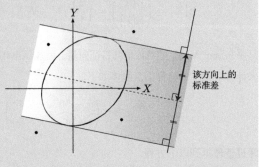

图 5.39　基准椭圆可以表示各方向上的标准差

5.4.4　协方差矩阵的局限性

　　协方差矩阵可以用于描述方差在不同方向上的发散程度。不过，它终究只是一种参考，无法准确表现分布的具体形状。我们之前也已强调过这点。

　　最后，我们还要介绍协方差矩阵的另一个局限性。在同时观测3个或更多的随机变量时，如果只有在 X_1 与 X_2 都较大时 X_3 才倾向于取较大的值（高阶相关），协方差矩阵就不再适用。图5.40是一个极端的例子。该分布恰好具有这样的特征，但协方差矩阵无法体现这一点。$\mathrm{Cov}[X_2, X_3]$ 忽略了 X_1，仅考虑了 X_2 与 X_3 的相关性。请读者回忆2.5.4节。即使我们注意检查了所有随机变量对的关系，也不能因此得出所有随机变量之间是否存在相关性。

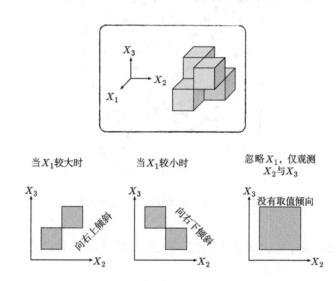

图 5.40　协方差矩阵不适用于判断高阶相关（图中的阴影部分表示均匀分布）

专栏   维数的诅咒

试考虑一个边长为1的d维立方体，且该立方体中包含了100个基于均匀分布得到的独立的点。图5.41是$d=2$（即正方形）的情况。此时，第一个点$\boldsymbol{X}_1$与其他点$\boldsymbol{X}_2, \cdots, \boldsymbol{X}_{100}$之间的最短距离是多少呢？

$$R = \min \|\boldsymbol{X}_j - \boldsymbol{X}_1\| \qquad (j = 2, \cdots, 100)$$

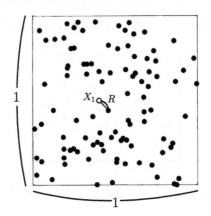

图5.41   与$\boldsymbol{X}_1$距离最近的点的距离R

我们假定$d=2$并循环测试50次R的值，得到了以下结果。该结果看起来并无不妥。

```
$ make run2↵
./nearest.rb -d=2 50 | ../histogram.rb -w=0.02
  0.1<= | ** 2 (4.0%)
 0.08<= | ***** 5 (10.0%)
 0.06<= | ************* 13 (26.0%)
 0.04<= | ************* 13 (26.0%)
 0.02<= | ********* 9 (18.0%)
    0<= | ******** 8 (16.0%)
total 50 data (median 0.0504992, mean 0.0522141, std dev 0.0263934)
```

下图是$d=20$时的结果，实验方式不变。

```
$ make run↵
./nearest.rb 50 | ../histogram.rb -w=0.1
  1.5<= | * 1 (2.0%)
  1.4<= | ******* 7 (14.0%)
```

```
1.3<= | ***** 5 (10.0%)
1.2<= | **************** 16 (32.0%)
1.1<= | ******** 8 (16.0%)
  1<= | ********** 10 (20.0%)
0.9<= | ** 2 (4.0%)
0.8<= | * 1 (2.0%)
total 50 data (median 1.22427, mean 1.21449, std dev 0.151975)
```

　　不难看出，此时得到的结果比想象中的要大许多（请注意，这里我们测试的是两点之间的最短距离）。

　　根据这一结果，我们发现随着维数的增加，各点之间的距离也会相应增大。这算是一种维数的诅咒。在进行高维数据分析、预测或模式识别等处理时，这种现象会给我们带来不小的麻烦。

第2部分

探讨概率的应用

第6章

估计与检验

本章将讲解估计与检验的理论框架。我们不会详细介绍各类估计与检验方法的具体步骤，而会着重介绍这些方法蕴含的思维方式。如果读者希望了解这些估计与检验方法的详情，请参考其他统计学教材。

在讲解估计理论前，我们将首先讨论描述统计与推断统计的区别，再介绍后者处理问题的独特视角。之后，我们会分析一些通过常规手段无法解决的多目标问题，并提供三种解决方案。在讲解这些解决方案时，我们将穿插介绍最小方差无偏估计、最大似然估计与贝叶斯估计(Bayes)这三种估计方法。

对于检验理论，本书最重要的目标是帮助读者理解检验理论中的特殊逻辑。在此过程中，我们将会遇到对立假设、虚无假设(零假设)、拒绝与接受、第一类错误与第二类错误等很多成对出现的检验理论术语。请读者务必注意，这些概念虽然成对出现，但用法却并非完全对等，必须明确区分它们的差异。

在现实生活中应用统计理论时，我们必须先认真分析数据的采集方式，之后才能执行上述数据分析处理。不同的调查方式会产生一些误差与错误。无论是一时疏忽还是别有用心，这类数据采集错误时常发生，难以杜绝。尽管这也是一大问题，不过它们和数学的关联相对较小，因此本书不会深入讨论。

6.1 估计理论

在完成了数据采集之后，我们自然希望统计其中某些值所占的比率，或计算这些数据的平均值。然而，如果我们仔细思考就会发现，要弄清这些处理背后的缘由并非易事。

6.1.1 描述统计与推断统计

首先，统计学可以分为描述统计学与推断统计学两大分支。描述统计是一种对数据的概括。请读者联想国情普查的例子。

- 我们将采集所有数据

- 然而，简单罗列所有数据没什么意义
- 因此，我们将通过一些特征量来了解数据的情况
- 此时，我们应当采用哪种特征量呢

我们在小学阶段就接触过类似的例子，它属于描述统计的范畴。另一方面，推断统计是一种对数据的推测。请读者联想收视率调查的例子。

- 我们无法获得所有数据
- 只能得到一部分数据
- 我们将以这些数据为依据推断所有数据的情况
- 此时，我们应当采用哪种推断方法呢

在实际应用中，这种情况更为常见。

本章将首先对描述统计做简单介绍，再详细讲解推断统计。

6.1.2　描述统计

本书不打算详细介绍描述统计。本节仅介绍与之相关的一些注意事项。

- 无论何种数据，在考虑如何概括数据之前，我们应当首先对其有一个整体性的把握。如图 6.1 所示，我们需要通过反映分布情况的散点图来了解数据的分布
- 我们通常使用平均值或方差来描述分布情况，不过它们容易受异常值影响，无法准确表现实际状态。我们经常会听到这样的批评：平均年收入调查得到的结果与实际感受不符。少数富人抬高了平均值，因此最终得到的结果并不具代表性。对于这种情况，我们应考虑改用中位数或四分位数
- 事实上，只有在数据的度量标准间隔距离相同时，平均值才有意义。例如，对于五级评价法的调查问卷，每一级之间的间隔并不一定相等，此时平均值的逻辑合理性值得怀疑。无论是描述统计还是推断统计都存在这种问题，请读者查阅相关参考书了解更详细的情况
- 即使数据相同，不同的解读方式带给人们的主观感受也会不同。如图 6.2 与图 6.3 所示。请读者在绘制图表时不要使用这种取巧的方式，也不要在阅读他人的资料时被这种手法迷惑。关于其他一些具有误导性的操作手法，请读者参考统计学的相关图书
- 请读者不要使用图 6.4 左侧的饼状图。这种图表容易使人误解，且不易比较。如需表示各类型所占比例，请使用图右的条状图。出于类似的理由，我们也不建议读者使用立体柱状图或立体折线图

（学号）	期中考试的分数	期末考试的分数
1	59	37
2	64	72
3	30	68
⋮	⋮	⋮

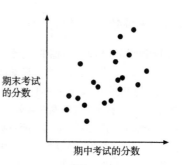

图6.1　散点图（同图5.7）

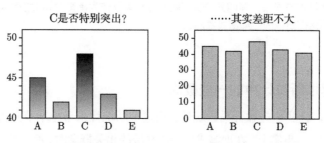

图6.2　容易误导读者的方式（1）：纵轴的零点坐标位置

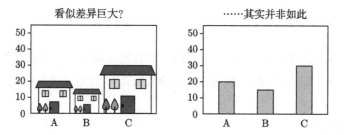

图6.3　容易误导读者的方式（2）：横轴加倍后面积将变为原来的4倍

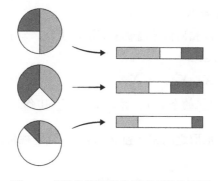

图6.4　应避免使用饼状图而改用柱状图

🤔 6.1　中位数和四分位数是什么

　　我们把依照大小排列的数值中位于正中央的值称为中位数。例如，1、1、2、3、5、8、13的中位数为3。无论从前往后数还是从后往前数，它都排在第4位，恰好处于正中央。如果数值的个数为偶数，中位数则是位于正中央的两个数的平均值。例如，1、1、2、3、5、8、13、21的中位数是3与5的平均值，即4。

　　中位数的优点在于即使数据中含有一些异常值，结果也不会受到多少影响。例如，假设由于某些错误，上例中的5被误记为了500。此时，所有数据的平均值将变大，中位数却几乎保持不变（不难发现，1、1、2、3、8、13、21、500的中位数是3与8的平均值，即(3+8)/2=5.5。这与原先的中位数4差距很小。

　　换言之，中位数是将依照大小排列的数值序列一分为二的边界线。四分位数则是将序列进一步一分为二，即四分之一位置的分界线（仅表示除中位数外的另两个四分之一分界线）。在数据个数无法整除时，我们通常会采用一些特殊方式来计算四分位数。四分位数可以作为衡量分布发散程度的一项基准。更为确切地讲，它是分布是否对称的一种衡量基准。

6.1.3　如何理解推断统计中的一些概念

　　现在回到正题。让我们先撇开描述统计，通过推断统计来考虑本节开头提出的问题吧（即那些处理背后的缘由）。事实上，在理解或解释该领域的相关概念时，有一些独特的视角与方式。我们将首先对此进行说明。

收视率调查

　　设全国有1000万台电视机，其中200万台正在直播足球赛事。也就是说，该节目的收视率为200万/1000万=0.2(=20%)。如果我们仅随机抽查50台电视机并以此来推断收视率，结果将会如何？

　　　　调查步骤如下。

- 在1000万台电视机中以相同概率随机抽取1台，如果它正在直播足球赛事，就记 $X_1 = \bigcirc$，否则记 $X_1 = \times$
- 在1000万台电视机中以相同概率随机重新抽取1台，如果它正在直播足球赛事，就记 $X_2 = \bigcirc$，否则记 $X_2 = \times$
- 通过类似的方法得到 $X_3, X_4, \cdots, X_{50}$
- 统计 $X_1, \cdots, X_{50}$ 中 $\bigcirc$ 的个数 Y，并以 $Z \equiv Y/50$ 作为收视率的推测值

为简化问题，我们假定每次抽取之间相互独立（如果一台电视机被抽选了两次，就分别记录两次结果）。

显然，该调查不一定能得到20%的结果。抽取到哪一台电视机具有随机性，Y 与 Z 也都是取值不确定的随机变量。在极端情况下，可能会出现所有抽取的电视机都在直播足球赛事，收视率的推测值为100%的情况。

那么，各种偏差的发生概率如何？也就是说，Y 与 Z 的概率分布如何？事实上，我们已经知道了答案。由于每个 X_i 相互独立，且取值为 ○ 的概率为0.2，取值为 × 的概率为0.8（$i = 1, 2, \cdots, 50$），因此 Y 遵从二项分布Bn(50,0.2)（参见3.2节），如图6.5左侧所示。只要观察该图的横轴，就能了解 Z 的分布（图6.5右侧）。通过该图，我们可以得知20%这一正确答案附近的 Z 如何分布。

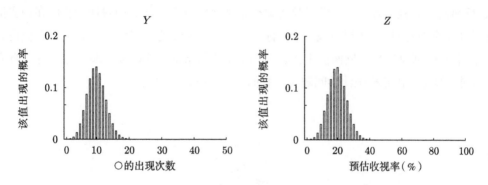

$$Y \qquad\qquad\qquad Z$$

图6.5　调查对象中收视数量 Y 的分布（左图）与预估收视率 Z 的分布

不过，这种方式无法表示（随机变化的）预估收视率与真正的收视率（20%）之间的区别。请读者分清两者的差异。

抛掷硬币

我们接着来讨论抛硬币的问题。假设一枚普通的硬币在抛掷10次后得到"反正反正正反反反反反"的结果。正面向上的比例为3/10。这里所说的3/10仅仅是比例，并不表示正面向上的概率。本书所说的概率指的是图6.6那种上帝视角下平行世界的面积。

从上帝视角来看，该实验结果可以按如下方式解释。

设随机变量 $X_1, X_2, \cdots, X_{10}$ 都是i.i.d.，且正面向上与反面向上的概率分别为 q 与 $(1-q)$。于是，在我们所处的世界 ω 中，随机变量的值如下。

$$X_1(\omega) = 反, \quad X_2(\omega) = 正, \quad X_3(\omega) = 反, \quad X_4(\omega) = 正, \quad X_5(\omega) = 正,$$
$$X_6(\omega) = 反, \quad X_7(\omega) = 反, \quad X_8(\omega) = 反, \quad X_9(\omega) = 反, \quad X_{10}(\omega) = 反$$

有些读者可能不太习惯这种方式，但是为了更好地理解接下来的内容，还是请大家认同这种解释方法。

我们希望求出这种解释中出现的 q 的值。然而，该值无法直接通过观测得到。由于普通人只能同时处于某个特定的平行世界 ω，因此无法横跨多个平行世界对面积进行测量。于是，我们需要根据"反正反正正反反反反"这组测量数据来推测 q 的值。这种做法不够准确，但已是我们能够达到的极限。幸好只要确保足够的实验次数，我们就能推测出较为准确的 q 的值（参见3.5节）。

现在让我们总结一下以上内容，并定义一些概念。上述解释中所说的"正面向上的概率为 q，反面向上的概率为 $(1-q)$"是这种抛硬币的真实分布。与之相对地，我们在现实世界 ω 观测得到的"反正反正正反反反反"称为 $X_1, \cdots, X_{10}$ 的测定值。我们由测定值得到了"正面向上的比例为 3/10，反面向上的比例为 7/10"的结论，这称为经验分布，它与真实分布是不同的概念。在分析统计学问题时，我们必须明确区分两者。

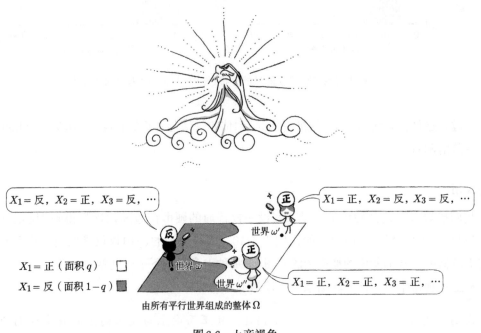

图 6.6　上帝视角

? 6.2 既然我们无法横跨平行世界进行观测，因此也就无法判断 $X_1, \cdots X_{10}$ 是否是 i.i.d. 了吧

确实如此。我们之所以将其视为 i.i.d.，根据的是实验的执行方式。严格来讲，在抛掷硬币的过程中硬币表面可能沾染污渍，并导致重心渐渐改变（于是不再是均匀分布）。同时，硬币本身在撞击中产生的微小形变也可能影响某一面向上的概率（不再独立）。不过，我们暂时忽略这些问题。在统计学的实际应用中，我们常常会像这样，根据实验方法假定随机变量符合 i.i.d. 或实验结果遵从正态分布。

有的读者可能已经发现，从数学的角度来看，之前的收视率调查问题和现在的硬币抛掷实验其实很相似。对于收视率调查，它的真实分布为 $P(X_i = \bigcirc) = 0.2, P(X_i = \times) = 0.8$（其中 $i = 1, \cdots, 50$）。

在这个例子中，我们假定实际观测值与真实分布相关，且试图根据观测值来推测真实分布。希望读者能领会这种解题思路。

期望值的估计

接着我们来看一个连续值的例子。设随机变量 X_1, X_2, X_3 是 i.i.d.，且概率密度函数如下（图 6.7）。

$$f_{X_i}(x) = \frac{1}{2}e^{-|x-5|} \qquad (i = 1, 2, 3)$$

此时，各随机变量的期望值 $E[X_i] = 5$。

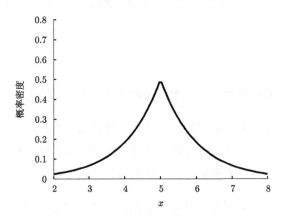

图 6.7　真实分布的概率密度函数 $f_{X_i}(x)$

假设我们现在还不知道真实分布 $f_{X_i}(x)$，希望通过 X_1, X_2, X_3 的值来推测 $\mathrm{E}[X_i]$。读者也许会首先想到简单地将观测值之和除以个数来求平均值 $\bar{X} \equiv (X_1 + X_2 + X_3)/3$，或是求 X_1, X_2, X_3 的中位数 $\tilde{X}$，把它作为估值依据（问答专栏6.1）。那么，$\bar{X}$ 与 $\tilde{X}$ 这两种估计值的性质有什么区别呢？

与之前类似，$\bar{X}$ 与 $\tilde{X}$ 也是取值不确定的随机变量。不难理解，数据 X_1, X_2, X_3 自身就都是随机值，由它们计算得到的 $\bar{X}$ 与 $\tilde{X}$ 显然也都是随机值。为了观测它们具体的随机情况，我们需要计算两者的分布。图6.8是结果的示意图。可以看到，两种情况下，取值都集中于正确答案5附近，且在这个例子中，$\tilde{X}$ 的取值接近正确答案的概率更高。

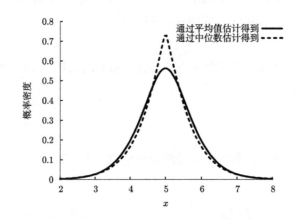

图6.8　平均值 $\bar{X}$（实线）与中位数 $\tilde{X}$（虚线）的概率密度函数

通过这个例子可以知道，除了单纯求平均值外，我们还可以通过其他一些方法来估计概率，并且不同估计方式得到的结果会有所不同。

6.1.4　问题设定

在之前的章节中，我们已经通过几个具体的例子介绍了以下几点。

- 假定实际观测值与真实分布相关，且试图根据观测值来推测真实分布
- 由于观测值取值随机，因此由它们计算得到的估计值也是随机值
- 估计方式多种多样，且不同估计方式得到的估计值也有所不同

本节我们将在此基础上进一步讨论一些更为通用的问题，讲解估计理论中的问题设定。

设采集得到的数据 $X_1, \cdots, X_n$ 都是 i.i.d. 随机变量。在统计学中，这类数据常称为样本，不过这种术语过分正式，今后如非必要，本书仍将使用数据一词来指代样本。数据的条数 n

称为样本容量。数据的真实分布不明。我们称没有给出其分布的具体函数形式的问题为非参数统计(nonparametric)问题。另一方面，期望值与方差不确定但遵从正态分布的问题称为参数统计(parametric)问题。

非参数估计与参数估计各有所长。参数估计的限制较多，因此实用性稍差。不过正因如此，只要假设条件准确，估计的精度就较高。由于这一原因，我们常常会基于过去的经验、数据生成的方式(问答专栏6.2)或中心极限定理(4.6.3节)来猜测分布的形式。本书之后也将重点讲解参数估计。

例如，假设 $X_1, \cdots, X_n$ 都遵从某一正态分布 $N(\mu, 1)$，基于 $X_1, \cdots, X_n$ 来推测 μ 就属于一种参数估计。在通常情况下，条件给出的数据分布可以由有限维数的向量值参数 $\theta \equiv (\theta_1, \cdots, \theta_k)$ 确定，我们需要做的是根据这些数据估计 θ 的值[1]。

本书之后会将 n 个数据合记为 $X = (X_1, \cdots, X_n)$。θ 的估计值记为 $\hat{\theta}$。习惯上，我们常会用加帽的方式表示估计值。由于数据 X 取值随机，据此得到的估计结果也是一个随机值(随机变量)。如果要强调这一点，我们可以将 $\hat{\theta}$ 称为估计量(estimator)，或记为 $\hat{\theta}(X)$ 以明确表示该值由 X 决定[2]。有些书还会通过 $\hat{\theta}_n$ 来表示样本容量为 n。在上面的例子中，我们可以写出如下两种估计量(为了区分两者，第二个估计量采用了不同的记号表示)。

$$\hat{\mu}(X) \equiv \frac{X_1 + \cdots + X_n}{n}$$

$$\tilde{\mu}(X) \equiv X_1, \cdots, X_n \text{的中位数}$$

不难发现，我们可以设计出各种类型的估计量。事实上，只要取值与数据 X 相关，就都符合估计量的条件。请读者设想以下场景。

- 任何人都可以预测明天的天气(是否准确则另当别论)
- 任何以数据 X 为输入并输出 θ 的估计值的程序都属于估计程序(是否准确则另当别论)

如此一来，我们将得到大量的备选项。如何从中找出最佳估计量，是本节要讨论的内容。

6.1.5 期望罚款金额

用于选择最佳估计量的评价基准多种多样。其中平方误差是一种常用且较为简便的方式。

---

[1] 习惯上，我们采用希腊字母 θ (西塔)来表示未知参数。此外，估计理论中的估计值分两种类型，点估计需要给出具体的点，区间估计则要给出一个估计范围。本书讨论的都是点估计。

[2] 估计量也能表示数据的估计方式，即由数据求得估计结果的方法。例如，"程序 h" 与"将随机数据 X 输入 h 后得到的随机值 $h(X)$" 都属于估计量。

读者可以通过以下方式理解平方误差：如果正确答案为 a 而估计值为 b，则处以 $\|b-a\|^2$ 元的罚款（$\|\cdot\|$ 表示向量的长度）。估计值 b 与正确答案 a 相差越大，罚款金额就越大。两者恰好一致时罚款金额为0。显然，该数值越小越好。

不过，在通过这一评价基准计算罚款金额 $\|\hat{\theta}(X)-\theta\|^2$ 时，存在以下两个问题。

- 罚款金额是一个随机值
- 罚款金额与正确答案相关，不同情况下的罚款金额也不同

我们首先讨论罚款金额随机的问题。由于数据 X 取值随机，因此估计量 $\hat{\theta}(X)$ 与罚款金额都是随机值。这个已经多次强调过。我们可以通过期望值来解决这个问题。也就是说，我们希望求得的估计量 $R_{\hat{\theta}}(\theta)$ 的罚款金额的期望值尽可能小。

$$R_{\hat{\theta}}(\theta) \equiv \mathrm{E}[\|\hat{\theta}(X)-\theta\|^2]$$

至于另一个罚款金额与正确答案相关的问题，我们留在下一节讨论。

练习题 6.1

请问 $X, \theta, \hat{\theta}(X), R_{\hat{\theta}}(\theta)$ 分别是随机值（随机变量）还是非随机值（取值恒定的数值或向量）？

答案

X 与 $\hat{\theta}(X)$ 是随机值，θ 与 $R_{\hat{\theta}}(\theta)$ 是非随机值。

6.1.6　多目标优化

对于不同的正确答案 θ，罚款金额的期望值 $R_{\hat{\theta}}(\theta)$ 也不同。由于我们不知道正确答案（这也是我们要对此作出估计的原因），因此不能直接计算得到通用的罚款金额期望值。我们只能求得给定正确答案的罚款金额期望值。也就是说，我们无法仅凭一个数值来评价估计量 $\hat{\theta}$，而需要使用一条曲线，如图6.9所示。

不同估计量的曲线不同，估计量 $\tilde{\theta}$ 将得到一条不同的曲线 $R_{\tilde{\theta}}(\theta)$。那么，我们如何判断 $\hat{\theta}$ 与 $\tilde{\theta}$ 孰优孰劣呢？如果在任意情况下罚款金额期望 $R_{\hat{\theta}} < R_{\tilde{\theta}}$ 始终成立，$\hat{\theta}$ 自然优于 $\tilde{\theta}$。但如果对于某些 θ，$R_{\hat{\theta}}$ 的值更小，对于另一些 θ，$R_{\tilde{\theta}}$ 的值更小，我们该如何评判呢？此时，$\hat{\theta}$ 与 $\tilde{\theta}$ 哪个更优不能一概而论。如果用体育比赛来做类比，即选手 $\hat{\theta}$ 在某些项目上更胜 $\tilde{\theta}$ 一筹，但在其他项目上略逊一等，它们各有所长。

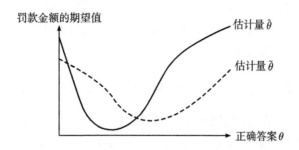

图6.9　罚款金额期望值与正确答案 θ 相关，需要通过曲线描述

　　如果评价基准只是一个单纯的数字，我们就能确定最佳估计量，然而对于现在的情况，我们不能直接这么处理。无论是 $R_{\hat{\theta}}(0.7)$、$R_{\hat{\theta}}(0.5)$、$R_{\hat{\theta}}(0.843191)$ 还是 $R_{\hat{\theta}}(0.543217)$，我们都希望得到最佳结果。这称为多目标优化问题。此时，为了找出最优估计量，我们必须添加一些评判规则。

　　我们可以采取多种策略。

一、增设参赛条件，减少候选项，以找到尽可能满足所有条件的最佳答案

二、弱化最优的定义

三、根据曲线形状，制定单一数值的评价基准

之后几节我们将依次讨论这些策略。

6.1.7　（策略一）减少候选项——最小方差无偏估计

　　问题的根源在于，问答专栏6.3中介绍的那种没有实际意义却又能准确估计某种特定情况的无效估计量大量存在。如果我们可以排除它们，仅保留有效的估计量，或许就能找到全能的最优解。

无偏性是一种常见的筛选条件。由于输入数据 X 本身就是随机值，因此输出的估计值 $\hat{\theta}(X)$ 也只能是随机值。不过，我们希望它的取值至少能与正确答案相差不大。也就是说，期望值 $\mathrm{E}[\hat{\theta}(X)]$ 始终与正确答案 θ 一致。

$$\mathrm{E}[\hat{\theta}(X)] = \theta \qquad （要求对于任意 \theta 该式始终成立）$$

有了这条限制后，那些仅适用于特定情况的估计量就能被排除。经过该条件筛选后求得的最优解称为最小方差无偏估计量（uniformly minimum variance unbiased estimator，UMVUE）。例如，对于遵从正态分布 $\mathrm{N}(\mu, \sigma^2)$ 的 i.i.d. 数据 $X_1, \cdots, X_n$（其中 μ, σ^2 未知，$n \geqslant 2$），由其平均值 $\bar{X} \equiv (X_1 + \cdots + X_n)/n$ 估计期望值 μ 就是一种 UMVUE。另外，通过以下式子估计方差 σ^2 也属于 UMVUE。

$$S^2 \equiv \frac{1}{n-1} \sum_{i=1}^{n} (X_i - \bar{X})^2$$

读者可能会奇怪为什么要除以 $(n-1)$ 而不是 n，但只有这样才能确保无偏性。具体的解释与 UMVUE 的证明请读者查阅其他参考书。上式中的 S^2 称为无偏方差[①]。

练习题 6.2

试证明上式中 $\mathrm{E}[\bar{X}] = \mu$ 且 $\mathrm{E}[S^2] = \sigma^2$，并计算以下表达式的期望值 $\mathrm{E}[\tilde{S}^2]$（该期望值应当不等于 σ^2）。

$$\tilde{S}^2 \equiv \frac{1}{n} \sum_{i=1}^{n} (X_i - \bar{X})^2$$

答案

我们可以根据期望值的性质得到 $\mathrm{E}[\bar{X}] = (\mathrm{E}[X_1] + \cdots + \mathrm{E}[X_n])/n = n\mu/n = \mu$。对于 S^2，我们可以首先按如下形式变形。

$$\mathrm{E}[S^2] = \mathrm{E}\left[\frac{1}{n-1} \sum_{i=1}^{n} (X_i - \bar{X})^2 \right] = \frac{1}{n-1} \sum_{i=1}^{n} \mathrm{E}\left[(X_i - \bar{X})^2 \right] \qquad \cdots\cdots（一）$$

为便于计算，我们定义 $Y_i \equiv X_i - \mu$ $(i = 1, \cdots, n)$。此时，$Y_1, \cdots, Y_n \sim N(0, \sigma^2)$ (i.i.d) 成立，且 $\bar{Y} \equiv (Y_1 + \cdots + Y_n)/n$ 与 $\bar{X} - \mu$ 相等。于是我们可以推出以下等式。

[①] 这一概念的名称尚未统一，也有人称其为样本方差。事实上，一部分人将分母为 $(n-1)$ 的情况称为样本方差，另一部分人则将分母为 $(n-1)$ 的情况称为无偏方差，将分母为 n 的情况称为样本方差。

$$\mathrm{E}\left[(X_i - \bar{X})^2\right] = \mathrm{E}[(Y_i - \bar{Y})^2] = \mathrm{E}[Y_i^2 - 2Y_i\bar{Y} + \bar{Y}^2]$$
$$= \mathrm{E}[Y_i^2] - 2\mathrm{E}[Y_i\bar{Y}] + \mathrm{E}[\bar{Y}^2] \qquad \cdots\cdots (二)$$

接着通过 $\mathrm{E}[Y_i^2] = \sigma^2$、$\mathrm{E}[Y_iY_j] = \mathrm{E}[Y_i]\mathrm{E}[Y_j] = 0 \cdot 0 = 0 \ (i \neq j)$ 与 $\bar{Y} \sim \mathrm{N}(0, \sigma^2/n)$（参见练习题4.22）为上式变形。

$$(二) = \mathrm{E}[Y_i^2] - 2\mathrm{E}\left[\frac{Y_iY_1 + \cdots + Y_iY_n}{n}\right] + \mathrm{E}[\bar{Y}^2]$$
$$= \sigma^2 - 2 \cdot \frac{\sigma^2}{n} + \frac{\sigma^2}{n} \qquad (Y_iY_1 + \cdots + Y_iY_n \text{ 中包含了一项 } Y_i^2)$$
$$= \left(1 - \frac{2}{n} + \frac{1}{n}\right)\sigma^2 = \left(1 - \frac{1}{n}\right)\sigma^2 = \frac{n-1}{n}\sigma^2$$

因此式一等于 $\frac{1}{n-1} \cdot \sum_{i=1}^{n} \frac{n-1}{n}\sigma^2 = \sigma^2$，并得证 $\mathrm{E}[S^2] = \sigma^2$。

此时，$\tilde{S}^2$ 的值如下，显然与 σ^2 不相等。

$$\mathrm{E}[\tilde{S}^2] = \mathrm{E}\left[\frac{n-1}{n}S^2\right] = \frac{n-1}{n}\mathrm{E}[S^2] = \frac{n-1}{n}\sigma^2$$

尽管我们已经减少了候选数量，但要找到适用于任意情况的最优解仍然不是一件易事。我们应认清并非总有全能最优解的事实。

6.1.8 （策略二）弱化最优定义——最大似然估计

第二种策略是弱化最优的定义。即使不是全能最优解，只要满足以下两条性质，就依然是一种可以接受的答案。

- **一致性**

  样本容量 $n \to \infty$ 时，估计的结果收敛于正确答案

- **渐进有效性**

  样本容量 $n \to \infty$ 时，$n\mathrm{E}[(\text{估计结果-正确答案})^2]$ 收敛于理论边界

满足以上条件的估计量有无数种，其中最值得注意的是最大似然估计。最大似然的意思是最为相似，即最大的可能性。

设数据 $X_1, \cdots, X_n$ 的测定值为 $\check{x}_1, \cdots, \check{x}_n$，使以下概率最大化的参数 θ 就是最大似然估计[1]。

---

[1] 为了强调这些是实际观测得到的特定结果（参见6.1.3节中关于测定值的介绍），我们在变量上添加了箭头标记（˘）。这是本书特有的记法。

$$\mathrm{P}(X_1 = \breve{x}_1, \cdots, X_n = \breve{x}_n) \qquad\qquad (6.1)$$

对于连续值随机变量, 式6.1的结果为0, 因此我们需要改用概率密度作为评判依据。

$$f_{X_1, \cdots, X_n}(\breve{x}_1, \cdots, \breve{x}_n) \qquad\qquad (6.2)$$

式6.1与式6.2称为未知参数 θ 的似然函数。简而言之, 能使似然函数取值最大的 θ 就是最大似然估计。

相比上一节介绍的UMVUE, 最大似然估计有以下优势。

- 可以通过简单的计算求得。

  ——UMVUE无法做到这点

- 对参数进行变换后估计结果依然符合要求。

  设 σ^2 的最大似然估计为 $\widehat{\sigma^2}(X)$, σ 的最大似然估计则为 $\sqrt{\widehat{\sigma^2}(X)}$。

  ——UMVUE无法做到这点

- 一致性与渐进有效性可以通过恰当的假设条件得到。

  因此, 在样本容量 n 极大时, 最大似然估计与UMVUE几乎等价。

在实际计算最大似然估计时, 我们通常都会从式6.1与式6.2的对数形式入手。假设 $X_1, \cdots, X_n$ 是i.i.d., 于是相应的对数可以按如下形式分解为加法多项式, 便于之后的处理 (参见附录A.5)。

$$\log \mathrm{P}(X_1 = \breve{x}_1, \cdots, X_n = \breve{x}_n) = \log \mathrm{P}(X_1 = \breve{x}_1) \cdots \mathrm{P}(X_n = \breve{x}_n)$$
$$= \log \mathrm{P}(X_1 = \breve{x}_1) + \cdots + \log \mathrm{P}(X_n = \breve{x}_n)$$
$$\log f_{X_1, \cdots, X_n}(\breve{x}_1, \cdots, \breve{x}_n) = \log f_{X_1}(\breve{x}_1) \cdots f_{X_n}(\breve{x}_n)$$
$$= \log f_{X_1}(\breve{x}_1) + \cdots + \log f_{X_n}(\breve{x}_n)$$

读者注意, "○○ 的最大化"与" $\log$ ○○ 的最大化"等价。x 越大, $\log x$ 就越大, 因此两者的最大化本质上相同。似然函数的对数称为对数似然函数。

練習题 6.3

　　设 $X_1, \cdots, X_n$ 是遵从正态分布 $N(\mu, \sigma^2)$ 的 i.i.d. 数据 $\check{x}_1, \cdots, \check{x}_n$ 的测定值，且期望值 μ 与方差 σ^2 未知。试求 μ 与 σ^2 的最大似然估计。

答案

　　我们首先需要计算对数似然函数 l。

$$l = \log f_{X_1}(\check{x}_1) + \cdots + \log f_{X_1}(\check{x}_n)$$
$$= \log\left(\frac{1}{\sqrt{2\pi\sigma^2}}\exp\left(-\frac{(\check{x}_1-\mu)^2}{2\sigma^2}\right)\right) + \cdots + \log\left(\frac{1}{\sqrt{2\pi\sigma^2}}\exp\left(-\frac{(\check{x}_n-\mu)^2}{2\sigma^2}\right)\right)$$

根据 log 的性质，该式的各项可以做如下分解 $(i = 1, \cdots, n)$。

$$\log\left(\frac{1}{\sqrt{2\pi\sigma^2}}\exp\left(-\frac{(\check{x}_i-\mu)^2}{2\sigma^2}\right)\right) = -\frac{1}{2}\log(2\pi) - \frac{1}{2}\log(\sigma^2) - \frac{(\check{x}_i-\mu)^2}{2\sigma^2}$$

于是 l 可以变形为以下形式。

$$l = -\frac{n}{2}\log(2\pi) - \frac{n}{2}\log(\sigma^2) - \frac{(\check{x}_1-\mu)^2 + \cdots + (\check{x}_n-\mu)^2}{2\sigma^2}$$

最大似然估计需要求出能使该 l 取值最大的 μ 与 σ^2。

　　我们先控制 σ^2 的值，仅调节 μ 来最大化 l。为此，我们只需将 σ^2 视为一个常量，并观察 l 经 μ 微分后的值即可。也就是说，我们需要观察 $\partial l/\partial\mu$ 的情况（关于偏微分的详细信息，请参见 P172 脚注①）。该偏微分的具体计算方式如下。

$$\frac{\partial l}{\partial\mu} = -\frac{(\mu-\check{x}_1) + \cdots + (\mu-\check{x}_n)}{\sigma^2} = -\frac{n\mu - (\check{x}_1 + \cdots + \check{x}_n)}{\sigma^2} = -\frac{n}{\sigma^2}(\mu - \bar{x})$$
$$\text{其中 } \bar{x} \equiv \frac{\check{x}_1 + \cdots + \check{x}_n}{n} \text{ 是 } \check{x}_1, \cdots, \check{x}_n \text{ 的平均值}$$

可见，μ 比 $\bar{x}$ 更大时 $\partial l/\partial\mu < 0$，比它更小时 $\partial l/\partial\mu > 0$，两者相等时 $\partial l/\partial\mu = 0$。因此在 $\mu = \bar{x}$ 时对数似然函数 l 的值最大，μ 的最大似然估计为 $\bar{x}$。

　　我们已经得到了 $\mu = \bar{x}$，在此基础上，需要进一步调节 σ^2，使 l 能够最大化。为避免混淆，我们设 $\sigma^2 = s$，并将 l 改写为如下形式。

$$l = -\frac{n}{2}\log(2\pi) - \frac{n}{2}\log s - \frac{(\check{x}_1-\bar{x})^2 + \cdots + (\check{x}_n-\bar{x})^2}{2s} \equiv g(s)$$

为了求出使 $g(s)$ 取值最大的 s，我们需要观察 $\mathrm{d}g/\mathrm{d}s$ 的值。

$$\frac{\mathrm{d}g}{\mathrm{d}s} = -\frac{n}{2s} + \frac{(\check{x}_1-\bar{x})^2 + \cdots + (\check{x}_n-\bar{x})^2}{2s^2} = -\frac{n}{2s^2}\left(s - \frac{(\check{x}_1-\bar{x})^2 + \cdots + (\check{x}_n-\bar{x})^2}{n}\right)$$

与之前类似，当 s 与下式相等时，$g(s)$ 的值最大。

$$\frac{(\check{x}_1 - \bar{x})^2 + \cdots + (\check{x}_n - \bar{x})^2}{n} = \frac{1}{n}\sum_{i=1}^{n}(\check{x}_i - \bar{x})^2$$

因此这就是 σ^2 的最大似然估计。

　　相比之前的无偏方差，练习题6.3中求得的方差的最大似然估计仅仅是将分布从 $(n-1)$ 改为了 n。在样本容量 n 非常巨大时，这种差异几乎可以忽略。从这个例子中也可以看出，当样本容量极大时，最大似然估计与UMVUE几乎等价。

6.1.9　（策略三）以单一数值作为评价基准——贝叶斯估计

　　第三种策略是以单一数值作为评价的基准。也许读者之前就有疑问，为什么我们一定要找出所有情况下都最优的答案，而不是综合总分最高的那个呢？不过这样一来，我们就不得不考虑如何为各种情况分配权重的问题。本节介绍的贝叶斯估计就采用了这种解决思路。

　　在使用贝叶斯估计时，我们假定参数 θ 也是一个随机变量。也就是说，θ 也具有某种概率分布。这称为先验分布。我们讨论至今的"与参数 θ 对应的数据 X 的概率分布"，可以理解为"X 在给定 θ 下的条件分布"。

　　如果能够理解以上概念，学习之后的内容就不存在太大的问题。设 $\check{x}$ 是数据 X 的测定值，当 $\hat{\theta} = \mathrm{E}[\theta|X = \check{x}]$ 时，罚款金额的条件期望 $\mathrm{E}[(\hat{\theta} - \theta)^2|X = \check{x}]$ 最小（参见 P122 脚注①）。我们也可以不局限于仅考虑某一特定情况，直接给出 $X = \check{x}$ 时 θ 的条件分布。也就是说，答案并非 θ 的某个特定估计值，而是像图6.10那样的具体分布，描述各种情况下的取值概率。我们将这种情况下的条件分布称为后验分布①。如果后验分布的范围较窄，估计值的准确度就相对较高。反之，如果后验分布的范围较广，准确度就较低。通过这种方式，我们就能从结果中得知它的可信度。

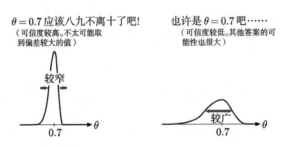

图6.10　对于给定的数据 $X = \check{x}$，未知参数 θ 的条件分布（后验分布）

---

① 关于后验分布，请参见2.4节介绍的贝叶斯公式。后验分布的具体计算方式请参见4.4.5节。

练习题 6.4

　　某种硬币正面向上的概率为 R，且抛掷 n 次的结果都是正面向上。R 的先验分布的概率密度函数如下（图6.11）。

$$f_R(r) = \begin{cases} 6r(1-r) & (0 \leqslant r \leqslant 1) \\ 0 & (r < 0 \text{ 或 } r > 1) \end{cases}$$

　　试求 R 的后验分布及其（条件）期望值（关于同时包含离散值与连续值的贝叶斯公式，请参见4.4.8节）。

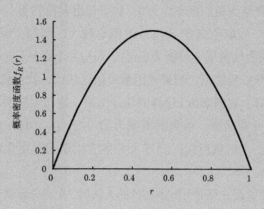

图 6.11　R 的先验分布

答案

　　设正面向上的次数为 S。当 $0 \leqslant r \leqslant 1$ 时，R 的后验分布的概率密度函数如下。

$$\begin{aligned} f_{R|S}(r|n) &= \frac{\mathrm{P}(S=n|R=r)f_R(r)}{\int_0^1 \mathrm{P}(S=n|R=u)f_R(u)\,\mathrm{d}u} \\ &= \frac{r^n \cdot 6r(1-r)}{\int_0^1 u^n \cdot 6u(1-u)\,\mathrm{d}u} = \frac{r^{n+1}(1-r)}{\int_0^1 u^{n+1}(1-u)\,\mathrm{d}u} \end{aligned}$$

其中的定积分可以转化为以下形式。

$$\begin{aligned} \int_0^1 u^{n+1}(1-u)\,\mathrm{d}u &= \int_0^1 (u^{n+1}-u^{n+2})\,\mathrm{d}u = \left[\frac{1}{n+2}u^{n+2} - \frac{1}{n+3}u^{n+3}\right]_0^1 \\ &= \frac{1}{n+2} - \frac{1}{n+3} = \frac{(n+3)-(n+2)}{(n+2)(n+3)} = \frac{1}{(n+2)(n+3)} \end{aligned}$$

结合两式即可得到所需的概率密度函数。

$$f_{R|S}(r|n) = (n+2)(n+3)r^{n+1}(1-r) \qquad (0 \leqslant r \leqslant 1)$$

它的(条件)期望值如下。

$$E[R|S=n] = \int_0^1 r f_{R|S}(r|n)\,\mathrm{d}r = (n+2)(n+3)\int_0^1 r^{n+2}(1-r)\,\mathrm{d}r$$

$$= (n+2)(n+3)\cdot\frac{1}{(n+3)(n+4)} = \frac{n+2}{n+4}$$

(定积分的计算方式与之前类似,这里不再赘述)

　　贝叶斯估计采用了先验信息来帮助估计,这是它的一个显著优点。如果参数为正,我们就能在先验分布中将取值为负的概率设为0。如果知道参数约为10,我们就能根据该信息的准确度设定先验分布,使取值落于10附近的概率较大。例如,练习题6.4中的先验分布 $f_R(r)$ 描述了硬币正面向上的概率不可能为0或1,而应在1/2上下这一常识。与最大似然估计相比,这种方式的优点显而易见。如果使用最大似然估计,我们将由硬币5次抛掷的结果都是正面向上得出正面向上的概率为1这样的估计结果,这与常理明显矛盾。不可能存在这样的硬币。如果使用贝叶斯估计,得到的概率为 $(5+2)/(5+4) \approx 0.78$。读者应该会觉得这个答案更符合常理吧。之后我们在8.1.1节介绍的吉洪诺夫正则化也将运用贝叶斯估计的这一优点。

　　不过也有人反对这种方式。反对贝叶斯估计的人认为,先验分布将直接影响答案的准确性。他们认为,先验分布的设定过于随意,不能作为估计依据。它将破坏估计的客观与公正。例如,在练习题6.4中,在设定具体的先验分布公式时,我们很难给出让所有人都满意的答案。对于这种批评意见,贝叶斯派通常会做出如下反驳:"请注意,我们的目标是希望估计误差尽可能小。如果一味追求客观,将无法实现这一目标。再者说,i.i.d.等其他很多假设条件也都会影响结论的客观性,我们不应拘泥于先验分布的问题"。两派尚未对此达成一致。贝叶斯派中的一部分人也在积极寻找降低主观性的方法,试图设计出不含主观成分的先验分布。此外我们必须注意的是,随着样本容量 n 的增加,先验分布的作用通常都会减小。在之前的练习题6.4中,随着 n 的增加,结果将越来越偏离概率约为1/2的常识(虽然有违常理,但毕竟存在那么多实际数据,我们也不得不相信这一结果)。

　　贝叶斯估计的问题在于后验分布的计算十分麻烦。通常,随着样本容量 n 的增加,后验分布将越来越复杂。我们可以借助巧妙设计的先验分布(共轭先验分布)在一定程度上缓解这一问题。练习题6.4便是如此。之后我们在8.2.2节中讨论卡尔曼滤波器时也会遇到一些例子。卡尔曼滤波器采用正态分布作为先验分布,得益于此,后验分布也将是正态分布,不会特别复杂。

　　事实上,由于一些更深层的理由,很多统计学家并不认同贝叶斯估计(或认为贝叶斯估计不属于推断统计学的范畴)。争论的焦点在于"将参数 θ 视作随机变量并设计它的概率分布"

是否合理。这与"1192年6月6日某地曾下过雨的概率"类似，都是有待商榷的问题（参见1.1节）。讨论这类问题中的随机值或概率等概念是否有意义？这牵扯到概率的定义，目前的数学界尚未得出定论。采用贝叶斯估计的人也对此持有不同态度，有些人立场明确，另一些则无所谓这类概念问题，仅因为方便易用而选择贝叶斯估计。

近年来，随着计算机处理能力的提升与计算方式的发展（例如马尔可夫链蒙特卡罗方法等，具体请参见其他参考书），贝叶斯方法又焕发了生机。除统计学外的其他领域也纷纷开始积极应用贝叶斯方法。例如，机器学习领域从另一个角度肯定了贝叶斯估计的优点。在垃圾邮件的自动识别软件中，一种名为贝叶斯过滤的算法得到了广泛应用。如果读者对这类统计学方法感兴趣，应该会对贝叶斯网络或非参数贝叶斯方法等名称有所耳闻。

6.1.10　策略选择的相关注意事项

最后我们要介绍一条注意事项。其实它与本节的主题关系不大，但在其他通用情况下非常重要，因此我们在此专门介绍。在选择估计方法时，我们必须考虑这个问题。尤其是在根据估计得到的分布进行预测时，下面的问题十分关键。

❓ 6.4　在测试数据下获得最佳结果的估计方式却在实际应用时得出了糟糕的结果

在测试哪一种方式最佳时，我们必须注意测试的方式。考试题目如果与课堂习题完全相同，对知识的理解效果就不能得到检验，因此此时仅靠死记硬背就能得到最佳答案。考试的结果不能反映学生的实力。所谓的实力，是解决之前未曾遇到过的问题的能力。类似地，由特定数据训练得到的估计方法的准确性也无法通过相同的数据进行测试。那么我们应该如何避免这个问题呢？对于考试，我们可以另外准备一份课堂中没有使用的试题，以此测试学生的实力。此外，我们还可以采用模型选择的方法。CV（cross validation，交叉检验法）、AIC（Akaike's information criterion，赤池信息量准则）、BIC（Bayesian information criterion，贝叶斯信息量准则）和MDL（minimum description length，最小描述长度）等都是一些常见的模型选择方法，读者可以查阅相关信息了解详情。此外，本书图8.5也涉及了这个问题，读者可以作为参考。

6.2　检验理论

6.2.1　检验理论中的逻辑

假设甲乙两人共比赛100次，其中甲61胜39败。下面是他们对该结果的争论。

　　甲：我比你更强。

　　乙：不，这纯属偶然。

　　甲：偶然？那也差距太大了吧！这明显是我们的实力差距。

　　乙：也不一定吧，就算实力差不多，偶尔出现这样的结果也不奇怪吧？

　　甲：没那种事！

　　乙：真的吗？你具体计算一下试试？

　　甲：好，我现在就算。如果出现现在这种结果的概率小于5%，你就承认这是实力的差距吧。

他们的对话正体现了检验理论的逻辑。检验理论中包含以下两种假设。

　　虚无假设 H_0：甲获胜的概率 $=1/2$　……甲试图驳斥的主张

　　对立假设 H_1：甲获胜的概率 $>1/2$　……甲试图肯定的主张

也就是说，甲希望证明"如果 H_0 成立，得到 H_1 这样的数据的概率仅有 △△。因此 H_0 很可能是错误的"这一观点（我们将在之后的6.2.3节讨论"H_1 这样的数据"的具体定义）。

　　这种思考方式有点绕，请读者仔细理解。我们赞同的是 H_1。但如果没有比较对象，就难以证明它的正确性，因此我们又提出了假设以 H_0 作为对照，试图通过 H_0 是不正确的来体现 H_1 的正确。然而，由于数据都是随机值，因此我们依然无法如此断言。于是我们进一步降低了要求，希望以 H_0 的发生概率很低来衬托 H_1 更加准确。此时，反对方自然会询问我们认为 H_0 错误的理由。上面的解释正是对该问题的回应。我们重新来理解下以下这句话。

　　如果 H_0 成立，得到 H_1 这样的数据的概率仅有 △△。因此 H_0 很可能是错误的。

这句话主张的其实是 H_1，却没有直接明说，反而声称作为对照的 H_0 不可信。请读者注意区分这句话的真实含义，不要产生误解。

　　上面这句话中出现的概率 △△ 称为 p 值（p-value）。我们先设 α 是一个极小的值，并以 p 值是否大于 α 作为判断依据。习惯上，α 取0.05或0.01。这一阈值 α 称为显著性（差异）水平。

- p 值 $<\alpha \rightarrow$ 拒绝 H_0（reject）
- p 值 $\geqslant\alpha \rightarrow$ 无法拒绝 H_0（accept，接受）

请读者注意前面提到的实际主张与字面表述的差异。拒绝对照假设 H_0 其实是在主张 H_1 的正确性。反之，如果上述主张与实际情况不太相符，则无法拒绝 H_0。也就是说，即使 H_0 成立，我们也有很大的概率得到现在的数据，因此不能断言 H_0 无法成立。

- p 值 $< \alpha \rightarrow$ 拒绝对照假设 H_0（reject）……支持 H_1 的主张被成功接受
- p 值 $\geqslant \alpha \rightarrow$ 无法拒绝对照假设 H_0（accept，接受）……无法判断谁更正确

在学习检验理论时，读者需要始终牢记这一非对称性。与字面含义相反，假设被拒绝后反而得到了期望的判定结果，请读者注意区分[①]。

显著性水平常通过 % 表示（即 $\alpha = 0.05$ 可记为显著性水平 5%）。显著性水平越小，判定越严格。也就是说，即使对照假设 H_0 的出现概率很低也会被接受。因此，一旦拒绝该假设，H_1 的正确性也相应较高。

过去，计算 p 值不是一件易事，我们需要通过 p 值表来判断它是否超过 α。如今，计算机不仅可以轻松计算 p 值，还能判断是否应该拒绝，甚至给出 p 值的计算方式。

练习题 6.5
请为本节介绍的甲乙两人的争论下定论。

答案

设第 i 场比赛的结果如下（$i = 1, \cdots, 100$）。

$$X_i = \begin{cases} 1 & (\text{甲获胜}) \\ 0 & (\text{乙获胜}) \end{cases} \tag{6.3}$$

此时，甲合计获胜 $S \equiv \sum_{i=1}^{100} X_i$ 次。于是，甲的主张如下。

假设 $X_1, \cdots, X_{100}$ 独立，且取值为 0 或 1 的概率相同（$P(X_i = 0) = P(X_i = 1) = 1/2$）。$S$ 大于 61 的概率 $P(S \geqslant 61)$ 如果小于 5%（$= 0.05$），则表示如今的结果由实力差距造成。

S 的概率分布是二项分布 Bn(100,1/2)（参见 3.2 节）。经计算，$P(S \geqslant 61)$ 约为 0.02（练习题 4.23）。该值小于我们设定的显著性水平 0.05，因此乙应当承认与甲的实力差距。

[①] 虚无假设 H_0 与对立假设 H_1 这些含义不直观的术语更加重了这一问题。再次强调，我们主张的是 H_1，希望反驳的是 H_0。

练习题 6.6

请问如何用本节介绍的方式描述下面的主张。

希望驳斥的主张	希望肯定的主张
○○ 的期望值为7	○○ 的期望值不为7
○○ 的期望值与 ×× 的期望值相等	○○ 的期望值大于 ×× 的期望值
○○ 与 ×× 的相关系数为0	○○ 与 ×× 的相关系数不为0
○○ 与 ×× 独立	○○ 与 ×× 不独立
该药物不影响治愈的概率	该药物能提升治愈的概率

答案

第一组：如果 ○○ 的期望值为7，期望值与7相差如此之大的概率仅为△△，因此期望值不为7的主张很可能是错误的。

其他几组类似（为确保练习效果，请读者尽可能直接读出这些句子）。

6.5   显著性水平中的显著性是什么意思

在检验理论中，如果要拒绝"○○ 与 ×× 相等"这一虚无假设 H_0，我们会用到"显然更大"或"显然不同"等说辞。前者与"○○ 大于 ××"这一对立假设 H_1 对应（单侧检验），后者与"○○ 与 ×× 不等"这一对立假设 H_1 对应（双侧检验）[①]。在之前的练习题6.5中，甲获胜的概率显然大于5成。

读者在听到显著或类似的词时，应将其理解为"绝非偶然情况"[②]。反之，如果读者感到对方的意义不够明确，则应考虑他是否没能理解自己所说的内容。例如，明明没有在讨论（经减法运算后得到的）数据的差，却说两者显然不等，甚至尚未定义 H_0 和 H_1 就开始讨论是否显著，这都是常见的问题。

为避免产生这样的情况，读者应尽可能不要使用显然这个词。用"拒绝该假设"或"无法拒绝该假设"来表述更好一些，希望读者养成习惯。

6.2.2   检验理论概述

上一节浅谈了检验理论的核心问题。本节将进一步讲解检验理论的框架，使其转化为纯数学问题。

在讲解估计理论的框架时，我们首先讨论了一种根据输入数据输出估计值的程序，并试图找出其中的最佳方案。检验理论的处理方式与之类似。也就是说，我们将首先讨论一种能够根据输入数据输出是否接受假设的程序。

为了比较这些程序的优劣，我们需要引入以下两个术语。

[①] 有时，我们也用"两者显然不同"来描述单侧检验。

[②] 用于判定何为偶然情况的正是显著性水平。

- **第一类错误（ false reject ）**

  本应为 H_0 却错误地拒绝了它。又称Ⅰ型错误或弃真错误

- **第二类错误（ false accept ）**

  H_0 不是正确答案却错误地接受了它。又称Ⅱ型错误或存伪错误

这是程序可能出现的两类判断错误。这两种错误都会影响判断结果，都应尽可能避免。不过，这两类错误存在一定的相关性，我们无法同时减少两者。

我们可以通过以下方式区分两者。对于第一类错误，程序草率地做出了"H_0 不对！"的判断。而对于第二类错误，程序无法给出结论，只能给出"无法判断"这样含糊的结果。不难发现，草率做出的决定语气上往往更加强烈，因此我们希望首先限制第一类错误的发生。

我们将首先根据该标准选择检验程序，排除第一类错误的发生概率高于 α 的程序。这里的 α 是上一节定义的显著性水平。这样一来，剩下的程序就都满足 α 这一标准。接着，我们只要选择其中第二类错误的发生概率较低的程序即可。一旦找到了最优程序 δ，之后就只需通过 δ 的输出来判断拒绝还是接受。这就是检验原理的第一原理①。

6.2.3 简单假设

如果仅凭上述的第一原理就能解决问题，检验将是一件易事，可惜事与愿违，我们还要面对一些麻烦的问题。本节将首先介绍一些可以通过讨论顺利解决的问题，下一节将介绍更加麻烦的情况。

我们将通过数学方式来进行说明。首先，我们将 n 个实数值数据合记为 $X = (X_1, \cdots, X_n)$。如果一种假设能直接给出 X 的分布，我们就称其为简单假设。因此，只要给出具体的 g_0、g_1，虚无假设与对立假设就都属于简单假设。

虚无假设 H_0：X 的概率密度函数为 $g_0(x)$ ……希望驳斥的主张
对立假设 H_1：X 的概率密度函数为 $g_1(x)$ ……希望肯定的主张

此处的关键在于，H_0 与 H_1 都必须唯一确定 X 的分布。例如，在之前的某段问答中，H_1 可以是"获胜概率为 0.7"，也可以是"获胜概率为 0.5897932"，并不唯一，因此它们都是简单假设。

我们希望找到一个最佳程序，它在收到输入数据后能够输出尽可能准确的判断。我们将该程序 δ 收到输入数据 X 时输出的结果记为 $\delta(X)$。由于数据 X 是随机值，因此输出的 $\delta(X)$ 也是取值不确定的随机变量。这与估计理论中的情况相同。

---

① 本书采用 α 衡量第一类错误的发生概率，用 β 衡量第二类错误，非常容易识别（不过有些参考书会使用字母 β 表示别的含义）。δ 是希腊字母德尔塔。

对于上面定义的简单假设，我们可以通过以下表达式描述上一节介绍的排除标准。

$$\text{对于 } H_0, \ \mathrm{P}(\delta(X) = \text{"拒绝"}) \leqslant \alpha \tag{6.4}$$

换言之，对于 $x = (x_1, \cdots, x_n)$，以下不等式成立[①]。

$$\int_A g_0(x)\,\mathrm{d}x \leqslant \alpha \qquad \text{（积分范围 } A \text{ 是由所有满足 } \delta(X) = \text{"拒绝" 的 } x \text{ 组成的集合）} \tag{6.5}$$

我们希望在所有这些符合条件的 δ 中找到第二类错误发生概率 β 最小的程序。其中 β 的定义如下。

$$\text{对于 } H_1, \ \mathrm{P}(\delta(X) = \text{"接受"}) \tag{6.6}$$

我们可以通过以下积分计算该值。

$$\int_B g_1(x)\,\mathrm{d}x \qquad \text{（积分范围 } B \text{ 是由所有满足 } \delta(x) = \text{"接受" 的 } x \text{ 组成的集合）} \tag{6.7}$$

总之，我们的目标是在所有满足式 6.5 的 δ 中找到式 6.7 的值最小的那个。

上面的讲解可能有些抽象，我们来看一个形象的比喻。

主角是一条青虫。它想要吃大量的菜叶来摄取营养不断长大，然而，菜叶中含有微量的毒素。青虫可以承受 $\alpha\,\mathrm{mg}$ 的毒素含量。如果食入超过该量的毒素，身体就会不适。菜叶不同部分的毒素含量与营养成分含量各不相同。x 处的毒素浓度为 $g_0(x)\mathrm{mg/cm}^2$，营养成分浓度为 $g_1(x)\mathrm{mg/cm}^2$。为了在可以承受的范围内摄取尽可能多的营养，青虫应当吃菜叶的哪一部分呢？

如果将青虫吃过的部分记为 $\delta(x) = $ "拒绝"，将没有吃的部分记为 $\delta(x) = $ "接受"，该问题就与之前的问题等价。请读者注意，青虫没吃的部分中剩余的营养成分含量为 β。使 β 最小化就相当于使摄取的营养成分尽可能多。

我们来看一个具体的例子，如图 6.12 所示。其中，$\alpha = 0.05\,\mathrm{mg}$，菜叶的总面积为 $10\,\mathrm{cm}^2$。各部分的毒素与营养成分浓度如下。

[①] 关于向量值积分的表示方式，请参见 5.2.4 节。此外，积分中出现的 x 并不是随机变量，只是普通的变量，因此使用了小写字母 x，而不是之前一直使用的 X。

- 菜叶根部：$4\,\mathrm{cm}^2$，毒素浓度为 $0.225\,\mathrm{mg/cm}^2$，营养成分浓度为 $0.15\,\mathrm{mg/cm}^2$
- 菜叶中部：$4\,\mathrm{cm}^2$，毒素浓度为 $0.02\,\mathrm{mg/cm}^2$，营养成分浓度为 $0.075\,\mathrm{mg/cm}^2$
- 菜叶尖端：$2\,\mathrm{cm}^2$，毒素浓度为 $0.01\,\mathrm{mg/cm}^2$，营养成分浓度为 $0.05\,\mathrm{mg/cm}^2$

那么，青虫应该吃菜叶的哪部分呢？如果只看营养成分的浓度选择吃菜叶根部，不久就会中毒，不是一种明智的选择。

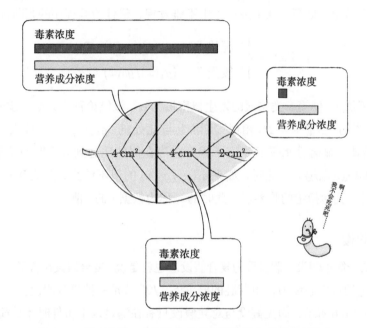

图6.12　菜叶根部、中部与尖端的毒素浓度与营养成分浓度

- 在菜叶根部，每摄入 $r\,\mathrm{mg}$ 毒素的同时可以摄取 $(0.15/0.225)r \sim 0.67r\,\mathrm{mg}$ 的营养成分
- 在菜叶中部，每摄入 $r\,\mathrm{mg}$ 毒素的同时可以摄取 $(0.075/0.02)r = 3.75r\,\mathrm{mg}$ 的营养成分
- 在菜叶尖端，每摄入 $r\,\mathrm{mg}$ 毒素的同时可以摄取 $(0.05/0.01)r = 5.00r\,\mathrm{mg}$ 的营养成分

这样看来，吃菜叶尖端是最佳选择，因此青虫将首先从尖端开始吃菜叶。即使全部吃完，毒素也只有 $0.01 \times 2 = 0.02\,\mathrm{mg}$，距离 $0.05\,\mathrm{mg}$ 的临界值还差很远。菜叶中部是次优选项，因此青虫将接着吃这一部分。在吃掉 $1.5\,\mathrm{cm}^2$ 之后，体内毒素已达上限，必须放弃。这就是青虫的最佳选择。

　　我们再看另一个例子。菜叶被分为20个部分，设第i个部分的面积为 s_i，毒素浓度为 a_i，营养成分浓度为 b_i。解题思路与之前类似，我们首先要求出每个部分的 b_i/s_i，青虫应从值较大的部分开始依次吃菜叶的各个部分。当青虫体内的毒素达到临界点 α 时，就必须停止吃菜叶。这是最佳方案。

最后再讨论一个更为一般的例子。设毒素浓度 $g_0(x)$ 与营养成分浓度 $g_1(x)$ 随位置 x 连续变化。读者应该已经知道解题步骤了。我们需要先求 $g_1(x)/g_0(x)$ 并按结果从大到小排序，青虫要在体内毒素达到 α 时停止吃菜叶。设此时 $g_1(x)/g_0(x)$ 的值为 c，于是青虫应当吃完所有 $g_1(x)/g_0(x) > c$ 的部分。

让我们回到检验的话题。从上述例子中不难发现，最佳检验程序的判断标准如下。

$$\delta(x) = \begin{cases} \text{“拒绝”} & (g_1(x)/g_0(x) > c) \\ \text{“接受”} & (g_1(x)/g_0(x) \leqslant c) \end{cases}$$

我们需要调节阈值 c，使第一类错误的发生概率恰为 α。该结论称为奈曼・皮尔逊引理。

6.2.1 节介绍的"数据 x 与 H_1 相似"实际上与此处的"$g_1(x)/g_0(x)$ 较大"等价。$g_1(x)/g_0(x)$ 称为似然比。显著性水平 α 决定了程序应当在似然比达到多少时拒绝假设。α 越小，检验越严格，阈值 c 也越大。此时，如果 $g_1(x)/g_0(x)$ 的值不够大，就无法拒绝条件。随着 α 逐渐减小，终将到达拒绝的临界点，此时的 α 称为数据 x 的 p 值。

6.2.4　复合假设

我们将不属于简单假设的假设称为复合假设。也就是说，复合假设包含了多个不同的分布。例如，之前讨论的对立假设 H_1 "甲获胜的概率 $> 1/2$" 就是一种复合假设。

如式 6.4 与式 6.6 所示，虚无假设与对立假设只有在满足以下条件时才是简单假设。

- 第一类错误的出现概率 $= H_0$ 的 $\mathrm{P}(\delta(X) = \text{“拒绝”})$
- 第二类错误的出现概率 $= H_1$ 的 $\mathrm{P}(\delta(X) = \text{“接受”})$

此时，在每个程序 δ 中，它们的值都唯一确定，可以直接进行比较。另一方面，复合假设通常无法这样比较。H_0 与 H_1 包含多个分布，且不同分布中这两类错误的发生概率不同。因此，我们不得不面对与 6.1.6 节中所介绍的多目标优化相似的问题。

那么，我们该怎样处理复合假设呢？具体的步骤与估计理论中多目标优化的处理类似，本书不打算详细展开。其中，与最小方差无偏估计（UMVUE）对应的是一致最大功效无偏检验（uniformly most powerful unbiased test，UMPUT），与最大似然估计对应的是最大似然比检验。

专栏 巴战

我们这次来模拟巴战(tomoe，一种日本相扑力士对决的规则)的情况。巴战需要A、B、C三名选手参与，并按以下方式决出优胜者。

- 败者下场的车轮战
- 谁先获得连胜即为最终优胜者

下面是一个例子。

1. A与B对战，A胜
2. 前一轮的胜者A与场下等待的C对战，C胜
3. 前一轮的胜者C与场下等待的B对战，B胜
4. 前一轮的胜者B与场下等待的A对战，A胜
5. 前一轮的胜者A与场下等待的C对战，A胜……获得连胜的A是最终的优胜者

在设定A、B、C之间的胜率后，我们通过计算机模拟了1000次巴战的情况，并记录每个人的优胜次数。结果如下。

```
$ cd tomoe ↵
$ make ↵
=========== 50%, 50%, 50%
./tomoe.rb 1000 | ../count.rb
A: 362 (36.2%)
B: 364 (36.4%)
C: 274 (27.4%)
=========== 50%, 45%, 55%
./tomoe.rb -p=50,45,55 1000 | ../count.rb
A: 338 (33.8%)
B: 319 (31.9%)
C: 343 (34.3%)
=========== 50%, 40%, 60%
./tomoe.rb -p=50,40,60 1000 | ../count.rb
A: 288 (28.8%)
B: 287 (28.7%)
C: 425 (42.5%)
=========== 50%, 35%, 65%
./tomoe.rb -p=50,35,65 1000 | ../count.rb
A: 277 (27.7%)
B: 268 (26.8%)
C: 455 (45.5%)
=========== 50%, 30%, 70%
./tomoe.rb -p=50,30,70 1000 | ../count.rb
```

```
A: 213 (21.3%)
B: 245 (24.5%)
C: 542 (54.2%)
```

　　以上结果中的第一种情况是每对选手之间的胜率都为50%时的模拟结果。不难看出，巴战的对决顺序会影响比赛的公平性。

　　第二种情况采用了如下设定（C略强于另外两名选手）。

- A胜B的概率为50%
- B胜C的概率为45%
- C胜A的概率为55%

第三种情况下C的实力更强。不过即使如此，他的优胜概率并没有增加太多。

第7章

伪随机数

在执行与概率相关的计算机模拟实验时，我们经常会用到伪随机数。对于伪随机数，我们首先必须牢记下面这句话：

不要自己手动生成伪随机数！

伪随机数不是外行可以轻松实现的简单机制。很多相关图书经常会介绍一些错误的实例。有些人以为只要随意混合各类常规方法，就能得到一个独创的超强随机数生成函数，结果却发现输出结果完全不随机。事实上，要生成随机数，必须考虑很多问题，注意很多细节。这部分内容就交给专家们吧。

本章将始终站在使用者的立场上对伪随机数进行说明，因此不会介绍诸如梅森旋转算法（Mersenne Twister）等伪随机数生成算法的原理。我们将集中介绍以下这些伪随机数的基础知识。

- 伪随机数的类型、定义及使用方式
- 伪随机数的典型应用（蒙特卡罗方法）
- 伪随机数不适用的情况（与密码理论中的伪随机数序列及低差异序列的区别）
- 将通过已有的伪随机数常规算法得到的均匀分布变换为正态分布的方法

7.1　伪随机数的基础知识

7.1.1　随机数序列

本书将i.i.d.随机变量序列 $X_1, X_2, \cdots$（或其相应的测定值）称为随机数序列。为了与之后介绍的伪随机数序列区分，我们也可称其为真随机数序列。

很多领域的模拟实验都需要使用随机数。例如，交通或通信网络的模拟实验中，我们需要随机设定各车辆的目的地或各设备的连接目标，以观察系统的整体运行状况。在信号处理模拟中，我们需要向输入信号添加不规则的噪声，并测试它对输出信号的影响。诸如此类，这样的例子很多。

然而，随机变量序列的准备十分麻烦。手工掷骰子或抛硬币等方式显然无法满足大规模实验的要求。采用放射线等物理手段生成随机数的硬件设备尚未普及。因此，我们需要使用伪随机数序列这种更为简便的方式来满足实验的需求。

❓ 7.1　序列 $1, 1, 2, 3, 5$ 是随机数序列吗

本章不讨论这类由确定数值组成的数列，探讨它们是否属于随机数序列没什么意义。由骰子随机得到的点数 $1, 1, 2, 3, 5$ 是一组随机数序列，由"从第三个数起每个数都是它前两个数字之和"这一规律得到的数列 $1, 1, 2, 3, 5$ 则不是随机数序列（它是斐波纳契数列）。一组数列是否是随机数序列与它是怎样的数列无关，而是取决于它的生成方式。

此外，随机数序列一词还有另外一种含义。在那种情况下，讨论由特定数值组成的（取值确定的）数列是否属于随机数列，与定义本身就存在矛盾。

7.1.2　伪随机数序列

我们的目标是在不通过不断掷骰子等模拟方法的前提下，获得一种可以以假乱真的随机数序列替代品。这种采用特定方法生成的替代品称为伪随机数序列。对于伪随机数序列，尚未有严格定义。

迄今，人们已经设计了大量不同的伪随机数序列生成算法。该领域至今仍在不断发展，因此不同时期的教材中记载的推荐算法可能会有所不同。

本书不打算详细介绍所有的算法，仅会重点介绍那些所有人都应理解的通用概念。伪随机数序列 $x_1, x_2, x_3, \cdots$ 通常由以下方式生成。

$$s_{t+1} \equiv g(s_t), \qquad x_t \equiv h(s_t), \qquad (t = 1, 2, 3, \cdots)$$

即

- 通过某一函数 g 更新内部状态 s_t
- 根据内部状态确定另一个函数 h 并将其输出赋值给 x_t

其中，s_t、g 与 h 的具体定义取决于不同的算法设计。

敏锐的读者也许已经发现，$x_1, x_2, x_3, \cdots$ 可能会在一段时间后进入循环状态。计算机可以描述的内部状态 s_t 数量有限，因此 $s_1, s_2, s_3, \cdots$ 这组序列必然会存在重复的值，并在之后进入循环状态。不过，只要循环周期足够长，就不影响实际应用。

内部状态的初始值 s_1 由一种名为种子(seed)的值确定。我们只要先用掷骰子的方式得到一个种子，之后就能通过它自动生成一条看似随机的长数列。这种方式显然比每次都掷

骰子要方便得多。事实上，只要种子是一个取值不确定的随机变量，由此生成的数列也将是一条取值随机的随机变量序列。本书将通过这种方式生成的随机变量序列（或其观测值序列）称为伪随机数序列。

对于相同的种子，伪随机数序列生成程序的输出结果也相同。这种特点有利于调试或验证他人的程序。我们只要将种子设定为当前时刻或进程编号，就能在每次执行时获得不同的结果。在游戏程序中，我们必须通过这种方式确保玩家的体验不会重复。

梅森旋转算法是一种这几年颇为流行的伪随机数序列生成算法[1]，它具有以下优点。

- 计算速度快
- 周期 p 较长（$p = 2^{19937} - 1$）
- 当 k 较大时，由连续 k 个值组成的向量遵从均匀分布（例如，当 $k=623$ 时，$(x_i, x_{i+1}, \cdots, x_{i+622})$ 在 623 维的超立方体内以 32 位的精度均匀分布，其中 $i = 0, 1, \cdots, p-1$ ）

相比之前一些常用的随机数算法实现，梅森旋转算法具有的均匀分布性质极为重要。过去的很多算法常会交替输出奇偶数。如果用向量的性质来解释，即向量 (x_i, x_{i+1}) 将在二维正方形中形成如图 7.1 所示的分布。这显然不是最理想的方式。

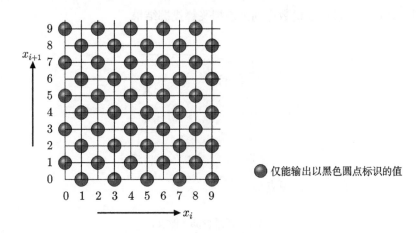

图 7.1　奇偶数交替出现

7.1.3　典型应用：蒙特卡罗方法

计算机游戏是一种易于理解的伪随机数序列应用场景。不过，除了游戏之外，伪随机

---

[1] 该算法的C语言实现可以在以下站点找到：http://www.math.sci.hiroshima-u.ac.jp/~m-mat/MT/mt.html。不少常用的程序设计语言与库中都内置了梅森旋转算法。当然，现在人们仍然在继续寻找更优秀的伪随机数序列生成算法。

数序列也具有重要意义。蒙特卡罗方法(Monte Carlo method)便是一种典型的应用。蒙特卡罗方法有时也表示通过随机数获得的模拟实验结果的集合,不过本书将仅使用蒙特卡罗方法的狭义定义。

我们以某种小学生课外研究课题为例。该课题要求学生通过投掷飞镖来计算圆周率 π。如图7.2所示,我们需要在正方形的纸板上画一个1/4圆,并随机投掷飞镖。我们可以由飞镖进入该1/4圆的比例大致得到 $\pi/4$ 的值。该实验的概率形式表述如下。

如图7.2所示,i.i.d.向量值随机变量 $\boldsymbol{X}_1, \cdots, \boldsymbol{X}_n$ 在正方形区域内呈均匀分布。且 Y_i 的定义如下。

$$Y_i \equiv \begin{cases} 1 & (\|\boldsymbol{X}_i\| \leqslant 1) \\ 0 & (\|\boldsymbol{X}_i\| > 1) \end{cases}$$

此时,期望值 $\mathrm{E}[Y_i]$ 应当与阴影面积 $\pi/4$ 相同($i = 1, \cdots, n$)。因此,$R_n \equiv (Y_1 + \cdots Y_n)/n$ 的极限将在 $n \to \infty$ 时收敛于 $\pi/4$(参见3.5节)。

其中,R_n 是一个随机变量,取值接近 $\pi/4$,且 n 越大,R_n 就越接近 $\pi/4$。在通过计算机模拟该实验时,我们将通过伪随机数序列来模拟飞镖投掷结果。

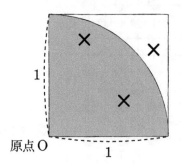

$$1$$

原点 O　　　　　　　 1

图7.2　通过投掷飞镖求 π

这类通过大量i.i.d.随机变量(或伪随机数序列)进行模拟实验,并根据所得结果的平均值来估计期望值的方法称为蒙特卡罗方法。名称中的蒙特卡罗是一家有名的赌场。我们在之前的专栏中已经多次采用蒙特卡罗方法。例如,在蒙提霍尔问题中,我们用 $Y_i = 1$ 表示第 i 次实验中选,用 $Y_i = 0$ 表示落空,之后通过 $(Y_1 + \cdots + Y_n)/n$ 来估计中选概率,这正是蒙特卡罗方法的一种应用。在蛋糕分配问题中,我们设第 i 次实验中得到的蛋糕份额为 Y_i,并通过 $(Y_1 + \cdots + Y_n)/n$ 来估计份额的期望值,这也属于蒙特卡罗方法。事实上,从份额示意图中也能发现，我们先设 $0.2 \leqslant Y_i < 0.3$ 时 $Z_i = 1$，否则 $Z_i = 0$，之后再根据 $(Z_1 + \cdots + Z_n)/n$ 来估计份额属于该范围的概率，也体现了蒙特卡罗方法的思想。

　　蒙特卡罗方法的优势在于适用范围广泛。只要需要估计的对象能够以期望值的形式表现，我们就可以通过生成大量随机数后再求其均值的方法来得到它的近似结果。另一方面，该方法也存在收敛较慢的不足。以飞镖投掷问题为例，如果我们希望将精度提升10倍（即将标准差 $\sqrt{\mathrm{V}[R_n]}$ 减小为原来的1/10），就必须将投掷次数 n 增加至原来的 $10^2 = 100$ 倍。如果读者无法理解其中的原理，请复习3.5.2节。通常情况下，只要是借助蒙特卡罗方法进行估计，要提升一位精度就不得不增加100倍的运算规模。因此，如果有其他更合适的方法，我们应首先考虑使用那些方法。只有在问题极为复杂难解，其他方法无能为力时，我们才应当选用蒙特卡罗方法。

　　我们可以通过估计数据的方差来了解通过蒙特卡罗方法求得结果的大致精度。以飞镖投掷问题为例，我们可以仿照6.1.7节的方式，通过所得数据估计 $\mathrm{V}[Y_1](= \mathrm{V}[Y_2] = \cdots = \mathrm{V}[Y_n])$ 的值，并根据 $\sqrt{\mathrm{V}[R_n]} = \sqrt{\mathrm{V}[Y_1]/n}$ 来估计 R_n 的标准差。

　　我们可以将蒙特卡罗方法视作一种数值积分法。只要对随机变量 X 的概率密度函数做积分运算，我们就能通过 $\mathrm{E}[g(X)] = \int_{-\infty}^{\infty} g(x)f(x)\,\mathrm{d}x$ 这样的积分形式来表示指定函数 g 在参数为 X 时函数值的期望值（参见4.5.1节）。因此，$g(X)$ 的期望值与等式右侧的积分值相同。基于蒙特卡罗方法的数值积分法恰好是这种方法的逆推。如果我们需要计算某个定积分的值，只要将其变换为某一随机变量期望值的形式，再借用蒙特卡罗方法即可。例如，如果需要计算 $c \equiv \int_a^b h(x)\,\mathrm{d}x$，我们应令 X 遵从 $[a,b]$ 上的均匀分布，且 $g(x) \equiv (b-a)h(x)$，由此得到 $\mathrm{E}[g(X)] = c$。之后，我们只要生成伪随机数序列 $x_1, \cdots, x_n$ 来模拟 $[a,b]$ 上的均匀分布，就能通过 $(b-a)(h(x_1) + \cdots + h(x_n))/n$ 来得到 c 的估计值。当然，如果通常的数值积分法可以解决问题，我们就不必使用这种效率低下的方法。只有在 h 结构复杂且曲线不光滑，或计算中包含维数较高的重积分时，我们才应考虑使用蒙特卡罗方法[①]。此时问题较难，通常解法的效率变得极为低下。相比之下，蒙特卡罗方法不受问题难度影响，只要规模增加100倍，精度就将提升10倍。对于较为复杂的问题，蒙特卡罗方法更加优秀[②]。

7.1.4　相关主题：密码理论中的伪随机数序列·低差异序列

　　伪随机数序列可由梅森旋转算法等方式生成。为了帮助读者避免陷入与伪随机数序列的认识误区，本节将介绍一些与之相关的知识。

[①] 有些书中将蒙特卡罗方法比喻为"百无所依时最后的救命稻草"。

[②] 不过请读者注意，这里的精度与常规数值积分的准确度不是一个概念。无论标准差多小，最终结果依然有时与正确答案相距甚远。

密码理论中的伪随机数序列

　　由梅森旋转算法等方式生成的伪随机数序列不可(直接)用作密码。这是因为，前面介绍的长循环周期与均匀分布特性都无法确保密码不会被破解。为此，人们开始研究适用于密码理论的难以破解的伪随机数序列。密码理论中的伪随机数序列引入了计算量的概念，且强调破解密码所需的计算量的重要性。这是它区别于通常的伪随机数理论的一大特征。

低差异序列

　　我们希望伪随机数序列中前后相连的值无关，呈现尽可能强的随机性。此时，序列中相连的值有可能大小相近甚至完全相同。这种情况在所难免。事实上，序列中这种情况的存在恰好表明各个元素取值随机。

　　除了随机程度，人们还对序列的均匀程度很感兴趣。低差异序列(low-discrepancy sequence，一种取值分布非常均匀的序列)强调序列的均匀性。图7.3是伪随机数序列与低差异序列的对比。

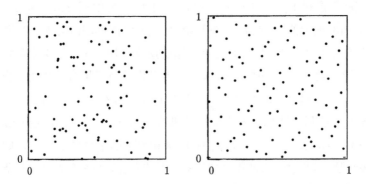

　　图7.3　伪随机数序列(左图)与低差异序列(右图)的对比，两图中正方形区域包含的点数相同，都为100。其中左图由梅森旋转算法生成，右图是基数2,3的Halton序列。

　　低差异序列是蒙特卡罗方法的一种改良。之前已经提到过，蒙特卡罗算法的问题在于为了提升1位精度必须增加100倍的计算规模。为此，人们设计了一种新的算法，用低差异序列代替伪随机数序列，使得某些特定情况下的收敛速度得到改善。这类算法称为拟蒙特卡罗算法。

？ 7.2　如果追求均匀性，只要像图7.4那样按照网点取值不就好了

网点取值存在以下问题。

- 维数较高时网点数将非常巨大。例如，在十维的情况下，将各轴一分为四需要 $4^{10} = 1048576 \approx 100$ 个网点
- 不能任意指定需要采集的网点数量。例如，三维情况下只有 $4^3 = 64$ 与 $5^3 = 125$ 这两种可能的选项，我们无法选择100作为网点数量。并且，我们必须事先确定该值，不能在实验过程中根据实际情况随时停止采集数据

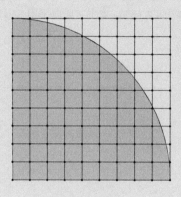

图7.4　网点

7.2　遵从特定分布的随机数的生成

本章开头曾提醒过读者不应独自设计伪随机数生成算法，这一工作应当交给专家。不过，我们有时也需要对已有的算法做一些调整，使它适应我们的需求。本节将讨论这类问题。具体来讲，我们希望对在 $[0, 1)$ 上遵从均匀分布的i.i.d.随机变量序列 $X_1, X_2, \cdots$ 进行变换，使变换后的随机变量遵从特定的分布。

在实际应用本节介绍的变换方式时，我们将以伪随机数序列充当随机变量 $X_1, X_2, \cdots$。至于如何获得在 $[0, 1)$ 上近似遵从均匀分布的伪随机数序列，请读者自行查阅各种程序设计语言或库的文档与手册。

此外，本书不会涉及算法的性能优化，读者如想了解这方面的内容，请参考其他相关文献。

？ 7.3   [0,1) 是什么意思

如图7.5所示，不同类型的括号表示的含义有所不同。

- $[a,b] \rightarrow$ 由所有满足 $a \leqslant x \leqslant b$ 的 x 组成的集合
- $(a,b) \rightarrow$ 由所有满足 $a < x < b$ 的 x 组成的集合
- $[a,b) \rightarrow$ 由所有满足 $a \leqslant x < b$ 的 x 组成的集合
- $(a,b] \rightarrow$ 由所有满足 $a < x \leqslant b$ 的 x 组成的集合

在讨论连续的均匀分布时，我们不必专门区分 $[0,1)$ 与 $[0,1]$ 。这是因为，无论哪种情况，随机变量取值恰好为1的概率都为0（参见4.2.1节）。本书之所以采用 $[0,1)$ 的形式，是为了与常见伪随机数序列生成算法的习惯用法保持一致。

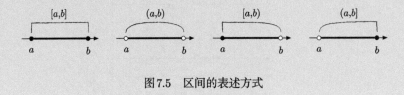

图7.5　区间的表述方式

7.2.1　遵从离散值分布的随机数的生成

均匀分布

我们首先讨论抛硬币的问题。怎样才能获得正反面向上概率相等的 Y 呢？答案很简单，设随机变量 X 在 $[0,1)$ 上遵从均匀分布，只要在 $X < 1/2$ 时定义 $Y=$ 正面向上，在 $X \geqslant 1/2$ 时定义 $Y=$ 反面向上即可。

接着是投骰子的问题。如何获得点数1、2、3、4、5、6出现概率相等的随机变量 Y 呢？答案是对 $6X$ 取整加一，得到的结果就是一个满足条件的 Y。

？ 7.4   假设存在一个伪随机整数 $Z(\geqslant 0)$，抛硬币问题能否通过判断 Z 的奇偶解决？投骰子问题能否通过将 Z 对 6 取模后加 1 的方式解决

这两种问题的解法本应如此，然而如图7.1所示，我们之前已经提过如果算法存在问题，生成的伪随机数序列将无法保证最低有效位（Least Significant Bit，lsb）随机，因此不能使用这种解法。

一般分布

我们接着讨论概率不均匀的一般分布。

首先是老千硬币的问题。我们怎样得到正面向上概率为 p，反面向上概率为 $(1-p)$ 的 Y 呢？答案如图 7.6 所示。设 X 是在 $[0,1)$ 上遵从均匀分布的随机变量，我们只要在 $X < p$ 时定义 $Y=$ 正面向上，在 $X \geqslant p$ 时定义 $Y=$ 反面向上即可。

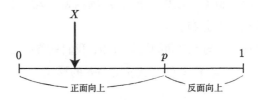

图 7.6　正面向上概率为 p，反面向上概率为 $(1-p)$ 的硬币

接着是老千骰子的问题。我们希望得到点数 1 到 6 的出现概率分别为 $p_1, \cdots, p_6$ 的 Y（其中 $p_1 + \cdots + p_6 = 1$ ）。答案如图 7.7 所示。类似地，对于在 $[0,1)$ 上遵从均匀分布的 X，我们可以按如下方式定义 Y。

- 当 $X < p_1$ 时 $Y=1$
- 当 $X \geqslant p_1$ 且 $X < p_1 + p_2$ 时 $Y=2$
- 当 $X \geqslant p_1 + p_2$ 且 $X < p_1 + p_2 + p_3$ 时 $Y=3$
- 当 $X \geqslant p_1 + p_2 + p_3$ 且 $X < p_1 + p_2 + p_3 + p_4$ 时 $Y=4$
- 当 $X \geqslant p_1 + p_2 + p_3 + p_4$ 且 $X < p_1 + p_2 + p_3 + p_4 + p_5$ 时 $Y=5$
- 当 $X \geqslant p_1 + p_2 + p_3 + p_4 + p_5$ 时 $Y=6$

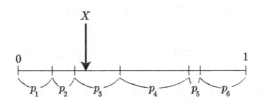

图 7.7　点数 i 的出现概率为 π 的骰子

理论上，我们可以通过这种方式获得任意的离散值分布。

7.2.2　遵从连续值分布的随机数的生成

我们接下来讨论遵从各类连续值分布的随机数生成问题。正态分布是一种尤为重要的连续值分布，遵从正态分布的随机数生成将在 7.2.3 节专门讨论。本节先讨论其他一些分布。

均匀分布

如何生成取值范围为 $-10 \sim 10$ 的实数,且遵从均匀分布的 Y 呢?设 X 是在 $[0,1)$ 上遵从均匀分布的随机变量,$20X$ 将在 $0 \sim 20$ 的范围内遵从均匀分布,因此我们只需定义 $Y \equiv 20X - 10$ 就能得到期望的分布。

通常,为了得到取值落在 a 与 b 之间的均匀分布,我们只需定义 $Y \equiv (b-a)X + a$ 即可。为方便理解,该式也可以改写为 $Y = (1-X)a + Xb$ 的形式。

通过累积分布函数生成

那么,怎样才能生成非均匀的连续值分布呢?我们可以采用图 7.8 所示的方法。设 X 是在 $[0,1)$ 上遵从均匀分布的随机变量,且 $F(y)$ 是所需分布的累积分布函数(参见 4.3.1 节),此时,我们可以定义 $Y \equiv F^{-1}(X)$,它将遵从我们指定的分布。等式右边的 F^{-1} 表示的并非 $1/F$,而是 F 的反函数。它表示在 $F(y) = X$ 时 y 的值。

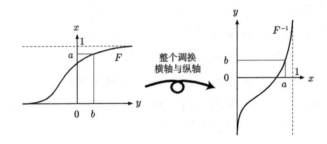

图 7.8　累积分布函数 F 的反函数 F^{-1}

事实上,我们可以根据以下等式确认 Y 的分布符合我们的要求。

$$\mathrm{P}(Y \leqslant b) = \mathrm{P}(X \leqslant F(b)) = F(b)$$

如果累积分布函数的反函数形式较为简洁,我们就可以考虑使用这种方法。

练习题 7.1

设 X 是在 $[0,1)$ 上遵从均匀分布的随机变量,试设计函数 g,使 $Y \equiv g(X)$ 具有如下概率密度函数。

$$f_Y(u) = \begin{cases} \frac{1}{2}\exp\left(-\frac{u}{2}\right) & (u \geqslant 0) \\ 0 & (u < 0) \end{cases}$$

答案

Y 的累积分布函数如下。

$$F_Y(y) = \int_{-\infty}^{y} f_Y(u)\,\mathrm{d}u = \int_0^y \frac{1}{2}\exp\left(-\frac{u}{2}\right)\mathrm{d}u = \left[-\exp\left(-\frac{u}{2}\right)\right]_0^y = 1-\exp\left(-\frac{y}{2}\right) \quad (y \geqslant 0)$$

我们可以通过计算 $F_Y(y) = x$ 中的 y 来得到它的反函数。

$$y = F_Y^{-1}(x) = -2\log(1-x)$$

于是得到 $g(x) = -2\log(1-x)$ 。

请读者注意，本题的答案不止一种。由于 X 遵从均匀分布，因此 X 的概率分布与 $1-X$ 等的分布相同。因此，$h(X) \equiv -2\log X$ 的概率分布也与 $g(X)$ 的概率分布相同（由于 X 恰好取值为 0 或 1 的概率为零，所以我们无需担心端点的取舍问题）。

通过概率密度函数生成（简单版本）

如果累积分布函数的反函数形式较为复杂，我们可以改用概率密度函数来解决问题。

设所求分布的概率密度函数为 f。如图 7.9 所示，我们首先绘制 f 的图像，再依均匀分布在图中的长方形中随机打点。如果点位于图像下方则接受该点，并将横轴的值记为 Y 输出。反之，如果点位于图像上方，则舍弃该点，并重新随机生成一个新点，如此反复。长方形的 a、b、c 三个顶点只要在图像上方即可（不过我们应尽可能选择靠近图像的位置，提高打点成功率，提升效率）。

Ruby 语言的实现代码如下。各行最后的 # 是该行的注释。

```
# a, b, c, f 已经在上文中得到定义
begin
  u = (b - a) * rand() + a          # 在a至b范围内均匀分布的随机数
  v = c * rand()                    # 在0至c范围内均匀分布的随机数
end until v <= f(u)                 # 循环begin～end之间的代码直至v≤f(u)
return u                            # u即为最终答案
```

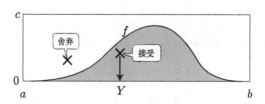

图 7.9 在长方形内随机打点

从上述规则中不难看出，在 f 图像较高处，点的接受率较高。我们可以通过下面的式子求得所需的分布（概率密度函数的图像面积始终为1，参见图4.21）。

$$\mathrm{P}(y_1 \leqslant Y \leqslant y_2) = \mathrm{P}(\text{该点位于图7.10中的阴影部分} \mid \text{该点在图7.10的曲线下方})$$

$$= \frac{\text{阴影部分的面积}}{\text{图像的面积}} = \frac{\int_{y_1}^{y_2} f(u)\,\mathrm{d}u}{1} = \int_{y_1}^{y_2} f(u)\,\mathrm{d}u$$

我们可以根据该式得出 f 即为 Y 的概率密度函数。

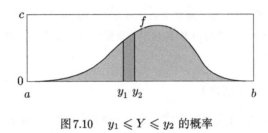

图7.10　$y_1 \leqslant Y \leqslant y_2$ 的概率

7.2.3　遵从正态分布的随机数的生成

Box–Muller变换

如果要将均匀分布转换为正态分布，Box-Muller 变换是一种常用的手段。设 X_1, X_2 是在 $[0, 1)$ 上遵从均匀分布的 i.i.d. 随机变量，其定义如下。

$$Y_1 \equiv \quad g(X_1, X_2) \equiv \sqrt{-2\log X_1}\cos(2\pi X_2)$$

$$Y_2 \equiv \quad h(X_1, X_2) \equiv \sqrt{-2\log X_1}\sin(2\pi X_2)$$

此时，$(Y_1, Y_2)^T$ 必然遵从二元正态分布[1]。也就是说，我们可以通过两个独立的遵从均匀分布的随机数得到两个独立的遵从正态分布的随机数。

练习题 7.2

试证明 $(Y_1, Y_2)^T$ 遵从二元标准正态分布。

答案

　　设 $y_1 = g(x_1, x_2)$ 且 $y_2 = h(x_1, x_2)$（其中 $0 < x_1 \leqslant 1$，$0 < x_2 \leqslant 1$）。此时，两者的联合密度函数关系如下。

---

[1] 严格来讲，X_1 的取值范围不是 $[0, 1)$ 而应当是 $(0, 1]$。在 $X_1 = 0$ 时 $\log X_1$ 没有意义。另一方面，如果不存在 $X_1 = 1$，$(Y_1, Y_2) = (0, 0)$ 就无法成立。请读者同时参见问答专栏7.3的内容。

$$f_{Y_1, Y_2}(y_1, y_2) = \frac{1}{|\partial(y_1, y_2)/\partial(x_1, x_2)|} f_{X_1, X_2}(x_1, x_2)$$

如果读者无法理解该式，请复习图 4.48 及相关的变量变换知识。我们可以由前提条件得出 $f_{X_1, X_2}(x_1, x_2) = 1$，并进一步计算得到雅可比值。

$$\frac{\partial(y_1, y_2)}{\partial(x_1, x_2)} = \det \begin{pmatrix} \frac{\partial y_1}{\partial x_1} & \frac{\partial y_1}{\partial x_2} \\ \frac{\partial y_2}{\partial x_1} & \frac{\partial y_2}{\partial x_2} \end{pmatrix} = \det \begin{pmatrix} -\frac{1}{x_1 \sqrt{-2\log x_1}} \cos(2\pi x_2) & -2\pi\sqrt{-2\log x_1} \sin(2\pi x_2) \\ -\frac{1}{x_1 \sqrt{-2\log x_1}} \sin(2\pi x_2) & 2\pi\sqrt{-2\log x_1} \cos(2\pi x_2) \end{pmatrix}$$

$$= -\frac{2\pi}{x_1} \left(\cos^2(2\pi x_2) + \sin^2(2\pi x_2) \right) = -\frac{2\pi}{x_1}$$

因此 $f_{Y_1, Y_2}(y_1, y_2) = \frac{x_1}{2\pi}$。又因为 $y_1^2 + y_2^2 = -2\log x_1$，因此 $x_1 = \exp(-(y_1^2 + y_2^2)/2)$。带入该值后可以最终得到 Y_1, Y_2 的联合密度函数如下。

$$f_{Y_1, Y_2}(y_1, y_2) = \frac{1}{2\pi} \exp\left(-\frac{y_1^2 + y_2^2}{2} \right)$$

不难发现，它恰好是二元标准正态分布的概率密度函数（参见 5.3.1 节）。请读者同时参见练习题 5.15 与练习题 7.1。

均匀分布的加法

如果我们不需要随机变量严格遵从正态分布，则可以改用下面这种更加简便的做法。设 $X_1, \cdots, X_{12}$ 都是在 $[0, 1)$ 上遵从均匀分布的 i.i.d. 随机变量。此时，$Y \equiv X_1 + \cdots + X_{12} - 6$ 近似遵从标准正态分布。读者只需回顾中心极限定理与图 4.55 就不难理解其中的原理。该方法的优点在于实现非常容易，不足在于得到的随机变量并不严格遵从正态分布，且需要事先准备 12 个随机数。

练习题 7.3

试证明上文定义的 Y 的期望值为 0，方差为 1。

答案

由于 $E[X_1] = \cdots = E[X_{12}] = 1/2$，因此 $E[Y] = 12 \cdot (1/2) - 6 = 0$。之后我们就能像下面这样得到 $V[Y] = 12 \cdot (1/12) = 1$。

$$V[X_1] = \cdots = V[X_{12}] = E[X_1^2] - E[X_1]^2 = \int_0^1 x^2 \, dx - \left(\frac{1}{2}\right)^2 = \left[\frac{1}{3}x^3\right]_0^1 - \left(\frac{1}{2}\right)^2 = \frac{1}{3} - \frac{1}{4} = \frac{1}{12}$$

> **练习题 7.4**
> 试说明该 Y 不完全遵从正态分布。

答案

如果 Y 遵从正态分布，那么无论 c 有多大，$\mathrm{P}(Y>c)$ 将始终为正。然而，根据定义，$\mathrm{P}(Y>12)=0$，因此 Y 不可能遵从正态分布。

遵从多元正态分布的随机数的生成

设 $Z_1,\cdots,Z_n$ 是遵从标准正态分布 $N(0,1)$ 的随机变量，由这些随机变量构成的向量 $\boldsymbol{Z}\equiv(Z_1,\cdots,Z_n)^T$ 遵从 n 元标准正态分布。将其乘以一个 n 元正规矩阵后再加上一个 n 元向量，新得到的随机变量 $\boldsymbol{X}\equiv A\boldsymbol{Z}+\boldsymbol{\mu}$ 将遵从 $N(\boldsymbol{\mu},AA^T)$（参见 5.3.4 节）。因此，如果我们希望随机向量遵从具有特定期望值向量与协方差矩阵 V 的多元正态分布 $N(\boldsymbol{\mu},V)$，只需找到一个满足 $V=AA^T$ 的矩阵 A 即可。

我们可以借助特征值与特征向量来计算矩阵 A，如练习题 5.13 所示。不过，如果只是为了满足上述条件，我们可以使用一种名为 Cholesky 分解（又称平方根法）的更加简单的方法。该方法可以得到一个满足 $V=AA^T$ 的下三角矩阵 A。Cholesky 分解的具体算法请参考相关的数值计算教材。如果读者了解 LU 分解，会发现 Cholesky 分解其实是它的非负常量对称矩阵形式。

7.2.4　补充知识：三角形内及球面上的均匀分布

至此，我们已经介绍了本章的主要内容。本节我们将进一步讨论一些更为深入的话题。

三角形内的均匀分布

我们有时希望随机变量在三角形区域内遵从均匀分布，如图 7.11（左）所示。如何才能实现这个目标呢？

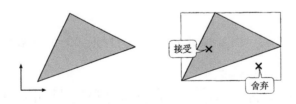

图 7.11　三角形区域内的均匀分布

　　读者首先想到的也许是使用与之前类似的方法，即在图7.11（右）所示的长方形中生成遵从均匀分布的点，如果该点落在三角形区域之外则重新生成。不过这并非本题的最佳解法。接下来，我们将通过几道练习题来讲解如何更有效地解决这个问题。

练习题 7.5

　　设 X_1, X_2 是在 $[0,1]$ 上遵从均匀分布的 i.i.d. 随机变量，请问此时向量 (X_1, X_2) 遵从何种分布？

答案

　　设随机变量 X_1, X_2 在图7.12中的正方形甲区域内呈均匀分布，其概率密度函数分别如下。

$$f_{X_1}(x_1) = \begin{cases} 1 & (0 \leqslant x_1 \leqslant 1) \\ 0 & (x_1 < 0 \text{或} x_1 > 1) \end{cases}, \qquad f_{X_2}(x_2) = \begin{cases} 1 & (0 \leqslant x_2 \leqslant 1) \\ 0 & (x_2 < 0 \text{或} x_2 > 1) \end{cases}$$

由于两者独立，因此它们的联合密度函数如下（参见4.4.7节）。

$$f_{X_1, X_2}(x_1, x_2) = f_{X_1}(x_1) f_{X_2}(x_2) = \begin{cases} 1 & (0 \leqslant x_1 \leqslant 1 \text{且} 0 \leqslant x_2 \leqslant 1) \\ 0 & (x_1 < 0 \text{或} x_1 > 1 \text{或} x_2 < 0 \text{或} x_2 > 1) \end{cases}$$

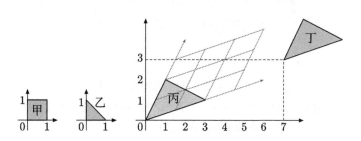

图7.12　各种形状内的均匀分布

练习题 7.6

　　设 X_1, X_2 的定义与上一题相同，试求如下 (Y_1, Y_2) 的分布。

$$(Y_1, Y_2) \equiv (\min(X_1, X_2), |X_1 - X_2|) = \begin{cases} (X_1, X_2 - X_1) & (X_1 \leqslant X_2) \\ (X_2, X_1 - X_2) & (X_1 > X_2) \end{cases}$$

答案

设随机变量 Y_1, Y_2 在图7.12中的三角形乙区域内呈均匀分布，它们在该区域内的联合概率密度函数如下。

$$f_{Y_1,Y_2}(y_1, y_2) = 1 \cdot f_{X_1,X_2}(y_1, y_1 + y_2) + 1 \cdot f_{X_1,X_2}(y_1 + y_2, y_1) = 1 + 1 = 2$$

另一方面，在三角形区域外时，$f_{Y_1,Y_2}(y_1, y_2) = 0$。读者如果不能理解这点，请复习4.4.7节中变量变换的相关内容。此外，如图7.13所示，该分布由两部分叠加而成。

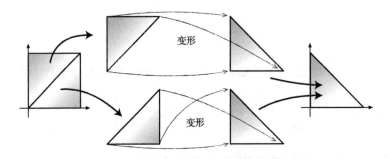

图7.13　由两部分叠加得到的变量变换

练习题 7.7

设 Y_1, Y_2 的定义与上一题相同，试求如下 (Z_1, Z_2) 的分布。

$$Z_1 = 3Y_1 + Y_2, \qquad Z_2 = Y_1 + 2Y_2$$

答案

上式定义的 (Z_1, Z_2) 是 (Y_1, Y_2) 的线性变换，其中 $(Y_1, Y_2) = (1, 0)$ 与 $(Z_1, Z_2) = (3, 1)$ 对应，$(0, 1)$ 与 $(1, 2)$ 对应。因此，该向量在如图7.12所示的三角形丙内遵从均匀分布。具体的理由请复习4.4.7节中与变量变换有关的内容（我们之后将不会每次都指出这一点）。

练习题 7.8

设 Z_1, Z_2 的定义与上一题相同，试求如下 (W_1, W_2) 的分布。

$$W_1 = Z_1 + 7, \qquad W_2 = Z_2 + 3$$

答案

该向量在如图7.12所示的三角形丁内遵从均匀分布。

我们可以通过上述方式获得在任意三角形区域内遵从均匀分布的随机变量。顺便一提，练习题7.6已经定义了(Y_1, Y_2)，我们只要在此基础上定义$Y_3 \equiv 1 - Y_1 - Y_2$，就能得到在图7.14左侧的三角形区域内遵从均匀分布的向量(Y_1, Y_2, Y_3)。即该变量在$y_1 + y_2 + y_3 = 1$（其中$y_1 \geqslant 0, y_2 \geqslant 0, y_3 \geqslant 0$）的情况下遵从均匀分布。这条性质可以简化特定类型的问题，读者不妨留意一下。

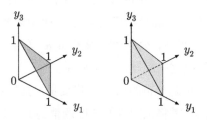

图7.14　三维空间内的三角形（左）与三角锥（右）

我们可以很容易地将问题推广至高维情况。例如，设X_1, X_2, X_3是在$[0,1]$上遵从均匀分布的i.i.d.随机变量，并做如下定义。

$X_{(0)} \equiv 0$

$X_{(1)} \equiv (X_1, X_2, X_3 \text{中最小的值})$

$X_{(2)} \equiv (X_1, X_2, X_3 \text{中次小的值})$

$X_{(3)} \equiv (X_1, X_2, X_3 \text{中最大的值})$

且$Y_1 \equiv X_{(1)} - X_{(0)}$，$Y_2 \equiv X_{(2)} - X_{(1)}$，$Y_3 \equiv X_{(3)} - X_{(2)}$

此时，向量(Y_1, Y_2, Y_3)将在图7.14右侧的三角锥内遵从均匀分布。事实上，我们可以通过如下变量变换得到在特定顶点的三角锥内遵从均匀分布的随机变量。

$$\begin{pmatrix} Z_1 \\ Z_2 \\ Z_3 \end{pmatrix} = \begin{pmatrix} A & B & C \\ D & E & F \\ G & H & I \end{pmatrix} \begin{pmatrix} Y_1 \\ Y_2 \\ Y_3 \end{pmatrix}$$

其中三角锥的顶点分别为$(0, 0, 0)^{\mathrm{T}}$、$(A, D, G)^{\mathrm{T}}$、$(B, E, H)^{\mathrm{T}}$和$(C, F, I)^{\mathrm{T}}$。读者如果对这里使用的矩阵变换感兴趣，可以进一步阅读线性代数的相关书籍。我们还可以设$X_{(4)} \equiv 1$且$Y_4 \equiv X_{(4)} - X_{(3)}$，得到一个各元素都非负、元素之和为1，且遵从均匀分布的向量(Y_1, Y_2, Y_3, Y_4)。

球面上的均匀分布

最后，我们讨论一下正态分布的一种巧妙应用。

我们有时希望得到在单位球面（以原点为中心，且半径为1的球面）上遵从均匀分布的随机数，这好比是在地球仪上随机选择一点。这个问题有些棘手，要在毫无提示的情况下解答并非易事。倘若方法不当，最终的分布很可能不满足均匀性。例如，如果仅随机选择经纬度使两者分别遵从均匀分布，南北极与赤道附近等面积区域的选中概率并不相同。如果通过其他一些手段来修正这些问题，公式就会变得非常复杂。其实，我们可以很容易地借助遵从正态分布的随机数来解决这一问题，如下所示。

设 Z_1, Z_2, Z_3 都是遵从标准正态分布的 i.i.d. 随机变量。此时，向量 $\boldsymbol{Z} = (Z_1, Z_2, Z_3)^T$ 将遵从三元标准正态分布。我们只需将该向量的长度调整为1，即可得到球面上的均匀分布。

$$\boldsymbol{W} \equiv \frac{1}{\|\boldsymbol{Z}\|} \boldsymbol{Z}$$

这是因为，向量 $\boldsymbol{Z}$ 在各个方向分布一致。我们曾在5.3.1节提到过，多元标准正态分布的各个方向等价（即各方向的分布相同）。又由于 $\|\boldsymbol{Z}\|$ 取值恰好为0的概率为零，因此不必担心出现除数为零的情况。

类似地，我们可以借助遵从 $(n+1)$ 元标准正态分布的向量 $\boldsymbol{Z}$ 来得到 n 元球面上的均匀分布。这种方式可以很容易地得到长度为1且方向随机的向量。

专栏　日本双陆

　　我们来讨论一下日本双陆(sugoroku)①。不过这次读者并不作为玩家而是以庄家的身份参与游戏。如图7.15所示，该日本双陆棋盘仅有一条路线，且长度无限。路线上随机设有一些陷阱，如果玩家落入陷阱，则判庄家胜利。如果玩家躲过了所有的陷阱，庄家就输了游戏

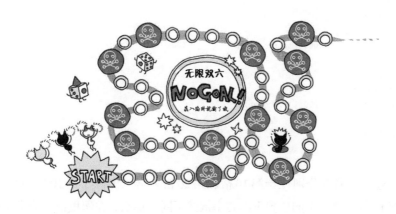

图7.15　仅有一条路线且长度无限的双六(含有陷阱)

　　首先考虑仅有一个陷阱的情况，此时我们应该在哪里布置陷阱呢？我们通过计算机模拟了各种位置的情况，结果如下。

```
$ cd sugoroku ↙
$ make long↙
========== trap = 1
./sugoroku.rb -t=1 10000 | ../count.rb
O: 1620 (16.2%)
X: 8380 (83.8%)
========== trap = 5
./sugoroku.rb -t=5 10000 | ../count.rb
O: 3138 (31.38%)
X: 6862 (68.62%)
========== trap = 10
./sugoroku.rb -t=10 10000 | ../count.rb
O: 2930 (29.3%)
X: 7070 (70.7%)
```

---

① 日本双陆是一种桌面游戏。两名玩家交互从竹筒中摇出两个骰子，并根据点数移动棋子。首先执棋进入对方阵地者获胜。

我们每次实验将模拟1000次游戏结果，并记读者获胜为O，落败为X。第一次实验时陷阱位于第1格，第二次陷阱位于第5格，第三次位于第10格。从结果中不难看出，不同位置下的胜率并不相同。那么在哪里设置陷阱才是最优解呢？

如果要设置两个陷阱，情况又将如何？

```
$ make long ↵
========== trap = 10,20
./sugoroku.rb -t=10,20 10000 | ../count.rb
O: 4845 (48.45%)
X: 5155 (51.55%)
========== trap = 10,15
./sugoroku.rb -t=10,15 10000 | ../count.rb
O: 4819 (48.19%)
X: 5181 (51.81%)
========== trap = 10,11
./sugoroku.rb -t=10,11 10000 | ../count.rb
O: 5298 (52.98%)
X: 4702 (47.02%)
```

第一次实验时，陷阱分别位于第10格和第20格。第二次位于第10格和第15格，第三次则是第10格和第11格。不同位置下的胜率依然不同。那么，在哪里设置陷阱才是最优解？

第8章

概率论的各类应用

本章将介绍概率论的各类应用。这些内容的专业性较强，每个主题都可以单独成书。篇幅所限，本书只会涉及其中的一些皮毛，还请读者谅解。本章有以下两个主要目的。

- 认识并尝试利用概率论的各类应用场景
- 了解之前章节所学的知识将如何应用于各类实际问题

在此首先简单介绍各类应用的知识背景。8.1节将讨论数据分析问题。我们将介绍最小二乘法与主成分分析这两种应用，前者可以获得与所给数据图像最为拟合的直线，后者用于从多个变量中提取主要成分。8.2节的主题是时间序列。我们将在这节讨论随机游走这种典型的随时间变化而变化的随机值，时间序列分析的基本方法之一卡尔曼滤波器，以及随机状态迁移的模式化理论马尔可夫链。8.3节介绍的是信息论。我们会首先介绍熵的概念，并解释它与信息的关系，最后讨论熵对数据压缩及通信过程中的理论纠错能力的影响（信源编码定理与信道编码定理）。

8.1 回归分析与多变量分析

在实际应用中，我们常需要将多条数据归结于一组共同处理。向量可以很好地实现数据的分组功能，并且我们能够借助线性代数理论来对数据做一些必要的处理。本节将介绍统计学中一些典型的数据分析问题。其中，基于最小二乘法的直线拟合是回归分析领域中最基础的手段，主成分分析则是一种常用的多变量分析方法。

8.1.1 通过最小二乘法拟合直线

问题设定

假设你是一位疯狂的科学家，通过长年的研究终于成功开发出一款瞬间移动装置。可惜的是，这台设备还不能很好地控制位置移动距离（我们称其为跳跃距离）。在不同的温度设定下，跳跃距离会相应发生改变。我们在不同的温度设定下对跳跃距离做了测定，并得到如下数据。

设定的温度	测得的跳跃距离
190.0	4.2
191.4	5.0
192.9	6.2
…	…

我们在小学就已经学习过如何将这类数据画成折线图（如图8.1）。这些图可以直观地表现所得数据，是描述统计学的一种方法。不过，这种方式无法满足高等教育中的理科研究需求。我们希望从推断统计学的角度来研究问题。也就是说，我们并不关心原始的数据，而希望了解这些数据背后的规律（参见6.1.1节）。

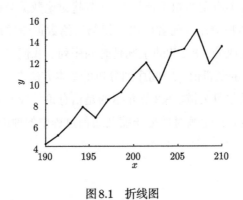

图8.1　折线图

从推断统计学的角度来讲，我们可以做出以下假设。

在误差为零的理想情况下，相同温度下的跳跃距离理应相同。也就是说，我们可以找到某个函数 g，使得温度参数 x 下的跳跃距离为 $g(x)$。找出这个函数是我们的目标。可惜的是，由于实验存在误差，我们无法直接计算该函数。实际测得的跳跃距离将包含误差 W，最终值为 $Y = g(x) + W$。由于 W 取值随机，因此测定值 Y 也是一个随机值。我们将试图根据测定值 Y 来估计 g 的值。

此时，严格依照那些含有误差的测定值来分析数据并不妥当。那么我们应该如何解决这个问题呢？

我们首先应将问题进一步具体化，明确问题的核心。为方便讨论，我们假定 g 是一个一次函数，即 $g(x) \equiv ax + b$，其中 a 与 b 是未知常量。设实验次数为 n，且第 i 次实验的温度为 x_i，测得的跳跃距离为 $Y_i \equiv g(x) + W_i$。我们设误差 W_i 是一个遵从正态分布 $N(0, \sigma^2)$ 的随机变量，并假定 $W_1, \cdots, W_n$ 都满足 i.i.d. 的条件。于是，问题转化为了如何通过设定温度 $x_1, \cdots, x_n$ 与各种温度下实际测得的跳跃距离 $\check{y}_1, \cdots, \check{y}_n$ 来估计 a 与 b 的值。

请读者注意区分上一段中出现的符号。$\check{y}_i$ 单纯表示一个数字，如 0.89（即某个随机变量在某次实验中取到的特定值）。另一方面，Y_i 表示的则是随机变量（它的取值不定）[①]。Y_i 遵从正态分布 $\mathrm{N}(ax_i + b, \sigma^2)$，表示它的值接近实际值 $f(x_i) = ax_i + b$ 且标准差为 σ。

解题思路

这个也可以通过矩阵与向量的形式表述。这种方式的技巧性较强，请读者仔细确认。

$$\boldsymbol{Y} = C\boldsymbol{a} + \boldsymbol{W}, \quad \boldsymbol{Y} \equiv \begin{pmatrix} Y_1 \\ \vdots \\ Y_n \end{pmatrix}, C \equiv \begin{pmatrix} x_1 & 1 \\ \vdots & \vdots \\ x_n & 1 \end{pmatrix}, \boldsymbol{a} \equiv \begin{pmatrix} a \\ b \end{pmatrix}, \boldsymbol{W} \equiv \begin{pmatrix} W_1 \\ \vdots \\ W_n \end{pmatrix} \sim \mathrm{N}(\boldsymbol{o}, \sigma^2 I)$$

其中，C 是一个已知的矩阵，$\boldsymbol{a}$ 是未知向量（但是取值确定）。由此可知，向量 $\boldsymbol{Y}$ 遵从 n 元正态分布 $\mathrm{N}(C\boldsymbol{a}, \sigma^2 I)$。此时，概率密度函数具有如下形式。

$$f_{\boldsymbol{Y}}(\boldsymbol{y}) = \square \exp\left(-\frac{1}{2\sigma^2}\|\boldsymbol{y} - C\boldsymbol{a}\|^2\right)$$

$\square$ 是一个大于 0 的常量，我们暂时不考虑它的具体值

为了强调分布与未知参数 $\boldsymbol{a}$ 相关，我们可以将 $f_{\boldsymbol{Y}}(\boldsymbol{y})$ 改写为 $f_{\boldsymbol{Y}}(\boldsymbol{y}; \boldsymbol{a})$ 的形式。它表示在 $\boldsymbol{a}$ 取某个特定值时 $\boldsymbol{Y}$ 的概率密度（它仍然是 $\boldsymbol{Y}$ 的概率密度，并非 $\boldsymbol{a}$ 的概率密度）。

回到之前的问题。我们把观测得到的 $\check{\boldsymbol{y}} \equiv (\check{y}_1, \cdots, \check{y}_n)^T$ 作为 $\boldsymbol{Y}$ 的值，并希望以此来估计 $\boldsymbol{a}$ 的值。这次将采用最大似然估计来解决这个问题。也就是说，我们需要求解当前所得数据 $\check{\boldsymbol{y}}$ 的概率密度 $f_{\boldsymbol{Y}}(\check{\boldsymbol{y}}; \boldsymbol{a})$，并计算在 $\boldsymbol{a}$ 为何时该值最大（参见 6.1.8 节）。要让 $f_{\boldsymbol{Y}}(\check{\boldsymbol{y}}; \boldsymbol{a})$ 的取值最大，只要使 exp 中的表达式取到最大值即可。于是，我们需要让 $\|\check{\boldsymbol{y}} - C\boldsymbol{a}\|^2$ 取最小值[②]。因此，这个问题被转化为了以下形式。

对于给定的矩阵 C 与向量 $\check{\boldsymbol{y}}$，试求 $\boldsymbol{a}$ 使 $\|\check{\boldsymbol{y}} - C\boldsymbol{a}\|^2$ 的取值最小。

这样一来，这个问题就从一个概率统计问题变为了一个线性代数与数学分析问题。填

[①] 如果读者感到混乱，请回忆一下随机变量在上帝视角下的定义。根据上帝视角，随机变量的本质是一个与各个世界 ω 中的观测值对应的函数 $y_i(\omega)$。与之相对地，$\check{y}_i$ 只是一个单纯的数字。
[②] 由于 $\|\check{\boldsymbol{y}} - C\boldsymbol{a}\|^2$ 中不含 σ^2，因此本题的答案与 σ^2 的值无关。题目中没有明确指出 σ^2 的值是否已知，也是基于这个理由。

入具体元素后，我们可以得到如下表述。

$$\text{试求 } a \text{、} b \text{，使} \sum_{i=1}^{n}\big(\check{y}_i - (ax_i + b)\big)^2 \text{ 的取值最小} \tag{8.1}$$

设上式为 $h(a,b)$，于是能使 h 取值最小的 a 与 b 应当满足以下条件(关于偏微分及其符号 ∂，请参见P172脚注①)①。

$$\frac{\partial h}{\partial a} = 0 \quad \text{且} \quad \frac{\partial h}{\partial b} = 0$$

计算偏微分后可以得到以下具体结果。

$$-2\sum_{i=1}^{n}\big(\check{y}_i - (ax_i + b)\big)x_i = 0 \quad \text{且} \quad -2\sum_{i=1}^{n}\big(\check{y}_i - (ax_i + b)\big) = 0$$

上式可以整理如下。

$$\left(\sum_{i=1}^{n}x_i^2\right)a + \left(\sum_{i=1}^{n}x_i\right)b = \left(\sum_{i=1}^{n}\check{y}_i x_i\right) \quad \text{且} \quad \left(\sum_{i=1}^{n}x_i\right)a + nb = \left(\sum_{i=1}^{n}\check{y}_i\right)$$

上式稍显复杂，其实它是由两条 $\Box a + \Box b = \Box$ 连立得到的一元方程组(其中 $\Box$ 的取值已知)。该方程名为正则方程组。我们可以在解正则方程组的过程中求得 a, b，并得到如图8.2所示的估计直线 $y = ax + b$。需要注意的是，正则方程组也可以通过如下形式以矩阵表述(读者可以通过填入元素确认该式是否正确)。

$$C^T C \boldsymbol{a} = C^T \check{\boldsymbol{y}}$$

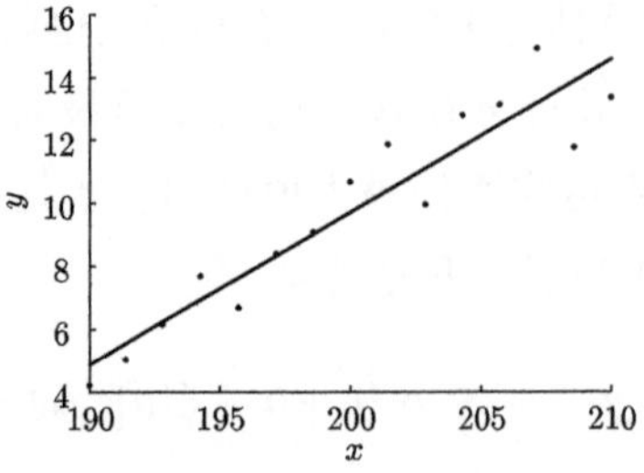

图8.2   将数据作直线拟合后得到的结果

---

① 此处多提醒一句，根据该条件求得的仅仅是可能的候选答案而已。我们需要通过其他方式确认该答案是否能够得到最小值。在本题中，h 的图像光滑，候选答案仅有一个，并且显然当 (a,b) 取值正负无穷时，h 的值极大，因此我们可以断言 h 在该答案下取到最小值。

练习题 8.1

请根据以下数据作拟合直线 $y = ax + b$。

x 的设定值	y 的观测值
0	2
1	1
2	6

答案

我们可以根据上述方法得到如下联立方程组。

$$\begin{cases} (0^2 + 1^2 + 2^2)a + (0 + 1 + 2)b = (0 \cdot 2 + 1 \cdot 1 + 2 \cdot 6) \\ (0 + 1 + 2)a + 3b = (2 + 1 + 6) \end{cases} \text{，即} \begin{cases} 5a + 3b = 13 \\ 3a + 3b = 9 \end{cases}$$

由该式可得 $(a, b) = (2, 1)$，于是得到拟合直线 $y = 2x + 1$（图 8.3）。

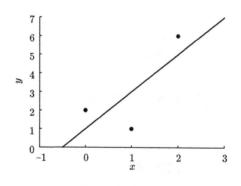

图 8.3　拟合直线

本题解释了最小二乘法的基本解法。事实上，即使 C 是一个更为一般的 $n \times m$ 矩阵，我们依然可以求出类似的拟合直线。如果读者对此有兴趣，可以参考最小二乘法的相关文献。

❓8.1　既然我们已经用了向量来表述最小二乘法，能否进一步从几何学的角度来解释这个问题呢

可以。如果读者已经学习过 Im 或 span 等线性代数中的概念，请一边参照图 8.4，一边依照下面的解释从几何学的角度来理解问题。

a 可以取各种类型的值，于是由所有 Ca 可取的值组成的集合可以定义为如下平面。

$$\mathrm{Im} C = \mathrm{span}\{\boldsymbol{x}, \boldsymbol{u}\}, \qquad \boldsymbol{x} \equiv \begin{pmatrix} x_1 \\ \vdots \\ x_n \end{pmatrix}, \quad \boldsymbol{u} \equiv \begin{pmatrix} 1 \\ \vdots \\ 1 \end{pmatrix}$$

因此，求 $\|\tilde{\boldsymbol{y}} - C\boldsymbol{a}\|^2$ 的最小值就相当于寻找 $\mathrm{Im} C$ 上与 $\tilde{\boldsymbol{y}}$ 最近的点，而最近的点就是从 $\tilde{\boldsymbol{y}}$ 向 $\mathrm{Im} C$ 投影得到的垂足。其实，前面得到的正则方程组可以借助向量改写为以下形式。

$$\begin{cases} (\tilde{\boldsymbol{y}} - (a\boldsymbol{x} + b\boldsymbol{u})) \cdot \boldsymbol{x} = 0 \\ (\tilde{\boldsymbol{y}} - (a\boldsymbol{x} + b\boldsymbol{u})) \cdot \boldsymbol{u} = 0 \end{cases} \quad (\text{其中 “·” 表示内积})$$

该方程组表示 $\tilde{\boldsymbol{y}} - (a\boldsymbol{x} + b\boldsymbol{u})$ 与 $\boldsymbol{x}$ 与 $\boldsymbol{u}$ 相互垂直，求的正是垂足的位置。

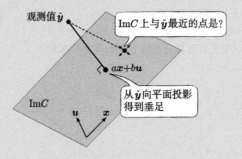

图8.4　最小二乘法的几何学解释

小学学习的折线图不适用于这类问题的理由

那么，究竟是由于什么原因，导致小学学习的折线图（图8.1）不适用于这类问题呢？图8.5 是通过伪随机数序列模拟得到的结果，请读者比较拟合直线与折线图的区别（假设两变量实际遵循 $y = x/2 - 90$ 的关系式）。

大学学习的直线拟合估计方式随着数据个数（样本容量）的增加，准确性也会逐渐提升 [1]。另一方面，无论数据个数如何增加，小学学习的折线图方式的误差都不会缩小。这正是折线图不适用于这类问题的原因。请读者同时参考问答专栏6.4的内容。

---

[1] 准确地说，缩小的是估计值的平方误差的期望值将会缩小。如果读者不理解这句话，请回顾6.1节的内容。

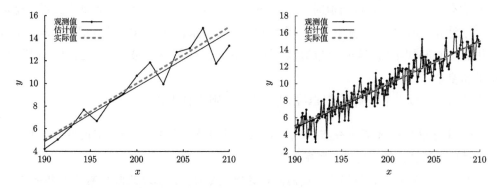

图8.5 根据观测值(点)绘制折线图与拟合直线。虚线表示变量的实际关系。其中左图基于15个观测值绘制，右图基于200个观测值绘制

❓ 8.2 我们明明不知道数据的真实关系，为什么依然可以在估计时假设它们的关系呈线性

我们遇到的问题基本可以分为两种情况。

在第一种情况下，我们可以根据物理法则或过去的经验等非测试数据得知数据呈线性关系或与直线近似。关于估计理论的更多说明，请参见问答专栏6.2与6.1.4节的内容。

在第二种情况下，尽管变量实际呈非线性关系，但直线拟合反而比曲线拟合具有更高的精度。为什么会发生这种情况呢？问题的关键在于需要估计的参数个数。对于直线，我们只需要系数 a 与常数项 b 这两个参数。曲线拟合则需要使用更多参数。如果数据数量不够，我们就需要估计那些额外的参数的值，而这种做法通常会导致估计值的误差增大。如果这一误差大于将曲线近似为直线产生的误差，直接采用直线拟合的效果反而更好。关于这个问题，请参见图3.13、问答专栏6.4及相关内容。

补充知识：吉洪诺夫正则化

在实际应用中，我们往往不考虑是否遵从正态分布的问题，直接通过式8.1来计算平方误差 $\|\hat{y} - Ca\|^2$ 的最小值。本书没有采用这种草率的方式，依然会按照下面的步骤推导平方误差的最小值。

1. 首先通过概率论中的术语明确说明观测值的生成方式等前提条件(并假设误差遵从正态分布)
2. 之后根据该前提进行统计估计(通过最大似然估计拟合直线)

这种方式给出了为何需要计算平方误差最小值的一种理论解释。事实上，除了本节讨论的问题，只要涉及平方误差，很多情况下我们都会通过正态分布来解释问题。吉洪诺夫正则化就是一个例子。

我们有时希望知道 a 取何值时 $\|\tilde{y} - Ca\|^2 + \alpha\|a\|^2$ 的取值最小，吉洪诺夫正则化正是一种用于计算该值的方法（其中 α 是一个用户设定的常量，且 $\alpha > 0$。此处记为 α 是为了与本节使用的其他符号匹配）。这种方法的优点是即使矩阵 C 不易计算，最终得到的答案也较为合理，不会非常复杂。

我们可以根据以下步骤直接推导出吉洪诺夫正则化的结果。

- 设 A 是遵从 m 元正态分布 $\mathrm{N}(o, \tau^2 I)$ 的向量值随机变量（它与之前使用的 a 类似，不过取值随机，因此使用大写字母表示）
- 对于已知的 $n \times m$ 矩阵 C，我们需要观测 CA 的值，不过此时观测数据中含有噪声，我们将得到 $Y \equiv CA + W$ 的观测值。噪声 W 遵从 n 元正态分布 $\mathrm{N}(o, \tau^2 I)$，且与 A 独立
- 观测 $\tilde{y}$ 的值，并将其作为随机变量 Y 的观测值
- 在以下两种方法中选择一种来估计 A 的值（此时我们假定方差 σ^2 与 τ^2 的值已知）
  - ▲ 方法一：计算可以使条件概率密度 $f_{A|Y}(a|\tilde{y})$ 取值最大的 a，并以此作为 A 的估计值
  - ▲ 方法二：计算条件期望值 $\mathrm{E}[A|Y = \tilde{y}]$，并以此作为 A 的估计值

也就是说，不同于之前借助最小二乘法计算最大似然估计的方式，吉洪诺夫正则化采用了贝叶斯估计来解决问题。我们之所以假设 A 的先验分布为 $\mathrm{N}(o, \tau^2 I)$，是因为根据常识，A 的元素中应该不包含极端的值。在估计过程中加入这类前提条件后，估计值就很少会出现不合常理的偏差。这正是贝叶斯估计的优点（参见6.1.9节）。

依照上述步骤计算得到的答案与 $\alpha = \sigma^2/\tau^2$ 时吉洪诺夫正则化的结果一致。

8.1.2　主成分分析

基础知识

在实际应用中，我们不仅需要处理二维与三维向量，有时还需要处理100维甚至更高维数的向量。例如，对于 $16 \times 16 = 256$ 像素的灰度图像，它的像素值需要通过一个256维向量保存。也就是说，该图像可以通过一个指向256维空间内某点的向量表示。如果这样的图像有500张，我们就能得到500个散布在该空间中的点。

这些高维数据不会在所有方向都遵从均匀分布。通常，它们都会沿着特定方向散布，很少出现无规律分布的情况，如图8.6所示。主成分分析（principal component analysis，PCA）的目的就是找出这一特定方向，并舍弃其他次要元素。主成分分析是一种常用的预处

理操作,它能降低数据的维度,以便我们进一步执行其他更加高级的处理。此外,如果可以将数据降至二维或三维,我们就可以为数据作图,直观地观察数据的分布。有时,我们需要了解数据的分布情况,此时主成分分析可以帮助我们更好地分析理解从数据中提取得到的特定方向的含义,这也是主成分分析的一种典型用途。

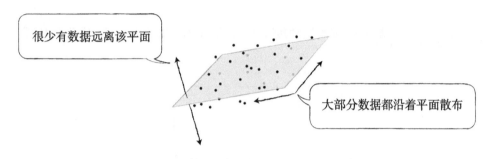

很少有数据远离该平面

大部分数据都沿着平面散布

图8.6   数据几乎处于同一平面

步骤

我们接着讲解主成分分析的步骤。

假设我们有 n 条高维向量数据 $x_1, \cdots, x_n$。首先需要使用一些技巧将其改写为随机变量,这样可以缩短表达式的长度,方便之后的处理。具体来讲,我们将借助一个取值范围为 $1, 2, \cdots, n$ 且各值出现概率相等的转盘来生成一个编号 J,并定义 $X \equiv x_J$。也就是说,随机变量 X 的取值范围是 $x_1, \cdots, x_n$ 且各值出现的概率相等。为了简化之后的计算,我们假设期望值向量 $\mathrm{E}[X] = o$(对于更为一般的情况,请参见后文定义的式8.3)。于是,我们可以通过高维椭圆体来表现协方差矩阵 $\mathrm{V}[X]$,如图8.7所示(参见5.4节)。之前讲到数据沿着某一特定方向散布,如果用椭圆体来表现,即椭圆体中长度较长的主轴很少,大部分主轴都非常短。主成分分析将沿着较短主轴的方向压缩椭圆体。请读者注意,各主轴的半径是 $\mathrm{V}[X]$ 的特征值 $\lambda_1, \lambda_2, \cdots$ 的平方根,且主轴的方向与对应特征向量 $q_1, q_2, \cdots$ 的方向一致。我们将特征值从大到小排序,同时特征向量的长度全都为1且相互正交(参见问答专栏5.4)。如此得到的 q_i 称为第 i 主成分向量。图8.8是二维数据时的一个例子。

主成分分析将仅保留 $(\lambda_1, q_1), \cdots, (\lambda_k, q_k)$ 而舍弃余下的 $(\lambda_{k+1}, q_{k+1}), (\lambda_{k+2}, q_{k+2}), \cdots$ 等成分。我们需要事先确定希望保留的主成分个数 k。该值可以通过多种方法选择,例如在 λ_i 小于某个阈值或 λ_i 突然大幅减小时舍弃剩余的数据。有时我们也会通过贡献率(接下来介绍)来确定k的值。

图 8.7 各种不同的协方差矩阵。如最右侧的例子所示，当一部分主轴很短时，主成分分析可以沿着该方向对数据降维

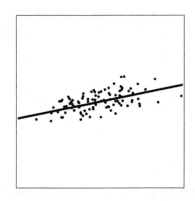

图 8.8 对二维数据进行主成分分析的例子。图中的斜线是第一主成分的方向

　　如图 8.9 所示，请读者考虑一个由 $q_1, \cdots, q_k$ 张成的 k 维超平面 Π[①]。所有数据几乎都散布在 Π 所处的方向。以上是前提条件。如此一来，即使将原本处于更高维空间的数据 x 替换为它在 Π 上距离接近的点，分布也不会发生太大的变化。因此，我们只需将 x 正交投影至 Π，就能实现维度的压缩。投影于 Π 上的点 y 可以具体写成如下形式。

$$y = z_1 q_1 + z_2 q_2 + \cdots + z_k q_k$$

由这些系数组成的 k 维向量 $z \equiv (z_1, \cdots, z_k)^T$ 可以用于代替原本的高维向量 x。其中，系数 z_i 能够通过 $z_i = q_i \cdot x = q_i^T x$ 的方式得到。我们将 z_i 称为 x 的第 i 主成分。

---

①Π 是希腊字母 π（读作派）的大写形式。

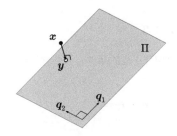

图8.9 将高维数据 $\boldsymbol{x}$ 投影至低维超平面 Π

练习题 8.2

试求下列二维数据的第一主成分向量与第一主成分。

$$\boldsymbol{x}_1 = \begin{pmatrix} 0 \\ 5 \end{pmatrix}, \quad \boldsymbol{x}_2 = \begin{pmatrix} 0 \\ -5 \end{pmatrix}, \quad \boldsymbol{x}_3 = \begin{pmatrix} 4 \\ 3 \end{pmatrix}, \quad \boldsymbol{x}_4 = \begin{pmatrix} -4 \\ -3 \end{pmatrix}$$

答案

我们可以根据平均向量 $(\boldsymbol{x}_1 + \boldsymbol{x}_2 + \boldsymbol{x}_3 + \boldsymbol{x}_4)/4 = \boldsymbol{o}$ 计算协方差矩阵 V。

$$V = \frac{1}{4}(\boldsymbol{x}_1\boldsymbol{x}_1^T + \boldsymbol{x}_2\boldsymbol{x}_2^T + \boldsymbol{x}_3\boldsymbol{x}_3^T + \boldsymbol{x}_4\boldsymbol{x}_4^T)$$

$$= \begin{pmatrix} 0 & 0 \\ 0 & 25 \end{pmatrix} + \begin{pmatrix} 0 & 0 \\ 0 & 25 \end{pmatrix} + \begin{pmatrix} 16 & 12 \\ 12 & 9 \end{pmatrix} + \begin{pmatrix} 16 & 12 \\ 12 & 9 \end{pmatrix} = 4\begin{pmatrix} 8 & 6 \\ 6 & 17 \end{pmatrix}$$

为了求 V 的特征值 λ，我们需要解相应的特征方程 $\det(\lambda I - V) = 0$。具体过程如下。

$$\det(\lambda I - V) = \det\begin{pmatrix} \lambda - 4 \cdot 8 & -4 \cdot 6 \\ -4 \cdot 6 & \lambda - 4 \cdot 17 \end{pmatrix} = (\lambda - 4 \cdot 8)(\lambda - 4 \cdot 17) - (-4 \cdot 6)^2$$

$$= \lambda^2 - 100\lambda + 1600 = (\lambda - 80)(\lambda - 20)$$

由此得到 V 的特征值为 80 和 20。我们可以由方程 $V\boldsymbol{p} = 80\boldsymbol{p}$ 得到与特征值 80 对应的特征向量 $\boldsymbol{p} = (1, 2)^T$，并由此得到长度为 1 的特征向量 $\boldsymbol{q}$。

$$\boldsymbol{q} \equiv \frac{1}{\|\boldsymbol{p}\|}\boldsymbol{p} = \frac{1}{\sqrt{\boldsymbol{p} \cdot \boldsymbol{p}}}\boldsymbol{p} = \frac{1}{\sqrt{1^2 + 2^2}}\begin{pmatrix} 1 \\ 2 \end{pmatrix} = \frac{1}{\sqrt{5}}\begin{pmatrix} 1 \\ 2 \end{pmatrix}$$

该向量即为第一主成分向量。我们可以进而计算数据 $\boldsymbol{x}_1$ 的第一主成分。

$$\boldsymbol{q}^T\boldsymbol{x}_1 = \frac{1 \cdot 0 + 2 \cdot 5}{\sqrt{5}} = \frac{10}{\sqrt{5}} = 2\sqrt{5}$$

类似地，我们可以分别得到数据 $\boldsymbol{x}_2, \boldsymbol{x}_3, \boldsymbol{x}_4$ 的第一主成分 $\boldsymbol{q}^T\boldsymbol{x}_2 = -2\sqrt{5}$, $\boldsymbol{q}^T\boldsymbol{x}_3 = 2\sqrt{5}$, $\boldsymbol{q}^T\boldsymbol{x}_4 = -2\sqrt{5}$。

🔖 8.3　为什么第 i 主成分 $z_i = q_i \cdot x$

$q_1, \cdots, q_k$ 需要满足长度为1且相互正交的条件，该条件也可以通过以下形式表述（参见附录A.6）。

$$q_i \cdot q_j = \begin{cases} 1 & (i = j) \\ 0 & (i \neq j) \end{cases}$$

另一方面，y 是 x 向 Π 正交投影得到的点，因此 $x - y$ 与 $q_1, \cdots, q_k$ 全都正交，即 $q_i \cdot (x - y) = 0$（其中 $i = 1, \cdots, k$）。于是我们可以得到如下等式。

$$q_1 \cdot x = q_1 \cdot y = q_1 \cdot (z_1 q_1 + z_2 q_2 + \cdots + z_k q_k) = 1z_1 + 0z_2 + \cdots + 0z_k = z_1$$

其他情况以此类推。

🔖 8.4　为什么即使数据相同，计算得到的第 i 主成分符号也会不同

如果造成符号不同的原因仅仅是计算中采用的第 i 主成分向量方向相反就没有问题。此时两种答案都正确。

我们可以通过向量与矩阵将原始数据 x 转换为压缩数据 z。

$$z = R^T x, \qquad R \equiv (q_1, \cdots, q_k)$$

该矩阵还可以用于表示 z 与 y 的关系。

$$y = Rz$$

综上，我们可以得到 $y = RR^T x$。为帮助理解，我们此处借用了图像来描述该式。建议读者今后在阅读向量表达式时也像这样通过图像来理解向量与矩阵的计算过程。

求取保留的成分个数

原始数据 x 与由压缩数据 z 还原得到的 y 的差 $x - y$ 相当于被舍弃的成分。我们希望

知道这些值的平均大小。为了求平均值，我们定义 $\boldsymbol{Y} \equiv RR^T\boldsymbol{X}$，并计算随机变量 $\boldsymbol{X}$ 与它的差的长度的平方，即 $\|\boldsymbol{X} - \boldsymbol{Y}\|^2$ 的期望值[1]，如下所示。

$$\mathrm{E}\left[\|\boldsymbol{X} - \boldsymbol{Y}\|^2\right] = \lambda_{k+1} + \cdots + \lambda_m \quad （m是x的维数） \tag{8.2}$$

上式表示的就是舍弃的特征值之和。

我们还可以进一步计算得到 $\boldsymbol{X}$ 的长度的平方的期望值。

$$\mathrm{E}[\|\boldsymbol{X}\|^2] = \mathrm{Tr}\,\mathrm{V}[\boldsymbol{X}] = \lambda_1 + \cdots + \lambda_k + \lambda_{k+1} + \cdots + \lambda_m$$

这些特征值之和如图 8.10 所示。我们接着引入下面的表达式，并将其定义为前 k 个主成分的累积贡献率。

$$\frac{\lambda_1 + \cdots + \lambda_k}{\lambda_1 + \cdots + \lambda_k + \lambda_{k+1} + \cdots + \lambda_m}$$

$\boldsymbol{X}$ 是一个取值不确定的随机变量，我们可以通过累积贡献率，了解可以通过 $\boldsymbol{Y}$ 还原的 $\boldsymbol{X}$ 的百分比。在实际应用中，我们常会根据该百分比来确定需要保留的成分个数 k。

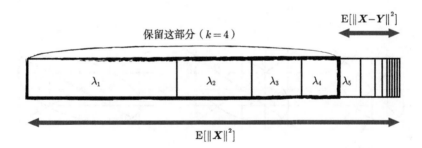

图 8.10　被舍弃的成分大小及累积贡献率

对平均值不为零的数据做 PCA 处理

如果给定数据 $\tilde{\boldsymbol{x}}_1, \cdots, \tilde{\boldsymbol{x}}_n$ 的平均值不为零，我们就可以采用本节介绍的方式首先定义随机变量 $\tilde{\boldsymbol{X}} \equiv \tilde{\boldsymbol{x}}_J$，再计算 $\tilde{\boldsymbol{\mu}} \equiv \mathrm{E}[\tilde{\boldsymbol{X}}]$，最后定义 $\boldsymbol{X} \equiv \tilde{\boldsymbol{X}} - \tilde{\boldsymbol{\mu}}$。这种方式得到的 X 将满足 $\mathrm{E}[\boldsymbol{X}] = \boldsymbol{o}$。具体来讲，我们将像下面这样去除平均值的影响，再对 $\boldsymbol{x}_1, \cdots, \boldsymbol{x}_n$ 做主成分分析。

$$\boldsymbol{x}_i \equiv \tilde{\boldsymbol{x}}_i - \tilde{\boldsymbol{\mu}} \quad (i = 1, \cdots, n), \quad 其中 \tilde{\boldsymbol{\mu}} \equiv \frac{1}{n}(\tilde{\boldsymbol{x}}_1 + \cdots + \tilde{\boldsymbol{x}}_n) \tag{8.3}$$

---

[1] 相比直接计算长度的期望值，计算平方的期望值更加简单。

我们将通过这种方式得到的主成分向量 $q_1, \cdots, q_n$ 直接称为原始数据 $\tilde{x}_1, \cdots, \tilde{x}_n$ 的主成分向量。此时，高维数据 $\tilde{x}$ 的第 i 主成分被定义为 $q_i^T(\tilde{x} - \tilde{\mu})$。

注意事项

最后，我们需要提醒读者几条使用PCA的注意事项。PCA的核心思想在于假定偏差较小的成分可以直接舍弃。然而，我们是否能够仅凭偏差来判断某一成分在特定分析情境下是否重要呢？如果某个成分虽然偏差较小，但含有对后续分析至关重要的信息，我们理应保留该成分。如果采用PCA来处理数据，这类成分就将被舍弃。

此外，我们还需要注意偏差的测量方式。只有各轴的单位一致，PCA才有意义。例如，PCA不适用于处理由身高（米）和体重（千克）构成的二维向量数据。这是因为，不同单位下PCA的结果也不相同。请读者借助图8.11实际体会一下。我们只要将身高的单位从米改为厘米，主成分向量就会随之改变。此时不同单位下的结论不同，分析结果缺乏说服力。如果读者无论如何都希望在使用PCA时混用不同的单位，请先考虑不同主轴的单位长度是否可以换算，如果可以，理由是什么。显然，我们不能因为1米和1千克在数值上都是1就认为两者可以换算。

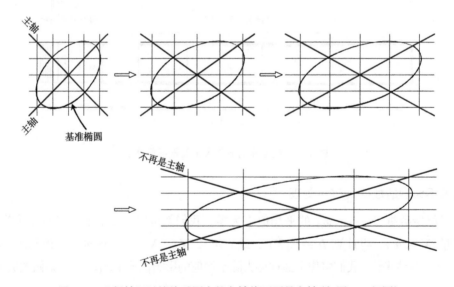

图8.11　坐标轴经过缩放后原本的主轴将不再是主轴（与图5.22相同）

？8.5　图8.2与图8.8有什么区别？我不太理解两者的差异。对于二维数据，它们不都是一种直线拟合处理吗

的确，两者都用于求取平方误差最小的直线。如图8.12所示，它们的区别在于误差的测量方式。前者关注特定横轴坐标下纵轴的值，横轴与纵轴的作用不同。另一方面，在本节介绍的方法中横轴与纵轴对等（事实上，不仅是横轴与纵轴，所有方向全都等价）。如果要从理论上分类，前者基于推断统计得到，后者基于描述统计得到，请读者加以区分（参见6.1.1节）。

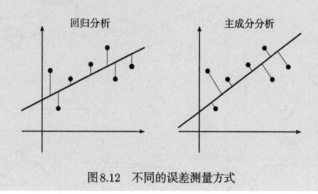

回归分析　　　　　　　　　　主成分分析

图8.12　不同的误差测量方式

8.2　随机过程

我们有时需要研究（看似）变化随机的时间序列。例如股票与外汇交易市场，以及声音信号等。本节将把这些时间序列视作随机变量序列（随机过程）进行研究。

图8.13描述了这类场景。我们也可以通过图8.14的方式来理解这个问题，该图的描述或许更为妥当。读者也许没有意识到，这幅图中隐含的思维方式十分重要。我们必须明确区分究竟是在从左往右依次浏览单张卡片，还是在同时观测多张卡片。如果混淆了两者，就很难真正理解之后的内容①。

――――――――――――
① 请读者回忆3.5.3节中的图3.14。"平均值显然相同"是那张图的常见误区。

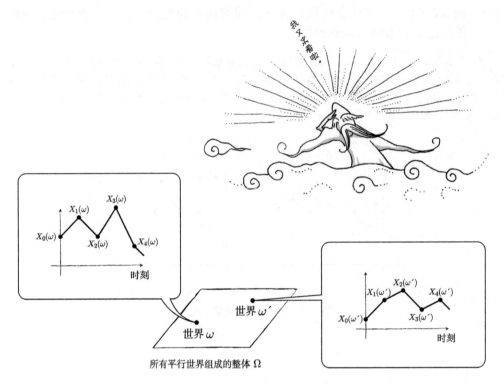

图8.13   上帝视角下的随机过程

图8.14   从装有各种波形图卡片的布袋中抽取一张

从数学的角度来看，时间轴只是一条单纯的序列，但对我们来讲，它并不普通。我们无法在当下获得未来的数据，也就是说，过去与未来是截然不同的概念。我们再次借用之前卡片袋的比喻来解释这个问题，如图8.15所示。我们无法完整看到卡片上所画的波形，只能看到过去与现在的数据。未来将会怎样，必须另行分析。这并不容易，但同时也非常有趣。请读者注意，我们抽取的卡片上所画的波形本身并不会发生变化，它在我们选中这张卡片时就已经确定。然而，因为我们看不见完整波形，因此无法确定究竟抽到了哪一张卡片。与可见部分相符的卡片不止一张。事实上，我们之前已经通过另一种形式讨论过这个问题了（参见图1.5）。

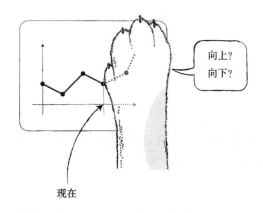

图8.15　通过分析所选卡片上截至目前为止的数据，来推测之后的情况

可惜的是，本书不会介绍时间序列分析中最基本的原理。因为这将不得不用到（离散）傅立叶变换这一工具，超出了本书的范围。本书接下来将讨论一些与时间序列相关的话题，读者无需做额外的准备工作即可阅读。如果读者没有阅读之前的2.3.4节，建议稍微浏览一下那部分内容。

顺便一提，随机过程在英语中称为stochastic process，在课堂板书中常简写为s.pr.。

8.2.1　随机游走

随机游走是一种最为基本的随机过程，我们可以将其形象地理解为如果硬币正面向上就向左走一步，否则向右，如此反复。有时我们也称其为醉步（醉酒者的行走路径）。随机游走具有多种衍生版本，例如向左向右的概率可以不同，或是不仅可以左右移动还能前后移动等。本节仅考虑单纯的一元等概率左右移动的情况。下面是该问题的数学形式表述。设$Z_1, Z_2, Z_3, \cdots$是i.i.d.随机变量，且取值为 $+-1$的概率各为0.5。于是X_t的定义如下。

$$X_0 = 0, \qquad X_t = X_{t-1} + Z_t \quad (t = 1, 2, \cdots)$$

图 8.16 画出了一些具体的观测值。

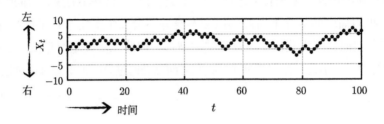

图 8.16　随机游走

那么，我们先来看一些练习题吧。

练习题 8.3

在抛硬币游戏中，我们规定硬币正面向上时可以得到 1 元，否则失去 1 元。试求抛硬币 20 次后最终恰好得到 10 元的概率。即对于随机游走 X_t，求 $X_{20} = 10$ 的概率。

答案

要使 $X_{20} = 10$，$Z_1, \cdots, Z_{20}$ 中必须包含 15 个 $+1$ 与 5 个 -1[1]。因此，我们需要计算抛掷硬币 20 次中有 15 次正面向上的概率。正面向上的次数遵从二项分布 $\mathrm{Bn}(20, 1/2)$（参见 3.2 节）。于是本题的答案如下。

$${}_{20}C_{15}\left(\frac{1}{2}\right)^{15}\left(1 - \frac{1}{2}\right)^{20-15} = \frac{20!}{15!\,(20-15)!} \cdot \frac{1}{2^{20}} = \frac{969}{65536} \approx 0.0148$$

我们再来讨论一道颇有技巧性的有趣问题，解答这道问题可能需要使用特殊的思路。

练习题 8.4

与练习题 8.3 一样，我们仍然要抛 20 次硬币。这次我们要计算游戏中途至少获得过 5 元但最终归为 0 元的概率。也就是说，对于随机游走 X_t，求 $\mathrm{P}(\max(X_0, \cdots, X_{20}) \geqslant 5$ 且 $X_{20} = 0)$ 的值。

答案

假设存在一条路线 A，其中 $X_0 = 0$，途中某处 $X_t = 5$，最后又返回 $X_{20} = 0$。如图 8.17 所示，我们可

---

[1] 如果读者一时无法反应过来，请尝试用 h 表示 $+1$ 的个数并解方程。我们可以根据 $h \cdot (+1) + (20 - h) \cdot (-1) = 10$ 得到 $h = 15$。

以以 $X_t = 5$ 为轴，整个翻转该路线的后半部分。准确来讲，我们设最后一次 $X_t = 5$ 的时刻 t 为 T，并按如下方式定义 Y_t。

$$Y_t \equiv \begin{cases} X_t & (t \leqslant T) \\ 10 - X_t & (t > T) \end{cases} \quad \text{以5为轴翻转}$$

这便是由 $Y_0 = 0$ 到 $Y_{20} = 0$ 的路线。反过来讲，如果我们知道某条从 0 到 10 的路线 B，只要将其后半部分翻转，就能得到一条从 0 到 5 再返回 0 的路线。显然，无论是路线 A 还是路线 B，只要再次翻转路线，就能得到翻转之前的情况。这表明翻转操作前后的各点——一对应（反射原理，reflection principle）[1]。同时，根据随机游走的定义，即使后半部分翻转，该路线的出现概率依然不变。因此，我们只需计算从 0 到 10 的路线的出现概率即可。于是本题与上一题的答案相同，都是 969/65536。

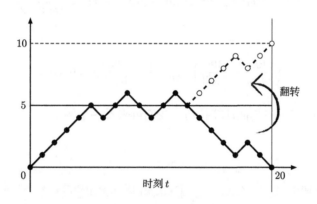

图 8.17　反射原理

接着我们来练习反射原理的应用。

练习题 8.5

　　本题的问题设定与练习题 8.3 相同。不过这次我们不规定抛硬币的次数，而是规定在得到 10 元时结束游戏。试求恰好在抛掷硬币 20 次后结束游戏的概率。也就是说，对于随机游走 X_t，求 $P(t = 20$ 时 $X_t = 10$ 首次成立) 的值（本题也有特别的解题思路[2]）。

答案

　　首先我们需要注意，$X_{19} (= Z_1 + \cdots + Z_{19})$ 与 Z_{20} 独立，且 $P(Z_{20} = +1)$ 显然等于 1/2。此时以下等式成立。

---

[1] 有些教材选择翻转路线的前半部分，不过本书希望保持 $X_0 = 0$，因此翻转了后半部分。
[2] 在本题中，$X_{19} = 9$ 且 $Z_{20} = +1$ 必然成立。因此我们可以先计算 $P(X_{19} = 9)$，再去除中途超过 10 元的情况。

$$P(t = 20 \text{ 时 } X_t = 10 \text{ 首次成立}) = P(X_{19} = 9 \text{ 且之前没有出现过 } 10)P(Z_{20} = +1)$$

$$P(X_{19} = 9 \text{ 且之前没有出现过 } 10)$$

$$= P(X_{19} = 9) - P(X_{19} = 9 \text{ 且之前出现过 } 10)$$

第二条等式的右边可以直接计算。由于 $X_{19} = 9$ 的概率即为投掷硬币 19 次中正面向上 14 次反面向上 5 次的概率，因此它的值如下。

$$P(X_{19} = 9) = \frac{19!}{14! \, 5!} \cdot \frac{1}{2^{19}}$$

此外，根据反射原理，从 0 到 10 再回到 9 的概率与从 0 到 11 的概率相同。

$$P(X_{19} = 9 \text{ 且之前出现过 } 10) = P(X_{19} = 11) = \frac{19!}{15! \, 4!} \cdot \frac{1}{2^{19}}$$

综上，本题答案如下。

$$\left(\frac{19!}{14! \, 5!} - \frac{19!}{15! \, 4!} \right) \cdot \frac{1}{2^{19}} \cdot \frac{1}{2} = \frac{969}{131072} \approx 0.00739$$

随机游走问题还有一些其他计算技巧。我们再来看一个例子。

练习题 8.6

　　规则依然与练习题 8.3 中的规则相同，不过这次我们将重复抛硬币 n 次。请问游戏过程中手头金额大于零的时间所占的比例遵从怎样的分布？也就是说，如图 8.18 所示，对于随机游走 X_t，正数部分的线段数量（除以 n 后）遵从怎样的分布？

答案

本题答案略，请读者自己思考。

　　当 $n \to \infty$ 时，上一题中正数所占比例小于 α 的概率趋向于 $(2/\pi) \arcsin \sqrt{\alpha}$（反正弦定律[①]）。这是一个令人惊讶的答案。请读者凭直觉猜测，如果游戏不断进行，盈利的时间比超过 99.5% 这类极端情况的发生概率有多少[②]？此外，我们还会发现，在这个游戏中盈亏（或者说金额的正负）逆转的概率极低。即使 n 变得很大，逆转次数的提升也非常少。图 8.20 反映了这一现象。更为详细的信息，请参考相关图书。

---

① arcsin 是 sin 的反函数。也就是说，arcsinx 表示 $\sin \theta = x$ 时 θ 的值（其中 $0 \leqslant x \leqslant 1$，$0 \leqslant \theta \leqslant \pi/2$）。
② 答案约为 0.045，如图 8.19 所示。这是一个令人难以置信的答案，如此极端的情况竟然有近 1/20 的发生概率。

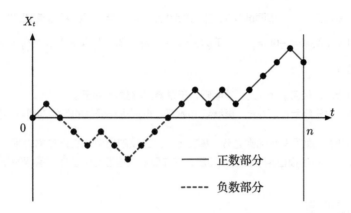

图8.18　正数(上半部分)所占的时间比例

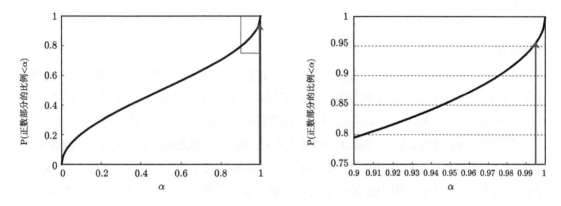

图8.19　盈利时间所占比例小于 α 的概率 $(n \to \infty)$。右侧是局部放大图

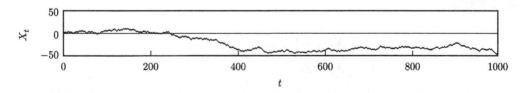

图8.20　正负逆转的情况很少发生(本图借助第7章介绍的伪随机数模拟得到)

？8.6   看来胜负有常这句话也是有理论依据的啊。我们应该注意观察局势的变化，在情况不妙时果断收手。如果一味加大投入，亏损的可能性将变得很大，是吗

不，这种理解是错误的。硬币两面向上的概率始终是一半一半。因此我们能得到如下期望值。

$$\mathrm{E}[X_{20}|X_{10}=-6]=-6, \quad \mathrm{E}[X_{20}|X_{10}=8]=8, \quad \mathrm{E}[X_{20}|X_{10}=0]=0$$

此时我们有两种选择。

A：抛掷第10次时已经亏损了6元，收手吧。于是最终收益为–6元。

B：抛掷第10次时已经亏损了6元，再继续10次吧。此时最终受益的条件期望依然为–6元。

A、B两种情况下的条件期望没有优劣之分，事实上，这正反映出游戏规则非常公平。在博弈论中，有一种名为鞅（martingale）的模型用于描述该性质，它在随机过程理论中发挥了重要的作用。

8.2.2   卡尔曼滤波器

上一节讨论的问题理论性较强，本节将重点介绍一些能够直接应用于（极为简单的）实际问题的知识。

问题设定

任何测量结果都存在误差。为了减少误差，我们可以在相同条件下进行多次相互独立的测量。在i.i.d.的前提下，n 次测量取平均值后标准差将降为原先的 $1/\sqrt{n}$（参见3.5节）。这是一个静态的问题，然而，在实际应用中，我们有时需要应对一些动态问题。

我们用实数值随机变量 X_t 表示时刻 t 时的情况。由于 X_t 的测量结果必然包含一定的误差，因此我们无法准确得知 X_t 的值。设测定值为 Y_t，误差为 Z_t，于是有 $Y_t=X_t+Z_t$。我们希望通过 Y_t 估计 X_t 的值。因为这是一个动态问题，所以当前位置 X_t 与前一次的位置 X_{t-1} 不同。不过通常情况下，前后两次的位置并不会距离太远。我们定义两次位置的改变量为 W_t，并假定 W_t 出现极端情况的概率很小，于是可以得到 $X_t=X_{t-1}+W_t$。上述定义可以通过以下概率模型表述。

$$\begin{aligned} X_t &= X_{t-1}+W_t \\ Y_t &= X_t+Z_t \end{aligned} \quad (\text{其中 } t=1,2,\cdots)$$

此外，我们假定 $X_0 \sim \mathrm{N}(0,\sigma_0^2)$，$W_t \sim \mathrm{N}(0,\alpha^2)$，$Z_t \sim \mathrm{N}(0,\beta^2)$，$X_0,W_1,W_2,\cdots,Z_1,Z_2,\cdots$ 相互独立并且常量 σ_0^2,α^2 与 β^2 的值已知。试通过 $Y_1,\cdots,Y_t$ 的值来估计 X_t。

图8.21是该问题的一个实例。我们之后将说明如何得到图中的估计值 μ_t。

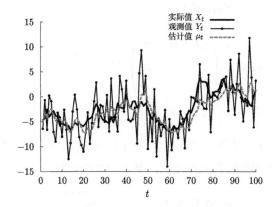

图8.21　卡尔曼滤波器的实例（其中粗线是实际值，细线是观测值，虚线是估计值）。我们依靠含有较多噪声的观测值 Y_t 得到了噪声较小的估计值 μ_t

推导

我们首先考虑 $t=1$ 的情况。要根据 Y_1 来估计 X_1，我们先要计算两者的联合分布。根据问题设定，两者的定义如下。

$$X_1 = X_0 + W_1, \qquad Y_1 = X_1 + Z_1 = X_0 + W_1 + Z_1$$

以上两式可以通过矩阵表述。

$$\begin{pmatrix} Y_1 \\ X_1 \end{pmatrix} = \begin{pmatrix} 1 & 1 & 1 \\ 0 & 1 & 1 \end{pmatrix} \begin{pmatrix} Z_1 \\ W_1 \\ X_0 \end{pmatrix}$$

由之前的题设可知，等式右边的向量 $(Z_1, W_1, X_0)^T$ 遵从三元正态分布 $\mathrm{N}(\boldsymbol{o}, \mathrm{diag}(\beta^2, \alpha^2, \sigma_0^2))$。因此，等式左边的向量 $(Y_1, X_1)^T$ 将遵从二元正态分布 [1]。也就是说，对于给定的 Y_1，X_1 的条件分布也是正态分布。具体步骤如下。

$$J \equiv \begin{pmatrix} 1 & 1 & 1 \\ 0 & 1 & 1 \end{pmatrix} \qquad （这是之前等式右边出现的矩阵）$$

[1] 由于 $(Y_1, X_1, X_0)^T$ 遵从三元正态分布，因此其投影 $(Y_1, X_1)^T$ 也应当遵从二元正态分布。参见5.3.4节与5.3.5节。

$$\begin{pmatrix} Y_1 \\ X_1 \end{pmatrix} \sim \mathrm{N}(\boldsymbol{o}, V_1)$$

$$V_1 \equiv J \begin{pmatrix} \beta^2 & 0 & 0 \\ 0 & \alpha^2 & 0 \\ 0 & 0 & \sigma_0^2 \end{pmatrix} J^T = \begin{pmatrix} \tau_1^2 + \beta^2 & \tau_1^2 \\ \tau_1^2 & \tau_1^2 \end{pmatrix}$$

$$\tau_1^2 \equiv \mathrm{V}[X_1] = \sigma_0^2 + \alpha^2$$

如此一来，我们就可以像练习题5.14那样，得出 $Y_1 = y_1$ 时 X_1 的条件分布为 $\mathrm{N}(\mu_1, \sigma_1^2)$。其中期望值与方差如下（关于条件方差的定义，请参见3.6.4节）。

$$\mu_1 \equiv \mathrm{E}[X_1|Y_1 = y_1] = \frac{\tau_1^2 y_1}{\tau_1^2 + \beta^2}$$

$$\sigma_1^2 \equiv \mathrm{V}[X_1|Y_1 = y_1] = \frac{\tau_1^2 \beta^2}{\tau_1^2 + \beta^2}$$

那么，$t = 2$ 时的情况如何呢？我们分析一下下面的等式。

$$\begin{pmatrix} Y_2 \\ X_2 \end{pmatrix} = \begin{pmatrix} 1 & 1 & 1 \\ 0 & 1 & 1 \end{pmatrix} \begin{pmatrix} Z_2 \\ W_2 \\ X_1 \end{pmatrix}$$

根据之前的结论，当 $Y_1 = y_1$ 时 X_1 的条件分布为 $\mathrm{N}(\mu_1, \sigma_1^2)$。此时，等式右边的向量 $(Z_2, W_2, X_1)^T$ 遵从三元正态分布 $\mathrm{N}((0, 0, \mu_1)^T, \mathrm{diag}(\beta^2, \alpha^2, \sigma_1^2))$。不难发现，对于给定的 $Y_1 = y_1$ 与 $Y_2 = y_2$，X_2 的条件分布为 $\mathrm{N}(\mu_2, \sigma_2^2)$，且期望值与方差如下。

$$\mu_2 \equiv \mathrm{E}[X_2|Y_2 = y_2, Y_1 = y_1] = \mu_1 + \frac{\tau_2^2(y_2 - \mu_1)}{\tau_2^2 + \beta^2} = \frac{\tau_2^2 y_2 + \beta^2 \mu_1}{\tau_2^2 + \beta^2}$$

$$\sigma_2^2 = \mathrm{V}[X_2|Y_2 = y_2, Y_1 = y_1] = \frac{\tau_2^2 \beta^2}{\tau_2^2 + \beta^2}$$

$$\tau_2^2 = \mathrm{V}[X_2|Y_1 = y_1] = \sigma_1^2 + \alpha^2$$

由于该正态分布中期望值为 μ_2，因此我们 X_2 的估计值应当也是 μ_2。

剩下的部分只需重复同样的计算即可。我们可以通过以下算法来描述这些步骤。

1. 输入 $\sigma_0^2, \alpha^2, \beta^2$，并设 $\mu_0 = 0, \mathrm{t} = 1$

2. 计算下面的值

$$\tau_t^2 \equiv \mathrm{V}[X_t|Y_{t-1} = y_{t-1}, \cdots, Y_1 = y_1] = \sigma_{t-1}^2 + \alpha^2$$

3. 输入 Y_t 的值 y_t，并计算以下两个值

$$\mu_t \equiv \mathrm{E}[X_t|Y_t = y_t, Y_{t-1} = y_{t-1}, \cdots, Y_1 = y_1] = \frac{\tau_t^2 y_t + \beta^2 \mu_{t-1}}{\tau_t^2 + \beta^2} \qquad (8.4)$$

$$\sigma_t^2 \equiv \mathrm{V}[X_t|Y_t = y_t, Y_{t-1} = y_{t-1}, \cdots, Y_1 = y_1] = \frac{\tau_t^2 \beta^2}{\tau_t^2 + \beta^2}$$

(也就是说 $1/\sigma_t^2 = 1/\tau_t^2 + 1/\beta^2$)

4. 输出 "X_t 的条件分布为 $\mathrm{N}(\mu_t, \sigma_t^2)$" 的提示语句（准确来讲，应该是 "$Y_1 = y_1, Y_2 = y_2, \cdots, Y_t = y_t$ 时 X_t 的条件分布"）

5. 将 t 增加 1，回到步骤 2

以上就是卡尔曼滤波器的简单应用。

式 8.4 的定义中使用了迭代更新，下面这种解释或许会更易于理解。首先，目标的上一个位置 μ_{t-1} 由该位置及该位置之前的数据估计得到（误差为 σ_{t-1}^2）。据此，我们可以确定当前位置仍然在 μ_{t-1} 附近（不过随着位置的变化，误差相应增加，$\tau_t^2 = \sigma_{t-1}^2 + \alpha^2$）。然而，根据当前的数据，当前位置应该在 y_t 附近（记测量误差为 β^2）。因此，我们需要对两者取加权平均，如果 τ_t^2 较大，应增加 y_t 的权重，如果 β^2 较大，则应选择 μ_{t-1}。

卡尔曼滤波器算法的一个优点是我们可以逐步舍弃过去的记录。从上述步骤来看，当前迭代只需使用当前的观测值 y_t，因此过去的观测值可以放心舍弃。同时，τ_t^2、σ_t^2 与 μ_t 也仅用到了上一次的数据。这样一来，在设计程序时，我们只要直接覆盖更新之前的值即可。即使 $t = 100$，我们也不必另外准备一个长度为 100 的数组。

我们再来仔细分析一下本节核心内容的数学形式表述。

$$f_{X_t, Y_t|Y_{t-1}, \cdots, Y_1}(x_t, y_t|y_{t-1}, \cdots, y_1)$$

该式写法较为复杂，因此我们将其略记为 $f(x_t, y_t|y_{t-1}, \cdots, y_1)$（参见 1.6 节）。

$$f(y_t, x_t|y_{t-1}, \cdots, y_1)$$
$$= \int_{-\infty}^{\infty} f(y_t, x_t, x_{t-1}|y_{t-1}, \cdots, y_1) \mathrm{d}x_{t-1} \quad \cdots\cdots 特地写成边缘分布的形式$$
$$= \int_{-\infty}^{\infty} f(y_t|x_t, x_{t-1}, y_{t-1}, \cdots, y_1) f(x_t|x_{t-1}, y_{t-1}, \cdots, y_1) f(x_{t-1}|y_{t-1}, \cdots, y_1) \mathrm{d}x_{t-1}$$

$\cdots\cdots$ 通过条件分布计算联合分布

$$= \int_{-\infty}^{\infty} f(y_t|x_t)f(x_t|x_{t-1})f(x_{t-1}|y_{t-1}, \cdots, y_1) \, \mathrm{d}x_{t-1}$$

  ……根据 Y_t 与 X_t 的生成方式得到

$$= \int_{-\infty}^{\infty} g(y_t; x_t, \beta^2)g(x_t; x_{t-1}, \alpha^2)g(x_{t-1}; \mu_{t-1}, \sigma_{t-1}^2) \, \mathrm{d}x_{t-1}$$

  在这里 $g(x; \mu, \sigma^2) \equiv \dfrac{1}{\sqrt{2\pi\sigma^2}} \exp\left(-\dfrac{(x-\mu)^2}{2\sigma^2}\right)$　……N(μ, σ^2) 的概率密度函数

不知读者能否理解以上等式，其实我们在 2.3.4 节已经大量使用了这类变形。

进阶知识

　　本书仅介绍了卡尔曼滤波器最为简单的应用。如果读者希望进一步了解卡尔曼滤波器，需要先学习一些补充知识。

　　卡尔曼滤波器不仅可以用于估计当前位置的值，还可以预测下一个位置的情况。我们只要在上述算法的步骤 2 之后添加以下操作，就能实现这一功能。

　　　　输出"在 $Y_1 = y_1, Y_2 = y_2, \cdots, Y_{t-1} = y_{t-1}$ 时 X_t 的条件分布为 N(μ_{t-1}, τ_t^2)"这一提示语句。

请读者注意，此时我们无法确定 Y_t 的值（因此这是一种预测）。

　　卡尔曼滤波器也适用于高维情况。事实上，这才是卡尔曼滤波器的常见用途。高维版本的卡尔曼滤波器形式如下。

$$\boldsymbol{X}_t = A\boldsymbol{X}_{t-1} + \boldsymbol{W}_t$$
$$\boldsymbol{Y}_t = C\boldsymbol{X}_t + \boldsymbol{Z}_t$$

其中，$\boldsymbol{X}_t$、$\boldsymbol{Y}_t$、$\boldsymbol{W}_t$ 与 $\boldsymbol{Z}_t$ 都是随机列向量，A、C 是常值矩阵。A 表示位置 $\boldsymbol{X}_t$ 的迁移倾向，C 表示观测值 $\boldsymbol{Y}_t$ 的可能取值。

　　本节假定目标的位置不会突然发生变化。在现实中，假定目标的速度不会突然变化或许更为妥当。对于车辆等不会突然停止的目标，卡尔曼滤波器同样适用。此时，我们可以设 $\boldsymbol{X}_t$ 是一个由位置与速度组成的列向量，来进行估计或预测[1]。

――――――――――
① 读者可以在互联网上找到该例的具体说明。维基百科的词条"卡尔曼滤波"（截至 2014 年 8 月翻译本书时的版本）也介绍了这个问题。——译者注

其实，我们通常会从最小平方误差估计的角度来说明卡尔曼滤波器。8.1.1节已经提到，采用最小平方误差估计的方法通常可以借助正态分布得到一个合理的解。卡尔曼滤波器也是一个类似的例子。

在实际应用中，即使不满足假定条件，我们也可以使用卡尔曼滤波器。此时，我们可以尝试不同的 α^2、β^2 与 σ_0^2，直至得到可以接受的答案。

8.2.3　马尔可夫链

在讨论8.2.1节的随机游走问题时，以下等式成立。

$$\mathrm{P}(X_{t+1} = x_{t+1}|X_t = x_t, X_{t-1} = x_{t-1}, \cdots, X_0 = x_0) = \mathrm{P}(X_{t+1} = x_{t+1}|X_t = x_t)$$

也就是说，明天的状态（的条件分布）仅由今天的状态决定，而与过去的历史状态（即从何处出发经由哪条路径到达今天的状态）无关。另一方面，在8.2.2节中卡尔曼滤波器的目标位置定义如下。

$$f_{X_{t+1}|X_t, X_{t-1}, \cdots, X_0}(x_{t+1}|x_t, x_{t-1}, \cdots, x_0) = f_{X_{t+1}|X_t}(x_{t+1}|x_t)$$

它同样不关心目标之前的路径，在预测将来位置时只用到了目标的当前位置。这类随机过程统称马尔可夫过程（Markov process）。其中，X_t 的取值范围有限（或无限可数，参见附录A.3.2）的马尔可夫过程称为马尔可夫链（Markov chain）。

马尔可夫链广泛用于处理概率状态的迁移情况。如今非数学领域也经常应用马尔可夫链来解决问题，谷歌公司的PageRank是其中一个著名的例子。

定义

假设有随机变量序列 $X_0, X_1, X_2, \cdots$，且 X_t 的取值范围为 $1, 2, \cdots, n$（有些教材使用 $1, \cdots, n$ 作为取值范围）。同时，我们定义 n 种类型的状态，随着时间 t 的变化，状态将不断迁移（我们可以用A、B之类的字母来标识状态）。

根据之前的定义，满足下列等式的随机变量序列称为（离散时间有限状态）马尔可夫链。

$$\mathrm{P}(X_{t+1} = x_{t+1}|X_t = x_t, X_{t-1} = x_{t-1}, \cdots, X_0 = x_0) = \mathrm{P}(X_{t+1} = x_{t+1}|X_t = x_t) \quad (8.5)$$

不难想象，还存在连续时间或无限状态的马尔可夫链，不过我们先专注于上面这种离散时间有限状态的情况。确切地说，本书仅讨论时间平稳的马尔可夫链。也就是说，转移概率 $\mathrm{P}(X_{t+1} = i|X_t = j)$ 与时刻 t 无关，始终为一个定值$(i, j = 1, \cdots, n)$[1]。我们通过 $p_{i \leftarrow j}$

---

[1] 有些书将转移概率称为过渡概率或迁移概率。

来表示这一定值。今后如果没有特别说明，我们讨论的将都是离散时间有限状态的平稳马尔可夫链。

　　如图8.22所示，5张网页依照箭头方向链接。左图中的分数是在不断随机点击页面中的链接时的转移概率 $p_{i \leftarrow j}$[1]。如果各个链接的位置不同，点击率不完全随机，转移概率则会像右图那样存在差异。

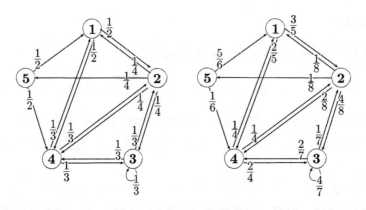

图8.22　转移概率示例。在由 j 指向 i 的箭头尾部标注的数值表示 $p_{i \leftarrow j}$。左图各分支的概率相等，右图各分支的概率不等

　　此外，即使问题有时无法完全满足马尔可夫链的条件，我们也可以近似应用马尔可夫链来解决问题。

转移概率矩阵

　　由转移概率 $p_{i \leftarrow j} = \mathrm{P}(X_{t+1} = i | X_t = j)$ 构成的方阵称为转移概率矩阵[2]。

$$P \equiv \begin{pmatrix} p_{1 \leftarrow 1} & \cdots & p_{1 \leftarrow n} \\ \vdots & & \vdots \\ p_{n \leftarrow 1} & \cdots & p_{n \leftarrow n} \end{pmatrix}$$

图8.22中右图的转移概率矩阵如下。

---

[1] 我们假定无论点击过几次，链接的选择完全随机。不考虑过去的历史状态而仅关心当前状态，正是马尔可夫链的一大特征。
[2] 简称转移矩阵。其他还有跃迁矩阵等译法。

$$
\begin{pmatrix}
0 & 1/8 & 0 & 1/4 & 5/6 \\
3/5 & 0 & 1/7 & 1/4 & 0 \\
0 & 4/8 & 4/7 & 2/4 & 0 \\
2/5 & 2/8 & 2/7 & 0 & 1/6 \\
0 & 1/8 & 0 & 0 & 0
\end{pmatrix}
$$

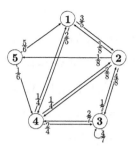

　　转移概率矩阵的元素表示的都是概率，因此全都大于等于0。又由于概率之和为1，因此各列（纵向元素）之和全都为1[①]。

　　X_t 的分布其实就是 $\mathrm{P}(X_t = 1), \cdots, \mathrm{P}(X_t = n)$ 的一览表。我们可以将它们纵向排列，定义一个列向量 u_t。

$$
\boldsymbol{u}_t \equiv \begin{pmatrix} \mathrm{P}(X_t = 1) \\ \vdots \\ \mathrm{P}(X_t = n) \end{pmatrix}
$$

请读者注意，该向量具有以下性质。

$$
\boldsymbol{u}_{t+1} = P\boldsymbol{u}_t
$$

$n = 3$ 时的情况如下，这一结果也体现了这一性质。

$$
\begin{aligned}
P\boldsymbol{u}_t &= \begin{pmatrix} p_{1\leftarrow 1} & p_{1\leftarrow 2} & p_{1\leftarrow 3} \\ p_{2\leftarrow 1} & p_{2\leftarrow 2} & p_{2\leftarrow 3} \\ p_{3\leftarrow 1} & p_{3\leftarrow 2} & p_{3\leftarrow 3} \end{pmatrix} \begin{pmatrix} \mathrm{P}(X_t = 1) \\ \mathrm{P}(X_t = 2) \\ \mathrm{P}(X_t = 3) \end{pmatrix} \\
&= \begin{pmatrix} p_{1\leftarrow 1}\mathrm{P}(X_t = 1) + p_{1\leftarrow 2}\mathrm{P}(X_t = 2) + p_{1\leftarrow 3}\mathrm{P}(X_t = 3) \\ p_{2\leftarrow 1}\mathrm{P}(X_t = 1) + p_{2\leftarrow 2}\mathrm{P}(X_t = 2) + p_{2\leftarrow 3}\mathrm{P}(X_t = 3) \\ p_{3\leftarrow 1}\mathrm{P}(X_t = 1) + p_{3\leftarrow 2}\mathrm{P}(X_t = 2) + p_{3\leftarrow 3}\mathrm{P}(X_t = 3) \end{pmatrix} = \begin{pmatrix} \mathrm{P}(X_{t+1} = 1) \\ \mathrm{P}(X_{t+1} = 2) \\ \mathrm{P}(X_{t+1} = 3) \end{pmatrix}
\end{aligned}
$$

　　马尔可夫链的所有分布都由初始分布与转移概率矩阵决定。事实上，由于联合分布由初始分布与转移概率矩阵决定，因此由联合分布得到的边缘分布与条件分布自然也都由它们决定[②]。

[①] 不过，各行（横向元素）之和不一定为1。如果对此还有疑问，请复习2.1节的内容。
[②] 如果读者无法理解这部分内容，请复习2.3.4节。另外需要注意，本书在处理包含无限多个随机变量的问题时将省略一些严格的论证。

$$P(X_2 = x_2, X_1 = x_1, X_0 = x_0)$$
$$= P(X_2 = x_2|X_1 = x_1, X_0 = x_0)P(X_1 = x_1|X_0 = x_0)P(X_0 = x_0)$$
$$= p_{x_2 \leftarrow x_1} p_{x_1 \leftarrow x_0} P(X_0 = x_0)$$
$$P(X_3 = x_3, X_2 = x_2, X_1 = x_1, X_0 = x_0)$$
$$= \cdots\cdots 略\cdots\cdots$$
$$= p_{x_3 \leftarrow x_2} p_{x_2 \leftarrow x_1} p_{x_1 \leftarrow x_0} P(X_0 = x_0)$$

反复应用之前的结论后，我们可以得到 $\boldsymbol{u}_3 = P\boldsymbol{u}_2 = PP\boldsymbol{u}_1 = PPP\boldsymbol{u}_0$ 之类的结果。事实上，该向量还具有如下性质。

$$\boldsymbol{u}_t = P^t \boldsymbol{u}_0$$

此外，随机变量的条件分布有更简洁的表述方式。以下是条件为 $X_t = 2$ 时 X_{t+1} 的条件分布（其中 $n = 3$ ）。

$$\begin{pmatrix} P(X_{t+1} = 1|X_t = 2) \\ P(X_{t+1} = 2|X_t = 2) \\ P(X_{t+1} = 3|X_t = 2) \end{pmatrix} = P \begin{pmatrix} 0 \\ 1 \\ 0 \end{pmatrix}$$

之所以可以写成这种形式是因为，该分布与初始分布（$P(X_0 = 1) = 0$，$P(X_0 = 2) = 1$，$P(X_0 = 3) = 0$）之后一步 X_1 的分布相同。基于同样的理由，我们可以直接写出 X_{t+k} 的条件分布。

$$\begin{pmatrix} P(X_{t+k} = 1|X_t = 2) \\ P(X_{t+k} = 2|X_t = 2) \\ P(X_{t+k} = 3|X_t = 2) \end{pmatrix} = P^k \begin{pmatrix} 0 \\ 1 \\ 0 \end{pmatrix}$$

平稳分布

通常，分布 $\boldsymbol{u}_t$ 随时刻 t 的变化而变化。不过，有些分布较为特殊，它们从初始分布起就始终不变。我们将这类初始分布称为平稳分布[①]。总之，如果 $\boldsymbol{u}_0$ 满足 $P\boldsymbol{u}_0 = \boldsymbol{u}_0$，它就属于平稳分布。由于 $P\boldsymbol{u}_0 = \boldsymbol{u}_0$，因此无论含有多少 P，都有 $\boldsymbol{u}_t = P^t \boldsymbol{u}_0 = \boldsymbol{u}_0$，于是 $\boldsymbol{u}_t = \boldsymbol{u}_0$ 始

---

① 平稳分布也称不变分布或稳态分布。

终成立。也就是说，分布不会发生变化。

图8.23是平稳分布的示意图。假设由A、B、C三座城市共计10万人。他们将按照如下路线在城市间迁移。

- 城市A中的1/2人口将在第二天移动至城市B
- 城市B中的1/3人口将在第二天移动至城市C
- 城市C中的1/5人口将在第二天移动至城市A

也就是说，通常情况下每个城市的人口将每天变化。然而，我们可以对其作适当调整，保持人口不变。只要设城市A人口2万，城市B人口3万，城市C人口5万，即可保持每天的迁入迁出人数平衡，人口保持不变。如果通过马尔可夫链的改变来表述，即以下分布是一个平稳分布（有读者也许会注意到人数并不一定总能整除，我们只需将问题中的人替换为小麦粉或水即可）。

$$P(A) = 0.2, \ P(B) = 0.3, \ P(C) = 0.5 \qquad (\ P(A) + P(B) + P(C) = 1\ )$$

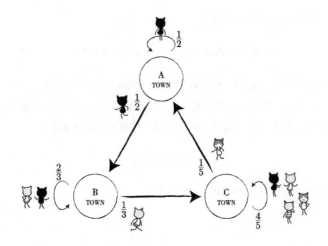

图8.23　平稳分布的示意图。每个城市的迁入迁出人数平衡，每天的人口不变

事实上，任何转移概率矩阵 P 都存在相应的平稳分布。

练习题 8.7

转移概率如下图所示，试求它的平稳分布。

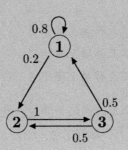

答案

设平稳分布为 $\boldsymbol{r}_0 = (a, b, c)^T$。本题的转移概率矩阵如下。

$$P = \begin{pmatrix} 0.8 & 0 & 0.5 \\ 0.2 & 0 & 0.5 \\ 0 & 1 & 0 \end{pmatrix}$$

代入 $P\boldsymbol{r}_0 = \boldsymbol{r}_0$ 后我们可以得到如下联立方程组。

$$0.8a + 0.5c = a,\ 0.2a + 0.5c = b,\ b = c$$

不难发现，这三条方程并不独立。将第1条与第2条左右两边相加后结果为 $a + c = a + b$，它与第3条等式没有本质区别。由于条件不足，本题没有固定解。请读者先思考一下，我们是否遗漏了某些条件。

事实上，我们的确没有考虑一条 $\boldsymbol{r}_0$ 应当满足的条件，即概率之和必须为1。

$$a + b + c = 1$$

加上这条方程后我们可以得到 $\boldsymbol{r}_0 = (5/9, 2/9, 2/9)^T$ 的答案[①]。

极限分布

对于很多转移概率矩阵 P，无论初始分布 $\boldsymbol{u}_0$ 如何，只要经过一定的时间 t，总能收敛至某个平稳分布 $\boldsymbol{u}_t$。该分布 $\boldsymbol{u}$ 称为极限分布。事实上，之前图8.23中的平稳分布 $(1/2, 1/3, 1/5)^T$ 就是一个极限分布。

设极限分布 $\boldsymbol{u} \equiv (u_1, \cdots, u_n)^T$，因此各状态 i 所占时间的比例将收敛至 u_i。确切地讲，下式的成立概率为1。

[①] 将 $b = c$ 代入其他等式，得到 $0.8a = 0.5c = a$ 且 $a + 2c = 1$。前者可以推出 $a = 2.5c$，代入后者得到 $4.5c = 1$。因此 $c = 1/4.5 = 2/9$，b 也是 $2/9$。再将它们代入 $a + b + c = 1$ 得到 $a = 5/9$。

$$\lim_{t \to \infty} \frac{X_1, \cdots, X_t \text{ 中值为 } i \text{ 的变量个数}}{t} = u_i \qquad (i = 1, \cdots, n)$$

请注意，等式两边表达的含义有所不同（参见图8.13）。等式右边的 u_i 基于上帝视角。我们将时间暂停于时刻 t，并横跨各个平行世界进行观察，测量所有 $X_t(\omega) = i$ 的世界 ω 的总面积。另一方面，等式左边的"个数 $/t$"基于人类视角。此时，我们处于某个特定的世界 ω，持续观察该世界中的序列 $X_1(\omega), X_2(\omega), \cdots$，并统计 $X_t(\omega) = i$ 的次数（比例）。该式的巧妙之处在于很好地关联了只能通过上帝视角观察的右半部分与人类视角就可以观察的左半部分。如果用图8.14的例子来讲，即"袋中装有多少 $X_{100} = 7$ 的卡片"与"这张卡片上所写的 $X_1, X_2, \cdots$ 包含多少个7"的区别。如果读者还是无法理解，请复习3.5.4节。

我们再来看一些极限分布不存在的例子。第一个问题是并非所有情况下都能顺利收敛至极限分布。请读者查看图8.24。假设起点为2A，无论经过多久，转移始终被限制在分组2内。类似地，如果起点为3A，转移也只能发生在分组3内部。因此，"无论初始分布如何总会收敛至某个相同的极限分布"的表述不再成立。根本问题在于，分组2与分组3相互隔离。在该例中，平稳分布不止一个。以下两个分布都是平稳分布。

P(2A)=4/13, P(2B)=4/13, P(2C)=2/13, P(2D)=3/13 　　（其他概率皆为0）

P(3A)=4/13, P(3B)=4/13, P(3C)=2/13, P(3D)=3/13 　　（其他概率皆为0）

请读者确认以上两个分布是否是平稳分布[1]。平稳分布不会随时间变化而变化，因此两者不可能再收敛至同一个分布。

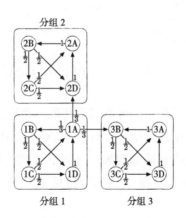

图8.24　极限分布不存在的例子（由转移路径不通导致）

---

[1] 由这个平稳分布 $\boldsymbol{u}, \boldsymbol{u}'$ 混合而成的 $\boldsymbol{u}'' \equiv (1-c)\boldsymbol{u} + c\boldsymbol{u}'$ 也是平稳分布（其中 c 是常量，且 $0 \leqslant c \leqslant 1$）。因此，本例中平稳分布的数量无限。

极限分布不存在还可能由周期性导致。在图8.25的左图中，我们将随机调换 "ABC" 这三个字母中的两个。该图表示不断重复该操作时的状态转移。设 $t = 0$ 时的状态为 "ABC"，状态将会按以下方式循环，分布不会收敛。

- $t = 1$ 时转移至第二行的某个状态
- $t = 2$ 时转移至第一行的某个状态
- $t = 3$ 时转移至第二行的某个状态
- $t = 4$ 时转移至第一行的某个状态
- ……

图8.25的右图是周期为3的例子。设 $t = 0$ 时的状态为 "B"，状态将按以下方式循环，分布同样不会收敛。

- $t = 1, 4, 7, \cdots$ 时转移至 A、C 或 F
- $t = 2, 5, 8, \cdots$ 时转移至 G 或 D
- $t = 3, 6, 9, \cdots$ 时转移至 B 或 E

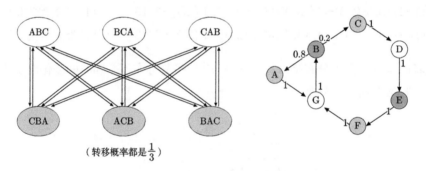

（转移概率都是 $\frac{1}{3}$）

图8.25　极限分布不存在的例子（由周期性导致）

此外，如果状态无限，极限分布还可能因为其他一些理由而不存在。8.2.1节的随机游走 X_t 就是一例。在随机游走中，无论 c 为何值，$\lim_{t \to \infty} \mathrm{P}(X_t = c) = 0$ 始终成立（随着时间的变化，概率分布可以无限延伸并变薄）。不过，事实上所有这些游走目的地 c 的概率 $\mathrm{P}(X = c) = 0$ 根本就无法构成概率分布。因此，我们不能说分布收敛至某个特定的概率分布。

吸收概率

马尔可夫链无需使用历史数据，得益于此，一些看似困难的计算迎刃而解。接下来我们看一些这方面的例子。

在图8.26的例子中，无论起点为何，最终都将落于a、b、c、d中的某个状态。那么，以A为起点并落入状态a的概率是多少呢？

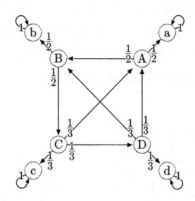

图8.26　被a吸收的概率是多少（图中的数字表示转移概率）？

被状态a吸收的可能路径多种多样。Aa、ABCDABCDAa或ABCDBCDBCDBCAa都是可能的情况。我们很难计算所有这些概率之和。不过，这个问题有更加简单的解法。

我们设以A为起点且最终被a吸收的概率为s_A。类似地，以B、C、D为起点且被a吸收的概率为s_B、s_C、s_D。请读者参考以下解题思路。

以A为起点且最终被a吸收时，既可以直接转移至a，也可以先转移至B之后再被a吸收。前者的概率为1/2，后者的概率如下。

$$P\left(最终落入\ a\ \middle|\ 暂且转移至B\right)P(暂且转移至B) = s_B \cdot \frac{1}{2}$$

两者之和即为s_A，如下所示。

$$s_A = \frac{1}{2} + \frac{1}{2}s_B$$

类似地，我们可以得到其他的概率。

$$s_B = \frac{1}{2}s_C, \quad s_C = \frac{1}{3}s_A + \frac{1}{3}s_D, \quad s_D = \frac{1}{3}s_A + \frac{1}{3}s_B$$

联立以上4条等式即可求得其中的4个未知数。

$$s_A = \frac{17}{30}, \quad s_B = \frac{4}{30}, \quad s_C = \frac{8}{30}, \quad s_D = \frac{7}{30}$$

因此以A为起点且最终落入a的概率为17/30。

首次到达时刻

下面的问题也能通过类似思路解决。图8.27是一个迷你双六游戏盘。我们将通过抛掷硬币决定前进方式。硬币正面向上时顺时针前进两步,反面向上时顺时针前进一步,并在恰好停在G处时通关。如果运气不好,很可能多次错过终点,不停循环。我们要求的是以S为起点时通关所需移动次数(抛掷硬币的次数)的期望值。

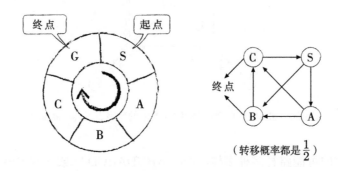

图8.27　迷你双六游戏与相应的转移概率

到达终点的路径很多,要全部罗列并计算它们的概率实属不易。我们不应死算,应同样记住联立方程来解决这个问题。

设以S为起点时通关所需移动次数为t_S,以B为起点时通关所需移动次数为t_B。当起点为B时,有1/2的概率直接通关。此时移动次数为1。不过,此时也有1/2的概率移动至C后继续不断移动。此时总移动次数可以通过以C为起点时需要的移动次数加上移动至C的1次得到。因此,我们可以得到以下4条等式。

$$t_B = \frac{1}{2} \cdot 1 + \frac{1}{2}(1 + t_C) = 1 + \frac{1}{2}t_C$$

$$t_S = 1 + \frac{1}{2}t_A + \frac{1}{2}t_B$$

$$t_A = 1 + \frac{1}{2}t_B + \frac{1}{2}t_C$$

$$t_C = 1 + \frac{1}{2}t_S$$

联立求解后可以得到以下答案。

$$t_S = \frac{46}{11}, \quad t_A = \frac{42}{11}, \quad t_B = \frac{28}{11}, \quad t_C = \frac{34}{11}$$

由此可知，从起点通关所需移动次数的期望值为46/11。

隐马尔可夫模型（HMM）

最后，我们介绍一下马尔可夫链的一些应用。

语音识别是一种通过分析麦克风采集的波形数据来猜测说话人内容的技术。实际的语音识别技术相当复杂，为便于讨论，我们将大幅简化问题，还请读者谅解。

我们将通过字符串 $X_0, X_1, \cdots$ 来表示说话人说的话的发音（正确答案），其中每个 X_t 都是一个音节。假设我们无法通过波形数据区分元音。于是，在估计 X_t 时，我们只能得到它的辅音部分（Y_t），如下表所示。

t	0	1	2	3	4
X_t	Xiao	Yan	Xi	Huan	Mao
Y_t	X	Y	X	H	M

那么，我们该如何通过 Y_t 来估计 X_t 呢？

如果说话人讲的话没有意义，我们就只好束手就擒。这是因为，我们无法区分"筱烟喜欢猫"和"信勇行衡萌"这两句话。不过，只要说话人讲的话有意义，我们就可以尝试估计这句话的内容。假设我们已经准备好了以下数据（这些数据包含了专有名词、普通名词、动词、形容词及必要的语法现象等各类信息）。

- 各种音节位于句首的概率
- 各种音节紧跟于音节 a 之后的概率
- 各种音节紧跟于音节 o 之后的概率
- ……

我们可以根据这些数据，为 X_t 构造马尔可夫链模型，并计算所有概率，用于估计说话人讲述的内容。

$$P(\text{XiaoYanXiHuanMao} \mid X, Y, X, H, M) \tag{8.6}$$
$$P(\text{XinYongXingHengMeng} \mid X, Y, X, H, M) \tag{8.7}$$
$$\vdots$$

该模型有以下特征。

- 我们希望了解马尔可夫链 X_t
- 然而我们无法直接观测 X_t，只能通过 Y_t 估计 X_t 的值我们将这种模型称为隐马尔可夫模型(hidden Markov model,HMM)。其中Y_t不必始终与X_t相关,如下定义的Y_t也符合隐马尔可夫模型的条件。

$$Y_t = \begin{cases} X_t & （0.9的概率） \\ 完全无关的音节 & （0.1的概率） \end{cases}$$

事实上,卡尔曼滤波器就是一种连续值隐马尔可夫模型的应用。

只要有具体数据,我们都可以像式8.6与式8.7那样计算各种情况的概率并得出概率最高的答案。从理论上来讲,这就已经解决了问题。然而,在实际操作中计算量成了一大问题。如果直接逐个计算,计算量将随着语句长度的增加而变得无比巨大。因此,人们设计了不少巧妙的算法来减少计算量,Viterbi算法便是其中之一。该算法采用动态规划法来计算条件概率最大的音节序列。有时我们还会借助Forward-Backward算法(Baum-Welch算法)来估计所给数据的转移概率矩阵。更为详细的内容请读者阅读其他相关教材与参考书[①]。

8.2.4 关于随机过程的一些补充说明

我们至此讨论的都是离散时间随机过程。也就是说,X_t中的t都是整数。只要将t改为实数,就能将它们转为连续时间随机过程问题。连续时间问题的结果通常更加简洁。事实上,差分与微分、总和与积分之间的对比已经体现出了这点。

离散	连续
$(t+1)^3 - t^3 = 3t^2 + 3t + 1$	$\dfrac{d}{dt}t^3 = 3t^2$
$\displaystyle\sum_{t=0}^{a} t^2 = \dfrac{a(a+1)(2a+1)}{6}$	$\displaystyle\int_0^a t^2\,dt = \dfrac{a^3}{3}$

不过,连续时间问题不易理解。读者从上面的对比也能看出一二。即使只有小学程度的知识,不断进行加法与乘法运算后总能解决离散问题。但如果要理解连续的含义,就首先要设法定义微分与积分等概念。此外,我们还必须严格讨论是否可微与是否可积等问题。即使是大学理科学生,要完全理清这些问题也不是一件易事。连续时间随机过程同样如此。要正确定义并理解连续时间随机过程的处理方法,必须有深厚的数学功底。布朗运动、伊藤积分、随机微分方程等都是必要的知识储备。

另外需要注意的是,时间序列分析不仅包含以正态分布与线性函数为前提的传统技巧,

---

① 该算法通过一种名为**EM**算法(最大期望算法)的手段来估计转移概率矩阵。不过根据估计方式的适用范围,不同教材中的算法命名略有不同。

还有更多高级的研究方式。人们已经设计出多种以一般分布与非线性函数为前提的处理方式。如果传统技巧无法解决问题，不妨尝试使用那些方法。

在本节的最后，请读者思考一个与本节内容息息相关的本质问题。本节在开始处表示我们将研究（看似）变化随机的时间序列。然而，这些序列的变化真的是完全随机的吗？我们能否使用概率理论来解释这些问题？事实上，有些学者已经开始寻找其他解决问题的思路。如果读者对这部分内容有兴趣，请查阅混沌理论的相关参考书。

8.3　信息论

"信息是什么？"似乎是一个哲学问题，很难得出准确的答案。不过，我们已经创建了一套合理的理论从概率的角度来处理这个问题。这套理论正是本节的主题——信息论。

8.3.1　熵

我们如何测量信息量的大小呢？意外程度或许是一种可行的方式。人们在得知意外的消息（发生概率较低的消息）时会感到惊讶，在得知理所应当的消息（发生概率较高的消息）时则不会有太大反应。举个极端的例子，如果某件事必然发生，听到这件事的人就完全不会感到惊讶，事实上，听不听这个消息根本就没有区别，因此它包含的信息为零。基于这点，我们可以说意外程度越大，消息包含的信息量也就越大。

为了用数学方式描述这一理论，我们需要设计一种概率越低值反而越大的指标。可选的方案有很多，我们最终决定采用以下方案。

$$得知该消息时的意外程度 \equiv \log \frac{1}{概率}$$

请读者注意，本节出现的 $\log$ 都表示 $\log_2$。例如，由于 $2^3 = 8$ 因此 $\log 8 = 3$，又由于 $2^{10} = 1024$，因此 $\log 1024 = 10$。$\log$ 具有以下一些性质，如有必要，读者应对相关内容稍加复习（参见附录 A.5.3）。

$$\log(xy) = \log x + \log y, \quad \log(x^y) = y \log x, \quad \log \frac{1}{x} = -\log x, \quad \frac{\mathrm{d} \log x}{\mathrm{d}x} = \frac{\log e}{x}$$

$$\log 1 = 0, \quad \log 2 = 1$$

我们来看一些例子，检验这种基于意外程度的定义方式是否有效。首先是一些简单的例子。

- 掷骰子得到点数 2 → 意外程度 $\log 6 \approx 2.6$ ……（1）
- 掷骰子得到的点数是偶数 → 意外程度 $\log 2 = 1$ 低于（1）（这种情况发生的概率高于 1，因此我们不那么意外）……（2）
- 掷骰子得到的点数大于等于 1 小于等于 6 → 意外程度 $\log 1 = 0$（这是必然结果，毫无意外性可言）
- 掷骰子得到点数 7 → 意外程度 ∞（不可能发生）

事实上，这种意外程度与计算机内存容量及通信量中使用的比特数概念关系密切。以下是一些例子。

- 抛掷硬币结果为正面向上 → 意外程度 $\log 2 = 1$（正面向上与反面向上这两种结果可以通过 1 比特表示）……（3）
- 掷 8 面体骰子得到点数 7 → 意外程度 $\log 8 = 3$（3 比特即可表示所有 8 种结果）
- 旋转一个标有从 0 至 1023 共计 1024 个数字的巨大转盘后结果为 753 → 意外程度 $\log 1024 = 10$（10 比特即可表示从 0 至 1023 的所有整数）

最后我们来看一下这种意外程度能否处理多个事件的组合。

- 先掷骰子得到点数 2，再抛硬币结果正面向上 → 意外程度 $\log(6 \cdot 2) = \log 6 + \log 2$（是（1）（2）意外程度之和）
- 掷骰子得到点数 2，然后发现底面点数为 5 → 意外程度 $\log(6 \cdot 1) = \log 6 + \log 1 = \log 6 + 0$（骰子点数为 2 时底面必然为 5，不会增加意外程度，因此结果与（1）相同）
- 掷骰子得到的点数是素数 → 意外程度 $\log 2 = 1$（即点数是 2、3、5 中的一个）……（4）
- 掷骰子得到的点数既是偶数也是素数 → 意外程度 $\log(2 \cdot 3) = \log 2 + \log 3 (= \log 6)$（与（1）的意外程度相同）

   ▲ 请注意两个事件并不独立

$$\mathrm{P}(偶数, 素数) = \mathrm{P}(偶数)\mathrm{P}(素数|偶数) \neq \mathrm{P}(偶数)\mathrm{P}(素数)$$

   ▲ 前半句会使人误认为点数为素数的可能性较低，并在得知结果为素数时更加惊讶。因此此时意外程度大于（2）与（4）之和。

   ▲ 最终实际的点数为 2，因此意外程度与（1）相同。

本节讨论的信息的大小与我们日常生活中的直觉相符。此外读者可能已经猜到，本节中通过 $\log_2$ 定义的意外程度的单位正是比特（bit）[1]。

合格的骰子各个点数的出现概率相等，因此它们带来的意外程度也相同。如果骰子存在问题，情况就会发生变化。如果某个骰子很容易出现点数1，而点数6极少出现，我们就不会再得知点数为1时感到意外。只有点数6的结果会让我们大吃一惊。也就是说，这里定义的意外程度本身就是一个随机变量。那么意外程度的期望值是多少呢？设点数 i 的出现概率为 p_i，于是意外程度的期望值如下

$$H = \sum_{i=1}^{6} p_i \cdot (在得知点数为i时的意外程度) = \sum_{i=1}^{6} p_i \log \frac{1}{p_i}$$

该值称为香农（Shannon）信息量或这一概率分布的熵[2]。香农是信息论之父，构建了信息论基础的理论创始人。

练习题 8.8

设硬币正面向上的概率为 p，反面向上的概率为 $1-p$（其中 p 为常数）。试求抛掷硬币结果的熵，以及熵在 p 为何值时最大。

答案

根据熵 H 的定义，我们可以得到如下表达式。

$$H = p \log \frac{1}{p} + (1-p) \log \frac{1}{1-p} = -p \log p - (1-p) \log(1-p)$$

此时，由于 $\mathrm{d}h/\mathrm{d}p = \log(1-p) - \log p$，因此当 $p=1/2$ 时 $\mathrm{d}H/\mathrm{d}p=0$，当 $p<1/2$ 时 $\mathrm{d}H/\mathrm{d}p>0$，当 $p>1/2$ 时 $\mathrm{d}H/\mathrm{d}p<0$。可见，$H$ 能在 $p=1/2$ 时取到最大值。图8.28是 H 的图像。

---

[1] 如果使用了其他大于1的数 c 作为对数的底，信息量就会像下面这样倍增。不过这些设定本身并没有本质区别（参见附录A.5）。

$$\log_c \frac{1}{概率} = \frac{\log_2 \frac{1}{概率}}{\log_2 c} = (常量) \times (本节定义的意外程度)$$

[2] 据信息论的习惯，我们使用了大写字母 H 来表示熵，不过请读者注意，熵 H 是一个取值确定的常量，而非随机值（随机变量）。此外，为便于使用，本节规定 $0\log(1/0)=0$。

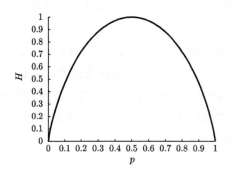

图8.28　抛掷硬币的熵。当正反面向上概率各为一半时熵（意外程度的期望值）最大

　　我们将离散值随机变量 X 的分布的熵记为 $\mathrm{H}[X]$，并简称其为 X 的熵。我们再回顾一下意外程度的定义。当得知 $X = x$ 的消息时，我们的意外程度如下。

$$h(x) \equiv \log \frac{1}{\mathrm{P}(X = x)}$$

我们可以由此得到 $\mathrm{H}[X]$ 的定义。

$$\mathrm{H}[X] \equiv \mathrm{E}[h(X)] = \sum_x \mathrm{P}(X = x) \log \frac{1}{\mathrm{P}(X = x)}$$

上一页的脚注②已经提到，我们规定当 $\mathrm{P}(X = x) = 0$ 时 $\mathrm{P}(X = x) \log \frac{1}{\mathrm{P}(X=x)} = 0$。

　　该定义较为复杂，请读者注意不要记错。当"X = 正面向上"的概率为 0.7，"X = 反面向上"的概率为 0.3 时，它们的意外程度如下。

$$h(\text{正}) = \log \frac{1}{\mathrm{P}(X = \text{正})} = \log \frac{1}{0.7}, \ h(\text{反}) = \log \frac{1}{\mathrm{P}(X = \text{反})} = \log \frac{1}{0.3}$$

因此，$h(X)$ 是一个有 0.7 的概率取值 $\log(1/0.7)$，有 0.3 的概率取值 $\log(1/0.3)$ 的随机变量[①]。

　　如果 X 的可能取值有 m 种，以下不等式将始终成立。

$$0 \leqslant \mathrm{H}[X] \leqslant \log m$$

---

① 我们不能直接代入 X，写成 $\log(1/\mathrm{P}(X = X))$ 的形式。由于 $\mathrm{P}(X = X) = \mathrm{P}(\text{必然成立的事件}) = 1$，因此含义将发生变化（参见 P384 脚注②）。

如果 X 是一个取值确定的常量，$\mathrm{H}[X]=0$。如果 X 遵从均匀分布（所有可取的值 x 都满足 $\mathrm{P}(X=x)=1/m$），则 $\mathrm{H}[X]=\log m$。

> ❓ **8.7　为什么有些教材中将熵记为 $\mathbf{H}(X)$ 而非 $\mathbf{H}[X]$**
>
> 那种写法或许更加常见，不过本书为了区分熵与泛函数而有意使用了方括号。希望这种写法可以提醒读者随机变量 X 的熵 $\mathrm{H}[X]$ 是一个取值确定的常量。

8.3.2　二元熵

为了了解离散值随机变量 X,Y 的关系，我们在第 2 章引入了联合概率 $\mathrm{P}(X=x,Y=y)$ 与条件概率 $\mathrm{P}(Y=y\,|\,X=x)$ 的概念。熵的定义也有与之对应的版本。我们将得知 $X=x$ 且 $Y=y$ 时的意外程度定义如下。

$$h(x,y) \equiv \log \frac{1}{\mathrm{P}(X=x,Y=y)}$$

它的期望值称为联合熵 $\mathrm{H}[X,Y]$。

$$\mathrm{H}[X,Y] \equiv \mathrm{E}[h(X,Y)] = \sum_x \sum_y \mathrm{P}(X=x,Y=y) \log \frac{1}{\mathrm{P}(X=x,Y=y)}$$

如果 $X=x$ 已知，得知 $Y=y$ 这一消息时的意外程度定义如下。

$$h(y|x) \equiv \log \frac{1}{\mathrm{P}(Y=y|X=x)}$$

它的期望值称为条件熵 $\mathrm{H}[Y|X]$。

$$\mathrm{H}[Y|X] \equiv \mathrm{E}[h(Y|X)] = \sum_x \sum_y \mathrm{P}(X=x,Y=y) \log \frac{1}{\mathrm{P}(Y=y|X=x)}$$

请读者不要混淆定义中的 $\mathrm{P}(X=x,Y=y)$ 与 $\mathrm{P}(Y=y|X=x)$。这两条定义其实无需死记硬背，只要记住熵是意外程度的期望值即可 [1]。

我们已经知道 $\mathrm{P}(X=x,Y=y) = \mathrm{P}(Y=y|X=x)\mathrm{P}(X=x)$，熵也有类似的性质。

---

[1] 从该式也能看出，$\mathrm{H}[Y|X]$ 是一个取值确定的数字。另一方面，$\mathrm{E}[Y|X]$ 是一个随机值（随机变量），请读者加以区分（参见 3.6 节）。

$$\mathrm{H}[X,Y] = \mathrm{H}[Y|X] + \mathrm{H}[X]$$

该性质的推导过程如下。我们首先分析同时得知两个事件时的意外程度。

$$h(x,y) = \log \frac{1}{\mathrm{P}(X=x,Y=y)} = \log \frac{1}{\mathrm{P}(Y=y|X=x)} + \log \frac{1}{\mathrm{P}(X=x)} = h(y|x) + h(x)$$

因此联合熵具有如下性质。

$$\mathrm{H}[X,Y] = \mathrm{E}[h(X,Y)] = \mathrm{E}[h(Y|X)] + \mathrm{E}[h(X)] = \mathrm{H}[Y|X] + \mathrm{H}[X]$$

在该性质中，X 与 Y 的位置可以相互替换。

$$\mathrm{H}[X,Y] = \mathrm{H}[X|Y] + \mathrm{H}[Y]$$

图8.29是该性质的示意图。"同时得知 X 与 Y 这两个事件时的意外程度的期望值"等于"得知事件 X 时意外程度的期望值"与"在事件 X 已知的前提下得知事件 Y 时意外程度的期望值"之和。同时，它也等于"得知事件 Y 时意外程度的期望值"与"在事件 Y 已知的前提下得知事件 X 时的意外程度的期望值"之和。这一结论非常合乎逻辑。事实上，我们还能得到一个显然的性质。

$$\mathrm{H}[Y|X] \leqslant \mathrm{H}[Y], \qquad \mathrm{H}[X|Y] \leqslant \mathrm{H}[X]$$

"在事件 X 已知的前提下得知事件 Y 时的意外程度的期望值"必然小于（或等于）"在没有任何准备的情况下得知事件 Y 时的意外程度的期望值"。也许个别 $h(y|x)$ 会大于 $h(y)$，但事先得知事件 X 并不会对期望值产生影响（理由将在之后说明）。

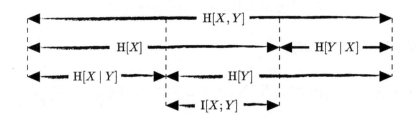

图8.29　联合熵 $\mathrm{H}[\bigcirc, \triangle]$、条件熵 $\mathrm{H}[\bigcirc \mid \triangle]$ 与互信息 $\mathrm{I}[\bigcirc; \triangle]$ 的关系

"在没有任何准备的情况下得知事件 Y 时的意外程度的期望值"与"在事件 X 已知的前提下得知事件 Y 时的意外程度的期望值"究竟有多大的差别呢？如果两者的差距很大，就说明 X 中包含了大量与 Y 有关的信息。我们将两者的差称为互信息，定义如下。

$$\mathrm{I}[X;Y] \equiv \mathrm{H}[Y] - \mathrm{H}[Y|X]$$

$\mathrm{I}[X;Y]$ 是一种衡量 X 与 Y 相关程度的指标。请读者注意，互信息也可以像图 8.29 那样记为 $\mathrm{I}[X;Y] = \mathrm{H}[X] - \mathrm{H}[X|Y]$。也就是说，$\mathrm{I}[X;Y] = \mathrm{I}[Y;X]$。替换 X 与 Y 的位置不会改变互信息的值[①]。

我们之前介绍了 $\mathrm{H}[Y|X] \leqslant \mathrm{H}[Y]$ 这一性质，它也可以通过互信息表述。该性质与 $\mathrm{I}[X;Y] \geqslant 0$ 等价。此外，$\mathrm{I}[X;Y] = 0$ 等价于 X 与 Y 独立。这些性质真是非常巧妙。附录 C.3 中的问答专栏 C.2 介绍了互信息的其他理解方式，并说明了这些等价表述成立的理由。

最后，请读者注意互信息 $\mathrm{I}[X;Y]$ 与相关系数 $\rho_{X,Y}$（参见 5.1.3 节）之间的区别。

- $\mathrm{I}[X;Y]$ 用于表示 X 与 Y 是否独立。如果两者独立，$\mathrm{I}[X;Y] = 0$，否则 $\mathrm{I}[X;Y] > 0$
- $\rho_{X,Y}$ 用于表示一个变量发生变化时另一个变量的变化趋势。如果 X 与 Y 成比例，$\rho_{X,Y} = \pm 1$（符号与比例系数的符号一致），否则 $-1 < \rho_{X,Y} < +1$。如果不存在上述变化趋势，则 $\rho_{X,Y} = 0$

因此，两个变量独立可以推出 $\rho_{X,Y} = 0$，反之不然。请读者多加注意。

$$\mathrm{I}[X;Y] = 0 \quad \Leftrightarrow \quad X \text{ 与 } Y \text{ 独立} \quad \Rightarrow \quad \rho_{X,Y} = 0$$

请读者回忆一下之前讨论过的一个例子。

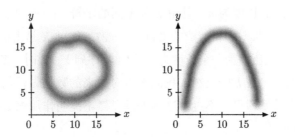

图 8.30　即使相关系数为 0，变量也不一定独立（与图 5.6 相同）

8.3.3　信源编码

熵是一个非常出色的概念，它不仅与我们的直觉相符，还揭示了信息这一抽象概念的本质。我们本节就将讨论这一话题。

[①] 仔细观察该图不难发现，我们还可以通过 $\mathrm{I}[X;Y] = \mathrm{H}[X] + \mathrm{H}[Y] - \mathrm{H}[X,Y]$ 来描述互信息。这种表述方式不仅突出了 $\mathrm{I}[X;Y] = \mathrm{I}[Y;X]$，还能更好地表现 $\mathrm{I}[X;Y]$ 可用于衡量 X 与 Y 中信息的重复程度。

读者应该都使用过lha、zip、gzip、bzip2或7-Zip等各类文件压缩工具吧 [1]。读者或许会有这样的疑惑：为什么文件尺寸在缩小后依然能还原为原本的数据？将已经压缩过的数据再次压缩结果会怎样？

简单来讲，数据之所以能被压缩，是因为其中存在固定的组合倾向。例如，"难道不是因为"或 "是不是" 之类的短语在文章中出现频率相对较高，因此我们可以做如下处理。

- 将所有的 "难道不是因为" 替换为 "\N"，文字数量从6减为了2
- 将所有的 "是不是" 替换为 "\S"，文字数量从3减为了2
- 但是，如果文章中原本存在 "\"，则将其替换为 "\\"

这种省略处理可以实现数据的压缩。我们再看一个横屏卷轴射击游戏的例子。相比直接通过位图记录地形，用数组标记场景中的物体更加节省容量。例如，数字序列 $100, 225, 32, \cdots$ 表示向右100像素都是墙壁，之后225像素没有障碍物，再之后32像素又是墙壁……这种方式也利用了同一地形通常占用连续多个像素的组合倾向。在这种方式中，组合倾向越强，数据的压缩率越高。

我们再回顾一下熵的性质。如果各种情况的概率不均，熵这一指标的值就较小，反之如果各种概率均等，熵值就较大（参见练习题8.8）。这并不是一种巧合。本节接下来介绍的信源编码定理将解释熵的大小与压缩率极限之间的关系。

字符串压缩问题

我们规定字符串 X 的长度为 n，且由 k 种不同的字符 $a_1, \cdots, a_k$ 组成。不难想象，如果 X 是一篇由大写英文字母与空格组成的文章，$k = 27$。如果 X 是由0和1组成的比特序列，$k = 2$。我们的目标是将它压缩为一个长度为 m 的比特序列 Y。此时，X 有 k^n 种可能的取值，Y 有 2^m 种可能的取值。如果 $k^n \leqslant 2^m$，我们无需对原来的数据做任何处理。此时，我们只需为 X 与 Y 制定对应关系即可。不过，这种处理显然不能叫作压缩数据，因此我们之后的讨论将以 $k^n > 2^m$ 为前提。

在该前提下，要通过 Y 完美还原 X 从理论上就不可能。X 有 k^n 种可能而 Y 只有 2^m 种，因此我们无法仅通过 Y 来表示所有的 X 的值 [2]。换句话说，只要压缩数据就必然存在压缩失败的情况（即该字符串无法被压缩）。因此，我们希望知道一段数据最大可以压缩多少，这也是本节接下来要讨论的内容。

我们设 X 的第一个字符为 X_1，第二个字符为 X_2，以此类推。它们都是i.i.d.随机变量，

---

[1] 这些是日本常见的压缩工具。WinRar或许是中国大陆最流行的压缩工具。——译者注
[2] 这称为鸽笼原理，即 "如果鸽子有 u 只而鸽笼只有 v 个（$v < u$），那必然有鸽子共用一只笼子"。

且各字符 a_j 的出现概率已知（由于是 i.i.d. 随机变量，因此无论字符位于何处，出现概率都不会变化，$r_i(a_j)$ 可以简写为 $r(a_j)$）。

$$P(X_i = a_j) \equiv r(a_j), \qquad j = 1, \cdots, k$$

此外，我们假定字符串长度 n 是一个非常大的值。

压缩成功率与信源编码定理

让我们通过一个实例来了解压缩原理。设 $k = 2$、$r(a_1) = 3/4$、$r(a_2) = 1/4$，经过计算，我们得到了如图 8.31 所示的压缩成功率与 m 的关系图。这已经是采用最优压缩方法时得到的结果。

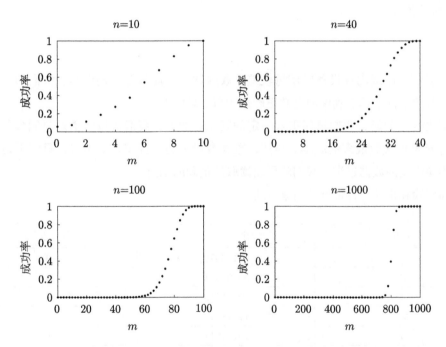

图 8.31 将长度为 n 的字符串压缩为长度为 m 的比特序列的压缩成功率

我们从该图不难发现，n 越大，成功与失败之间的界限就越分明，两者的分界线通常在 $m \approx 0.8n$ 附近。

在当前设定下，单个字符的熵如下。

$$H[X_i] = r(a_1) \log \frac{1}{r(a_1)} + r(a_2) \log \frac{1}{r(a_2)} = \frac{3}{4} \log \frac{4}{3} + \frac{1}{4} \log \frac{4}{1} = 2 - \frac{3}{4} \log 3 \approx 0.811$$

事实上，该值正是上述分界线的系数。

通过这个例子，我们可以总结出以下两个结论。

- 如果压缩率 $m/n < \mathrm{H}[X_i]$，只要 n 足够大，压缩成功率将非常接近 1
- 如果压缩率 $m/n > \mathrm{H}[X_i]$，只要 n 足够大，压缩成功率将非常接近 0

事实上，根据信源编码定理，无论参数设定如何，我们都可以得到相同的结果。

8.3.4 信道编码

上一节讨论了熵在数据压缩理论中的应用。本节将介绍熵的另一种典型应用，讨论它如何帮助我们纠错。

纠错

如果通信线路或内存设备的质量较差，数据就有可能被错误地改写。我们如何在这类可靠性较差的条件下仍然确保消息被正确传达与记录呢？

要解决这个问题，我们只能引入一定的冗余。例如，我们可以将消息复制多份，并在读取时选择出现次数最多的版本。显然，数据容量也会因此倍增。不过，只要不是运气太差包含相同错误的数据过半，我们就可以读取到正确的消息。

添加校验和也是一种常见的纠错方式。

消息编号	消　　息	行 校 验
1	10110010	0
2	00001001	0
3	10111110	0
4	11111011	1
5	10101011	1
6	11100011	1
7	11111110	1
8	00000000	0
列校验	01001000	

行校验位由该行中 1 的个数决定。如果 1 有偶数个，行校验为 0，否则为 1。列校验针对列进行，规则相同。对于 $8 \times 8 = 64$ 比特的消息，我们需要添加 8 比特的行校验及 8 比特的列校验，因此数据尺寸增加至了 $64 + 16 = 80$ 比特。当这 80 比特中的某一处发生错误时，我们

可以通过校验和的矛盾之处来找到并纠正错误。尽管纠错能力不强，但这种方式比复制多份消息的容量开销小得多。

类似的（信道编码）方法还有很多，人们已经研究出一些更为精简的方法并投入实用。我们并不一定非要像上面的例子那样为消息增加冗余，还可以考虑先将原始消息转换为另一条比特序列后再在读取时执行相应的逆转换。

不同的编码方式适用于不同的错误类型。如果编码方式选择不当，我们就不得不增加更多的开销来获得所需的纠错能力。那么，假如我们选对了正确的编码方式，多大的开销才能确保数据读取正确呢？在讨论纠错能力的理论极限时，互信息 I[X;Y] 将发挥重要作用。如图 8.29 所示，互信息由熵定义，因此我们也能说熵在纠错理论中具有重要作用。

（有噪）信道编码定理

信道与内存设备的本质相同，因此我们仅以信道为例介绍互信息的作用。我们用随机变量 X 表示发送的字符，并用随机变量 Y 表示接收的字符，此时信道的特性可以通过条件分布 $P(Y=y|X=x)$ 表示。下面是当字符仅有 “0” 与 “1” 两种时的可能分布。

$$\begin{cases} P(Y = \text{“0”}|X = \text{“0”}) = 0.99 \\ P(Y = \text{“1”}|X = \text{“0”}) = 0.01 \end{cases} \qquad \begin{cases} P(Y = \text{“0”}|X = \text{“1”}) = 0.1 \\ P(Y = \text{“1”}|X = \text{“1”}) = 0.9 \end{cases}$$

信道用户必须接受给定的信道质量 [①]。不过，用户可以设定传输字符本身的分布 $P(X=x)$。该分布取决于我们选择的具体编码方式。我们已经知道，X 与 Y 的联合分布是两者之积，即 $P(X=x, Y=y) = P(Y=y|X=x)P(X=x)$，而它们的互信息 $I[X;Y]$ 又可以通过该联合分布得到。我们的目标是调节分布 $P(X=x)$ 使发送信息 X 与接收信息 Y 的互信息 $I[X;Y]$ 尽可能大。如此得到的 $I[X;Y]$ 的上限 c 称为信道容量，其具体含义如下（信道编码定理）。

- 如果信息传输速率 $r < c$，必然存在一种信道编码方式使通信错误率达到任意小的值
- 如果 $r > c$，我们将无法将通信错误率降低至任意小的值

信息传输速率 r 指的是实际传输 1 个字符所需发送的比特数 [②]。为方便讨论，我们设原始消息是由 0 与 1 组成的比特序列，此时信息传输速率即为编码前后的字符串长度之比。以上文介绍的校验和为例，我们将原本 64 比特的消息编码为了 80 比特，因此 $r = 64/80 = 0.8$。需要注意的是，该定理假定消息长度极大（换言之，它假设我们通过 rn 比特长的消息来传

---

① 确切地讲，我们假定传输的字符串中每一个字符都遵从该出错分布，或者说每个字符出错与否都是独立事件（我们称这种信道为平稳无记忆信道）。
② 又称信息速率或编码速率。

输 n 个字符，且 n 极大）。此外，该定理还假定消息已经经过压缩，即消息本身包含的冗余内容已经在信源编码解码阶段去除。

书名含有信息论这个词的参考书大多会讲解信道编码定理，如果读者希望了解更为详细的信息，请参考那些书。

专栏　模式

模式首次出现时的字符串长度

假设有一条由 0 与 1 随机生成的字符串（两者的出现概率给为 0.5 且每个字符相互独立），如 0001110101……我们的目标是计算给定模式首次出现时的字符串长度。例如，对于给定的模式 1101，我们需要统计字符串末尾首次出现 1101 时该字符串的长度。现在的问题是，对于不同的模式，这样定义的长度的期望值是否会发生变化？

我们通过计算机分别模拟了模式为 01 与 11 的情况，每种模式分别模拟 20 次，结果如下。

```
$ make ↵
=========== pattern 01
./pattern.rb -p=01 20
11111001
1001
111111101
101
11101
01
001
111001
01
101
101
0001
01
1001
10000001
101
001
01
101
01
=========== pattern 11
./pattern.rb -p=11 20
1000100100001011
000011
11
11
101011
11
1011
0100100100100000010011
10101001011
100011
11
```

```
0011
00011
11
100000000011
011
1011
11
11
010000100010011
```

为了使结论更加明显，我们又分别对两种模式进行了1000次模拟实验，并以星号画出了模式首次出现时的字符串长度分布。

```
$ make long ↵
========== pattern 01
./pattern.rb -p=01 1000 | ./length.rb | ../histogram.rb -w=2 -u=10
  12<= | 2 (0.2%)
  10<= | * 18 (1.8%)
   8<= | **** 46 (4.6%)
   6<= | ********** 116 (11.6%)
   4<= | *************************** 308 (30.8%)
   2<= | ************************************************** 510 (51.0%)
total 1000 data (median 3, mean 3.95, std dev 1.98884)
========== pattern 11
./pattern.rb -p=11 1000 | ./length.rb | ../histogram.rb -w=2 -u=10
  38<= | 1 (0.1%)
  36<= | 1 (0.1%)
  34<= | 0 (0.0%)
  32<= | 0 (0.0%)
  30<= | 2 (0.2%)
  28<= | 2 (0.2%)
  26<= | 0 (0.0%)
  24<= | 4 (0.4%)
  22<= | 4 (0.4%)
  20<= | 8 (0.8%)
  18<= | * 15 (1.5%)
  16<= | * 15 (1.5%)
  14<= | ** 29 (2.9%)
  12<= | *** 37 (3.7%)
  10<= | ******* 71 (7.1%)
   8<= | ********* 94 (9.4%)
   6<= | ************** 146 (14.6%)
   4<= | ******************* 206 (20.6%)
   2<= | ********************************* 365 (36.5%)
total 1000 data (median 5, mean 6.164, std dev 4.81613)
```

可以看到，模式11首次出现时的字符串长度通常较长。读者可以解释这一现象吗？

出现次数

我们再来讨论一下特定长度的字符串中给定模式将会出现几次。以模式01与模式11为例，设字符串长度为20，我们执行了5次模拟实验，结果如下。

```
$ make count ↵
=========== pattern 01
./pattern.rb -v -p=01 -c=20 5
11110111101000101110
4
11110011111110011111
2
10010110101010010000
6
10001100001011111100
3
10001101110101101101
6
=========== pattern 11
./pattern.rb -v -p=11 -c=20 5
00001011000011101010
3
00010110111100010000
4
01100100111111010111
8
11110001111101100001
8
11001100001001011001
3
```

为了使结论更加明显，我们将字符串长度改为100，并分别对两种模式进行了1000次模拟实验，结果如下。

```
$ make clong ↵
=========== pattern 01
./pattern.rb -p=01 -c=100 1000 | ../histogram.rb -w=2 -u=10
   32<= | 4 (0.4%)
   30<= | ** 29 (2.9%)
   28<= | ********** 102 (10.2%)
   26<= | *********************** 232 (23.2%)
   24<= | ****************************** 305 (30.5%)
   22<= | ********************* 208 (20.8%)
   20<= | ********** 102 (10.2%)
   18<= | * 18 (1.8%)
```

```
total 1000 data (median 25, mean 24.654, std dev 2.5823)
=========== pattern 11
./pattern.rb -p=11 -c=100 1000 | ../histogram.rb -w=2 -u=10
    44<= | 2 (0.2%)
    42<= | 0 (0.0%)
    40<= | 1 (0.1%)
    38<= | 9 (0.9%)
    36<= | * 15 (1.5%)
    34<= | *** 32 (3.2%)
    32<= | ***** 52 (5.2%)
    30<= | ********** 103 (10.3%)
    28<= | ********** 101 (10.1%)
    26<= | ************* 132 (13.2%)
    24<= | ************* 132 (13.2%)
    22<= | ************ 123 (12.3%)
    20<= | ************ 127 (12.7%)
    18<= | ******** 84 (8.4%)
    16<= | **** 43 (4.3%)
    14<= | ** 28 (2.8%)
    12<= | * 10 (1.0%)
    10<= | 5 (0.5%)
     8<= | 1 (0.1%)
total 1000 data (median 25, mean 24.805, std dev 5.55022)
```

　　从结果中可以看到，模式01与模式11的平均出现次数基本相同。这一结论似乎与之前的结果矛盾，请读者解释其中的缘由。

　　如果读者希望了解更详细的内容，可以参考与模式匹配相关的算法教材。

本书涉及的数学基础知识

A.1 希腊字母

小 写	大 写	读 音	小 写	大 写	读 音
α	A	阿尔法	ν	N	纽
β	B	贝塔	ξ	Ξ	克西
γ	Γ	伽玛	o	O	奥密克戎
δ	Δ	德尔塔	π	Π	派
$\epsilon\,(\varepsilon)$	E	伊普西龙	ρ	P	柔
ζ	Z	截塔	σ	Σ	西格玛
η	H	艾塔	τ	T	套
$\theta\,(\vartheta)$	Θ	西塔	υ	Υ	宇普西龙
ι	I	约塔	$\phi\,(\varphi)$	Φ	弗爱
κ	K	卡帕	χ	X	西/凯
λ	Λ	兰布达	ψ	Ψ	普西/普赛
μ	M	缪	ω	Ω	欧米伽

A.2 数

A.2.1 自然数·整数

我们将 $0, 1, 2, 3, \cdots$ 称为自然数(有些教材从 1 开始定义),将 $\cdots, -2, -1, 0, 1, 2, \cdots$ 称为整数。

素数是大于等于 2 且只能被 1 与自身整除的自然数(此处的除数必须也是自然数)。例如,$2, 3, 5, 7, 11, 13, 17, 19, 23, \cdots$ 都是素数。

A.2.2 有理数·实数

我们将诸如 $5/7$ 这种可以通过分子分母都是整数的分数表示的数称为有理数,将 $3.14159265\ldots$ 这种只能以无限小数表示的数称为实数。同时,整数属于有理数,有理数又属于实数(例如,$-5 = -5/1$、$3/4 = 0.75000\ldots$、$2/3 = 0.666\ldots$ 等)。

实数 x 的绝对值 $|x|$ 是将它前面的符号去掉之后的值。例如，$|-5|=5$、$|7.2|=7.2$ 等。它的数学定义如下。

$$|x| = \begin{cases} x & (x \geqslant 0) \\ -x & (x < 0) \end{cases}$$

我们可以分别用 $\min(x_1, \cdots, x_n)$ 和 $\max(x_1, \cdots, x_n)$ 来表示实数 $x_1, \cdots, x_n$ 的最小值与最大值。例如，$\min(5, 2, 6, 4, 3) = 2$、$\max(5, 2, 6, 4, 3) = 6$。在仅有2个参数时，它们的定义如下。

$$\min(x, y) = \begin{cases} x & (x \leqslant y) \\ y & (x > y) \end{cases}, \qquad \max(x, y) = \begin{cases} x & (x \geqslant y) \\ y & (x < y) \end{cases}$$

在有些书中，最小值 $\min(x, y)$ 以 $x \wedge y$ 表示，最大值 $\max(x, y)$ 以 $x \vee y$（不过请读者注意，$\vee$ 与 $\wedge$ 这两种符号还具有其他含义）。

A.2.3 复数

我们定义虚数单位 i 满足 $\mathrm{i}^2 = \mathrm{i} \cdot \mathrm{i} = -1$，并通过它来定义素数，如下所示。

$$z = \alpha + \mathrm{i}\beta \qquad (\alpha \text{ 与 } \beta \text{ 都是实数}) \tag{A.1}$$

实数 α 也属于复数（相当于 $\alpha + \mathrm{i}0$）。

此外，复数的绝对值 $|z| = \sqrt{\alpha^2 + \beta^2}$。

A.3 集合

A.3.1 集合的表述方式

集合有两种表述方式。我们既可以像 $\{2, 4, 6, 8, 10\}$ 这样直接列出所有的元素（列举法），也可以通过下面这样的方式表述集合（描述法）。

$$\{2n \mid n \text{ 是大于等于1且小于等于5的整数}\}$$

竖线左侧是元素的形式，右侧是相关的限制条件。这条竖线表示"集合由元素……（竖线左侧内容）组成，其中……（竖线右侧内容）"[1]。

---

[1] 有些参考书可能会使用分号而非竖线来分隔这两种成分，例如 $\{2n; n \text{ 是大于等于1且小于等于5的整数}\}$。

$x \in A$ 表示 x 是集合 A 中的元素。集合通常都像这样以大写字母表示，请读者不要将它们与随机变量混淆。$A \subset B$ 表示集合 A 中所有的元素都属于集合 B。也就是说，对于任意的 $x \in A$，必然成立 $x \in B$。人们尚未对 $A \subset B$ 中 A 与 B 是否可以是同一个集合达成一致。本书允许使用 $A \subset A$ 的写法。也有人通过 $\subseteq$ 与 $\subset$ 来区分是否包含两个集合相等的情况。

ϕ（或 $\emptyset$）表示空集 $\{\}$。此外，$A \cap B$ 表示集合 A 与集合 B 的重叠部分（交集），$A \cup B$ 表示由集合 A 与集合 B 的元素合并得到的新集合（并集）。

$$A \cap B = \{x | x \in A \text{ 且 } x \in B\}; \quad A \cup B = \{x | x \in A \text{ 或 } x \in B\}$$

A.3.2 无限集的大小

读者只要了解以上这些知识，就已经能够完全理解本书中出现的集合。本节再补充一些额外的内容，供有兴趣的读者阅读。

能够与自然数集 $\mathbf{N} = \{0, 1, 2, \cdots\}$ 元素一一对应的集合称为可数集（又称无限可数集或可列集）。例如，整数集 $\mathbf{Z} = \{\cdots, -2, -1, 0, 1, 2, \cdots\}$ 是一个可数集，我们可以按照以下方式将它与自然数集建立一一对应关系。

$\mathbf{N}$	0	1	2	3	4	5	6	$\cdots$
$\mathbf{Z}$	0		1		2		3	$\cdots$
		-1		-2		-3		$\cdots$

事实上，有理数集 $\mathbf{Q}$ 也是一个可数集。在熟悉可数集的概念后，我们可以简单用 "〇〇 可数" 表示 "〇〇 集合是一个可数集"。此外，"至多可数" 表示 "元素数量有限且可数"。

实数集 $\mathbf{R}$ 不是可数集。无限集同样有大小之分，实数集 $\mathbf{R}$ 的势比自然数集 $\mathbf{N}$ 更大（即集合中元素的个数更多）。除了 $\mathbf{R}$，"有大于等于 0 且小于等于 1 的所有实数组成的集合" 与 "由正方形区域中所有点组成的集合" 也都比自然数集 $\mathbf{N}$ 大。对集合的势（或称基数）的比较感兴趣的读者，可以以集合的势、基数与对角论证法为关键字查找相关资料。

A.3.3 强化练习

数学专业领域大量使用集合这一概念来描述问题，如果要准确理解问题，就必须深刻领会集合的含义与用法。以下是一些强化练习，请读者判断这些表达式是否正确[①]。

[①] 1、2、3、6、8、13、18、20、21 的表述是正确的，其余均不正确。

1. $\{1, 2, 3\} = \{3, 2, 1\}$
2. $\{1, 2, 3\} = \{1, 2, 2, 3\}$
3. $1 \in \{1, 2, 3\}$
4. $1 \subset \{1, 2, 3\}$
5. $\{1, 3\} \in \{1, 2, 3\}$
6. $\{1, 3\} \subset \{1, 2, 3\}$
7. $\{1\} \in \{1, 2, 3\}$
8. $\{1\} \subset \{1, 2, 3\}$
9. $2 \in \{1, \{2, 3\}\}$
10. $2 \subset \{1, \{2, 3\}\}$
11. $\{2\} \in \{1, \{2, 3\}\}$
12. $\{2\} \subset \{1, \{2, 3\}\}$
13. $\{2, 3\} \in \{1, \{2, 3\}\}$
14. $\{2, 3\} \subset \{1, \{2, 3\}\}$
15. $\{1, 3\} \in \{1, \{2, 3\}\}$
16. $\{1, 3\} \subset \{1, \{2, 3\}\}$
17. $\emptyset \in \{1, 2, 3\}$
18. $\emptyset \subset \{1, 2, 3\}$
19. $\emptyset = \{\emptyset\}$
20. $\emptyset \in \{\emptyset\}$
21. $\emptyset \subset \{\emptyset\}$

A.4   求和符号 $\sum$

A.4.1   定义与基本性质

$a_1 + a_2 + \cdots + a_9 + a_{10}$ 可以简写为以下形式。

$$\sum_{i=1}^{10} a_i$$

如果要在嵌在文段里使用,可以写成 $\sum_{i=1}^{10} a_i$。请读者注意,求和符号中可以使用任意未被占用的字母作为计数下标,含义不变。

$$\sum_{j=1}^{10} a_j$$

我们通过一个例子来熟悉一下求和符号。请将以下表达式展开。

$$\sum_{j=3}^{7} f_j(i,j,k)$$

答案如下。

$$f_3(i,3,k) + f_4(i,4,k) + f_5(i,5,k) + f_6(i,6,k) + f_7(i,7,k)$$

本例中求和符号展开的关键在于替换所有的下标 j。前面已经提到任何未使用的字母都可以用作计数下标,请读者注意,无论下标是什么字母我们都必须将它完全替换。

再举一例。

$$\sum_{i=1}^{10} g(k,l,m)$$

本例展开如下。

$$\overbrace{g(k,l,m) + g(k,l,m) + \cdots + g(k,l,m)}^{10\text{个}} = 10g(k,l,m)$$

求和符号内的 $g(k,l,m)$ 与计数下标 i 无关(它们的值不随 i 的变化而变化),因此加法运算中的每一项都相同,最终结果是单项的值乘以项数。$g(k,l,m)$ 看似不像一个常量,不过既然它不会随 i 的变化而变化,我们仍然可以将它作为常量处理。基于类似的理由,下面的等式同样成立。

$$\sum_{i=1}^{10} g(k,l)h(i,j) = g(k,l) \sum_{i=1}^{10} h(i,j)$$

该式的共通项可以直接提取,也就是说,与下标 i 无关的 $g(k,l)$ 可以提到 $\sum_i$ 之外,最终结果如下。

$$g(k,l)h(1,j) + g(k,l)h(2,j) + \cdots + g(k,l)h(10,j)$$
$$= g(k,l)\Big(h(1,j) + h(2,j) + \cdots + h(10,j)\Big)$$

A.4.2   双重求和

两个连用的求和符号间存在运算优先顺序，我们可以通过添加括号来明确区分它们的关系，如下所示。

$$\sum_{i=1}^{3}\sum_{j=1}^{4} f(i,j) = \sum_{i=1}^{3}\left(\sum_{j=1}^{4} f(i,j)\right) = \sum_{i=1}^{3}\Big(f(i,1) + f(i,2) + f(i,3) + f(i,4)\Big)$$
$$= \Big(f(1,1) + f(1,2) + f(1,3) + f(1,4)\Big)$$
$$+ \Big(f(2,1) + f(2,2) + f(2,3) + f(2,4)\Big)$$
$$+ \Big(f(3,1) + f(3,2) + f(3,3) + f(3,4)\Big)$$

需要提醒读者的是，双重求和表达式中的两个求和符号顺序可以互换。

$$\sum_{i=1}^{3}\sum_{j=1}^{4} f(i,j) = \sum_{j=1}^{4}\sum_{i=1}^{3} f(i,j)$$

该等式左右两侧本质上都在计算下表中所有 $f(*,*)$ 之和，因此结果相同。

	$j=1$	$j=2$	$j=3$	$j=4$
$i=1$	$f(1,1)$	$f(1,2)$	$f(1,3)$	$f(1,4)$
$i=2$	$f(2,1)$	$f(2,2)$	$f(2,3)$	$f(2,4)$
$i=3$	$f(3,1)$	$f(3,2)$	$f(3,3)$	$f(3,4)$

不过，只有在 i 与 j 的范围不同时，我们才能像这样直接互换两者的位置。在下面这种情况中，j 的范围取决于 i，因此我们不能互换两个求和符号的顺序。

$$\sum_{i=1}^{4}\sum_{j=1}^{i} f(i,j)$$

如果强行互换两者，该表达式将失去意义。

$$\sum_{j=1}^{i}\sum_{i=1}^{4} f(i,j) \quad \cdots\cdots \text{错误的表达式}$$

由于 $\sum_{j=1}^{i}$ 已经使用了 i，因此内层的 $\sum$ 不能再使用 i 作为计数下标。不过，下面这种机械式的替换同样存在问题，它与原式的结果不同。

$$\sum_{j=1}^{4}\sum_{i=1}^{j} f(i,j)$$

正确的替换方式如下。请读者比较它与前几种做法的区别。

$$\sum_{i=1}^{4}\sum_{j=1}^{i} f(i,j) = \sum_{j=1}^{4}\sum_{i=j}^{4} f(i,j)$$

我们可以从下面这张表中发现问题的根本原因。等式左右两边都表示下表中所有 $f(*,*)$ 相加之和，因此结果相同。请读者思考这两种表达式将分别以怎样的顺序求和。

	$j=1$	$j=2$	$j=3$	$j=4$
$i=1$	$f(1,1)$			
$i=2$	$f(2,1)$	$f(2,2)$		
$i=3$	$f(3,1)$	$f(3,2)$	$f(3,3)$	
$i=4$	$f(4,1)$	$f(4,2)$	$f(4,3)$	$f(4,4)$

我们再来看一种常见的错误。

$$\left(\sum_{i=1}^{5} f(i)\right)^2 = \left(\sum_{i=1}^{5} f(i)\right)\left(\sum_{i=1}^{5} f(i)\right) = \sum_{i=1}^{5}\sum_{i=1}^{5} f(i)f(i) \quad \cdots\cdots \text{错误的表达式}$$

错误的原因与之前类似，由于 $\sum_{i}$ 已经使用了 i，因此内层的 $\sum$ 必须使用其他字母作为计数下标。正确形式如下。

$$\left(\sum_{i=1}^{5} f(i)\right)^2 = \left(\sum_{i=1}^{5} f(i)\right)\left(\sum_{j=1}^{5} f(j)\right) = \sum_{i=1}^{5}\sum_{j=1}^{5} f(i)f(j)$$

A.4.3　范围指定

前几节中我们直接为求和范围设定了上限与下限。除此之外，我们还可以通过集合来指定求和的范围。设 $A = \{2, 4, 6, 8, 10\}$，下面的求和符号表示 $f(2) + f(4) + f(6) + f(8) + f(10)$。

$$\sum_{i \in A} f(i)$$

这种写法能够很好地应对这类取值分散的情况，且能够方便地表示非整数的取值。同时，我们还可以在求和符号中写入条件，如下所示。

$$\sum_{\substack{1 \leqslant i \leqslant 10 \\ i \text{ 是偶数}}} f(i) = f(2) + f(4) + f(6) + f(8) + f(10)$$

类似地，以下写法也没有问题。

$$\sum_{1 \leqslant i \leqslant 10} f(i) = f(1) + f(2) + \cdots + f(9) + f(10)$$

严格来讲，我们应该在范围中加上 i 是整数的条件限制，不过根据上下文，这一点显而易见，因此可以省略。事实上，我们可以完全省略范围，仅标明计数下标。

$$\sum_{i} f(i)$$

此时，读者需要根据上下文自行判断求和的范围。

A.4.4　等比数列

最后介绍的是一个著名的公式，等比数列公式。设 $m \leqslant n$，我们可以通过以下公式得到求和表达式的值。

$$\sum_{i=m}^{n} r^i = \frac{r^m - r^{n+1}}{1-r} = \frac{(\text{首项}) - (\text{末项的后一项})}{1 - (\text{公比})} \qquad (\text{其中 } r \neq 1) \tag{A.2}$$

在特定条件下，该式能进一步简化。

$$\sum_{i=1}^{\infty} r^i = \frac{r}{1-r} \qquad (\text{其中 }|r|<1) \qquad (\text{A.3})$$

当 $|r| \geqslant 1$ 时，该求和表达式不收敛。

? A.1 如何推导等比数列公式

设式 A.2 的左边为 s，并计算 $s-rs$ 的值。请读者在计算时严格写明 $\sum$ 的范围，。

$$s-rs = \sum_{i=m}^{n} r^i - r\sum_{i=m}^{n} r^i = \sum_{i=m}^{n} r^i - \sum_{i=m}^{n} r^{i+1} = \sum_{i=m}^{n} r^i - \sum_{i=m+1}^{n+1} r^i = r^m - r^{n+1}$$

又由于 $(1-r)s = r^m - r^{n+1}$，因此得到式 A.2。

我们还可以借助该公式进一步推出以下结论。

$$\sum_{i=1}^{\infty} ir^i = \frac{r}{(1-r)^2} \qquad (\text{其中 }|r|<1)$$

事实上，如果将该式左边设为 t 并计算 t 与 rt 的值，可以发现如下规律。

$$t = 1\cdot r + 2\cdot r^2 + 3\cdot r^3 + 4\cdot r^4 + 5\cdot r^5 + \cdots$$
$$rt = 1\cdot r^2 + 2\cdot r^3 + 3\cdot r^4 + 4\cdot r^5 + \cdots$$

两式相减的结果如下。

$$t-rt = r+r^2+r^3+r^4+r^5+\cdots = \frac{r}{1-r}$$

也就是说，我们通过 $(1-r)t = r/(1-r)$ 得到了 $t = r/(1-r)^2$。如果读者已经具备大学程度的微积分知识，还可以将式 A.3 两边关于 r 微分后再乘以 r 来得到上述结论。

A.5　指数与对数

本节将简单介绍指数与对数（不会涉及严密的数学论证）。

A.5.1　指数函数

b 个 a 连乘可以记作 a^b，称为 a 的 b 次方。例如 $2^3 = 2 \cdot 2 \cdot 2$，$7^5 = 7 \cdot 7 \cdot 7 \cdot 7 \cdot 7$ 等。根据该定义，我们可以立即得到以下两条性质[①]。

$$a^{b+c} = a^b a^c \qquad (例) \quad 2^{3+4} = \overbrace{\underbrace{2 \cdot 2 \cdot 2}_{3 \text{个}} \cdot \underbrace{2 \cdot 2 \cdot 2 \cdot 2}_{4 \text{个}}}^{(3+4) \text{个}} = 2^3 2^4 \qquad (\text{A.4})$$

$$a^{bc} = \left(a^b\right)^c = \left(a^c\right)^b \qquad (例) \quad 5^{2 \cdot 3} = \overbrace{\underbrace{5 \cdot 5}_{2 \text{个}} \cdot \underbrace{5 \cdot 5}_{2 \text{个}} \cdot \underbrace{5 \cdot 5}_{2 \text{个}}}^{2 \cdot 3 \text{个}} = \left(5^2\right)^3 \qquad (\text{A.5})$$

以上是正整数次方的情况。我们接下来将逐步推广这一概念。首先请阅读下表。

$\cdots$	3^{-2}	3^{-1}	3^0	3^1	3^2	3^3	3^4	$\cdots$
$\cdots$	?	?	?	3	9	27	81	$\cdots$

"?"处应该填入什么值才符合我们的直觉呢？由于每一格中的值都是它左侧的3倍，因此它们也都是右侧值的1/3。于是结果如下。

$\cdots$	3^{-2}	3^{-1}	3^0	3^1	3^2	3^3	3^4	$\cdots$
$\cdots$	1/9	1/3	1	3	9	27	81	$\cdots$

我们可以从以上规律中总结出某数的零次方或负数次方的含义。

$$a^0 = 1, \quad a^{-1} = 1/a, \quad a^{-2} = 1/a^2, \quad a^{-3} = 1/a^3, \quad \cdots \qquad (\text{其中 } a \neq 0)$$

事实上，上式扩展了幂乘的定义，使式A.4对于非正整数仍然成立。定义扩展后，我们不难从 $a^3 a^{-2} = a^{3+(-2)}$ 推出 $a^{-2} = 1/a^2$。同时，我们可以借助式A.5来考虑如何定义分数次方。设 $x = 5^{1/2}$，如果式A.5成立，则有 $x^2 = 5^1 = 5$，因此 $x = \sqrt{5}$。类似地，我们可以由 $y = 5^{1/4}$ 得到 $y^4 = 5^1 = 5$，即 $y = \sqrt[4]{5}$ [②]。该规律可总结如下。

[①] 我们暂时不讨论另一条性质 $(ab)^c = a^c b^c$。此外请读者注意，在没有添加括号时，5^{2^3} 表示 $5^{(2^3)}$ 而不是 $\left(5^2\right)^3$。
[②] $\sqrt[4]{5}$ 表示的是4次方后值为5的（正）实数。我们暂时不讨论它的符号，那将涉及黎曼曲面等高等数学中的知识。

$$a^{1/2} = \sqrt{a}, \quad a^{1/3} = \sqrt[3]{a}, \quad a^{1/4} = \sqrt[4]{a}, \quad \cdots \quad （其中 a > 0）$$

我们还可以由 $z = 5^{7/4}$ 得到 $z^4 = 5^7$，即 $z = \sqrt[4]{5^7} = \sqrt[4]{5}^7$，因此分数次方的定义如下。

$$a^{p/q} = \sqrt[q]{a^p} = \sqrt[q]{a}^p \quad （其中 a > 0，p 为整数，q 为正整数）$$

我们已经定义了分数次方，有限小数次方的定义也与之类似。例如，$5^{3.14} = 5^{314/100}$。那么我们该如何处理 $\pi = 3.1415\cdots$ 这类无限小数次方的情况呢？5^π 的值应该在 $5^{3.14}$ 与 $5^{3.15}$ 之间。准确地讲，应该在 $5^{3.141}$ 与 $5^{3.142}$ 之间。更进一步讲，是在 $5^{3.1415}$ 与 $5^{3.1416}$ 之间。以此类推得到的极限便是 5^π 的定义。也就是说，以下数列的极限为 5^π。

$$5^3, 5^{3.1}, 5^{3.14}, 5^{3.141}, 5^{3.1415}, \cdots$$

至此，我们已经将次方数的范围推广到了实数。

图 A.1 是 a 取不同值时 $y = a^x$（以 a 为底的指数函数）的图像。当 $a > 1$ 时，a^x 将随着 x 的增加而迅速增加，如下所示。

$$当 x \to \infty 时，\frac{x}{a^x} \to 0, \quad \frac{x^7}{a^x} \to 0, \quad \frac{x^{365.2422}}{a^x} \to 0, \cdots \quad （其中 a > 1）$$

无论常量 k 多大（$k > 0$），x^k 都无法赶上 a^x 的爆发式增长。当 $0 < a < 1$ 时情况正好相反，a^x 将随着 x 的增加而迅速逼近 0。

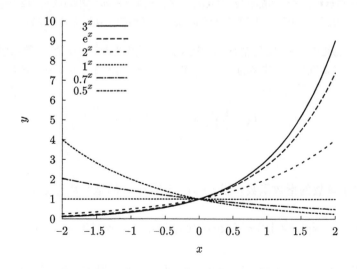

图 A.1　a 取不同值时 $y = a^x$ 的图像

进一步观察图 A.1 后不难发现，无论 a 取值如何，$x=0$ 时都有 $a^x=1$，且 a 越大，$x=0$ 处的斜率也越大。我们将能使 $x=0$ 处的斜率恰好为 1 的 a 定义为 e，并将 e^x 记为 $\exp x$[①]。e 的值约为 2.71828…，且具有以下性质（其中 $'$ 表示微分）。

$$\exp(b+c) = (\exp b)(\exp c), \quad \exp(bc) = (\exp b)^c = (\exp c)^b, \quad \exp 0 = 1, \quad \exp'(0) = 1$$

我们可以据此得到以下结论，即 exp 这一函数的微分依然是 exp。

$$\exp'(x) = \lim_{h \to 0} \frac{\exp(x+h) - \exp x}{h} = \lim_{h \to 0} \frac{(\exp x)(\exp h) - \exp x}{h}$$
$$= (\exp x) \lim_{h \to 0} \frac{\exp h - \exp 0}{h} = (\exp x)(\exp'(0)) = \exp x$$

❓ A.2　不太能理解 e 的定义，有更容易理解的解释吗

那我们换一种方法来解释 e。读者也许听说过半年复利的概念。如果年利率为 1%，通常情况下一年后本利和将是本金的 1.01 倍。不过，我们也可以采用半年复利的方式，将 1% 的利率一分为二（即 0.5%）并以半年为期计算一次复利。此时，一年后的本利和为 $1.005^2 = 1.010025$。这种方式产生复利可以带来更多的利息。

假设某银行提供高达 100% 的高额利息，于是有以下结论。

- 通常情况下，一年后的本利和将是本金的 2 倍
- 如果采用半年复利，半年利息为 50%，因此一年后的本利和为 $1.5^2 = 2.25$ 倍
- 如果采用一月复利，每个月的利息为 $(100/12)\%$，一年后的本利和为 $(1+1/12)^{12} \approx 2.613$ 倍
- 如果采用一日复利，每天的利息为 $(100/365)\%$，一年后的本利和为 $(1+1/365)^{365} \approx 2.715$ 倍

复利周期越短，最终由利滚利得到的复利数额越大。不过，这种趋势存在极限。在复利周期趋近于 0 时（即瞬间复利），一年后的本利和将是本金的 e 倍。事实上，不考虑本例的条件，对于任意的实数 c，以下性质成立。

$$\left(1 + \frac{c}{n}\right)^n \to e^c \quad (n \to \infty) \tag{A.6}$$

我们还定义了复数的指数函数。设 $z = \alpha + i\beta$（α、β 都是实数），exp 的定义如下。

$$\exp z = \exp(\alpha + i\beta) = (\exp \alpha)(\exp i\beta), \qquad \exp i\beta = \cos \beta + i \sin \beta$$

[①] 如果没有特别说明，指数函数（exponential function）就表示 exp。e(…) 的写法不易阅读，因此我们常用 exp(…) 来表示指数函数。e 名为纳皮尔常数或欧拉数，不过现实中很少有人使用该名称，反而本末倒置地将它称为自然对数的底。

第二条等式正是著名的欧拉公式。如果读者希望了解该式为何这样定义，请学习数学分析的相关内容。我们可以通过微分方程发现该式的合理之处。

A.5.2　高斯积分

假设 a 是一个常量且大于 0，此时以下公式将始终成立（高斯积分）。

$$\int_{-\infty}^{\infty} \exp(-ax^2)\, \mathrm{d}x = \sqrt{\frac{\pi}{a}} \qquad\qquad (\text{A.7})$$

我们可以借助重积分巧妙地推导该公式[①]。在讨论正态分布时，我们常常需要计算包含诸如 $\exp(-ax^2)$ 等积分的表达式（参见 4.6 节）。

在式 A.7 两边关于 a 微分后结果如下。

$$\int_{-\infty}^{\infty} x^2 \exp(-ax^2)\, \mathrm{d}x = \frac{1}{2}\sqrt{\frac{\pi}{a^3}}$$

进一步在上式两边关于 a 微分后可以得到以下等式。

$$\int_{-\infty}^{\infty} x^4 \exp(-ax^2)\, \mathrm{d}x = \frac{3}{4}\sqrt{\frac{\pi}{a^5}}$$

当 $a = 1/(2\sigma^2)$ 时，该式与正态分布产生了关联。

$$\int_{-\infty}^{\infty} \exp\left(-\frac{x^2}{2\sigma^2}\right)\, \mathrm{d}x = \sqrt{2\pi}\,|\sigma| = \sqrt{2\pi\sigma^2}$$

$$\int_{-\infty}^{\infty} x^2 \exp\left(-\frac{x^2}{2\sigma^2}\right)\, \mathrm{d}x = \sqrt{2\pi}\,|\sigma|^3 = \sigma^2\sqrt{2\pi\sigma^2}$$

$$\int_{-\infty}^{\infty} x^4 \exp\left(-\frac{x^2}{2\sigma^2}\right)\, \mathrm{d}x = 3\sqrt{2\pi}\,|\sigma|^5 = 3\sigma^4\sqrt{2\pi\sigma^2}$$

最后我们还要讨论一下奇数次方时的情况。对于 $\int_0^{\infty} x \exp(-ax^2)\, \mathrm{d}x$，我们可以设 $x^2 = u$ 并通过还原积分法计算该式。请读者注意，$\mathrm{d}u/\mathrm{d}x = 2x$，因此答案如下。

---

① 我们需要设等式左边为 I，并按如下方式进行极坐标变换计算。

$$I^2 = \left(\int_{-\infty}^{\infty} \exp(-ax^2)\, \mathrm{d}x\right)\left(\int_{-\infty}^{\infty} \exp(-ay^2)\, \mathrm{d}y\right) = \int_{-\infty}^{\infty}\int_{-\infty}^{\infty} \exp(-a(x^2+y^2))\, \mathrm{d}y\, \mathrm{d}x$$

详细信息请参见数学分析教材。

$$\int_0^\infty x\exp(-ax^2)\,\mathrm{d}x = \frac{1}{2}\int_0^\infty \exp(-au)\,\mathrm{d}u = \frac{1}{2}\left[-\frac{1}{a}\exp(-au)\right]_0^\infty = \frac{1}{2a}$$

又因为积分范围为 $\int_{-\infty}^\infty$，且图像具有对称性（如图 A.2 所示），因此我们能得到以下结论 [1]。

$$\int_{-\infty}^\infty x\exp(-ax^2)\,\mathrm{d}x = 0$$

同理可得，这种包含奇数次方的积分值全都为 0。

$$\int_{-\infty}^\infty x^k\exp(-ax^2)\,\mathrm{d}x = 0 \qquad (k=1,3,5,\cdots)$$

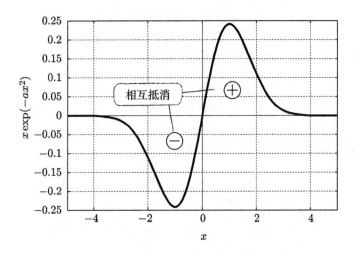

图 A.2　由于 $x\exp(-ax^2)$ 是奇函数，因此积分值为 0

　　可惜的是，我们无法直接通过常用函数（$\sqrt{\quad}$、exp 或 sin 等）表示 $\int_\alpha^\beta \exp(-ax^2)\,\mathrm{d}x$ 这类一般的积分范围。为此，不少程序设计语言都提供了名为误差函数（error function）的数值计算子程序 [2]。误差函数 erf 的定义如下。

---

① 我们可以通过 $\int_0^\infty$ 确定该积分的确切值。$\infty - \infty$ 并不是待定形。
② 不过不同环境下误差函数的定义有些许差异，请读者在使用前另行确认。

$$\mathrm{erf}(t) \equiv \frac{2}{\sqrt{\pi}} \int_0^t \exp(-x^2)\,\mathrm{d}x$$

该函数具有以下性质。

$$\mathrm{erf}(-t) = -\mathrm{erf}(t), \qquad \lim_{t \to -\infty} \mathrm{erf}(t) = -1, \qquad \lim_{t \to \infty} \mathrm{erf}(t) = 1$$

我们可以记住 erf 来计算诸如 $\int_{-3}^7 \exp(-x^2)\,\mathrm{d}x$ 之类的积分。

$$\int_{-3}^7 \exp(-x^2)\,\mathrm{d}x = \int_{-3}^0 \exp(-x^2)\,\mathrm{d}x + \int_0^7 \exp(-x^2)\,\mathrm{d}x$$

$$= -\int_0^{-3} \exp(-x^2)\,\mathrm{d}x + \int_0^7 \exp(-x^2)\,\mathrm{d}x = -\frac{\sqrt{\pi}}{2}\mathrm{erf}(-3) + \frac{\sqrt{\pi}}{2}\mathrm{erf}(7)$$

不过，在本例中我们很容易发现 $\int_{-3}^0 \exp(-x^2)\,\mathrm{d}x = \int_0^3 \exp(-x^2)\,\mathrm{d}x$ 这一关系，因此也可以直接通过这种方式计算。

$$\int_{-3}^7 \exp(-x^2)\,\mathrm{d}x = \int_0^3 \exp(-x^2)\,\mathrm{d}x + \int_0^7 \exp(-x^2)\,\mathrm{d}x = \frac{\sqrt{\pi}}{2}\big(\mathrm{erf}(3) + \mathrm{erf}(7)\big)$$

练习题 A.1

请通过 erf 表示 $\int_5^\infty \exp(-x^2)\,\mathrm{d}x$。

答案

$$\int_5^\infty \exp(-x^2)\,\mathrm{d}x = \int_0^\infty \exp(-x^2)\,\mathrm{d}x - \int_0^5 \exp(-x^2)\,\mathrm{d}x = \frac{\sqrt{\pi}}{2} - \frac{\sqrt{\pi}}{2}\mathrm{erf}(5)$$

练习题 A.2

请通过 erf 表示 $\int_0^6 \exp(-9x^2)\,\mathrm{d}x$。

答案

我们只需设 $y = 3x$（于是 $y^2 = 9x^2$），并使用换元积分法即可。

$$\int_0^6 \exp(-9x^2)\,\mathrm{d}x = \frac{1}{3}\int_0^{18} \exp(-y^2)\,\mathrm{d}y = \frac{1}{3} \cdot \frac{\sqrt{\pi}}{2}\mathrm{erf}(18)$$

A.5.3　对数函数

$y = a^x$ 的反函数记为 $\log_a$，称为以 a 为底的对数 (logarithm)。

$$y = a^x \quad \Leftrightarrow \quad x = \log_a y \qquad (a > 0,\, a \neq 1,\, y > 0)$$

根据定义，a 在连乘 $\log_a y$ 次之后值为 y。例如，由于 $2^3 = 8$ 因此 $\log_2 8 = 3$，又譬如由 $3^4 = 81$ 可以得到 $\log_3 81 = 4$ 等。其中，$\log e$ 称为自然对数 (natural logarithm)，可以简写为 $\log$[①]。$\log$ 的图像如图 A.3 所示。

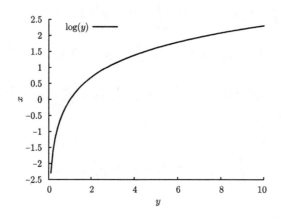

图 A.3　$x = \log y$ 的图像。它恰好与 $y = \exp x$ 的图像的横轴与纵轴对调

在使用 $\log$ 时，我们经常会使用 "取 $\log$" 或 "取对数" 的说法。例如，如果对等式 $v = f(u)$ 两边取 $\log$，结果为 $\log v = \log f(u)$。

我们可以像下面这样，根据 a^x 的性质得到 $\log_a y$ 的相应性质。

$$a^{b+c} = a^b a^c \Rightarrow \log_a u + \log_a v = \log_a(uv) \qquad (\text{设 } a^b = u,\, a^c = v)$$

$$\cdots\cdots a \text{ 的多少次方是 } uv(= a^b a^c) \text{ 呢？答案是 } (b+c) \text{ 次方。}$$

$$a^{bc} = \left(a^b\right)^c \Rightarrow c\log_a u = \log_a(u^c) \qquad (\text{设 } a^b = u)$$

$$\cdots\cdots a \text{ 的多少次方是 } u^c(= (a^b)^c) \text{ 呢？答案是 } bc \text{ 次方。}$$

---

① 也可写作 ln。顺便一提，我们将 $\log_{10}$ 称为常用对数。

而 log 前的负号可以按以下方式处理。

$$-\log_a u = \log_a \frac{1}{u}$$

我们还可以用另一种思路来考虑问题。

$$a^{bc} = \left(a^b\right)^c \Rightarrow \log_a w = (\log_a u)(\log_u w) \qquad (\text{设 } a^{bc} = w,\ a^b = u)$$

$$\cdots\cdots\text{由箭头左侧性质可得 } \log_u w = c，因此箭头右侧等式两边都是 } bc。$$

上式还具有如下变形。

$$\log_u w = \frac{\log_a w}{\log_a u}$$

在本节的最后，我们再介绍一条与微积分有关的性质。

$$\frac{\mathrm{d}}{\mathrm{d}x}\exp x = \exp x \quad \Rightarrow \quad \frac{\mathrm{d}}{\mathrm{d}y}\log y = \frac{1}{y} \qquad (\text{设 } y = \exp x) \tag{A.8}$$

如果读者不理解该性质的推导，请复习数学分析（反函数的微分）的内容。

❓ A.3　对数有什么优点呢

请读者将上述结果的左右两侧对调后重新思考该问题。

$$\log_a(uv) = \log_a u + \log_a v, \qquad \log_a(u^c) = c\log_a u, \qquad \log_a \frac{1}{u} = -\log_a u$$

如此一来，我们就可以通过取 log 的形式将乘法化简为加法、将幂乘化简为乘法，或是将除法化简为减法。在计算机普及之前，科学家与技术人员经常借助利用该性质设计的计算尺来进行计算。

此外，在数值非常巨大或非常接近 0 时，我们可以通过取 log 的方式将其转换为一个大小适中的值，非常方便。

今天，我们仍会利用对数的一些性质来解决问题。

- 在通过计算机进行数值计算时，对数可以用于避免算术溢出与下溢
- 在通过纸笔计算时，对数可以化简算式（参见 8.3 节与附录 C.2）
- 在绘制函数图像时，对数轴坐标单位取对数可以增加图像的显示范围，并突出函数与幂乘的关系

在概率理论的应用中，log 发挥了尤为重要的作用。例如，独立随机变量的联合分布是它们的边缘分布之积，如果变量较多，我们就必须进行多次乘法计算。此时我们通常会通过取 log 的方式来简化计算。

练习题 A.3

2^{100} 在十进制下是几位数？（已知 $\log_{10}2=0.301\ldots$）

答案

由于 $\log_{10}2^{100}=100\log_{10}2=30.1\ldots$，因此 $10^{30}<2^{100}<10^{31}$。于是得到 2^{100} 是一个31位数 [1]。

练习题 A.4

请通过式A.8推导下式。

$$\log\left(\left(1+\frac{c}{n}\right)^n\right)\to c \qquad (n\to\infty)$$

答案

当 $c=0$ 时，该式显然成立，因此我们仅讨论 $c\neq0$ 的情况。比较微分的定义与式A.8后我们可以得到以下等式。

$$\lim_{\epsilon\to0}\frac{\log(y+\epsilon)-\log y}{\epsilon}=\frac{1}{y}$$

当 $y=1$ 时，该式可以进一步化简（这是由于 $\log1=0$）。

$$\lim_{\epsilon\to0}\frac{\log(1+\epsilon)}{\epsilon}=1$$

此时，设 $c/n=\epsilon$，于是得到以下结论。即当 $n\to\infty$ 时等式左边收敛于 c。

$$\log\left(\left(1+\frac{c}{n}\right)^n\right)=n\log\left(1+\frac{c}{n}\right)=c\frac{\log(1+\epsilon)}{\epsilon}\to c \quad (\epsilon\to0)$$

我们可以通过类似的方式来推导式A.6 [2]。

练习题 A.5

试求 $\mathrm{d}(\log_2 y)/\mathrm{d}y$ 的值。

答案

我们可以由 $\log_2 y=(\log y)/(\log 2)$ 得到 $\mathrm{d}(\log_2 y)/\mathrm{d}y=1/(y\log 2)$。又因为 $\log 2=(\log_2 2)/(\log_2 e)=$

---

[1] 我们可以按照以下方式计算位数：当 $10^0=1\leqslant n<10=10^1$ 时，n 是一位数。当 $10^1=10\leqslant n<100=10^2$ 时，n 是两位数。当 $10^2=100\leqslant n<1000=10^3$ 时，n 是三位数。以此类推。

[2] 虽然本节没有明确说明，不过exp与log都是连续函数（$\lim\exp(\cdots)=\exp(\lim\cdots)$，$\lim\log(\cdots)=\log(\lim\cdots)$）。

$1/(\log_2 e)$，于是我们可以将所有对数的底都替换为 2，得到 $\mathrm{d}(\log_2 y)/\mathrm{d}y = (\log_2 e)/y$ 这一答案。8.3 节曾使用这种方式进行计算。

A.6　内积与长度

假设列向量 x、y 是某个内积空间的标准正交基[1]，且元素为实数，如下所示。

$$x = \begin{pmatrix} x_1 \\ \vdots \\ x_n \end{pmatrix}, \quad y = \begin{pmatrix} y_1 \\ \vdots \\ y_n \end{pmatrix}$$

此时，它们的内积可以通过如下方式计算。

$$x \cdot y = x_1 y_1 + \cdots + x_n y_n$$

我们也可以通过乘法运算 $x^T y$ 来表示内积（本书中出现的 $\bigcirc^T$ 表示矩阵转置而非 T 次方）。不难发现，两者展开后结果相同。

$$x^T y = x_1 y_1 + \cdots + x_n y_n$$

替换等式右边的 x 与 y 不会改变该式的结果，因此 $x \cdot y = y \cdot x = x^T y = y^T x$。如果 x 与 y 的夹角为 θ，内积则需要按如下方式添加一个 $\cos\theta$（其中 $\|x\|$ 表示向量 x 的长度）。

$$x \cdot y = \|x\|\|y\| \cos\theta \tag{A.9}$$

向量 x 的长度具体定义如下。

$$\|x\| = \sqrt{x_1^2 + \cdots + x_n^2}$$

因此它的平方可以通过内积表示，如下所示。

$$\|x\|^2 = x \cdot x = x^T x \tag{A.10}$$

事实上，相比直接使用长度 $\|x\|$，长度的平方 $\|x\|^2$ 通常更加便于计算。只要将上式与 $\|x\| = \sqrt{x^T x}$ 比较，就不难得出这一结论。本书多处使用了长度的平方来简化计算[2]。

[1] 标准正交基是长度为 1 且相互正交的向量基。如果没有学习过基的含义，可以暂时不考虑这个问题。
[2] 3.4.2 节的方差、3.4.6 节的平方误差、3.6.2 节的最小二乘法、5.2.6 节的任意方向的发散程度、5.3.6 节的卡方分布、6.1.5 节的期望罚款金额估计、8.1.1 节的直线拟合与 8.1.2 节的主成分分析都使用了长度的平方。

对于内积与长度，设向量 x 与 y 的维数相同，以下不等式始终成立。

$$\|x\| \geqslant 0 \quad (\text{当 } x = o \text{ 时相等})$$

施瓦茨不等式 $|x \cdot y| \leqslant \|x\|\|y\|$（当 x 与 y 方向相同时相等）

三角不等式 $\big|\|x\| - \|y\|\big| \leqslant \|x + y\| \leqslant \|x\| + \|y\|$（当 x 与 y 方向相同时相等）

根据长度（或内积）的定义，第一条不等式显然成立。由于 $|\cos\theta| \leqslant 1$，施瓦茨不等式也可以通过式A.9直接推出[①]。最后的三角不等式可以通过几何方式证明（如图A.4）[②]。

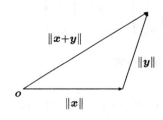

图A.4　三角不等式

施瓦茨不等式也称柯西不等式或柯西–施瓦茨不等式。

补充说明：高中阶段与大学阶段对内积的不同理解方式

事实上，本书在讲解上述内容时有意淡化了推导的方向。这是因为，在不同的学习阶段，推导方向可能恰好相反。

- **高中阶段**

  通过长度与角度这些概念定义内积

- **大学阶段**

  首先引入内积这一抽象的概念，再通过内积定义长度与角度

[①] 我们也可以不借助角度 θ，直接像下面这样推导该式。设向量 u、v 的长度都为1，它们的差的长度的平方必然非负。

$$\|u - v\|^2 = (u - v) \cdot (u - v) = \|u\|^2 + \|v\|^2 - 2u \cdot v = 2 - 2u \cdot v$$

我们可以由此得到 $u \cdot v \leqslant 1$（当且仅当 $u = v$ 时相等）。类似地，我们可以用 $\|u + v\|^2$ 得到 $-1 \leqslant u \cdot v$（当且仅当 $u = -v$ 时相等）。因此，对于任意非负常量 a、b，$-ab \leqslant (au) \cdot (bv) \leqslant ab$ 成立，于是对于任意长度的向量 x、y，$-\|x\|\|y\| \leqslant x \cdot y \leqslant \|x\|\|y\|$ 始终成立。

[②] 将其两边平方后再与施瓦茨不等式比较即可得到结论。

例如，高中阶段与大学阶段在讲解以下等价表述时采用了不同的思路。

$$\boldsymbol{x} \cdot \boldsymbol{y} = 0 \quad \Leftrightarrow \quad \boldsymbol{x} 与 \boldsymbol{y} 正交 \qquad （A.11）$$

在高中阶段，我们将其视为内积的性质，而在大学阶段，它是正交一词的定义。因此，如果问一个大学生式 A.11 为何成立，将得到"正交的定义如此"这类没有价值的回答（参见 P68 脚注①）。

　　之所以会产生这种问题，或许是因为以下原因。

- 从大学数学的角度来看，高中数学不够严谨，长度与角度都没有严格的定义
- 从高中数学的角度来看，大学数学难度较大，内积的严格定义过于抽象，不易理解

　　因此两者发生了冲突。

　　不过，如果读者可以接受式 A.10 与式 A.9 的解释，应该也能通过以下方式理解式 A.9。我们将 $\boldsymbol{y}$ 分解为与 $\boldsymbol{x}$ 平行的分量 $a\boldsymbol{x}$ 以及与 $\boldsymbol{x}$ 垂直的分量 $\boldsymbol{v}$，于是得到 $\boldsymbol{y} = a\boldsymbol{x} + \boldsymbol{v}$（其中 a 是一个数字，$\boldsymbol{v}$ 是一个向量）。此时，以下等式成立。

$$\boldsymbol{x} \cdot \boldsymbol{y} = \boldsymbol{x} \cdot (a\boldsymbol{x} + \boldsymbol{v}) = \boldsymbol{x} \cdot (a\boldsymbol{x}) + \boldsymbol{x} \cdot \boldsymbol{v} = a\boldsymbol{x} \cdot \boldsymbol{x} + 0 = a\|\boldsymbol{x}\|^2$$

同时，我们可以通过图 A.5 得到 $a\|\boldsymbol{x}\| = \|\boldsymbol{y}\| \cos\theta$①。将其代入上式后即可得到式 A.9。

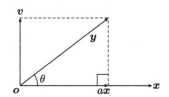

图 A.5　$\boldsymbol{x} \cdot \boldsymbol{y} = \|\boldsymbol{x}\| \|\boldsymbol{y}\| \cos\theta$ 的理由

---

① 之所以是 $a\|\boldsymbol{x}\|$ 而非 $\|a\boldsymbol{x}\|$，是为了确保在 θ 大于 $\pi/2$ rad（90 度）时结论依然成立。

近似公式与不等式

B.1 斯特林公式

斯特林(Stirling)公式是一种适用于大数阶乘的近似公式。当 n 较大时，$n!$ 将近似于 $\left(\sqrt{2\pi n}\right)n^n \mathrm{e}^{-n}$。该公式的完整版本如下。

$$\lim_{n\to\infty}\frac{\left(\sqrt{2\pi n}\right)n^n \mathrm{e}^{-n}}{n!}=1$$

下面是一些具体的例子。

n	$n!$	$\left(\sqrt{2\pi n}\right)n^n\mathrm{e}^{-n}$
5	120	118.02
10	3628800	3598695.6
20	(19位)2432902008176640000	2.423×10^{18}
50	(65位)30414093201713378043612608166064768844377641568960512000000000000	3.036×10^{64}

如果读者对表中的位数存在疑问，请参见P376脚注①。

B.2 琴生不等式

对于任意 a、b 与 $0\leqslant s\leqslant 1$，如果函数 g 满足以下不等式，则称该函数下凸。

$$g((1-s)a+sb)\leqslant(1-s)g(a)+sg(b) \tag{B.1}$$

图B.1是一个例子。若 g 二次可微，则对于所有 x 都有 $g''(x)\geqslant 0$，即函数下凸。

对于下凸函数 g，以下不等式始终成立。

$$g\big(\mathrm{E}[X]\big)\leqslant\mathrm{E}[g(X)] \tag{B.2}$$

我们将该不等式称为琴生(Jensen)不等式。琴生不等式是之后将要介绍的很多重要不等式的基础。

我们先考虑一个简单的例子。假设随机变量 X 有两种可能的取值，其中取值 a 的概率为 $(1-s)$，取值为 b 的概率为 s。此时，我们可以得到以下结论。

$$g(\mathrm{E}[X]) = g\big((1-s)a+sb\big), \qquad \mathrm{E}[g(X)] = (1-s)g(a)+sg(b)$$

因此与图 B.1 类似，我们可以推出式 B.2 成立。图 B.2 是一种比较容易理解的解释方式，该图的左图添加了一个重物，于是我们可以根据直觉判断重物的重心将位于曲线内侧。在问答专栏 3.4 中，我们已经知道期望值与重心含义相当。在本例中，我们只需将那种思考方式同时应用到横轴与纵轴即可。

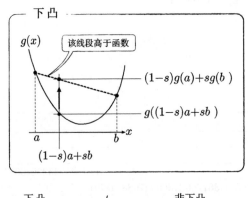

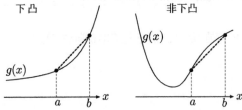

图B.1 下凸函数，请注意它并不表示"先单调减小再单调增"

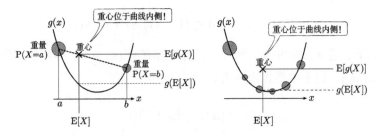

图B.2 如果根据概率设置重物，重物的重心将落于曲线内侧

即使重物数量较多，重心将依然落于曲线内侧，如图B.2右侧所示。我们可以通过这种方式来理解琴生不等式的含义。图B.3是琴生不等式的数学形式表述，该图在$E[X]$处画了一条切线$h(x)=cx+d$。由于g是下凸函数，因此$h(x)\leqslant g(x)$。又由于h是一个一次函数，因此$h(E[X])=E[h(X)]$，于是我们可以得到以下结论。

$$g(E[X])=h(E[X])=E[h(X)]\leqslant E[g(X)]$$

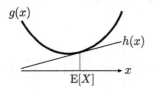

图B.3　曲线在切线之上

不过，根据我们最初的定义，直线$g(x)=\alpha x+\beta$也符合下凸的定义。我们可以像下面这样修改定义来避免这个问题：设g是一个下凸函数，且$a\neq b$。如果当且仅当$s=0$或$s=1$时式B.1成立，我们就称g是一个严格下凸函数。

如果g是一个严格下凸函数，我们可以得到以下等价关系。

式B.2的等号成立　$\Leftrightarrow$　X是一个常量（准确地讲，是存在c使$P(X=c)=1$）

例如，$\exp E[X]\leqslant E[\exp X]$就属于这种情况。

我们已经讨论了下凸函数的情况，主要将条件做适当的替换即可得到上凸函数的相关结论。如果$-g$下凸，g便上凸。此时以下不等式成立。

$$g\big(E[X]\big)\geqslant E[g(X)]$$

例如，$\log E[X]\geqslant E[\log X]$就属于这种情况（前提是$X>0$）。

B.3   吉布斯不等式

我们接着介绍吉布斯(Gibbs)不等式。

- **离散版本**

  设 X, Y 是离散值随机变量，且遵从分布 $P(X=i) \equiv q(i)$, $P(Y=i) \equiv p(i)$。此时，以下不等式成立。

$$D(p\|q) \equiv \mathrm{E}\left[\log \frac{p(Y)}{q(Y)}\right] = \sum_i p(i) \log \frac{p(i)}{q(i)} \geqslant 0$$

其中，求和范围为所有概率不为零的值(下同)[①]。当所有的 i 都满足 $q(i)=p(i)$，即 X 与 Y 的分布相同时等号成立。

- **连续版本**

  设 X, Y 是实数值随机变量，且概率密度函数为 $f_X(u) \equiv q(u)$、$f_Y(u) \equiv p(u)$。此时，以下不等式成立。

$$D(p\|q) \equiv \mathrm{E}\left[\log \frac{p(Y)}{q(Y)}\right] = \int p(u) \log \frac{p(u)}{q(u)} \, \mathrm{d}u \geqslant 0$$

其中，积分范围为所有概率密度不为零的值(下同)。当 X 与 Y 的分布相同时等号成立。

我们将上述定义中的 D 称为KL散度(Kullback-Leibler divergence，又称信息散度)。在一些领域中，该值也被称为相对熵。在概率统计应用中，我们经常借助 D 来测量分布 p 与 q 之间的差异。附录C.3将介绍其中的原理。

我们可以借助琴生不等式来巧妙地证明吉布斯不等式。我们需要首先对 D 做一次变形[②]，如下所示。

---

① 我们规定当 $p(i)=0$ 时 $p(i)\log p(i)=0$。如果 $p(i) \neq 0$ 且 $q(i)=0$，$D(p\|q)$ 没有意义(从形式上来看，$D(p\|q)=\infty$)。吉布斯不等式的连续版本同样如此。

② 我们借用了 $\log$ 的如下性质：$\log(1/x) = -\log x$。关于该性质的详细信息，请参见A.5.3节。此外，我们不能直接代入 Y，写成 $p(Y)=P(Y=Y)$ 的形式。由于 $P(Y=Y)=P(必然成立的事件)=1$，因此含义将发生变化(与P346脚注①的问题相同)。

$$D(p\|q) = \mathrm{E}\left[-\log\frac{q(Y)}{p(Y)}\right] \qquad (\text{B.3})$$

由于 $-\log$ 是一个下凸函数，因此我们可以得到以下结论。

$$\text{B.3} \geqslant -\log \mathrm{E}\left[\frac{q(Y)}{p(Y)}\right]$$

$$= \begin{cases} -\log \sum_i \dfrac{q(i)}{p(i)} \cdot p(i) = -\log \sum_i q(i) = -\log 1 = 0 & (\text{离散版本}) \\[2mm] -\log \displaystyle\int \dfrac{q(u)}{p(u)} \cdot p(u)\,\mathrm{d}u = -\log \int q(u)\,\mathrm{d}u = -\log 1 = 0 & (\text{连续版本}) \end{cases}$$

B.4 马尔可夫不等式与切比雪夫不等式

对于取值为非负实数的随机变量 X 与任意常量 $c > 0$，以下不等式始终成立。

$$\mathrm{P}(X \geqslant c) \leqslant \frac{\mathrm{E}[X]}{c} \qquad (\text{B.4})$$

我们将其称为马尔可夫（Markov）不等式[1]。显然，如果 $X \geqslant c$ 的概率为 s，$\mathrm{E}[X]$ 将大于 sc。如果读者无法理解，请复习 3.3 节与 4.5.1 节中与期望值有关的内容（由于积雪深度大于等于 c 的区域面积为 s，因此积雪的体积必然大于等于 sc）。期望值可以通过以下数学形式表示。

$$\begin{aligned} \mathrm{E}[X] &= \int_0^\infty x f_X(x)\,\mathrm{d}x \\ &\geqslant \int_c^\infty x f_X(x)\,\mathrm{d}x \qquad (\text{由于 } x f_X(x) \geqslant 0，\text{因此积分范围缩小时值也会跟着减小}) \\ &\geqslant \int_c^\infty c f_X(x)\,\mathrm{d}x \qquad (\text{由于在该积分范围下 } x \geqslant c) \\ &= c \int_c^\infty f_X(x)\,\mathrm{d}x = c\mathrm{P}(X \geqslant c) \end{aligned}$$

---

[1] 也有人称其为切比雪夫不等式。

在该不等式中，概率密度函数为 f_X，不过该式在更为一般的情况下依然成立。

设随机变量 Y 的期望值 $\mathrm{E}[Y] = \mu$，方差 $\mathrm{V}[Y] = \sigma^2$（其中 $\sigma > 0$），并定义 $X \equiv (Y - \mu)^2$，$c \equiv a^2\sigma^2$，我们可以利用上述性质进一步得到如下不等式。

$$P(|Y - \mu| \geqslant a\sigma) \leqslant \frac{1}{a^2} \quad （对于任意 a > 0 都成立） \tag{B.5}$$

该不等式称为切比雪夫（Chebyshew）不等式，它保证了与期望值相差较大的值的出现概率很低。例如，我们可以通过该式得知，与期望值 u 相差 3 倍标准差 σ 的值的出现概率小于等于 $1/3^2 = 1/9$。

❓ B.1 我记得与期望值相差 3σ 的值的出现概率小于等于 0.3%，和这里的结论似乎不同啊

我们曾经在问答专栏 3.8 遇到过这个问题。0.3% 这个值的前提是随机变量遵从正态分布，不可一概而论。

B.5 切尔诺夫界

根据马尔可夫不等式，对于任意 $t > 0$，以下等式始终成立。

$$\mathrm{P}(X \geqslant c) = \mathrm{P}(\mathrm{e}^{tX} \geqslant \mathrm{e}^{tc}) \leqslant \frac{\mathrm{E}[\mathrm{e}^{tX}]}{\mathrm{e}^{tc}}$$

我们可以通过 t 的值来控制该不等式是否绝对。如果要让该式绝对，只需选择恰当的 t，让不等号右侧的取值较小即可。我们将此时得到的值称为切尔诺夫（Chernoff）界。

我们以 3.2 节的二项分布 $\mathrm{Bn}(n, q)$ 为例来讨论这个问题（$0 < q < 1$）。设 i.i.d. 随机变量 $Y_1, \cdots, Y_n$ 有 q 的概率取值为 1，$(1 - q)$ 的概率取值为 0，且 $X = Y_1 + \cdots + Y_n$，于是 X 将遵从二项分布 $\mathrm{Bn}(n, q)$。假设 $q < p < 1$，并令 $c = np$，我们可以依照上式得到如下不等式。

$$\begin{aligned}
\mathrm{P}(X \geqslant np) &\leqslant \frac{\mathrm{E}[\mathrm{e}^{tX}]}{\mathrm{e}^{tnp}} = \frac{\mathrm{E}[\mathrm{e}^{tY_1} \cdots \mathrm{e}^{tY_n}]}{\mathrm{e}^{tnp}} = \frac{\mathrm{E}[\mathrm{e}^{tY_1}] \cdots \mathrm{E}[\mathrm{e}^{tY_n}]}{\mathrm{e}^{tnp}} = \frac{\mathrm{E}[\mathrm{e}^{tY_1}]^n}{\mathrm{e}^{tnp}} \\
&= \frac{\left(q\mathrm{e}^t + (1 - q)\right)^n}{\mathrm{e}^{tnp}} = \left(q\mathrm{e}^{t(1-p)} + (1 - q)\mathrm{e}^{-tp}\right)^n
\end{aligned} \tag{B.6}$$

要使式 B.6 取到最小值，我们需要按以下方式设定 t 的值[1]。

$$\mathrm{e}^t = \frac{(1-q)p}{(1-p)q}, \qquad 即 \quad t = \log\frac{(1-q)p}{(1-p)q}$$

p 的取值范围可以确保此时 $t > 0$。同时，式 B.6 括号中的部分可以按如下方式化简。

$$q\mathrm{e}^{t(1-p)} + (1-q)\mathrm{e}^{-tp}$$

$$= \mathrm{e}^{-tp}(q\mathrm{e}^t + (1-q)) = \left(\frac{(1-p)q}{(1-q)p}\right)^p \left(\frac{(1-q)p}{(1-p)} + (1-q)\right) = \left(\frac{(1-p)q}{(1-q)p}\right)^p \frac{1-q}{1-p}$$

$$= \left(\frac{q}{p}\right)^p \left(\frac{1-q}{1-p}\right)^{1-p} = \mathrm{e}^{-d(p\|q)}, \qquad 其中定义 \quad d(p\|q) \equiv p\log\frac{p}{q} + (1-p)\log\frac{1-p}{1-q}$$

综上，如果 $X \sim \mathrm{Bn}(n, q)$，我们可以得到以下结论[2]。

$$\mathrm{P}(X \geqslant np) \leqslant \mathrm{e}^{-nd(p\|q)}, \qquad 其中 \ q < p < 1$$

如果我们调换硬币的正反面，但仍然让 $X \sim \mathrm{Bn}(n, q)$，则可以得到如下结论。

$$\mathrm{P}(X \leqslant np) \leqslant \mathrm{e}^{-nd(p\|q)}, \qquad 其中 \ 0 < p < q$$

　　读者或许已经发现，$d(p\|q)$ 恰好是 $\mathrm{Bn}(p, 1)$ 与 $\mathrm{Bn}(q, 1)$ 的相对熵（参见附录 B.3）。请读者将本节的结论与附录 C.3 中的粗略估计结果进行比较并思考两者的异同。

B.6　闵可夫斯基不等式与赫尔德不等式

　　设 X, Y 是实数值随机变量，此时以下不等式始终成立。

$$\mathrm{E}\big[|X+Y|^p\big]^{1/p} \leqslant \mathrm{E}\big[|X|^p\big]^{1/p} + \mathrm{E}\big[|Y|^p\big]^{1/p}, \qquad 其中 \ p > 1 \tag{B.7}$$

如果 X 与 Y（在上帝视角下时则是 $X(\omega)$ 与 $Y(\omega)$）没有比例关系，则可以将 $\leqslant$ 替换为 $<$[3]。我

---

[1] 将 $g(t) = q\mathrm{e}^{t(1-p)} + (1-q)\mathrm{e}^{-tp}$ 微分后可以得到 $g'(t) = q(1-p)\mathrm{e}^{t(1-p)} - (1-q)p\mathrm{e}^{-tp}$。我们可以从 $g'(t)$ 的表达式看出它是一个单调增函数，因此如果要让 $g(t)$ 最小，就必须按照正文的形式设定 t 的值，使 $g'(t) = 0$。

[2] 也就是说，假设某枚硬币正面向上的概率为 q，在投掷 n 次后正面向上的比例大于等于 p 的概率，将随着 n 的增大而迅速趋近于零。在费了一番功夫后，我们得出了一个很有价值的结论。仅凭马尔卡夫不等式与切比雪夫不等式的基本形式，我们将无法得到这样一个绝对的不等式。

[3] 严密地讲，我们在讨论是否成比例时需要忽略概率为零的情况。

们将该等式称为闵可夫斯基（Minkowski）不等式。

我们先通过一个简单的例子来认识闵可夫斯基不等式。假设 (X, Y) 的可能取值有 (x_1, y_1) 与 (x_2, y_2) 两种，且两者的出现概率都是 $1/2$。此时，式B.7将呈以下形式。

$$\sqrt[p]{\frac{(x_1 + y_1)^p + (x_2 + y_2)^p}{2}} \leqslant \sqrt[p]{\frac{x_1^p + x_2^p}{2}} + \sqrt[p]{\frac{y_1^p + y_2^p}{2}}, \quad \text{其中} p > 1$$

我们定义 $\boldsymbol{u} = (u_1, u_2)^T$，于是 $\|\boldsymbol{u}\|_p \equiv \sqrt[p]{|u_1|^p + |u_2|^p}$。将其代入上式后我们可以得到一个形式上更加简单的不等式。

$$\|\boldsymbol{x} + \boldsymbol{y}\|_p \leqslant \|\boldsymbol{x}\|_p + \|\boldsymbol{y}\|_p, \quad \boldsymbol{x} = (x_1, x_2)^T, \quad \boldsymbol{y} = (y_1, y_2)^T \tag{B.8}$$

当 $p = 2$ 时，它正是附录A.6介绍的三角不等式。

式B.8成立的理由如下。我们先讨论如何在 $\boldsymbol{y}$ 的值确定且 $\|\boldsymbol{x}\|_p$ 的取值落在某个区间内时得到 $\|\boldsymbol{x} + \boldsymbol{y}\|_p$ 的最大值。如图B.4所示，当 $\boldsymbol{x}$ 与 $\boldsymbol{y}$ 方向相同时，$\|\boldsymbol{x} + \boldsymbol{y}\|_p$ 的取值最大（$\|\cdot\|_p$ 的等高线都相似且外凸）。此时式B.8中的等号成立。由于在该值最大时也仅能取到等号，因此通常情况下它都小于等于右边，于是式B.8得证。

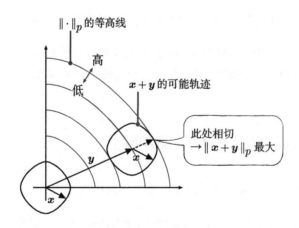

图B.4　闵可夫斯基不等式成立的理由

我们再介绍一个类似的不等式。设 X, Y 是实数值随机变量，以下不等式将始终成立。

$$\mathrm{E}\big[|XY|\big] \leqslant \mathrm{E}\big[|X|^p\big]^{1/p} \mathrm{E}\big[|Y|^q\big]^{1/q}, \quad \text{其中} p > 1, q > 1, \frac{1}{p} + \frac{1}{q} = 1$$

该不等式称为赫尔德（Hölder）不等式，其等号成立的充要条件是 $|X|^p$ 与 $|Y|^q$（在上帝视角下时则是 $|X(\omega)|^p$ 与 $|Y(\omega)|^q$）具有比例关系[1]。

我们将借助之前介绍的简单例子来理解赫尔德不等式。由于所有变量都要取绝对值，因此我们不妨直接设 x_1, x_2, y_1, y_2 都大于等于零。此时的赫尔德不等式实质如下。

$$\boldsymbol{x} \cdot \boldsymbol{y} \leqslant \|\boldsymbol{x}\|_p \|\boldsymbol{y}\|_q \qquad (\text{B.9})$$

当 $p = q = 2$ 时，它正是附录 A.6 介绍的施瓦茨不等式。

请读者考虑如何在 $\boldsymbol{y}$ 的值确定且 $\|\boldsymbol{x}\|_p$ 的取值落在某个区间内时得到 $\boldsymbol{x} \cdot \boldsymbol{y}$ 的最大值。当 $\boldsymbol{x}, \boldsymbol{y}$ 的夹角为 θ 时，$\boldsymbol{x} \cdot \boldsymbol{y} = \|\boldsymbol{x}\| \|\boldsymbol{y}\| \cos\theta$。请读者观察图 B.5。由 $\boldsymbol{x}$ 的可取值构成的轨迹是 $\|\boldsymbol{x}\|_p$ 的等高线。当它的法线与 $\boldsymbol{y}$ 方向相同时 $\boldsymbol{x} \cdot \boldsymbol{y}$ 将取到最大值（$\|\boldsymbol{x}\|_p$ 的等高线外凸）。通常，我们可以通过 $\nabla \bigcirc\bigcirc$ 得到 $\bigcirc\bigcirc$ 的等高线的法线向量（请参见向量分析的相关教材）。在本例中，法线向量如下[2]。

$$\nabla \|\boldsymbol{x}\|_p = \begin{pmatrix} \partial \|\boldsymbol{x}\|_p / \partial x_1 \\ \partial \|\boldsymbol{x}\|_p / \partial x_2 \end{pmatrix} \propto \begin{pmatrix} x_1^{p-1} \\ x_2^{p-1} \end{pmatrix}$$

因此，当 x_i^{p-1} 与 y_i 成比例时 $\boldsymbol{x} \cdot \boldsymbol{y}$ 的值最大（$i = 1, 2$）[3]。此外，如果我们在 $1/p + 1/q = 1$ 的等式两边乘上 p，将得到 $1 + p/q = p$，即 $p - 1 = p/q$。于是，我们也能认为 $\boldsymbol{x} \cdot \boldsymbol{y}$ 在 $|x_i|^{p/q}$ 与 $|y_i|$ 成比例（或者在 $|x_i|^p$ 与 $|y_i|^q$ 成比例）时取到最大值。此时式 B.9 中的等号成立。由于在该值最大时也仅能取到等号，因此通常情况下它都小于等于右边，于是式 B.9 得证。

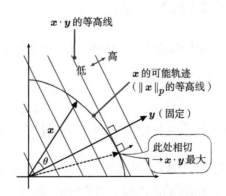

图 B.5 赫尔德不等式成立的理由

---

[1] 与之前一样，严格来讲，我们在讨论是否成比例时需要忽略概率为零的情况。
[2] $\propto$ 表示成比例，此处用于表示两边的向量方向相等。
[3] 如果读者学习过大学数学分析，或许会发现这正是拉格朗日待定系数法。

在其他一些专门教材中，赫尔德不等式的证明更加优美，如下所示。

- 对于赫尔德不等式中出现的 p、q 与任意非负实数 a、b，$ab \leqslant (a^p/p) + (b^q/q)$ 成立
- 借助该式写出 $\mathrm{E}[|X|^p] = \mathrm{E}[|Y|^q] = 1$ 时的赫尔德不等式
- 取任意 X, Y，定义 $\tilde{X} \equiv X/\mathrm{E}[|X|^p]^{1/p}$，$\tilde{Y} \equiv Y/\mathrm{E}[|Y|^q]^{1/q}$ 并返回上一步的结果
- 当 $p > 1$ 时，$p - 1 = p/q$，于是我们可以对 $\mathrm{E}[|X+Y|^p] = \mathrm{E}[|X+Y| \cdot |X+Y|^{p-1}] \leqslant \mathrm{E}[|X| \cdot |X+Y|^{p-1}] + \mathrm{E}[|Y| \cdot |X+Y|^{p-1}]$ 应用赫尔德不等式，得到 $\mathrm{E}[|X+Y|^p] \leqslant \left(\mathrm{E}[|X|^p]^{1/p} + \mathrm{E}[|Y|^p]^{1/p} \right) \mathrm{E}[|X+Y|^{(p-1)q}]^{1/q}$，并通过它进一步推导出闵可夫斯基不等式

B.7　算术平均值≥几何平均值≥调和平均值

设 $u_1, u_2, \cdots u_n$ 是非负实数，此时以下不等式成立。

$$\frac{u_1 + u_2 + \cdots + u_n}{n} \geqslant \sqrt[n]{u_1 u_2 \cdots u_n} \tag{B.10}$$

该式左侧只是单纯计算了 $u_1, u_2, \cdots, u_n$ 的平均值，为了区分它与其他平均值，我们将这种平均值称为算术平均值，并将右侧称为几何平均值。这正是标题所说的算术平均值大于等于几何平均值。

为了减少不等式 B.10 的证明步骤，我们需要先定义 $l_i \equiv \log u_i (i = 1, 2, \cdots, n)$。此时由于 $u_i = \exp l_i$，因此我们可以像下面这样变形。

$$u_1 u_2 \cdots u_n = (\exp l_1)(\exp l_2) \cdots (\exp l_n) = \exp(l_1 + l_2 + \cdots + l_n)$$

于是式 B.10 的右侧可以转换为如下形式。

$$\sqrt[n]{u_1 u_2 \cdots u_n} = (u_1 u_2 \cdots u_n)^{1/n} = \{\exp(l_1 + l_2 + \cdots + l_n)\}^{1/n} = \exp\left(\frac{l_1 + l_2 + \cdots + l_n}{n}\right)$$

此处的关键是对该式应用琴生不等式（参见 B.2 节）。为此，设存在一个随机变量 X，它的可能取值为 $l_1, l_2, \cdots, l_n$，且每种情况的出现概率都是 $1/n$。此时 $\mathrm{E}[X] = (l_1 + l_2 + \cdots + l_n)/n$，代入上式后可以得到如下等式。

$$式 B.10 的右侧 = \exp(\mathrm{E}[X])$$

根据琴生不等式，$\exp(\mathrm{E}[X]) \leqslant \mathrm{E}[\exp X]$，因此以下不等式成立。

$$\text{式B.10的右侧} \leqslant \mathrm{E}[\exp X] = \frac{\exp l_1 + \exp l_2 + \cdots + \exp l_n}{n} = \frac{u_1 + u_2 + \cdots + u_n}{n}$$

综上，式B.10的右侧小于等于式B.10的左侧，式B.10得证[①]。

我们再介绍另一个相关的不等式。设 $u_1, u_2, \cdots, u_n$ 是正实数，并令 $u_i = 1/v_i$ $(i = 1, 2, \cdots, n)$。应用式B.10后可以得到如下不等式。

$$\frac{1}{n}\left(\frac{1}{v_1} + \frac{1}{v_2} + \cdots + \frac{1}{v_n}\right) \geqslant \sqrt[n]{\frac{1}{v_1 v_2 \cdots v_n}}$$

由于通常情况下当 $a \geqslant b(>0)$ 时 $1/b \geqslant 1/a$，因此上式可以变形为以下形式。

$$\sqrt[n]{v_1 v_2 \cdots v_n} \geqslant \frac{1}{\frac{1}{n}\left(\frac{1}{v_1} + \frac{1}{v_2} + \cdots + \frac{1}{v_n}\right)}$$

该式的左侧正是之前讨论的几何平均值。另一方面，我们将该式右侧称为 $u_1, u_2, \cdots, u_n$ 的调和平均值。简言之，调和平均值是倒数的平均值的倒数。这正是标题所说的几何平均值大于等于调和平均值。

最终，对于正实数 $x_1, x_2, \cdots, x_n$，以下不等式始终成立。

$$\frac{x_1 + x_2 + \cdots + x_n}{n} \geqslant \sqrt[n]{x_1 x_2 \cdots x_n} \geqslant \frac{1}{\frac{1}{n}\left(\frac{1}{x_1} + \frac{1}{x_2} + \cdots + \frac{1}{x_n}\right)}$$

即算术平均值大于等于几何平均值大于等于调和平均值。

[①] 该论证存在一些瑕疵。如果某个 u_i 为0，我们就不能定义 $l_i = \log u_i$。此时，我们必须改用其他证明方式。其实仔细思考后不难发现，如果 $u_i = 0$，式B.10的右侧必然为0。同时，问题的前提确保了式B.10的左侧始终大于等于零。因此这种情况下式B.10依然成立。至此，我们完整证明了这条不等式。

除了这种方法，我们还可以分别为式B.10的两侧绘制等高线（或等值面），通过图像来证明该式。例如，当 $n = 2$ 时，设 u_1 为横轴、u_2 为纵轴，我们会发现，该式左侧的等高线是一条直线，右侧则是双曲线。于是，我们可以通过与附录B.6中证明闵可夫斯基不等式类似的方式来证明该式。

概率论的补充知识

C.1 随机变量的收敛

尽管随机变量名为变量，它其实是(Ω上的)函数(参见1.4节)，因此存在多种不同的收敛类型。我们将在本节依次讨论这些类型的收敛。在本节中，如未特别说明，随机变量都指实数值随机变量。

C.1.1 依概率1收敛

如果随机变量 $X_0, X_1, X_2, \cdots$ 与 X 满足以下条件，我们称 X_n 依概率1收敛于 X(或称几乎处处收敛)。

$$\mathrm{P}(\lim_{n\to\infty} X_n = X) = 1$$

更为详细的解释如下。

> 如图 C.1 所示，我们需要在各个不同的世界观测序列 $X_0(\omega), X_1(\omega), X_2(\omega), \cdots$，并考虑该系列是否会收敛于 $X(\omega)$(请读者注意，对于特定的 ω，$X_n(\omega)$ 与 $X(\omega)$ 都是取值确定的数值，并不随机)。为此，上帝向每个世界 ω 派遣了调查员，检查该世界的序列是否收敛。上帝将根据他们的报告结果为世界 ω 涂色。如果该世界收敛，则涂为蓝色，否则涂为红色。

> 在根据该规则为所有平行世界 Ω 涂色后，我们发现蓝色的面积居然为1(即红色的面积为0)。

简言之，在几乎所有的世界 ω，以下收敛都成立。

$$\lim_{n\to\infty} X_n(\omega) = X(\omega)$$

依概率1收敛的特点是每个特定世界的观测者(人类视角)同样可以观测到该收敛。之后介绍的其他收敛类型没有这种特点，只有通过上帝视角综合观察所有平行世界才能判断是否收敛。相对其他收敛类型，依概率1收敛更加实用，因此我们首先希望确认序列是否依概率1收敛。

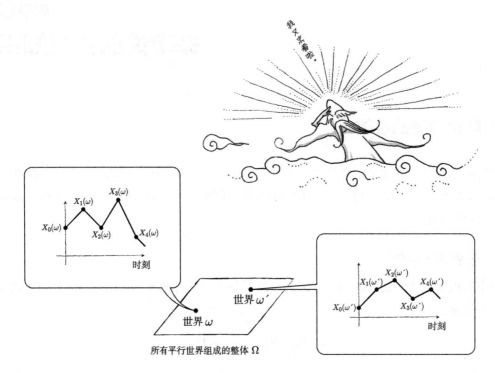

图C.1　由随机变量组成的无限序列（与图8.13相同）

在此介绍一种依概率1收敛的常用证明方式。为便于阅读，我们定义 $Y_n \equiv X_n - X$，并讨论 $Y_0, Y_1, Y_2, \cdots$ 是否收敛于0。如果 $Y_0(\omega), Y_1(\omega), Y_2(\omega), \cdots$ 没有收敛于0，情况将会如何呢？此时，将存在某个 $\epsilon > 0$，对于任意大的 $m > 0$，$|Y_m(\omega)|, |Y_{m+1}(\omega)|, \cdots$ 总包含大于等于 ϵ 的元素。换言之，存在某个 $\epsilon > 0$，使 $|Y_0(\omega)|, |Y_1(\omega)|, |Y_2(\omega)|, \cdots$ 中大于等于 ϵ 的元素无限多。这样一来，此时 $S(\omega) \equiv |Y_0(\omega)| + |Y_1(\omega)| + |Y_2(\omega)| + \cdots$ 将发散至无穷大[1]。也就是说，只要有一定概率不收敛（概率 > 0），$\mathrm{E}[S]$ 就不会是一个有限值。即只要证明 $\mathrm{E}[S]$ 有限，就能确保序列依概率1收敛。

如果要根据依概率1收敛的定义来证明，我们就必须观察分析每一个世界 ω 的情况。这很难做到。与之相对地，上述证明方式只需站在上帝视角观察分析由各个世界收集得到的期望值即可，因此证明过程非常轻松。

不过，本页的脚注也已提到，这种证明方式并非万能。即使 $\mathrm{E}[S]$ 本身发散，Y_n 仍然有可能依概率1收敛。

---

[1] 请读者注意，这并非充要条件。我们只能根据 $Y_n(\omega)$ 不收敛得到 $S(\omega)$ 发散，而不能反过来由 $S(\omega)$ 发散推出 $Y_n(\omega)$ 收敛。例如，当 $Y_n(\omega) = 1/n$ 时，即使 $S(\omega)$ 发散，$Y_n(\omega)$ 依然收敛。

C.1.2　依概率收敛

假设有随机变量 $X_0, X_1, X_2, \cdots$ 与 X，如果对于任意常量 $\epsilon > 0$ 下式始终成立，我们称 X_n 依概率收敛于 X。

$$\mathrm{P}(|X_n - X| > \epsilon) \to 0 \qquad (n \to \infty)$$

依概率收敛与依概率1收敛的区别在于是否需要横跨多个平行世界进行观测。例如，对于 X_1，我们需要检查有多少个平行世界 ω 的 $X_1(\omega)$ 超出了 $X(\omega) \pm \epsilon$ 的范围，并测量这些世界的面积。对于 X_2，我们也要执行同样的操作，测量取值超出指定范围的世界的面积。X_3、X_4 以此类推，最终测得的面积将收敛于0。这就是依概率收敛的含义。

事实上，我们可以直接从依概率1收敛推出依概率收敛。不过依概率收敛不能推出依概率1收敛。我们下面来看一个依概率收敛但不依概率1收敛的例子。

如图 C.2 所示，Ω 是一个正方形区域。因此可以通过 $\omega = (u, v)$ 来表示各个世界的坐标。我们在该 Ω 中定义了一个随机变量 X_n，它的取值范围是1与0，且取值条件随 n 变化。下面是 $n = 3273$ 时的情况。

$$X_{3273}(u, v) \equiv \begin{cases} 1 & (u = 0.3273\ldots, \text{ 其中} \ldots \text{可以是任意数值。}) \\ 0 & (\text{其他情况}) \end{cases}$$

也就是说，我们将根据（十进制下）u 的小数部分的前几位与 n 的值是否一致来确定 X_n 的值[1]。此时，X_n 依概率收敛于0。事实上，我们可以根据下式得知当 $n \to \infty$ 时，该概率将收敛于0（只要为图 C.2 中的相应区域涂色即可理解为何收敛）。

$$\mathrm{P}(X_n \neq 0) = 10^{-(n \text{的位数})}$$

然后，该序列并不依概率1收敛。取满足 $0.1 \leqslant u < 1$ 的任意 $\omega = (u, v)$，我们会发现 $X_0(\omega)$，$X_1(\omega)$，$X_2(\omega)$，$\cdots$ 中取值为1的变量有无穷多个。例如，当 $u = 3.14159\ldots$ 时，$X_3(\omega)$，$X_{31}(\omega)$，$X_{314}(\omega)$，$\cdots$ 的值都是1。

---

[1] u 既可以以有限小数表示也可以以无限小数表示，对于 $u = 3273 = 3273999\ldots$ 这样的情况，我们应取有限小数 0.3273。此外，虽然本节的插图中使用了正方形来表示 Ω，但其实我们只用到了坐标 (u, v) 中的 u，因此 Ω 完全可以仅用一条线段（区间）$[0, 1]$ 表示。

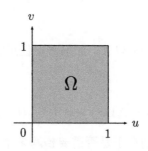

图 C.2　由所有平行世界组成的集合

C.1.3　均方收敛

如果随机变量 $X_0, X_1, X_2, \cdots$ 与 X 满足下式，我们称 X_n 均方收敛于 X（或称平方平均收敛）。我们已经在附录 B.4 介绍马尔可夫不等式时提过，均方收敛必然可以推出依概率收敛。

$$E(|X_n - X|^2) \to 0 \quad (n \to \infty)$$

C.1.4　依分布收敛

以上这些收敛都基于随机变量定义。本节将从概率分布的角度来定义收敛。

如果随机变量 $X_0, X_1, X_2, \cdots$ 与 X 的累积分布函数对于任意连续的点 c 都满足下式，我们称 X_n 依分布收敛于 X[1]。

$$F_{X_n}(c) \to F_X(c) \quad (n \to \infty)$$

之所以要去除 F_X 中不连续的点，是为了应对图 C.3 中的情况。图 C.3 并非偶尔出现的极端情况。事实上，根据连续值随机变量的大数定律（参见 3.5.3 节），这反而是一种典型情况[2]。

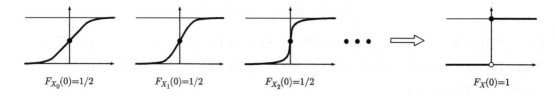

图 C.3　F_X 中各连续点收敛

---

[1] 此时，序列 X_n 的分布弱收敛于 X 的分布，或称函数序列 F_{X_n} 的分布弱收敛于 F_X。
[2] 如果读者不理解这句话，请回顾 4.3.1 节，并尝试绘制 X_0, X_1, X_2 的概率密度函数图象。读者可以据此判断 X 的分布最终将呈何种形式。根据累积分布函数的定义，图象非连续处的上部为实心点，下部为空心点。

关于依分布收敛，请读者注意以下几点。

- X_n 依分布收敛于 X，与"对于任意有界连续函数 g，$\mathrm{E}[g(X_n)] \to \mathrm{E}[g(X)]\quad(n \to \infty)$ 始终成立"等价[①]
- 依概率收敛必然可以推出依分布收敛

此外需要注意的是，X_n 依分布收敛于 X 并不表示每一个世界中的序列 $X_0(\omega), X_1(\omega)$，$X_2(\omega), \cdots$ 都趋近于 $X(\omega)$。依分布收敛仅针对概率分布而言，不能保证随机变量的收敛。

最后，各种收敛间的推导关系总结如下。

C.2 特征函数

设 X 是实数值随机变量，我们将 X 的特征函数定义如下[②]。

$$\phi_X(t) \equiv \mathrm{E}[\mathrm{e}^{\mathrm{i}tX}]$$

如果 X 的分布由概率密度函数表示，我们可以将上式变形为以下形式。

$$\phi_X(t) = \int_{-\infty}^{\infty} f_X(x)\mathrm{e}^{\mathrm{i}tx}\,dx$$

简言之，它是概率密度函数 f_X 的傅立叶变换（除了符号的使用习惯有所不同）。

特征函数是概率论中一项十分方便的工具，不少看似复杂的问题都可以通过特征函数轻松解决。本书 4.6.3 节介绍的中心极限定理也能借助特征函数得到更巧妙的解释。特征函数具有以下优良性质。

[①] 函数 g 有界指的是存在常量 a 使 $|g(x)| \leqslant a$ 始终成立。也就是说，函数值都在某一限定范围之内。
[②] ϕ 是希腊字母弗爱，也可写作 φ。i 是虚数单位，表示 $\sqrt{-1}$。关于虚数次方的定义，请参见附录 A.5.1。
我们可以将复数值随机变量视作由实部与虚部两部分组成的二维向量值随机变量。读者可以参考 4.4.7 节的内容。不过，由于我们没有定义复数的大小，因此无法通过诸如 $F_Z(w) = \mathrm{P}(Z \leqslant w)$ 的形式表示其分布。

- 当 X, Y 独立时，$\phi_{X+Y}(t) = \phi_X(t)\phi_Y(t)$

- 当 $X_1, \cdots, X_n$ 是 i.i.d. 的随机变量时，$\phi_{X_1+\cdots+X_n}(t) = \big(\phi_{X_1}(t)\big)^n$

- $\phi_X(0) = 1$，$\phi'_X(0) = \mathrm{i}\mathrm{E}[X]$，$\phi''_X(0) = -\mathrm{E}[X^2]$（$'$ 表示微分）

- （反转公式）设 $f_X(x)$ 是 X 的分布的概率密度函数，此时下式成立①

$$f_X(x) = \frac{1}{2\pi}\int_{-\infty}^{\infty} \mathrm{e}^{-\mathrm{i}tx}\phi_X(t)\,\mathrm{d}t$$

- 依分布收敛 $\Leftrightarrow$ 特征函数逐点收敛。即"$X_1, X_n, \cdots$ 依分布收敛于 X"与"对于所有实数 t，$\phi_{X_n}(t) \to \phi_X(t)\ (n \to \infty)$ 始终成立"等价

根据特征函数的定义，我们很容易就能推出前三条性质。如果 X, Y 独立，$\mathrm{E}[\mathrm{e}^{\mathrm{i}t(X+Y)}] = \mathrm{E}[\mathrm{e}^{\mathrm{i}tX}\mathrm{e}^{\mathrm{i}tY}]$ 的右边自然与 $\mathrm{E}[\mathrm{e}^{\mathrm{i}tX}]\mathrm{E}[\mathrm{e}^{\mathrm{i}tY}]$ 相等。

我们可以对第二条性质稍加处理（$\mathrm{E}[\mathrm{e}^{\mathrm{i}t(X/n)}] = \mathrm{E}[\mathrm{e}^{\mathrm{i}(t/n)X}]$），得到以下推论。

- 当 $X_1, \cdots, X_n$ 是 i.i.d. 的随机变量时，$\phi_{(X_1+\cdots+X_n)/n}(t) = \big(\phi_{X_1}(t/n)\big)^n$

之后的练习题中也会用到该推论。

包含多个变量的特征函数定义如下。

$$\phi_{X,Y}(s,t) \equiv \mathrm{E}[\mathrm{e}^{\mathrm{i}(sX+tY)}]$$

它具有如下性质。

- 当 X, Y 独立时，$\phi_{X,Y}(s,t) = \phi_X(s)\phi_Y(t)$。反推亦然（卡茨定理）

练习题 C.1

设 $X_1, \cdots, X_n$ 是 i.i.d. 随机变量，且各变量的概率密度函数如图 C.4 所示，都是 $f(x) = 1/\{\pi(1+x^2)\}$。试求 $Z \equiv (X_1+\cdots+X_n)/n$ 的概率密度函数（可使用特征函数的性质及 $\int_{-\infty}^{\infty}\frac{\mathrm{e}^{\mathrm{i}tx}}{1+x^2}\,\mathrm{d}x = \pi\mathrm{e}^{-|t|}$）。

答案

我们可以由 $\phi_{X_1}(t) = \mathrm{e}^{-|t|}$ 得到 $\phi_Z(t) = \big(\mathrm{e}^{-|t/n|}\big)^n = \mathrm{e}^{n(-|t/n|)} = \mathrm{e}^{-|t|}$，因此 Z 的概率密度函数与原来的 f 相等。

该分布称为柯西分布，是一种著名的复杂分布。该分布没有期望值（参见 3.3.4 节）。上述结论表明柯西

---

① 严格来讲，我们需要为该式添加补充条件。如果读者希望了解此处省略的补充条件，请参见其他相关教材。

分布不满足大数定律（无论平均分为几份随机程度都不会减少，而始终保持原样。参见3.5.4节）。

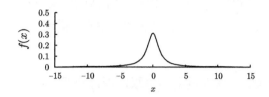

图C.4　柯西分布的概率密度函数 $f(x)$

练习题 C.2

试证明概率分布 $P(W = 2^k) = P(W = -2^k) = 1/2^{k+1}$ $(k = 1, 2, 3, \cdots)$ 不满足大数定律。

答案

设 $W_1, \cdots, W_n$ 是i.i.d.随机变量且与 W 遵从相同分布。我们可以由 $\phi_{W_1}(t) = \sum_{k=1}^{\infty} 2^{-k} \cos(2^k t)$ 推出特征函数 $\phi_{W_1}(t)$ 是实数，且以下等式成立（其中 $m = 2, 3, 4, \cdots$）。

$$\phi_{W_1}(2^{-m}\pi) = \sum_{k=1}^{m-1} 2^{-k} \cos(2^{-(m-k)}\pi) + (-2^{-m}) + \sum_{k=m+1}^{\infty} 2^{-k} = \sum_{k=1}^{m-1} 2^{-k} \cos(2^{-(m-k)}\pi)$$

因此 $0 \leqslant \phi_{W_1}(2^{-m}\pi) \leqslant \sum_{k=1}^{m-1} 2^{-k} = 1 - 2^{-(m-1)}$。于是，当 $n = 2^m$ 时，$0 \leqslant \phi_{(W_1+\cdots+W_n)/n}(\pi) \leqslant (1 - 2/n)^n \to \mathrm{e}^{-2}$ $(n \to \infty)$。又因为常量 c 的特征函数的绝对值 $|\phi_c(t)| = |\mathrm{e}^{ict}| = 1$ 始终等于1，所以 $(W_1 + \cdots + W_n)/n$ 不依分布收敛于某个常量，自然也就不依概率收敛。

C.3　KL散度与大偏差原理

　　假设有一枚不均质的硬币，正面向上与反面向上的概率分别为 t 与 $(1-t)$（其中 $0 < t < 1$）。在抛掷该硬币 n 次后，正面向上的次数所占的比例并不一定恰好等于 t。该比例可能高于 t，也可能低于 t。在粗略估计正面向上的比例恰好为 s 的概率时，如果样本容量 n 十分巨大，我们将发现一些有趣的结果。读者可以回忆我们在6.2节介绍检验理论时举的判断比赛胜负概率的例子。

　　根据大数定律（参见3.5节），当 $n \to \infty$ 时，正面向上的比例应当收敛于极限 t。s 与 t 存在一定的偏差，于是正面向上的比例为 s 的概率应当收敛于0。我们希望了解的是随着 n 的增加，这一概率的减小速度将有多快。请读者注意它与中心极限定理（参见4.6.3节）的区别。

中心极限定理用于计算与 t 相差 $c/\sqrt{n}$ 的比例产生的概率（其中 c 是一个常量），而我们现在要计算的偏差概率与 n 无关，而且偏差程度也大于中心极限定理。

? C.1 本节讨论的问题无法通过中心极限定理计算吗

确实不能。假设我们投掷硬币 i 次并将结果以如下形式表示。

$$X_i \equiv \begin{cases} 1 & (\text{正面向上时}) \\ 0 & (\text{反面向上时}) \end{cases}$$

由于 $X_1, \cdots, X_n$ 都是 i.i.d. 随机变量，因此 $W_n \equiv (X_1 + \cdots + X_n - nt)/\sqrt{n}$ 的分布将收敛于正态分布。然而，严格来讲，该结论需要有 "c 是一个给定常量" 这个前提。此时我们才能得到以下推论。

$$\mathrm{P}(W_n \leqslant c) \to \text{与正态分布相关的结论} \qquad (n \to \infty) \tag{C.1}$$

另一方面，我们现在讨论的是 $(X_1 + \cdots + X_n)/n = s$ 的概率。换言之，是 $W_n = (s - t)\sqrt{n}$ 的概率。由于等号右边的值受 n 影响，因此我们无法从式 C.1 得出任何结论。

首先，正面向上的次数应遵从二项分布 $\mathrm{Bn}(n, t)$（参见 3.2 节）。

$$\mathrm{P}(\text{正面向上的比例为} s) = \mathrm{P}(\text{正面向上的次数为} ns) = {}_nC_{ns} t^{ns}(1-t)^{n(1-s)}$$

当 $n \to \infty$ 时，上式趋近于 0 的速度有多快呢？我们来做一个粗略的估计，并默认 ns 恰好是一个整数。

由于上式由乘法与幂乘组成，因此我们可以考虑通过对数来降低计算复杂性。

$$\log \mathrm{P}(\text{正面向上的比例为} s) = \log {}_nC_{ns} + ns\log t + n(1-s)\log(1-t)$$

借助附录 B.1 介绍的斯特林公式，我们可以得到以下结果。

$$\begin{aligned}
\log {}_nC_{ns} &= \log \frac{n!}{(ns)!(n-ns)!} \\
&= \log(n!) - \log((ns)!) - \log((n-ns)!) \\
&\approx \left(\log\sqrt{2\pi n} + n\log n - n\right) - \left(\log\sqrt{2\pi ns} + ns\log(ns) - ns\right) \\
&\quad - \left(\log\sqrt{2\pi n(1-s)} + n(1-s)\log(n(1-s)) - n(1-s)\right) \\
&= -n\Big(s\log s + (1-s)\log(1-s)\Big) + o(n)
\end{aligned}$$

其中 $o(n)$ 表示一个远小于 n 的项 [1]。因此我们可以得到如下估计结果。

$$\log P(\text{正面向上的概率为} s) \approx -n\left(s\log\frac{s}{t} + (1-s)\log\frac{1-s}{1-t}\right) + o(n) = -nD(p\|q) + o(n)$$

其中 $p(k) \equiv \begin{cases} s & (k=\text{正面向上}) \\ 1-s & (k=\text{反面向上}) \end{cases}$, $\quad q(k) \equiv \begin{cases} t & (k=\text{正面向上}) \\ 1-t & (k=\text{反面向上}) \end{cases}$

此处使用了KL散度。我们曾经在附录B.3中曾经介绍过KL散度 $D(p\|q) \geqslant 0$。

在这个问题中，$D(p\|q)$ 用于表示"真实分布为 q 但实际分布为 p 的概率"。我们可以将该结论推广至更为一般的情况，并称其为大偏差原理（如果读者希望了解更为严密的定义与说明，请参见与大偏差原理相关的参考书。同时，请读者比较它与附录B.5介绍的切尔诺夫界有何区别）。

该结论非常有趣。简单来讲，我们可以通过 $D(p\|q)$ 来表示分布 q 与 p 之间的差异，如下所示。

- 当 $t=0.5$，$s=0.6$ 时

$$D(p\|q) = 0.6\log\frac{0.6}{0.5} + 0.4\log\frac{0.4}{0.5} \approx 0.020$$

- 当 $t=0.1$，$s=0.2$ 时

$$D(p\|q) = 0.2\log\frac{0.2}{0.1} + 0.8\log\frac{0.8}{0.9} \approx 0.044$$

- 当 $t=0.9$，$s=0.8$ 时

$$D(p\|q) = 0.8\log\frac{0.8}{0.9} + 0.2\log\frac{0.2}{0.1} \approx 0.044$$

在极端情况下，该值甚至可能趋近于正无穷。

- 当 $t \to 0, s=0.1$ 时

$$D(p\|q) \to \infty$$

事实上，区分概率为0.1与0.2时的差异比区分概率为0.5与0.6时要容易得多[2]。因为 $D(p\|q)$

---

[1] 确切地讲，应该是当 $n \to \infty$ 时，"该项 $/n \to 0$"。

[2] 如果读者不能理解，请考虑概率为0与0.1的极端情况。如果无论抛掷几次硬币都不会得到正面向上的结果，我们就有充分理由相信正面向上的概率为0。然而，无论抛掷几次硬币，我们都难以断言概率究竟是0.5还是0.6。这是由于发生偏差的概率并不为零。因此，我们不难理解区分0与0.1为什么会比区分0.5与0.6容易得无穷大倍。

能够用于测量分布之间的差异，所以除了统计学之外，它在信息论与模式识别等领域也得到了广泛应用。有些人因此称 D 为KL（Kullback-Leibler）距离。不过，由于通常情况下 $D(p\|q) \neq D(q\|p)$，因此它并非真正意义上的"距离"[1]。即使不考虑这一非对称性，我们也应该将其理解为"距离的平方"而非"距离"。图C.5是一张示意图。如果读者对与该图相关的理论感兴趣，请查阅信息几何论的相关教材。信息几何通过弯曲空间来解释概率与统计中的几何（微分几何）问题。

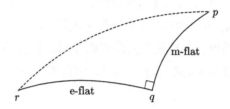

图C.5　广义勾股定理 $D(p\|q) + D(q\|r) = D(p\|r)$。关于该式的成立条件以及曲边与直角符号的具体定义，请读者查阅其他相关参考书

　　此外，D 不会随变量变换而改变。离散值情况下这点显然成立，我们来看一下连续值的情况。我们可以根据随机变量 X, Y 的概率密度函数 $f_X(u) = q(u)$，$f_Y(u) = p(u)$ 得到以下等式。

$$D(p\|q) = \mathrm{E}\left[\log \frac{p(Y)}{q(Y)}\right]$$

在我们通过某个函数 g 进行一一对应的变量变换 $\tilde{X} = g(X)$，$\tilde{Y} = g(Y)$ 时，它们的概率密度函数将分别变换为 $f_{\tilde{X}}(\tilde{u}) = \tilde{q}(\tilde{u})$ 与 $f_{\tilde{Y}}(\tilde{u}) = \tilde{p}(\tilde{u})$。于是对于 $\tilde{u} = g(u)$，$\tilde{p}(\tilde{u})/\tilde{q}(\tilde{u}) = p(u)/q(u)$，我们可以据此进一步得到以下等式（相同变量的期望值也相同）。

$$\mathrm{E}\left[\log \frac{p(Y)}{q(Y)}\right] = \mathrm{E}\left[\log \frac{\tilde{p}(\tilde{Y})}{\tilde{q}(\tilde{Y})}\right]$$

综上，$D(p\|q) = D(\tilde{p}\|\tilde{q})$。这可谓是我们在讨论 D 的本质时得到的一条意外收获[2]。

---

[1] 在这个问题中，这一非对称性显而易见。"抛掷一枚正面向上概率为0.1的硬币10次，正面向上的比例恰好为0的概率（ $= 0.9^{10}$ ）"与"抛掷一枚正面向上概率为0的硬币10次，正面向上的比例恰好为0.1的概率（ $= 0$ ）"显然不同。
[2] 在概率论之外的领域中，我们经常使用 $\int_{-\infty}^{\infty} |p(u) - q(u)|^2 \, du$ 这一平方误差来计算函数 p 与 q 的差异。不过这种方式不具备此处介绍的"变量变换的不变性"。

❓ C.2　D 在信息论与模式识别领域有哪些应用

　　本书不讨论模式识别的内容，请读者参考其他相关参考书。在本专栏中我们简单介绍一下 D 在信息论中的应用。

　　8.3.3节讨论了信源编码，$D(p\|q)$ 也可用于解决与之相关的问题，例如：目标字符串的真实分布为 p，但错误使用了最适合分布 q 的编码方式时，性能（编码长度的期望值）将下降多少？

　　此外，图8.29中的互信息 $\mathrm{I}[X;Y]$ 也可以像下面这样通过 D 表示。设 X,Y 的联合分布为 $\mathrm{P}(X=x,Y=y)\equiv r(x,y)$，边缘分布 $\mathrm{P}(X=x)\equiv p_1(x)$、$\mathrm{P}(Y=y)\equiv p_2(y)$，且定义 $q(x,y)\equiv p_1(x)p_2(y)$。我们可以得到如下结果。

$$
\begin{aligned}
D(r\|q) &= \sum_x \sum_y r(x,y) \log \frac{r(x,y)}{p_1(x)p_2(y)} \\
&= \sum_x \sum_y r(x,y) \log r(x,y) - \sum_x \sum_y r(x,y)\big(\log p_1(x) + \log p_2(y)\big) \\
&= \mathrm{E}[\log r(X,Y)] - \mathrm{E}[\log p_1(X)] - \mathrm{E}[\log p_2(Y)] \\
&= -H(X,Y) + H(X) + H(Y) = \mathrm{I}[X;Y] \qquad \cdots\cdots\text{参见图8.29}
\end{aligned}
$$

也就是说，互信息可以借助 D 来测量独立分布间的差异。因此我们可以立即得到以下两条推论。

- $\mathrm{I}[X;Y] \geqslant 0$
- $\mathrm{I}[X;Y] = 0$ 与 "X,Y 独立" 等价

我们还可以设 $r(y|x) \equiv r(x,y)/p_1(x)$，得到如下变形。

$$
\mathrm{I}[X;Y] = \sum_x p_1(x) \left(\sum_y r(y|x) \log \frac{r(y|x)}{p_2(y)} \right)
$$

这条等式也十分有趣，读者不妨尝试自己解释该式的含义。

参考文献

[1] W・フェラー(河田龍夫・国沢清典監訳)，確率論とその応用 I・II (各上下巻) [1]，紀伊国屋書店，1960–1970

[2] 竹内啓，数理統計学，東洋経済新報社，1963

[3] ダレル・ハフ(高木秀玄訳)，統計でウソをつく法──数式を使わない統計学入門 [2]，ブルーバックス120，講談社，1968

[4] 伊理正夫、韓太舜，ベクトルとテンソル第 I 部ベクトル解析，シリーズ新しい応用の数学1-I，教育出版，1973

[5] 伊理正夫、韓太舜，ベクトルとテンソル第 II 部テンソル解析入門，シリーズ新しい応用の数学1-II，教育出版，1973

[6] 小倉久直，物理・工学のための確率過程論，コロナ社，1978

[7] 杉浦光夫，解析入門 (1) [3]，東大出版，1980

[8] 伊理正夫、藤野和建，数値計算の常識，共立出版，1985

[9] 小倉久直，続物理・工学のための確率過程論，コロナ社，1985

[10] 高橋武則，統計的推測の基礎，文化出版局，1986

[11] 伏見正則，乱数，UP 応用数学選書12，東京大学出版会，1989

[12] 竹内啓 (編)，統計学辞典，東洋経済新報社，1989

[13] 伊藤清，確率論，岩波基礎数学選書，岩波書店，1991

[14] 竹村彰通，現代数理統計学，創文社，1991

[15] 楠岡成雄，確率と確率過程，岩波講座応用数学 [基礎13]，岩波書店，1993

[16] José M. Bernardo and Adrian F. M. Smith, Bayesian theory: Wiley series in probability and mathematical statistics, John Wiley & Sons, Ltd., 1993

[17] 韓太舜・小林欣吾，情報と符号化の数理，岩波講座応用数学 [対象11]，岩波書店，1994

[18] 渡辺治，一方向関数の基礎理論，離散構造とアルゴリズムIII (室田一雄編)，近代科学社，pp.77~114，1994

[19] 伏見正則，確率的方法とシミュレーション，岩波講座応用数学 [方法10]，岩波書店，1994

[20] 岡田章，ゲーム理論，有斐閣，1996

[21] 野矢茂樹，無限論の教室，講談社，1998

[22] 池口徹、他，カオス時系列解析の基礎と応用，産業図書，2000

[23] 甘利俊一、他，多変量解析の展開──隠れた構造と因果を推理する(統計科学のフロンティア5)，岩波書店，2002

---

[1] 威廉・费勒(著)，胡迪鹤(译)，概率论及其应用(第3版)，人民邮电出版社，2006──编者注
[2] 达莱尔・哈夫(著)，廖颖林(译)，统计数字会撒谎，中国城市出版社，2009──编者注
[3] 杉浦光夫(著)，文小西、于琛(译)，数学分析入门第1卷第1分册，高等教育出版社，1990──编者注

［24］汪金芳、他，計算統計 I ——確率計算の新しい手法 (統計科学のフロンティア 11)，岩波書店，2003

［25］金谷健一，これなら分かる応用数学教室——最小二乗法からウェーブレットまで，共立出版，2003

［26］David MacKay, Information Theory: Inference and Learning Algorithms①, Cambridge University Press, 2003

［27］Kevin S. Van Horn, Constructing a logic of plausible inference: a guide to Cox's theorem, International Journal of Approximate Reasoning, 34-1, pp.3~24, 2003

［28］杉田洋，複雑な関数の数値積分とランダムサンプリング，数学，第56巻，第1号，pp.1~17, 2004

［29］宮川雅巳，統計的因果推論——回帰分析の新しい枠組み (シリーズ・予測と発見の科学)，朝倉書店，2004

［30］Donald E. Knuth, The Art of Computer Programming (2)②, 日本語版 Seminumerical algorithms，アスキー，2004

［31］高橋信，マンガでわかる統計学③，オーム社，2004

［32］平岡和幸、堀玄，プログラミングのための線形代数，オーム社，2004

［33］竹内啓、他，モデル選択——予測・検定・推定の交差点 (統計科学のフロンティア 3)，岩波書店，2004

［34］G ブロム、L ホルスト、D サンデル，確率論へようこそ，シュプリンガーフェアラーク東京，2005

［35］小谷眞一，測度と確率，岩波書店，2005

［36］渡辺澄夫、村田昇，確率と統計——情報学への架橋，コロナ社，2005

［37］伊庭幸人、他，計算統計 II ——マルコフ連鎖モンテカルロ法とその周辺 (統計科学のフロンティア 12)，岩波書店，2005

［38］石谷茂，∀と∃に泣く——数学の盲点とその解明，新装版，現代数学社，2006

［39］C.M. ビショップ (元田浩、他訳)，パターン認識と機械学習 (上・下)④，シュプリンガー・ジャパン株式会社，2007~2008

［40］千代延大造，大偏差原理と数理物理学，数理科学，No 546, pp.40~46, 2008

［41］結城浩，新版暗号技術入門——秘密の国のアリス⑤，ソフトバンククリエイティブ株式会社，2008

［42］Joel Spolsky (青木靖訳)，More Joel on Software⑥，翔泳社，2009

---

① 麦凯(著), 肖明波等(译), 信息论、推理与学习算法(翻译版), 高等教育出版社, 2006——编者注
② Donald E. Knuth(著), 苏运霖(译), 计算机程序设计艺术(第2卷), 国防工业出版社, 2002——编者注
③ 高桥信(著), 陈刚(译), 漫画统计学, 科学出版社, 2014——编者注
④ Christopher M. Bishop, Pattern Recognition And Machine Learning, Springer, 2007——编者注
⑤ 结城浩(著), 周自恒(译), 图解密码技术, 人民邮电出版社, 2015——编者注
⑥ 斯伯尔斯基(著), 阮一峰(译), 软件随想录卷2, 人民邮电出版社, 2015——编者注

版 权 声 明